福建省高职高专土建大类十二五规划教材

建筑与装饰材料

主　编 ◎ 陈宝璠

副主编 ◎ 黄广华

编写者 ◎ 陈宝璠　黄广华
官冬玲　欧阳利
李云龙　吴志强

厦门大学出版社 XIAMEN UNIVERSITY PRESS
国家一级出版社
全国百佳图书出版单位

内容简介

本书是根据高等职业教育土建类专业的教学要求，并根据国家颁布的有关新规范、新标准编写而成的。

本书共14章，主要内容包括概述、建筑装饰材料性质、建筑装饰石材、石膏装饰制品、水泥及其装饰制品、金属装饰材料、建筑装饰涂料、建筑装饰塑料制品、建筑室内装饰织物、木质装饰材料、建筑装饰陶瓷、建筑装饰玻璃、建筑室内灯饰和建筑装饰材料试验等。

本书可作为高职高专室内设计、环境艺术、建筑学和土木工程等专业教材，也可作为成人教育土建类及相关专业的教材，是建筑装饰与室内设计行业的技术人员、管理人员和消费者居室装饰装修必不可少的参考指导书。

福建省高职高专土建大类十二五规划教材

编审委员会

编审委员会办公室

前 言

本书是在福建省高等职业教育土建类专业教材编审委员会指导下，为适应高职高专院校培养技能型、高级技术应用型人才的需要而编写的，是建筑装饰技术和室内设计技术等专业主干课程的专业教材之一。

现代建筑要求建筑师遵循美学的原则，创造出具有提高生命意义的优美空间环境，使人的身心得到平衡，情绪得到调节，智慧得到发挥。建筑与装饰材料起着重要甚至决定性的作用。同样的建筑主体，采用不同的装饰材料进行装修，就会创造出不同档次、风格的效果。总之，建筑与装饰材料是实现现代建筑艺术必不可少的物质基础和手段，是丰富建筑物使用功能和风格、色调的必要条件。

本书主要内容包括建筑装饰材料的性质、建筑装饰石材、石膏装饰制品、水泥及其装饰制品、金属装饰材料、建筑装饰涂料、建筑装饰塑料制品、建筑室内装饰织物、木质装饰材料、建筑装饰陶瓷、建筑装饰玻璃、建筑室内灯饰和建筑装饰材料试验等。

本书力求体现现代装饰材料的新技术、新标准和新规范。理论联系实际，突出应用性，适用面广，可作为建筑装饰技术、室内设计、环境艺术、建筑学和建筑工程等专业的教材，也是建筑装饰与室内设计行业的技术人员、管理人员和消费者居室装饰装修必不可少的参考指导书。

本书由黎明职业大学陈宝璠任主编，漳州职业技术学院黄广华任副主编。编写分工：黎明职业大学陈宝璠编写第1、2、5、6、8、11、12、13、14章，漳州职业技术学院黄广华编写第10章，福建林业职业学院官冬玲编写第3章，漳州职业技术学院欧阳利编写第4章，黎明职业大学李云龙编写第7章，黎明职业大学吴志强编写第9章。在编写过程中得到福建省高等职业教育土建类专业教材编审委员会领导和专家的大力支持和指导，在此表示感谢！

由于新材料、新品种不断涌现，各行业的技术标准不统一，加之编者水平有限，编写时间仓促，不妥与疏漏之处在所难免，敬请读者批评指正。

编 者

2012年03月

前言

目 录

第1章 概 论 …… 1
1.1 概 述 …… 1
1.1.1 建筑与材料 …… 1
1.1.2 装饰与材料 …… 2
1.2 装饰材料的种类 …… 3
1.3 建筑装饰材料的功能和选用 …… 4
1.3.1 建筑装饰材料的功能 …… 4
1.3.2 建筑装饰材料的选用原则 …… 5
本章小结 …… 7
复习思考题与习题 …… 7
第2章 建筑装饰材料的性质 …… 8
2.1 建筑装饰材料的基本性质 …… 8
2.1.1 建筑装饰材料与体积有关的性质 …… 8
2.1.2 建筑装饰材料与水有关的性质 …… 10
2.1.3 建筑装饰材料与热有关的性质 …… 12
2.1.4 建筑装饰材料的强度 …… 12
2.1.5 建筑装饰材料的弹性与塑性 …… 14
2.1.6 建筑装饰材料的脆性与韧性 …… 14
2.1.7 建筑装饰材料的耐久性 …… 14
2.1.8 建筑装饰材料的辐射指数 …… 14
2.2 建筑装饰材料的装饰性质 …… 14
2.2.1 颜色 …… 14
2.2.2 光泽 …… 15
2.2.3 透明性 …… 15
2.2.4 质感 …… 15
2.2.5 平面花饰和立体造型 …… 16
2.2.6 形状和尺寸 …… 16
本章小结 …… 16
复习思考题与习题 …… 16
第3章 建筑装饰石材 …… 18
3.1 建筑装饰石材的基本知识 …… 18
3.1.1 建筑装饰石材的功能 …… 18

3.1.2 石材的性能 …… 19
3.1.2 建筑装饰石材的基本组成 …… 20
3.1.3 建筑装饰石材的分类和型号 …… 22
3.2 天然石材 …… 22
3.2.1 天然大理石 …… 22
3.2.2 花岗石 …… 25
3.2.3 石灰石建筑板材 …… 28
3.2.4 进口天然石材 …… 30
3.3 人造石材 …… 37
3.3.1 人造石材的类型 …… 37
3.3.2 建筑水磨石制品 …… 38
3.3.3 微晶石材 …… 40
3.3.4 聚酯型人造石材 …… 42
本章小结 …… 43
复习思考题与习题 …… 44
第 4 章 石膏装饰制品 …… 45
4.1 石膏的基本知识 …… 45
4.1.1 建筑石膏 …… 45
4.1.2 模型石膏 …… 48
4.1.3 高强石膏 …… 48
4.1.4 粉刷石膏 …… 48
4.2 石膏装饰制品的分类和规格 …… 49
4.2.1 装饰石膏板 …… 49
4.2.2 纸面石膏装饰板 …… 52
4.2.3 石膏纤维板 …… 55
4.2.4 嵌装式装饰石膏板 …… 57
4.2.5 α型高强石膏装饰板 …… 59
4.2.6 石膏空心板条 …… 61
4.3 其他石膏制品 …… 64
4.3.1 特种耐火石膏板 …… 64
4.3.2 艺术石膏浮雕装饰制品 …… 64
本章小结 …… 67
复习思考题与习题 …… 67
第 5 章 水泥及其装饰制品 …… 68
5.1 水泥的基本知识 …… 68
5.1.1 硅酸盐水泥 …… 68
5.1.2 掺混合材料的硅酸盐水泥 …… 75
5.1.3 白色硅酸盐水泥 …… 78
5.1.4 彩色硅酸盐水泥 …… 79

5.2 装饰用水泥制品…… 79
5.2.1 装饰砂浆…… 79
5.2.2 装饰混凝土…… 81
5.3 水泥装饰构配件…… 83
5.3.1 水泥装饰板材…… 83
5.3.2 水泥花砖…… 85
5.3.3 其他水泥装饰构件…… 85
本章小结 …… 86
复习思考题与习题 …… 87
第6章 金属装饰材料 …… 88
6.1 金属装饰材料的基本知识…… 88
6.1.1 金属材料的类型…… 88
6.1.2 金属装饰材料的特点…… 89
6.1.3 金属装饰材料的表面处理…… 89
6.2 铝及铝合金…… 90
6.2.1 铝的特性及应用…… 90
6.2.2 铝合金及其性质和应用…… 90
6.2.3 铝质型材的加工与表面处理…… 91
6.2.4 铝合金门窗…… 92
6.2.5 铝合金装饰板…… 94
6.2.6 铝塑板…… 97
6.2.7 铝合金龙骨…… 98
6.2.8 铝合金吊顶格栅…… 98
6.2.9 铝合金百叶窗帘…… 99
6.2.10 铝箔 …… 99
6.3 建筑装饰用钢材制品 …… 100
6.3.1 装饰用不锈钢及其制品 …… 100
6.3.2 彩色涂层钢板 …… 102
6.3.3 彩色压型钢板 …… 103
6.3.4 塑料复合钢板 …… 103
6.3.5 轻钢龙骨 …… 104
6.4 铁 艺 …… 105
6.4.1 铁艺起源 …… 105
6.4.2 铁艺的性能 …… 105
6.4.3 铁艺的分类 …… 105
6.4.4 铁艺的表面处理 …… 106
6.5 铜和铜合金 …… 107
6.5.1 铜的特性与应用 …… 107
6.5.2 铜合金及其应用 …… 107

6.5.3 铜合金装饰制品 …… 108
本章小结 …… 109
复习思考题与习题 …… 109
第7章 建筑装饰涂料 …… 110
7.1 建筑装饰涂料的基本知识 …… 110
7.1.1 建筑装饰涂料的功能 …… 110
7.1.2 涂料的性能与特点 …… 111
7.2 建筑装饰涂料的基本组成 …… 111
7.2.1 主要成膜物质 …… 111
7.2.2 次要成膜物质 …… 112
7.2.3 辅助成膜物质 …… 113
7.3 建筑装饰涂料的分类和型号 …… 113
7.3.1 涂料的分类 …… 114
7.3.2 涂料名称 …… 117
7.3.3 涂料的型号 …… 117
7.4 常用的建筑涂料 …… 119
7.4.1 内墙涂料 …… 119
7.4.2 外墙涂料 …… 126
7.4.3 地面涂料 …… 135
7.5 功能性建筑涂料 …… 139
7.5.1 防火涂料 …… 139
7.5.2 发光涂料 …… 141
7.5.3 防水涂料 …… 142
7.5.4 防霉涂料及灭虫涂料 …… 143
本章小结 …… 144
复习思考题与习题 …… 144
第8章 建筑装饰塑料制品 …… 146
8.1 塑料的基本知识 …… 146
8.1.1 塑料的组成 …… 146
8.1.2 塑料的分类 …… 147
8.1.3 塑料的特性 …… 148
8.1.4 塑料制品的加工 …… 149
8.1.5 塑料在建筑装饰装修中的应用 …… 150
8.2 建筑用塑料的基本品种 …… 151
8.2.1 聚氯乙烯(PVC) …… 151
8.2.2 聚苯乙烯(PS) …… 151
8.2.3 聚乙烯(PE) …… 151
8.2.4 聚酰胺(PA) …… 151
8.2.5 ABS塑料 …… 152

8.2.6　聚甲基丙烯酸甲酯(PMMA) …… 152
8.2.7　酚醛塑料 …… 152
8.2.8　氨基塑料 …… 152
8.2.9　不饱和聚酯树脂 …… 152
8.3　常用装饰塑料制品 …… 153
8.3.1　塑料墙纸和墙布 …… 153
8.3.2　塑料装饰板 …… 159
8.3.3　塑料地面装饰材料 …… 166
8.3.4　塑料门窗 …… 172
8.3.5　其他塑料装饰制品 …… 173
本章小结…… 175
复习思考题与习题…… 175
第9章　建筑室内装饰织物…… 177
9.1　装饰织物的基本知识 …… 178
9.1.1　装饰织物的分类 …… 178
9.1.2　常用织物纤维及其特点 …… 179
9.2　室内装饰地毯 …… 181
9.2.1　地毯的基本功能 …… 181
9.2.2　地毯的分类与等级 …… 182
9.2.3　地毯的技术性能要求 …… 183
9.2.4　地毯的材料与绒面结构 …… 185
9.2.5　地毯的图案与色彩 …… 186
9.2.6　纯毛地毯 …… 189
9.2.7　其他材料的地毯 …… 190
9.3　墙面装饰壁纸 …… 192
9.3.1　装饰壁纸的性能要求 …… 193
9.3.2　壁纸的分类 …… 193
9.3.3　织物壁纸 …… 195
9.3.4　棉纺装饰墙布 …… 195
9.3.5　无纺贴墙布 …… 196
9.3.6　化纤装饰贴墙布 …… 196
9.3.7　玻璃纤维印花贴墙布 …… 196
9.3.8　木纤维壁纸 …… 197
9.3.9　平绒织物 …… 198
9.3.10　高级墙面装饰织物…… 198
9.3.11　壁毯…… 199
9.4　窗　饰 …… 200
9.4.1　窗帘的功能 …… 200
9.4.2　窗帘的种类 …… 201

9.4.3 几种常用窗帘及其特点 …… 202
本章小结…… 205
复习思考题与习题…… 205
第 10 章 木质装饰材料 …… 207
10.1 木质装饰材料的基本知识…… 207
10.1.1 木材的特点…… 207
10.1.2 木材的分类…… 208
10.2 木材的构造…… 209
10.2.1 树木的组成部分…… 209
10.2.2 木材的宏观构造…… 209
10.2.3 木材的微观构造…… 212
10.3 木材的性质…… 213
10.3.1 木材的化学性质…… 213
10.3.2 木材的物理性质…… 214
10.3.3 木材的力学性质…… 217
10.4 木材的干燥、缺陷与防火 …… 219
10.4.1 木材的干燥…… 219
10.4.2 木材的缺陷…… 220
10.4.3 木材的防火…… 220
10.5 木材的环境学性质…… 221
10.5.1 木材的视觉特性…… 221
10.5.2 木材的触觉特性…… 222
10.5.3 木材的调湿特性…… 222
10.6 新型木材与人造板…… 223
10.6.1 新型木材…… 223
10.6.2 人造板…… 224
10.7 竹 材…… 230
10.7.1 竹材构造…… 230
10.7.2 竹材材性…… 231
10.7.3 竹材应用…… 232
10.8 木装饰品…… 232
10.8.1 木地板…… 232
10.8.2 木装饰线条…… 239
10.8.3 装饰薄木…… 240
本章小结…… 241
复习思考题与习题…… 242
第 11 章 建筑装饰陶瓷 …… 244
11.1 陶瓷的基本知识…… 244
11.1.1 陶瓷的概念…… 244

11.1.2 陶瓷的分类及制品…………………………………………………… 245
11.1.3 陶瓷砖的概念及分类………………………………………………… 246
11.1.4 陶瓷的原料…………………………………………………………… 247
11.1.5 陶瓷的生产制作……………………………………………………… 248
11.1.6 陶瓷的表面装饰……………………………………………………… 248
11.2 陶瓷装饰面砖……………………………………………………………… 251
11.2.1 釉面内墙砖…………………………………………………………… 252
11.2.2 彩色釉面墙地砖……………………………………………………… 255
11.2.3 无釉墙地砖…………………………………………………………… 258
11.2.4 劈离砖………………………………………………………………… 259
11.2.5 玻化砖………………………………………………………………… 260
11.2.6 陶瓷锦砖……………………………………………………………… 260
11.2.7 微晶玻璃陶瓷复合板………………………………………………… 261
11.3 其他陶瓷饰面材料………………………………………………………… 262
11.3.1 陶瓷壁画……………………………………………………………… 262
11.3.2 装饰琉璃制品………………………………………………………… 263
11.4 装饰陶瓷的新产品………………………………………………………… 263
11.4.1 双色立体感瓷砖……………………………………………………… 264
11.4.2 光泽彩瓷砖…………………………………………………………… 264
11.4.3 色釉浮雕地毯砖……………………………………………………… 264
11.4.4 黑瓷装饰板…………………………………………………………… 264
11.4.5 荧光瓷砖……………………………………………………………… 265
11.4.6 浮雕面砖……………………………………………………………… 265
11.4.7 调湿功能砖…………………………………………………………… 265
11.4.8 耐酸防滑瓷砖………………………………………………………… 265
11.4.9 抛晶砖………………………………………………………………… 265
11.4.10 功能墙地砖 ………………………………………………………… 266
11.5 卫生陶瓷制品……………………………………………………………… 267
11.5.1 洗面器………………………………………………………………… 267
11.5.2 小便器………………………………………………………………… 268
11.5.3 大便器………………………………………………………………… 268
11.5.4 洗涤器(净身器、妇洗器) ………………………………………… 269
11.5.5 水槽…………………………………………………………………… 269
11.5.6 水箱…………………………………………………………………… 270
11.5.7 浴缸…………………………………………………………………… 270
11.5.8 配件卫生陶瓷………………………………………………………… 271
本章小结………………………………………………………………………… 271
复习思考题与习题……………………………………………………………… 271
第 12 章 建筑装饰玻璃 ………………………………………………… 273

12.1 玻璃的基本知识…… 273
12.1.1 玻璃的分类…… 273
12.1.2 玻璃的生产…… 275
12.1.3 玻璃制品的加工和装饰…… 277
12.2 玻璃的性质…… 278
12.2.1 玻璃的力学性质…… 278
12.2.2 玻璃的光学性质…… 278
12.2.3 玻璃的热工性质…… 278
12.2.4 玻璃的化学性质…… 278
12.2.5 玻璃的装饰性…… 279
12.3 节能型装饰玻璃…… 279
12.3.1 吸热玻璃…… 279
12.3.2 热反射玻璃…… 281
12.3.3 中空玻璃…… 282
12.3.4 电热玻璃…… 283
12.4 安全型玻璃…… 283
12.4.1 钢化玻璃…… 283
12.4.2 夹层玻璃…… 284
12.4.3 夹丝玻璃…… 285
12.4.4 钛化玻璃…… 286
12.4.5 防火玻璃…… 286
12.5 智能型玻璃…… 287
12.5.1 光致变色玻璃…… 287
12.5.2 智能调光玻璃…… 287
12.5.3 温控玻璃…… 288
12.5.4 呼吸玻璃…… 288
12.6 建筑装饰玻璃…… 288
12.6.1 磨光玻璃…… 288
12.6.2 彩色玻璃…… 289
12.6.3 釉面玻璃…… 289
12.6.4 压花玻璃…… 289
12.6.5 磨(喷)砂玻璃…… 290
12.6.6 异形玻璃…… 291
12.6.7 金星玻璃…… 291
12.6.8 冰花玻璃…… 292
12.6.9 镭射玻璃…… 292
12.6.10 喷雕玻璃…… 293
12.6.11 彩绘玻璃…… 293
12.6.12 雕刻玻璃…… 294

12.6.13 热熔玻璃 …… 294
12.6.14 彩晶玻璃 …… 294
12.7 其他玻璃装饰制品 …… 295
12.7.1 玻璃锦砖 …… 295
12.7.2 热弯玻璃 …… 296
12.7.3 玻璃砖 …… 296
12.7.4 水晶玻璃 …… 296
12.7.5 装饰玻璃纤维制品 …… 297
本章小结 …… 299
复习思考题与习题 …… 300
第 13 章 建筑室内灯饰 …… 301
13.1 建筑室内灯饰的基本知识 …… 301
13.1.1 建筑照明的方式和方法 …… 301
13.1.2 灯饰的作用 …… 302
13.1.3 装饰灯具的分类 …… 304
13.2 室内灯饰的主要电光源 …… 304
13.2.1 白炽灯 …… 304
13.2.2 荧光灯 …… 304
13.2.3 卤钨灯 …… 305
13.2.4 高压汞灯 …… 306
13.2.5 钠灯 …… 306
13.2.6 金属卤化灯 …… 307
13.2.7 LED 灯 …… 307
13.2.8 光导纤维灯 …… 308
13.3 常用的室内灯饰 …… 309
13.3.1 吊灯 …… 309
13.3.2 嵌入灯 …… 310
13.3.3 吸顶灯 …… 310
13.3.4 壁灯 …… 312
13.3.5 可移式灯 …… 313
13.3.6 轨道灯 …… 314
13.3.7 射灯 …… 315
本章小结 …… 315
复习思考题与习题 …… 316
第 14 章 建筑与装饰材料试验 …… 317
14.1 天然饰面石材外观性能试验 …… 317
14.1.1 天然花岗石建筑板材 …… 317
14.1.2 天然大理石建筑板材 …… 318
14.1.3 天然饰面石材外观性能检测实训报告 …… 320

14.2 天然饰面石材物理、力学性能试验 …… 322
14.2.1 天然饰面石材体积密度、真密度、真气孔率和吸水率的检测 …… 322
14.2.2 天然饰面石材干燥、水饱和、冻融循环后压缩强度的检测 …… 324
14.2.3 天然饰面石材弯曲强度的检测 …… 325
14.2.4 天然饰面石材耐磨性的检测 …… 326
14.2.5 天然饰面石材镜面光泽度的检测 …… 327
14.2.6 天然饰面石材物理、力学性能检测实训报告 …… 328
14.3 建筑饰面陶瓷性能试验 …… 329
14.3.1 陶瓷砖尺寸与表面质量的检测 …… 329
14.3.2 陶瓷砖吸水率、显气孔率、表观相对密度和容重的检测 …… 333
14.3.3 陶瓷砖断裂模数和破坏强度的检测 …… 335
14.3.4 陶瓷砖用恢复系数确定砖的抗冲击性的检测 …… 337
14.3.5 陶瓷无釉砖耐磨深度的检测 …… 340
14.3.6 陶瓷有釉砖表面耐磨性的检测 …… 341
14.3.7 陶瓷砖线性热膨胀的检测 …… 344
14.3.8 陶瓷砖抗热震性的检测 …… 345
14.3.9 陶瓷砖湿膨胀的检测 …… 346
14.3.10 陶瓷有釉砖抗釉裂性的检测 …… 347
14.3.11 陶瓷砖抗冻性的检测 …… 348
14.3.12 陶瓷砖耐化学腐蚀性的检测 …… 350
14.3.13 陶瓷砖耐污染性的检测 …… 351
14.3.14 陶瓷砖性能检测实训报告 …… 352
14.4 建筑饰面玻璃性能试验 …… 354
14.4.1 浮法玻璃的检测 …… 354
14.4.2 中空玻璃的检测 …… 355
14.4.3 夹层玻璃的检测 …… 360
14.4.4 建筑用安全玻璃——钢化玻璃的检测 …… 363
14.4.5 建筑饰面玻璃性能检测实训报告 …… 366
14.5 建筑装饰涂料性能试验 …… 368
14.5.1 合成树脂乳液内墙涂料的检测 …… 368
14.5.2 合成树脂乳液外墙涂料的检测 …… 370

参考文献 …… 374

第1章　概　论

本章要点

本章主要介绍建筑装饰材料的基本概念、作用和分类，为今后的学习与实践打下一定的基础。

1.1　概　述

1.1.1　建筑与材料

人的生活与建筑息息相关，建筑关系到人类活动非常广泛的领域。人类创造并完善了自己每天身处其中的建筑。建筑物种类繁多，但建筑物的设计、建造、装修过程都是根据建筑物的使用性质、所处环境和相应标准，运用物质技术手段和建筑美学原理，创造功能合理、舒适优美、满足人们物质和精神生活需要的室内、室外环境。这些空间环境既具有使用价值，满足相应的功能和审美要求，同时也反映了历史文脉、建筑风格、环境气氛等精神因素。因此，质量好的建筑物应满足以下要求：

1. 安全；
2. 功能合理；
3. 舒适、美观；
4. 耐久、经济；
5. 节能、环保。

为满足这些要求，要正确地选择和使用建筑材料。建筑材料是一切建筑工程的物质基础。建筑材料的性能和质量决定了施工水平、结构形式和建筑物的性能。

我国有着5 000年的悠久历史，是东方灿烂文化的发源地。我国古建筑更是灿烂文化中的瑰宝。它们既坚固耐久，又形象动人；有的简约明快，有的金碧辉煌，色彩艳丽，如紫禁城、圆明园、留园、布达拉宫、灵隐寺、喀什清真寺等。这些丰富的遗产充分说明我们的祖先在建筑艺术、建筑施工、建筑材料和装饰材料的生产和使用上居世界领先地位。

随着人类文明的发展、科学技术的进步和物资运输手段的发达，我国建筑水平大幅度提高，建筑造型、结构、功能、装饰、装修水平都非以往可比，建筑材料已从原始的地方天然材料发展到各种工业材料。各种建筑材料对人类生存环境发挥着巨大的作用。社会、建筑以及建筑材料之间的关系可以用图1-1概括。

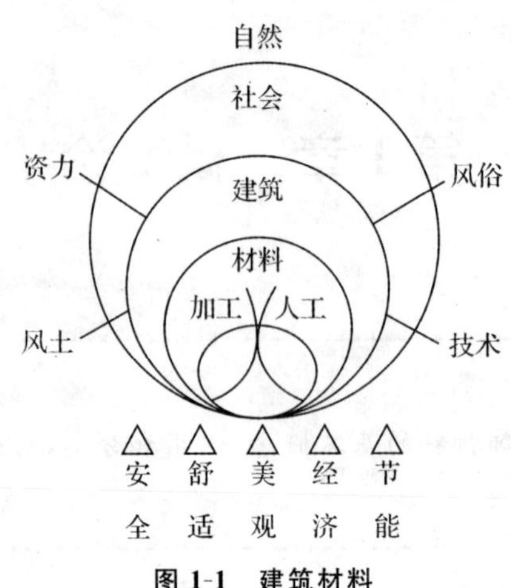

图 1-1 建筑材料

建筑材料种类繁多,可以从不同的角度对其进行分类。根据建筑材料在建筑物中的部位和性能,大体分为四大类:建筑结构材料、墙体材料、建筑功能材料、建筑装饰材料。建筑结构材料主要是指构成建筑物结构和受力构件所用的材料,如梁、板、柱、基础、框架等受力构件所用的材料,对这类材料的主要技术性能要求是力学性能和耐久性。墙体材料是指用于建筑物内、外及分隔墙体所用的墙体材料,分为承重墙材料和非承重墙材料。承重墙有受力要求,非承重墙起围护、分隔作用并满足某些建筑功能要求。建筑功能材料主要指负责某些建筑功能、非承重的材料,它们赋予建筑物防水、防火、保温、隔热、隔声等功能,决定着建筑物的使用功能和建筑物的品质。建筑装饰装修材料一般是指主体结构工程完成后,进行室内外墙面、顶棚、地面的装饰、室内空间和室外环境的美化处理所需要的材料,既有装饰的目的,又可满足一定的使用要求的功能材料。

1.1.2 装饰与材料

人的一生绝大部分时间是在建筑室内度过的,据国外调查,人的一生中在室内的时间约占全部时间的80%~90%。因此,人们设计创造的室内空间环境必然会关系到人们生活、生产活动的质量,关系到人们的安全、健康、效率、舒适等。在人类掌握了较高科学技术水平的现代社会,人们对自身周围环境的需要除了能满足使用要求、物质功能之外,更注重对环境氛围、文化内涵、艺术质量等精神功能的需求。现代建筑室内装饰就是为了满足人们的生理、心理等要求,为了综合地处理人与环境、人际交往等多项关系,在为人服务的前提下,综合满足使用功能、舒适美观、环境氛围、经济效益等要求,而建筑装饰材料为满足这些要求起着重要甚至决定性的作用。同样的建筑空间,采用不同的装饰材料进行装修会创造出不同的档次、风格的效果。因此,室内装饰设计的重要原则,就是正确选择材料,赋予材料以生命。所以说建筑装饰材料是建筑装饰装修的物质基础,室内环境的创造、室内装饰的总体效果、室内功能的实现,都是通过建筑装饰材料和室内家具、电器等物品的质感、体形、图案、色彩、功能等体现出来的。所以,有人认为建筑装饰装修是“建筑的灵魂,是人与环境的联系,是人类艺术与物质文明的结合”。

建筑装饰设计是建筑设计的继续和深化,是建筑空间和环境的再创造,而这一切都离不开装饰材料。对于装饰从业人员，必须熟悉装饰材料的种类、性能、规格、特性及变化规律，善于在不同工程和使用条件下，正确选用不同的材料，尽可能做到“优材精用、中材广用、次材巧用、废材利用、有害材不用”。

建筑装饰材料是指用于建筑物的墙面、顶棚、柱面、地面等的罩面材料。2004年安徽蒙城县尉迟寺史前遗址考古发掘中，考古人员发现了5 000年前人们用来装饰房屋的原始装饰材料土墙上的白灰面烧土。经过初步分析和研究，专家认为，这是5 000年前原始人在房屋装修中使用的装饰材料——白石灰。也就是说，早在5 000年前我们的祖先就已经懂得用装饰材料把自己的居室装修得更美了。现代装饰材料不仅能改善室内、室外的艺术环境，使人得到美的享受，同时还兼有绝热、防水、防潮、防火、吸声、隔声等多种功能，起着保护建筑物主体结构，延长其使用寿命以及满足某些特殊要求的作用，是现代建筑装饰不可缺少的一类材料。

建筑装饰装修材料是集材性、工艺、造型设计、色彩、美学于一体的材料，是品种门类繁多、更新周期最快、发展过程最活跃、发展潜力最大的一类建筑材料。其发展速度的快慢、品种的多少、质量的优劣、款式的新旧、配套水平的高低，决定着建筑物装修档次的高低，对美化城乡建筑，改善人们居住环境和工作环境有着十分重要的意义。

1.2 装饰材料的种类

建筑装饰材料种类繁多，其用途不同，性能也千差万别。随着科学技术突飞猛进的发展，装饰材料也日新月异，推陈出新，新型装饰材料层出不穷。

建筑装饰材料按材质分类有塑料、金属、陶瓷、玻璃、木材、无机矿物、涂料、纺织品、石材等种类；按功能分类有吸声、隔热、防水、防潮、防火、防霉、耐酸碱、耐污染等种类；按材料来源分有天然装饰材料、人造装饰材料；按化学成分分类有无机装饰材料、有机装饰材料和复合材料三大类；按装饰部位分类则有墙面装饰材料、顶棚装饰材料、地面装饰材料等。按装饰部位分类时，其类别与品种见表1-1。

表1-1 装饰材料按装饰部位分类

类别	种类	品种举例
外墙装饰材料	墙面涂料	有机涂料、无机涂料、有机无机涂料
	石饰面板	天然花岗石饰面板、水磨石饰面板
	墙面砖	陶瓷墙面板、玻璃马赛克、陶瓷锦砖
	装饰混凝土和砂浆	装饰混凝土、装饰砂浆
内墙装饰材料	墙面涂料	墙面漆、有机涂料、无机涂料、有机无机涂料
	墙纸	纸面纸基壁纸、纺织物壁纸、天然材料壁纸、塑料壁纸
	装饰板	木质装饰人造板、树脂浸渍纸高压装饰层积板、塑料装饰板、金属装饰板、矿物装饰板、陶瓷装饰壁纸、穿孔装饰吸声板、植绒装饰吸声板
	墙布	玻璃纤维贴墙布、麻纤无纺墙布、化纤墙布
	石饰面板	天然大理石饰面板、天然花岗石饰面板、人造大理石饰面板、水磨石饰面板
	墙面砖	陶瓷釉面砖、陶瓷墙面板、陶瓷马赛克、陶瓷锦砖

续表

类别	种类	品种举例
地面装饰材料	地面涂料	地板漆、水性地板涂料、乳液型地面涂料、溶剂型地面涂料
	木、竹地板	实木条状地板、实木拼花地板、实木复合地板、人造板地板、复合强化地板、薄木敷贴地板、立木拼花地板、集成地板、竹质拼花地板、竹质条状地板
	聚合物地坪	聚醋酸乙烯地坪、环氧地坪、聚酯地坪、聚氨酯地坪
	地面砖	水泥花阶砖、水磨石预制地板、陶瓷地面砖、马赛克地砖、现浇水磨石地面
	塑料地板	印花压花塑料地板、碎粒花纹地板、发泡塑料地板、塑料地面卷材
	地毯	纯毛地毯、混纺地毯、合成纤维地毯、塑料地毯、植物纤维地毯
吊顶装饰材料	塑料吊顶板	钙塑装饰吊顶板、PS装饰板、玻璃钢吊顶板、有机玻璃板
	木质装饰板	木丝板、软质穿孔吸声纤维板、硬质穿孔吸声纤维板
	矿物吸声板	珍珠岩吸声板、矿棉吸声板、玻璃棉吸声板、石膏吸声板、石膏装饰板
	金属吊顶板	铝合金吊顶板、金属微穿孔吸声吊顶板、金属箔贴面吊顶板

此外，还有屋面装饰材料、卫生洁具、楼梯扶手与栏杆、装饰五金、灯具等。

需要指出的是，许多装饰材料的使用部位并非单一，往往可用于两个以上部位。因此，在按使用部位分类时，同一建筑装饰材料可以出现在不同类别中，如天然花岗石板材既可作为墙面装饰材料，也可以作为地面装饰材料来使用。

1.3 建筑装饰材料的功能和选用

1.3.1 建筑装饰材料的功能

1. 室外装饰材料的功能

室外装饰的目的主要是美化建筑物和环境，并起到保护建筑物的作用。外墙结构材料直接受到风吹、日晒、雨淋、霜雪和冰雹的袭击，以及腐蚀性气体和微生物的作用，其耐久性将受到影响。因此，选用合适的外墙装饰材料可以有效地提高建筑物的耐久性。

建筑物的外观效果主要是通过建筑物的总体设计造型、比例、虚实对比、线条等平面、立面的设计手法体现的，而外墙装饰效果则是通过装饰材料的质感、线条和色彩来表现的。质感就是对材料质地的感觉。主要线条的粗细、凹凸面对光线的吸收、反射程度的不同而产生感观效果，这些均可以通过选用性质不同的装饰材料或对同一种装饰材料采用不同的施工方法来达到。色彩影响建筑物外观、城市的面貌，同时也会影响人们的心理和健康。外墙装饰材料的色彩应考虑到建筑物的功能，与周围环境的融合等因素。色彩主要通过颜料来实现，因而应首先选择与周围环境相适应的耐久性、稳定性好的着色颜料。

选用外墙装饰材料除考虑其装饰性和保护作用外，有时还应考虑兼具其他特殊功能。例如在外墙或窗户上安装吸热玻璃或热反射玻璃，可以吸收或反射太阳辐射热能的50%～70%，从而大大节约了能源。

2. 建筑材料内墙装饰功能

建筑内墙装饰功能或目的是保护墙体，保证室内使用条件，使室内环境美观、整洁和舒适。

墙体的装饰保护一般采用抹灰、贴面、涂料、铺钉、裱糊等方法。传统的抹灰能延长墙体使用年限。当室内相对湿度较高，墙面易被溅湿或需用水刷洗时，内墙需做隔气隔水层予以保护。如浴室、手术室墙面用瓷砖贴面，厨房、厕所做水泥墙裙或油漆或瓷砖贴面等。

内墙饰面一般可不要求墙体热工功能，但当需要时，也可使用保温性能好的材料如膨胀珍珠岩等进行饰面以提高保温性能。内墙饰面对墙体的声学性能往往起辅助性作用，如反射声波、吸声、隔声等。例如，采用泡沫塑料壁纸，平均吸声系数可达0.05，采用平均2 cm厚的双面抹灰砂浆，随墙体本身重度的大小可提高隔墙隔声量1.5～5.5 dB。

由于内墙与人处于近距离之内，较之外墙或其他外部空间来说，质感要求细腻逼真，线条可以细致也可以是粗犷有力的不同风格。色彩根据主人的爱好及房间内在性质决定，明亮度可随具体环境采用反光性、柔光性或无反光性装饰材料。

3. 室内顶棚装饰功能

顶棚可以说是内墙的一部分，但由于其所处位置不同，对材料的要求也不同，不仅要满足保护顶棚及装饰目的，还需具有一定的防潮、耐脏、重度小等功能或性能。

顶棚装饰材料的色彩应选用浅淡、柔和的色调，给人以华贵大方之感，不宜采用浓艳的色调。常见的顶棚多为白色，以增强光线反射能力，增加室内亮度。

顶棚装饰还应与灯具相协调，除平板式顶棚制品外，还可采用轻质浮雕顶棚装饰材料。

4. 室内地面装饰功能

室内装饰的目的可分为三方面：保护楼板及地坪、满足使用要求及起装饰作用。一切楼面、地面必须保证必要的强度，满足耐腐蚀、耐磕碰、表面平整光滑等基本使用条件。此外，一般楼地面还要有防潮的性能，浴室、厨房等要有防水性能，其他房间地面要能防止擦洗地面等生活用水的渗漏。标准较高的房间地面还应考虑隔气声、隔撞击声、吸声、隔热保温，以及富有弹性，使人感到舒适，不易疲劳等。

室内地面除了给室内造成艺术效果之外，由于人在上面行走活动，材料及其做法或颜色的不同将给人造成不同的感觉。利用这一特点可以改善地面的使用效果。因此，地面装饰是室内装饰的一个重要组成部分。

1.3.2 建筑装饰材料的选用原则

建筑物的种类繁多，不同功能的建筑物对装饰的要求不同。即使同一类建筑物，也因设计标准不同而对装饰有不同的要求。在建筑装饰工程中，应根据不同的装饰档次、使用环境及要求，正确合理地选择建筑装饰材料。

1. 安全与健康性选择

现代建筑装饰材料中,绝大多数装饰材料对人体是无害的。但是也有少数装饰材料含有对人体有害的物质,如有的石材中含有对人体有害的放射性元素,油漆、涂料中所含有的苯、二甲苯、甲醛等挥发性物质均会对人体健康造成危害。因此,在选用时一定要选择符合国家标准的装饰材料。同时,也可借助有关环境监测和质量检测部门,对将要选用的装饰材料进行检验,以便放心使用。另外,在装饰工程结束后,不宜马上搬进去,应打开窗户通风一段时间,待室内装饰材料中的挥发性物质基本挥发尽,方可入住。

2. 色彩的选择

建筑装饰效果最突出的一点就是材料的色彩,它是构成人造环境的重要内容。

建筑物外部色彩的选择,要根据建筑物的规模、环境及功能等因素决定。浅色块给人以庞大肥胖的感觉,深色块使人感到瘦小和苗条。因此,现代建筑中,庞大的高层建筑宜采用较深的色调,使之与蓝天白云相衬,更显得庄重和深远。小型民用建筑宜用浅色调,使人不至感觉矮小和零散,同时还能增加环境的幽雅感。另外,建筑物外部装饰效果的观赏性,还应与周围的道路、园林、小品以及其他建筑物的风格和色彩相配合,力求构成一个完美的色彩协调的环境整体。

对于建筑物内部色彩的选择,不仅要从美学上考虑,还要考虑到色彩功能的重要性,力求合理应用色彩,以便在心理和生理上均能产生良好的效果。如红、橙、黄色使人看了联想到太阳和火而感觉暖和,故称为暖色;绿、蓝、紫罗兰色使人看了联想到大海、蓝天、森林而感觉到凉爽,因而称为冷色。暖色调使人感到热烈、兴奋、灼热,冷色调使人感到宁静、幽雅、清凉。所以夏天的工作休息环境应采用冷色调,给人以清凉感。需要集中精力和从事精密细致工作的场所也应选用冷色调,以达到凉爽、宁静的感觉。冬天则宜选用暖色调,以给人温暖的感觉。幼儿园的活动室宜采用中黄、淡黄、橙色、粉红色等暖色调,以适应儿童天真活泼的心理;寝室则应为浅蓝、青蓝、浅绿的冷色调,以创造一个舒适、宁静的环境,使儿童甜蜜入睡。

颜色对人体生理的影响主要为:红色有刺激兴奋作用;绿色是一种柔和舒适的色彩,能消除精神紧张和视觉疲劳;黄色和橙色可刺激胃口,增加食欲;赭色对低血压患者适宜;紫罗兰色墙壁则可降低噪音。

总之,合理而艺术地运用色彩选择装饰材料,可把建筑物点缀得丰富多彩、情趣盎然。

3. 耐久性选择

建筑物外部装饰材料要经受日晒、雨淋、霜雪、冰冻、风化、介质侵蚀,而内部装饰材料则要经受摩擦、潮湿、洗刷等作用。因此,在选择装饰材料时,既要美观,也要耐久。主要应包括以下几个方面:

(1)力学性能。包括强度(抗压、抗拉、抗弯、耐冲击性等)、变形性、黏结性、耐磨性以及可加工性等。

(2)物理性能。包括密度、吸水性、耐水性、抗渗性、抗冻性、耐热性、吸声隔音性、光泽度、光吸收及光反射性等。

(3)化学性能。包括耐酸碱性、耐大气侵蚀性、耐污染性、抗风化性及阻燃性等。

在选用装饰材料时应根据建筑物不同的部位、不同的使用条件,对装饰材料性能提出相应的要求。

4. 经济性选择

选购装饰材料时，还必须考虑装饰工程的造价问题，既要体现建筑装饰的功能性和艺术效果，又要做到经济合理。因此，在建筑装饰工程的设计、材料的选择上一定要做到精心设计选择。根据工程的装饰要求、装饰档次，合理选择装饰材料。

本章小结

通过本章的学习，可以明白室内环境的创造、室内装饰的总体效果、室内功能的实现，都是通过建筑装饰材料和室内家具、电器等物品的质感、体形、图案、色彩、功能等体现出来的。

复习思考题与习题

1.1 什么是建筑装饰材料？其作用如何？

1.2 建筑室内装饰与材料有何关系？

1.3 建筑装饰材料是如何分类的？

1.4 家居地面一般使用什么材料？

1.5 建筑装饰材料的装饰功能应从哪些方面考虑？在建筑装饰工程中，应如何正确合理地选择建筑装饰材料？

第2章 建筑装饰材料的性质

本章要点

本章主要介绍建筑装饰材料的基本物理性质、力学性能，装饰材料的耐久性以及有关参数、性能指标和计算公式等，通过对装饰材料基本性能的了解与掌握，为今后的学习与实践打下一定的基础。

2.1 建筑装饰材料的基本性质

2.1.1 建筑装饰材料与体积有关的性质

1. 密度

装饰材料在绝对密实状态下，单位体积的质量称为密度，即：

$$\rho=\frac{m}{V}$$

式中，ρ—装饰材料的密度(g/cm^3)；

m—装饰材料在干燥状态下的质量(g)；

V—装饰材料在绝对密实状态下的体积(cm^3)。

绝对密实状态下的体积是指不包括装饰材料内部孔隙在内的体积。除钢材和玻璃等少数材料外，绝大多数建筑装饰材料都含有一定的孔隙。在密度测定中，应把含有孔隙的装饰材料破碎并磨成细粉，烘干后用李氏比重瓶测定其密实体积。材料粉磨得越细，测得的密度值越精确。对砖、石等材料常采用此种方法测定其密度。

2. 表观密度

装饰材料单位表观体积所具有的质量称为表观密度或视密度。表观体积包括两个部分：一部分是绝对密实的固体体积，另一部分则是指封闭孔隙体积。表观密度用下式表示：

$$\rho'=\frac{m}{V'}=\frac{m}{V+V_C}$$

式中，ρ'—装饰材料的表观密度(g/cm^3或kg/m^3)；

m—装饰材料的质量(g或kg)；

V'—装饰材料的表观体积(cm^3或m^3)；

V_C—装饰材料体积内封闭孔隙体积（cm^3或 m^3）。

3. 体积密度

装饰材料在自然状态下，单位体积的质量称为容重或毛体积密度，即：

$$\rho_0=\frac{m}{V_0}=\frac{m}{V+V_C+V_B}$$

式中，ρ_0—装饰材料的体积密度（g/cm^3或 kg/m^3）；

V_B—开口孔隙体积（cm^3或 m^3）；

V_0—装饰材料的自然体积，即装饰材料在自然状态下的体积（包括固体物质所占体积、开口孔隙体积 V_B和封闭孔隙体积 V_C）（cm^3或 m^3）。

装饰材料的自然状态体积包括孔隙在内，当开口孔隙内含有水分时，装饰材料的质量将发生变化，因而会影响装饰材料的容重值。装饰材料在烘干至恒量状态下测定的表观密度称为干容重。一般测定容重时，以干容重为准，而对含水状态下测定的容重，必须注明含水情况。

4. 堆积密度

散粒状装饰材料（指粉料和粒料）在自然堆积状态下，单位体积的质量称为堆积密度，即：

$$\rho_0'=\frac{m}{V_0'}$$

式中，ρ_0'—散粒状装饰材料堆积密度（kg/m^3）；

m—散粒状装饰材料的质量（kg）；

V_0'—散粒状装饰材料的堆积体积（m^3）。

测定装饰材料的堆积密度时，装饰材料的质量是指填充在一定容器内的装饰材料质量，而堆积体积则是指堆积容器的容积而言。所以，装饰材料的堆积体积既包含颗粒的体积，又包含颗粒之间的空隙体积。在装饰工程中，计算装饰材料和构件的自重、装饰材料的用量，以及计算配料、运输台班和堆放场地时，经常要用到装饰材料的密度、表观密度以及堆积密度等数据。

5. 密实度

装饰材料体积内被固体物质所充实的程度称为密实度 D，即：

$$D=\frac{V}{V_0}\times 100\%\text{或 }D=\frac{\rho_0}{\rho}\times 100\%$$

6. 孔隙率

装饰材料的孔隙率是指装饰材料内部孔隙体积占装饰材料在自然状态下体积的百分率，又称真气孔率，即：

$$P=\frac{V_0-V}{V_0}\times 100\%=\left(1-\frac{V}{V_0}\right)\times 100\%=\left(1-\frac{\rho_0}{\rho}\right)\times 100\%$$

$$D+P=1$$

式中，P—材料的孔隙率（%）。

孔隙率的大小反映了装饰材料的致密程度。装饰材料的许多性能，如强度、吸水性、耐久性、导热性等均与其孔隙率有关。此外，还与装饰材料内部孔隙的结构有关。孔隙结构包括孔隙的数量、形状、大小、分布以及连通与封闭等情况。

装饰材料内部孔隙有连通与封闭之分，连通孔隙不仅彼此连通且与外界相通，而封闭孔隙则不仅彼此互不连通，且与外界隔绝。孔隙本身有粗细之分，有粗大孔隙、细小孔隙和极细微孔隙。粗大孔隙虽然易吸水，但不易保持；极细微开口孔隙吸入的水分不易流动；而封闭的不连通孔隙，水分及其他介质不易侵入。因此，孔隙结构及孔隙率对装饰材料的表观密度、强度、吸水率、抗渗性、抗冻性及声、热、绝缘等性能都有很大影响。

7. 空隙率

散粒状装饰材料的空隙率是指散粒状装饰材料在堆积状态下，颗粒间的空隙体积占堆积体积的百分率，即：

$$P'=\left(\frac{V_0'-V_0}{V_0'}\right)\times 100\%=\left(1-\frac{V_0}{V_0'}\right)\times 100\%=\left(1-\frac{\rho_0'}{\rho_0}\right)\times 100\%$$

$$D'+P'=1$$

式中，P'—材料的空隙率(%)；

D'—材料的填充率(%)。

空隙率的大小表征着散粒装饰材料颗粒间相互填充的致密程度。

2.1.2 建筑装饰材料与水有关的性质

1. 吸湿性

建筑装饰材料在湿空气中吸收水分的性质称为吸湿性，用含水率表示，即：

$$W_{含}=\frac{m_{含}-m}{m}\times 100\%$$

式中，$W_{含}$—装饰材料的含水率(%)；

m—装饰材料在干燥状态下的质量(g)；

$m_{含}$—装饰材料含水时的质量(g)。

建筑装饰材料的吸湿性随空气湿度大小而变化。干燥的建筑装饰材料在潮湿环境中能吸收水分，而潮湿建筑装饰材料在干燥的环境中也能放出(又称蒸发)水分，这种性质称为还水性，最终与一定温度下的空气湿度达到平衡。多数建筑装饰材料在常温常压下均含有一部分水分，这部分水的质量占建筑装饰材料干燥质量的百分率称为装饰材料的含水率。与空气湿度达到平衡时的含水率称为平衡含水率。木材具有较大的吸湿性，吸湿后木材制品的尺寸将发生变化，强度也将降低；保温隔热材料吸入水分后，其保温隔热性能将大大降低；承重材料吸湿后，其强度和变形也将发生变化。因此，在选用装饰材料时，必须考虑吸湿性对其性能的影响，并采取相应的防护措施。

2. 吸水性

建筑装饰材料在水中吸收水分的性质称为吸水性。装饰材料吸水能力的大小用吸水率表示，即：

$$W=\frac{m_1-m}{m}\times 100\%$$

式中，W—装饰材料的质量吸水率(%)；

m—装饰材料在干燥状态下的质量(g)；

m_1—装饰材料在吸水饱和状态下的质量(g)。

W 称为质量吸水率，有时也用体积吸水率来表示装饰材料的吸水性。装饰材料吸入水分的体积占干燥装饰材料自然状态下体积的百分率称为体积吸水率。

由于装饰材料的亲水性以及开口孔隙的存在，大多数装饰材料都具有吸水性，所以装饰材料中通常均含有水分。

装饰材料的吸水性不仅与其亲水性及憎水性有关，也与其孔隙率的大小及孔隙特征有关。一般孔隙率越高，其吸水性越强。封闭孔隙水分不易进入；粗大开口孔隙，不易吸满水分；具有细微开口孔隙的装饰材料，其吸水能力特别强。

各种装饰材料因其化学成分和结构构造不同，其吸水能力差异极大，如致密花岗石的吸水率只有 0.50%～0.70%，木材及其他多孔轻质装饰材料的吸水率则常超过 100%。

3. 耐水性

建筑装饰材料长期在饱和水的作用下抵抗破坏，保持原有功能的性质称为耐水性。装饰材料的耐水性常用软化系数 K_R 表示：

$$K_R=\frac{f_{饱}}{f_{干}}$$

式中，K_R—装饰材料的软化系数；

$f_{饱}$—装饰材料在吸水饱和状态下的极限抗压强度(MPa)；

$f_{干}$—装饰材料在绝干状态下的极限抗压强度(MPa)。

由上式可知，K_R 值的大小表明装饰材料浸水后强度降低的程度。一般装饰材料在水的作用下，其强度均有所下降。这是由于水分进入装饰材料内部后，削弱了装饰材料微粒间的结合力所致。如果装饰材料中含有某些易于被软化的物质，这将更为严重。因此，在某些工程中，软化系数 K_R 的大小成为选择装饰材料的重要依据。

4. 抗渗性

建筑装饰材料在压力水作用下，抵抗渗透的性质称为抗渗性。装饰材料的抗渗性一般用渗透系数 K 表示：

$$K=\frac{Qd}{AtH}$$

式中，K—渗透系数(cm/h)；

Q—渗水总量(cm^3)；

d—试件厚度(cm)；

A—渗水面积(cm^2)；

t—渗水时间(h)；

H—静水压力水头(cm)。

抗渗性也可用抗渗等级(记为 P)表示，即以规定的试件在标准试验条件下所能承受的最大水压(MPa)来确定，即：

$$P=10H-1$$

式中，P—抗渗等级；

H—试件开始渗水时的水压(MPa)。

渗透系数越小的装饰材料抗渗性越好。装饰材料抗渗性的高低与装饰材料的孔隙率和孔隙特征有关。绝对密实的装饰材料或具有封闭孔隙的装饰材料,水分难以透过。对用于防水的装饰材料,其抗渗性的要求更高。

2.1.3 建筑装饰材料与热有关的性质

1. 导热性

热量在装饰材料中传导的性质称为导热性。导热性能是装饰材料的一个非常重要的热物理指标,是说明装饰材料传递热量的一种能力。装饰材料的导热能力用导热系数 λ 表示,即:

$$\lambda=\frac{Qd}{(t_1-t_2)FZ}$$

式中,λ—导热系数[W/(m·K)];

Q—传导热量(J);

d—装饰材料厚度(m);

t_1-t_2—装饰材料两侧温度差(K);

F—装饰材料传热面积(m^2);

Z—传热时间(s)。

导热系数的物理意义是:在一块面积为 1 m^2、厚度为 1 m 的壁板上,板的两侧表面温度差为 1 K 时,在单位时间内通过板面的热量。因此,λ 值越小,装饰材料的绝热性能越好。

各种建筑装饰材料的导热系数差别很大,大致在 0.03～3.30 W/(m·K)之间,如泡沫塑料 $\lambda=0.03$ W/(m·K),而大理石 $\lambda=3.30$ W/(m·K)。习惯上,把导热系数不大于 0.175 W/(m·K)的装饰材料称为绝热装饰材料。

2. 温度稳定性

温度稳定性是指装饰材料在受热作用下保持其原有性能不变的能力。通常用其不致丧失保温隔热性能的极限温度来表示。

2.1.4 建筑装饰材料的强度

指装饰材料在外力作用下,抵抗破坏的能力。当装饰材料受外力作用时,其内部将产生应力,外力逐渐增大,内部应力也相应地加大,直到装饰材料结构不再能够承受时,装饰材料即破坏。此时装饰材料所承受的极限应力值,就是装饰材料的强度。

根据外力作用方式不同,建筑装饰材料强度分为抗压强度[图 2-1(a)]、抗拉强度[图 2-1(b)]、抗弯强度[图 2-1(c)]、抗剪强度[图 2-1(d)]等。

装饰材料的抗压强度、抗拉强度、抗剪强度的计算公式如下:

$$f=\frac{P}{F}$$

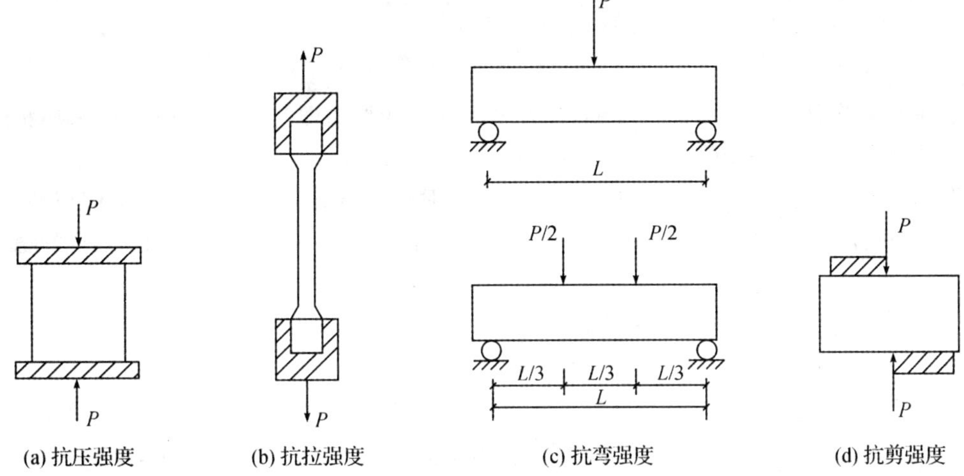

图 2-1　装饰材料所受外力示意图

式中，f—装饰材料强度(MPa)；

P—装饰材料破坏时的最大荷载(N)；

F—装饰材料受力截面面积(mm^2)。

装饰材料受弯时其应力分布比较复杂，强度计算公式也不一致。一般是将条形试件放在两支点上，中间加一集中荷载。对矩形截面的试件，其抗弯强度按下式计算：

$$f_{弯}=\frac{3PL}{2bh^2}$$

有时可在跨度的三分点上加两个相等的集中荷载，此时其抗弯强度按下式计算：

$$f_{弯}=\frac{PL}{bh^2}$$

式中，$f_{弯}$—装饰材料的抗弯强度(MPa)；

P—装饰材料弯曲破坏时的最大荷载(N)；

L—两支点间的距离(mm)；

b,h—试件横截面的宽及高(mm)。

相同种类的装饰材料，随其孔隙率机构特征的不同，各种强度也有显著差异。一般来说，孔隙率越大的装饰材料，强度越低。不同种类的装饰材料强度差异很大。石材、装饰混凝土等装饰材料的抗压强度较高而抗拉强度较低。木材的抗拉强度高于抗压强度。钢材的抗拉、抗压强度都很高。常用装饰材料的强度值列于表 2-1 中。

表 2-1　几种常用装饰材料的强度

装饰材料种类	抗压强度/MPa	抗拉强度/MPa	抗弯强度/MPa
花岗石	100～250	5～8	10～14
装饰混凝土	5～60	1～9	4.8～6.1
松木(顺纹)	30～50	80～120	60～100

2.1.5 建筑装饰材料的弹性与塑性

装饰材料在外力作用下产生变形,当外力去除后变形随即消失,完全恢复原来形状的性质称为弹性。这种可完全恢复的变形称为弹性变形。

装饰材料在外力作用下,当应力超过一定限值时产生显著变形,但不产生裂缝或断裂,外力取消后,仍保持变性后的形状和尺寸的性质称为塑性。这种不能恢复的变形称为塑性变形。

2.1.6 建筑装饰材料的脆性与韧性

当外力达到一定限度后,装饰材料突然破坏,且破坏时无明显的塑性变形,这种性质称为脆性。在冲击、振动荷载作用下,装饰材料能够吸收较大的能量,不发生破坏的性质称韧性。

2.1.7 建筑装饰材料的耐久性

装饰材料的耐久性是指装饰材料在使用中,抵抗其自身和环境的长期破坏作用,保持其原有性能而不被破坏、不变质的能力,一般包括抗渗性、抗冻性、耐腐蚀性、抗老化性、耐热、耐溶蚀性、耐摩擦性、耐光性、耐污染性、易洁性等多项。对装饰材料而言,主要要求装饰材料的颜色、光泽、外形等不发生显著变形。建筑室内环境复杂多变,装饰材料所受到的影响因素也各不相同,这些因素单独或共同作用于材料,可形成化学的、物理的和生物的破坏作用。

2.1.8 建筑装饰材料的辐射指数

装饰材料的辐射指数反映的是装饰材料的放射性强度。有些建筑装饰材料在使用过程中会释放出一些放射性物质,这是由于这些材料所用原料中的放射性核素含量较高,或是由于生产过程中的某些因素使得这些装饰材料的放射性活度被提高。当这些放射性的装饰材料和剂量超过一定限度时,就会对人体造成伤害。特别需要注意的是,建筑装饰材料这类放射性较低的辐射源所产生损害属于低水平损害(如引发或导致产生遗传性疾病),这种低水平辐射伤害的发生率是随剂量的增加而增加的。因此,在选择建筑装饰材料时,应注意其放射性,尽可能将这种伤害降至最低限度。

2.2 建筑装饰材料的装饰性质

2.2.1 颜色

颜色是装饰材料对光谱选择吸收的结果,是一种染料、颜料、涂料或其他物质,根据其主导光波长、亮度、色调、光泽，经眼睛传给受体的综合信息。不同的颜色给人以不同的感受，如红色、橙色给人一种温暖、热烈的感觉，蓝色、绿色给人一种宁静、清凉、寂静的感觉。

装饰材料的颜色决定于以下三个方面：

1. 装饰材料的光谱反射；

2. 观看时射于材料上光线的光谱组成；

3. 观看者眼睛的光谱敏感性。

以上三方面涉及物理学、生理学、心理学。但三者中，光线尤为重要，因为在没有光线的地方就看不出颜色。

由于某些生理上的原因，人的眼睛对颜色的辨认，不可能两个人对同一个颜色感受完全相同。因此，要科学地测定颜色，应依靠物理方法，在各种分光光度计上进行。

2.2.2　光泽

光泽是装饰材料表面方向性反射光线的特性。在评定装饰材料的外观时，其重要性仅次于颜色。光线射到物体上，一部分被反射，一部分被吸收，如果物体是透明的，则一部分被物体透射。被反射的光线可集中在光线的入射角度中，这种反射称镜面反射。被反射的光线也可分散在各个方向，称为漫反射。漫反射与上面讲过的颜色以及亮度有关，而镜面反射则是产生光泽的主要因素。光泽对形成于表面的物体形象的清晰程度，亦即反射光线的强弱，起决定性作用。不同的光泽度，可改变装饰材料表面的明暗程度，并可扩大视野或构成不同的虚实对比。装饰材料表面越光滑，则光泽度越高。装饰材料表面的光泽可用光电光泽计来测定。

2.2.3　透明性

装饰材料的透明性是光线透过装饰材料的性质。一般装饰材料分为透明体（可透光、透视）、半透明体（透光、不透视）、不透明体（不透光、不透视）。例如普通门窗玻璃大多是透明的，而磨砂玻璃和压花玻璃等则为半透明的。

2.2.4　质感

质感是装饰材料表面的组织结构、花纹、图案、颜色、光泽、透明性等给人的一种综合感觉。装饰材料所用的原料及组织、配合比、生产工艺和加工方法的不同，使表面组织具有多种多样的质地特征，如钢材、陶瓷、木材、玻璃、纺织物等装饰材料在人的感官中的软硬、轻重、粗犷、细腻、冷暖等感觉。组成相同的装饰材料可以有不同的质感，如普通玻璃和压花玻璃、镜面花岗石板材与剁斧石。相同的表面处理工艺，常具有相同或类似的质感，但有时并不完全相同，如人造花岗石、仿木纹制品没有天然花岗石和木材的亲切、真实感。视觉上的质感还依赖于光影效果和距离的远近。

2.2.5 平面花饰和立体造型

装饰材料表面的天然花纹(如天然石材)、纹理(如木材)及人造的花纹图案(如壁纸、彩釉砖、地毯等)都有特定的要求,均能达到一定的装饰目的。装饰材料的立体造型包括压花(如塑料发泡壁纸)、浮雕(如浮雕装饰板、植绒、雕塑)等多种形式,这些形式大大丰富了装饰的质感,提高了装饰效果。常要求装饰材料具有特定的平面花式和立体造型,来达到设想的装饰效果。

2.2.6 形状和尺寸

建筑装饰材料的形状和尺寸对于装饰效果有很大影响。对砖块、板材和卷材等装饰材料的形状和尺寸都有特定的要求和规格。除卷材的尺寸和形状可在使用时按需要剪裁和切割外,大多数板材和砖块都有一定的形状和规格,如长方、正方、多角等几何形状,以便拼装成各种图案和花纹。改变装饰材料的形状和尺寸,并配合花纹、颜色、光泽等,可拼镶出各种线形和图案,从而获得不同的装饰效果。

本章小结

本章是学习建筑装饰材料课程应具备的基础理论和基础知识。通过本章的学习可以了解和掌握建筑装饰材料的各种基本性质、基本参数、计算公式,了解和掌握材料物理力学性能及耐久性的评价指标,了解装饰材料的性能对工程结构质量的影响,为下一步的学习打下一定的理论基础。

复习思考题与习题

2.1 什么是材料的密度、表观密度和堆积密度?如何计算?

2.2 何谓材料的密实度、孔隙率?两者有何关系?

2.3 材料的亲水性和憎水性在建筑工程中有何实际意义?

2.4 质量吸水率和体积吸水率有何不同?什么情况下采用体积吸水率?什么情况下采用质量吸水率?

2.5 何谓材料的吸水性、吸湿性、耐久性、抗渗性、抗冻性?各用什么指标表示?

2.6 评价材料热工性能的常用指标有哪些?各如何计算?

2.7 什么是吸声性?什么是隔声性?影响吸声性的因素有哪些?

2.8 何谓材料的强度?根据外力作用方式不同,各种强度如何计算?

2.9 什么是脆性材料?什么是韧性材料?试举例说明。

2.10 何谓材料的耐久性?耐久性应包括哪些内容?

2.11　某一块材料的全干质量为 100 g，自然堆积状态体积为 40 cm^3，绝对密实状态下的体积为 33 cm^3，试计算其密度、表观密度、密实度和孔隙率。

2.12　建筑装饰材料的装饰性能包括哪几方面？

第3章　建筑装饰石材

本章要点

石材是被选择和加工成特殊形状的天然岩石,装饰石材是具有一个或更多机械加工装饰面的石材。本章介绍建筑装饰石材的发展历史和发展趋势,装饰石材的组成、分类、命名和型号;分别阐述常用的大理石、花岗石、人造石材的特点、用途、使用范围及主要技术指标,并简单介绍如何根据不同的使用要求和使用部位正确选择石材。

3.1　建筑装饰石材的基本知识

建筑装饰石材在国内外的应用历史悠久,我国是世界上石材工业大国,石材年产量、消费量、进出口量都占世界第一位。

我国石材资源丰富,开采历史悠久。唐朝的泉州开元寺塔石雕即采用当地的花岗石精雕而成;北京故宫的汉白玉雕栏为房山特产;云南大理城更是古今传颂的大理石之乡,以盛产大理石名扬中外。目前已探明的装饰用饰面石材储量达30亿立方米,其中花岗石类有100多种,大理石类有300多种。

石材是从天然岩体中开采出来加工成型的材料总称。石材具有抗压强度高、耐久性好等优点,经过加工后具有良好的装饰性,是现代家具台面及装饰的理想用材,同时也是古今中外建筑工程中修建城垣、房屋、园林、桥梁、道路等的优良材料之一。岩石由造岩矿物组成,它的构造特性以及所处的地质生成条件决定了岩石一系列的重要性质,因而决定着各种天然石材在装饰工程中使用的范围及条件。

3.1.1　建筑装饰石材的功能

建筑装饰石材具有以下功能:

1. 结构作用

建筑石材具有较高的硬度和强度,通过铺贴、干挂等施工方法,涂敷在建筑墙体的表面上,可以作为构成建筑、基础、柱、梁、框架、屋架、板等承重系统的材料。

2. 装饰作用

建筑石材具有美丽的花纹和光泽,采用机械研磨、凿毛加工等方法进行施工,可以获得各种纹理、图案及质感,使建筑物产生不同凡响的艺术效果,以达到美化环境、装饰建筑的目的。

3. 改善建筑的使用功能

建筑石材能提高室内的亮度，起到吸声和隔热的作用。一些特殊用途的石材还能使建筑具有防火、防水、防霉、防静电等功能。

在工业建筑、道路设施等构筑物上，石材还可起到标志作用和色彩调节作用，在美化环境的同时，提高了人们的安全意识，改善了心理状况，减少了不必要的损失。

3.1.2　石材的性能

1. 表观密度

石材的表观密度与其矿物组成、孔隙率、含水率等有关。石材按其表观密度分为重石和轻石两类。表观密度大于 1 800 kg/m^3 为重石，主要用于建筑物的基础、墙体、地面、路面、桥梁以及水上建筑物等；表观密度小于 1 800 kg/m^3 为轻石，主要用作墙体材料，如采暖房屋的外墙。

致密的石材，如花岗石、大理石等，其表观密度接近于密度，为 2 500～3 100 kg/m^3；而孔隙率大的火山灰、浮石等，其表观密度为 500～1 700 kg/m^3。石材表观密度越大，结构越致密，抗压强度越高，吸水率越小，耐久性越好，导热性也越好。

2. 吸水性

石材的吸水率和石材的致密程度与石材的矿物组成有关。深成岩和多数变质岩的吸水率较小，一般不超过 1%。石材的吸水率越小，则石材的强度与耐久性越高。在使用中对石材吸水率要作出限制，如表面装饰用大理石的吸水率要小于 0.5%。

3. 耐水性

石材的耐水性用软化系数 K 表示。软化系数是指石材在吸水饱和条件下的抗压强度与干燥条件下的抗压强度之比，反映了石材的耐水性能。石材的耐水性分为高、中、低三等。$K>0.90$ 的石材称为高耐水性石材，$K=0.70\sim0.90$ 的为中耐水性石材，$K=0.60\sim0.70$ 的为低耐水性石材。一般 $K<0.80$ 的石材，不允许用于重要建筑中。

4. 抗压强度

石材的抗压强度很大，而抗拉强度较小。石材的抗压强度是以边长 70 mm×70 mm×70 mm 的立方体试件，用标准试验方法测得的，以 MPa 表示。石材的抗压强度是划分其强度等级的依据。根据《砌体结构设计规范》(GB 50003-2001)规定，天然石材按抗压强度分为 MU100、MU80、MU60、MU50、MU40、MU30、MU20 七个强度等级，但在生产中也有 M15 和 M10 等级。

试件也可采用表 3-1 所列边长尺寸的立方体，但应对其试验结果乘以相应的换算系数后方可作为石材的强度等级。

表 3-1　不同尺寸立方体强度等级换算系数

立方体边长/mm	200	150	100	70	50
强度等级换算系数	1.43	1.28	1.14	1	0.86

5. 抗冻性

石材的抗冻性用冻融循环次数表示。石材在吸水饱水状态下，经过规定次数的反复冻融循环，若无贯穿裂纹，且质量损失不超过5%，强度损失不大于25%，则为抗冻性合格。根据能经受的冻融循环次数，可将石材分为5、10、15、25、50、100及200等标号。吸水率低于0.5%的石材，其抗冻性较高，无须进行抗冻性试验。

6. 硬度

岩石的硬度以莫氏硬度、洛氏硬度、努氏硬度表示。它取决于岩石组成矿物的硬度与构造。凡由致密、坚硬矿物组成的石材，其硬度就高。岩石的硬度与抗压强度有很好的相关性，一般抗压强度高的，硬度也大。岩石的硬度越大，其耐磨性和抗刻画性能越好，但表面加工越困难。具体等级划分见表3-2。

表3-2 矿石硬度等级划分

矿石	莫氏硬度	洛氏硬度	努氏硬度
金	0	—	—
云母	1	0.03	1
石膏	2	1.25	32
方解石	3	4.5	135
萤石	4	5	163
磷灰石	5	6.5	430
正长石	6	37	560
石英	7	120	820
黄玉	8	175	1 340
刚玉	9	1 000	1 800

7. 耐磨性

耐磨性是指石材在使用条件中抵抗摩擦、边缘剪切以及冲击等复杂作用的性质。石材的耐磨性以单位面积磨耗量表示。石材的耐磨性与其组成矿物的硬度、结构、构造特征以及石材的抗压强度和冲击韧性等有关。对使用于遭受磨损的部位如道路、地面、踏步等场合的石材，要选用耐磨性好的石材。

3.1.2 建筑装饰石材的基本组成

天然石材是从天然岩石中开采出来的。岩石由造岩矿物组成，建筑工程中常用岩石的造岩矿物有石英、长石、云母、方解石和白云石等，每种造岩矿物具有不同的颜色和特性。绝大多数岩石是由多种造岩矿物组成的，比如花岗石由长石、石英、云母及某些暗色矿物组成，因此颜色多样；而白色大理石由方解石或白云石组成，通常呈现白色。由此可见，作为矿物集合体的岩石并无确定的化学成分和物理性质，即同种岩石，由于产地不同，其矿物组成和结构均会有差异，因而岩石的颜色、强度等性能也会有差异。

由于不同地质条件的作用，各种造岩矿物在不同的地质条件下形成不同类型的岩石。通常可分为三大类：岩浆岩、沉积岩和变质岩。

1. 岩浆岩

岩浆岩又称火成岩，是因地壳变动，熔融的岩浆在地壳内部上升后冷却而形成的。岩浆岩是组成地壳的主要岩石，占地壳总质量的89%。岩浆岩根据冷却条件的不同，又分为深成岩、喷出岩和火山岩三种。

深成岩是地壳深处的岩浆在很大的覆盖压力下缓慢冷却形成的岩石。深成岩构造致密，表观密度大，抗压强度高，耐磨性好，吸水率小，抗冻性、耐水性和耐久性好。天然石材中的花岗石属于典型的深成岩。

喷出岩是熔融的岩浆喷出地表后，在压力降低并迅速冷却的条件下形成的岩石。当喷出岩形成较厚的岩层时，其性质类似深成岩；当喷出岩形成的岩层较薄时，则形成的岩石常呈多孔结构，性质近似于火山岩。建筑上常用的喷出岩有玄武岩、安山岩等。

火山岩又称火山碎屑岩，是火山爆发时的岩浆被喷到空中，经急速冷却后落下而形成的碎屑岩石，如火山灰、浮石等。火山岩都是轻质多孔结构的材料，其中火山灰被大量用作水泥的混合料，而浮石可用作轻质骨料来配制轻骨料混凝土。

2. 沉积岩

沉积岩又叫水成岩，它是由露出地表的岩石（母岩）风化后，经过风力搬迁、流水冲移而沉淀堆积，在离地表不太深处形成的岩石。沉积岩为层状结构，各层的成分、结构、颜色、层厚等均不相同。与岩浆岩相比，沉积岩结构密实性较差，孔隙率大，表观密度小，吸水率大，抗压强度较低，耐久性也较差。

沉积岩虽然只占地壳总质量的5%，但其分布于地壳表面，约占地壳表面积的75%。沉积岩一般藏在地表不太深处，易于开采。沉积岩在建筑工程中用途广泛，最重要的是石灰岩。石灰岩是烧制石灰和水泥的主要原料，更是配制普通水泥混凝土的重要组成材料。石灰岩还可用来修筑堤坝，铺筑道路，结构致密的石灰岩经切割、打磨抛光后，还可代替大理石板材使用。

白云岩、砂岩、贝壳岩等属于沉积岩。

3. 变质岩

变质岩是由原生的岩浆岩或沉积岩，经过地壳内部高温、高压作用而形成的岩石。通常，沉积岩变质后性能变好，结构变得致密、耐用，比如沉积岩中石灰岩变质为大理石；而岩浆岩变质后，性能反而变差，如花岗石（深成岩）变质为片麻岩，易产生分层剥落，耐久性差。

表3-3 主要造岩矿物的颜色和特性

造岩矿物	颜色	特性
石英	无色透明	性能稳定
长石	白、浅灰、桃红、红、青、暗灰	风化慢
云母	无色透明至黑色	易裂成薄片

续表

造岩矿物	颜色	特性
角闪石、辉绿石、橄榄石	深绿、棕、黑(暗色矿物)	开光性好,耐久性好
方解石	白色、灰色	开光性好,易溶于含 CO_2 的水中
白云石	白色、灰色	开光性好,易溶于含 CO_2 的水中
黄铁矿	金黄色(二硫化铁)	二硫化铁为有害杂质,遇水及氧化后生成硫酸,污染及破坏岩石

3.1.3 建筑装饰石材的分类和型号

1. 石材的分类

装饰类石材可分为天然石材和人造石材两大类。天然石材指的是大理石、花岗石、石灰石和板石等经锯切、抛光等物理方法加工而成的石质建筑材料,包括块料、板料和磨光的饰面板材,不包括用于骨料或人造石料的碎石或石粉。人造石材是以不饱和聚酯树脂为粘接剂,配以天然大理石或方解石、白云石、硅砂、玻璃粉等无机物粉料,以及适量的阻燃剂、颜料等,经配料混合、瓷铸、振动压缩、挤压等方法成型固化制成的。

2. 石材名称

石材的命名:荒料产地名称、色调花纹特征名称、石材类型;命名顺序为:编号、规格尺寸、等级、大面标识、标准号。

例如,北京房山白色大理石荒料生产的普型板材,规格尺寸为 600 mm×600 mm×20 mm 的优等品板材的命名和标记如下:

命名:房山高专汉白玉大理石 M1101,规格尺寸为 250。

3.2 天然石材

常用的天然石材有大理石、花岗石、板石、石灰石等。

3.2.1 天然大理石

天然大理石建筑板材简称大理石板材,是建筑装饰中应用较为广泛的天然饰面材料。由于大理石属于碳酸岩,是石灰石、白云岩经变质而成的结晶产物,矿物组分主要是石灰石、方解石和白云石,因而结构致密(密度为 2 700 kg/m^3),强度较高,吸水率低,但表面硬度低,不耐磨,耐化学侵蚀和抗风蚀性能较差。

从大理石矿体开采出来的块状石料称为大理石荒料,大理石荒料经锯切、磨光等加工后就成为大理石装饰板材。

“大理石”是由于我国的此类石材最初大量产于云南大理而得名的。通常质地纯正的大理石为白色，俗名为汉白玉，是大理石中的优良品种。当在变质过程中混入有色杂质时，就会出现各种色彩或斑纹，从而产生了众多的大理石品种，如艾叶青、雪花、碧玉、黄花玉、彩云、海涛、残雪、虎纹、桃红、秋枫、红花玉、墨玉等。

1. 天然大理石建筑板材的性能特点和应用

天然大理石结构致密，抗压强度高，吸水率小，硬度不大，既具有良好的耐磨性，又易于加工，耐腐蚀，耐久性好，变形小，易于清洁。经过锯切、磨光后的板材光洁细腻，如脂如玉，纹理自然，花色品种可达上百种，装饰效果美不胜收。浅色大理石的装饰效果庄重而清雅，深色大理石的装饰效果则显得华丽而高贵。天然大理石的性能指标见表 3-4。

表 3-4　天然大理石的性能指标

项目	指标
表观密度/(kg/m^3)	2 500～2 700
抗压强度/MPa	47～140
平均质量磨耗率/%	12
吸水率/%	<1
膨胀系数/($\times 10^{-6}$/℃)	9.02～11.2
耐用年限/年	>20

天然大理石的主要缺点有两个：一是硬度较低，如用大理石铺设地面，磨光面容易损坏，其耐用年限一般为 30～80 年；二是抗风化能力较差，除个别品种（如汉白玉等）外，一般不宜用于室外装饰。这是由于空气中常含有二氧化硫，与水生成亚硫酸，以后变成硫酸。而大理石中的主要成分为碳酸钙，碳酸钙与硫酸反应生成易溶于水的硫酸钙，使表面失去光泽，变得粗糙多孔而降低装饰效果。公共卫生间等经常使用水冲刷和用酸性材料洗涤处也不宜用大理石作地面材料。

大理石由于抗风化性能较差，在建筑装饰中主要用于室内饰面，如建筑物的墙面、地面、柱面、服务台面、窗台、踢脚线以及高级卫生间的洗漱台面等处，也可加工成大理石工艺品、壁画、生活用品等。如人民大会堂云南厅的大屏风上，镶嵌着一块呈现山河云海图的彩色大理石，气势雄伟，十分壮观，这是大理人民借大自然的神笔“描绘”出的歌颂祖国大好河山的画卷。

此外，用大理石边角料做成“碎拼大理石”墙面或地面，格调优美，乱中有序，别有风韵。大理石边角余料可加工成规则的正方体、长方体，也可不经锯割而呈不规则的毛边碎料。碎拼大理石可用来点缀高级建筑的庭院、走廊等部位，为建筑物增添色彩。

2. 天然大理石建筑板材的规格尺寸

天然大理石板材按形状不同，分为普型板材（PX）和圆弧板材（HM）两大类。普型板材是指正方形或长方形的板材，圆弧板材是指装饰面轮廓线的曲率半径处处相同的饰面板材。

常用普型大理石板材的规格见表 3-5。

表 3-5 常用天然大理石板材产品规格

长/mm	宽/mm	厚/mm	长/mm	宽/mm	厚/mm
300	150	20	1 200	900	20
300	300	20	305	152	20
400	200	20	305	305	20
400	400	20	610	305	20
600	300	20	610	610	20
600	600	20	915	610	20
900	600	20	1 070	750	20
1 200	600	20	1 220	915	20

3. 天然大理石建筑板材的技术要求

根据《天然大理石建筑板材》(GB/T 19766-2005)的规定,天然大理石按照尺寸允许偏差、平面度允许公差、角度允许公差和正面外观缺陷要求,分为优等品(A)、一等品(B)、合格品(C)三个等级,并要求同一批板材的花纹色调应基本一致,不可以与标准样板有明显差异。大理石不同等级板材质量技术要求见表 3-6、表 3-7、表 3-8。

表 3-6 天然大理石普型板尺寸允许偏差要求 单位:mm

<table>
<tr><th colspan="3" rowspan="2">项目</th><th colspan="3">允许偏差</th></tr>
<tr><th>优等品</th><th>一等品</th><th>合格品</th></tr>
<tr><td rowspan="4">规格尺寸允许偏差</td><td colspan="2">长度
宽度</td><td colspan="2">0
−1.0</td><td>0
−1.5</td></tr>
<tr><td rowspan="2">厚度</td><td>≤12</td><td>±0.5</td><td>±0.8</td><td>±1.0</td></tr>
<tr><td>>12</td><td>±1.0</td><td>±1.5</td><td>±2.0</td></tr>
<tr><td colspan="2">干挂板材厚度</td><td colspan="2">+2.0
0</td><td>+3.0
0</td></tr>
<tr><td rowspan="3">平面度允许公差</td><td rowspan="3">板材长度</td><td>≤400</td><td>0.2</td><td>0.3</td><td>0.5</td></tr>
<tr><td>400～800</td><td>0.5</td><td>0.6</td><td>0.8</td></tr>
<tr><td>>800</td><td>0.7</td><td>0.8</td><td>1.0</td></tr>
<tr><td colspan="2" rowspan="2">角度允许公差</td><td>≤400</td><td>0.3</td><td>0.4</td><td>0.5</td></tr>
<tr><td>>400</td><td>0.4</td><td>0.5</td><td>0.7</td></tr>
</table>

表 3-7 天然大理石板材正面外观缺陷要求

<table>
<tr><th>名称</th><th>规定内容</th><th>优等品</th><th>一等品</th><th>合格品</th></tr>
<tr><td>裂纹</td><td>长度超过 10 mm 的不允许条数(条)</td><td colspan="3">0</td></tr>
<tr><td>缺棱</td><td>长度不超过 8 mm,宽度不超过 1.5 mm(长度≤4 mm,宽度≤1 mm 不计),每米长允许个数(个)</td><td rowspan="4">0</td><td rowspan="3">1</td><td rowspan="3">2</td></tr>
<tr><td>缺角</td><td>沿板材边长顺延方向,长度≤3 mm,宽度≤3 mm(长度≤2 mm,宽度≤2 mm 不计),每块板允许个数(个)</td></tr>
<tr><td>色斑</td><td>面积不超过 6 cm^2(面积小于 2 cm^2 不计),每块板允许个数(个)</td></tr>
<tr><td>砂眼</td><td>直径在 2 mm 以下</td><td>不明显</td><td>有,但不影响装饰效果</td></tr>
</table>

表 3-8 天然大理石圆弧板尺寸允许偏差要求 单位:mm

<table>
<tr><th colspan="3" rowspan="2">项目</th><th colspan="3">允许偏差</th></tr>
<tr><th>优等品</th><th>一等品</th><th>合格品</th></tr>
<tr><td rowspan="2">壁厚规格尺寸允许偏差</td><td colspan="2">弦长</td><td colspan="2">0
−1.0</td><td>0
−1.5</td></tr>
<tr><td colspan="2">高度</td><td colspan="2">0
−1.0</td><td>0
−1.5</td></tr>
<tr><td colspan="2" rowspan="2">直线度
(按板材高度)</td><td>≤800</td><td>0.6</td><td>0.8</td><td>1.0</td></tr>
<tr><td>>800</td><td>0.8</td><td>1.0</td><td>1.2</td></tr>
<tr><td colspan="2">线轮廓度</td><td>≤400</td><td>0.8</td><td>1.0</td><td>1.2</td></tr>
<tr><td colspan="3">端面角度允许公差</td><td>0.4</td><td>0.6</td><td>0.8</td></tr>
</table>

普型板拼缝板材正面与侧面的夹角不得大于 90°,圆弧板侧面角应不小于 90°。

4. 天然大理石板材的命名

天然大理石板材的标记顺序为:荒料产地地名、花纹色调特征名称、大理石(M);编号、类别、规格尺寸、等级、标准号。

例如,北京房山白色大理石荒料生产的规格尺寸为 600 mm×600 mm×20 mm 的普型、优等品板材示例如下:

命名:房山汉白玉大理石。

标记:M1101PX 600×600×20 A GB/T 19766-2005。

3.2.2 花岗石

天然花岗石(或花岗岩)属岩浆岩(火成岩),其主要矿物成分为长石、石英及少量云母和暗色矿物，其中长石含量为40%～60%，石英含量为20%～40%。其颜色决定于所含成分的种类和数量，常呈现灰色、黄色、蔷薇色和红色等，以深色花岗石较为名贵。花岗石为全结晶结构的岩石，按结晶颗粒的大小，通常分为细粒、中粒和斑状等结晶结构。优质花岗石晶粒细而均匀，构造紧密，石英含量多；长石光泽明亮，无风化迹象。云母含量高的花岗石表面不易抛光，含有黄铁矿的花岗石易受到侵蚀。

表 3-9　花岗石主要化学成分

成分	SiO_2	Al_2O_3	CaO	MgO	Fe_2O_3
含量/%	67～76	12～17	0.1～2.7	0.5～1.6	0.2～0.9

1. 天然花岗石的性能特点和应用

天然花岗石结构致密，质地坚硬，强度高，空隙率和吸水率小，耐磨性、耐腐蚀性、抗冻性好，耐久性好，耐久年限可达200年以上。经加工后的板材呈现出各种斑点状花纹，具有良好的装饰性。天然花岗石的性能指标见表3-10。

表 3-10　天然花岗石的性能指标

项目	技术指标	
	一般用途	功能用途
体积密度/(kg/m^3)	2 560	2 560
抗压强度/MPa	100	131
耐磨度	25	25
吸水率/%	≤0.60	≤0.80
耐用年限/年	200	200

天然花岗石的缺点主要有：一是自重大，用于房屋建筑会增加建筑物的自重；二是硬度大，开采加工较困难；三是质脆，耐火性差。当花岗石受热温度超过800 ℃时，花岗石中的石英晶态转变造成体积膨胀，从而导致石材爆裂，失去强度；四是某些花岗石含有微量放射性元素，对人体有害。

根据国家标准《建筑材料放射性核素限量》(GB6566-2010)规定，所有石材均应提供放射性物质含量检测证明，并将天然石材按照放射性物质的比活度分为A级、B级、C级三个等级。

表 3-11　建筑材料放射性核素限量指标

测定项目	装饰装修材料		
	A类	B类	C类
内照射指数(I_{ra})	≤1.0	≤1.3	—
外照射指数(I_r)	≤1.3	≤1.9	≤2.8

A类：产销与使用范围不受限制。

B类：不可使用于Ⅰ类民用建筑的内饰面，但可用于Ⅰ类民用建筑的外饰面及其他建筑的内、外饰面。

C 类：只可用于建筑物的外饰面和室外其他用途。

I_r>2.8 的花岗石只能用于碑石、海堤、桥墩等人很少涉及的地方。

因此，家居装修时最好应选用 A 级产品，而不能用 B 级、C 级。

花岗石主要用于建筑物室内外装饰，如室内地面、内外墙面、柱面、墙裙、楼梯等处，也可用于吧台、服务台、收款台、家具装饰，以及制作各种纪念碑、墓碑等，还可用来砌筑建筑物的基础、墙体、桥梁、踏步、堤坝，铺筑路面及制作城市雕塑等。磨光花岗石板的装饰特点是华丽而庄重，粗面花岗石装饰板材的特点是凝重而粗犷。应根据不同的使用场合选择不同物理性能及表面装饰效果的花岗石。

2. 天然花岗石板材的规格尺寸

天然花岗石建筑板按材形状分为毛光板(MG)、普型板(PX)、圆弧板(HM)、异形板(YX)；按表面加工程度不同又分为镜面板材(JM，表面平整，具有镜面光泽)、细面板材(YG，表面平整光滑)和粗面板材(CCM，表面粗糙平整，具有较规则加工条纹的机刨板、锤击板等)；按用途分类可分为一般用途(用于一般性装饰用途)板材和功能用途(用于结构性承载用途或特殊功能要求)板材。

常用普型花岗石装饰板材规格见表 3-12。

表 3-12　常用天然花岗石建筑板材产品规格　　单位：mm

边长系列	300、305、400、500、600、800、900、1 000、1 200、1 500、1 800
厚度系列	10、12、15、18、20、25、30、35、40、50

3. 天然花岗石板材的质量技术要求

为了确保装饰效果，用于同一工程的天然花岗石板材的外观质量和花纹应基本一致，相同尺寸规格板材间的尺寸偏差不得明显。但是，由于材质和加工水平等方面的差异，花岗石板材的外观质量有可能产生较大差别，从而造成装饰效果和施工操作等方面的缺陷。因此，国家规定了天然花岗石板材的质量标准。

根据《天然花岗石建筑板材》(GB/T 18601-2009)的规定，天然花岗石建筑板材按照规格尺寸偏差、平面度公差、角度公差和外观缺陷要求，分为优等品(A)、一等品(B)、合格品(C)三个等级。天然花岗石不同等级板材质量技术要求见表 3-13、表 3-14。

表 3-13　天然花岗石建筑板材普型板尺寸允许偏差要求　　单位：mm

<table>
<tr><th rowspan="2">项目</th><th rowspan="2" colspan="2">规格</th><th colspan="3">镜面和细面面板材</th><th colspan="3">粗面板材</th></tr>
<tr><th>优等品</th><th>一等品</th><th>合格品</th><th>优等品</th><th>一等品</th><th>合格品</th></tr>
<tr><td rowspan="3">规格尺寸
允许偏差</td><td colspan="2">长度
宽度</td><td colspan="2">0
−1.0</td><td>0
−1.5</td><td colspan="2">0
−1.0</td><td>0
−1.5</td></tr>
<tr><td rowspan="2">厚度</td><td>≤12</td><td>±0.5</td><td>±1.0</td><td>+1.0
−1.5</td><td>—</td><td>—</td><td>—</td></tr>
<tr><td>>12</td><td>±1.0</td><td>±1.5</td><td>±2.0</td><td>+1.0
−2.0</td><td>±2.0</td><td>+2.0
−3.0</td></tr>
</table>

续表

项目	规格		镜面和细面面板材			粗面板材		
			优等品	一等品	合格品	优等品	一等品	合格品
平面度允许公差	板材长度 L	≤400	0.20	0.35	0.50	0.60	0.80	1.00
		400～800	0.50	0.65	0.80	1.20	1.50	1.80
		>800	0.70	0.85	1.00	1.50	1.80	2.00
角度允许极限公差	平板长度	≤400	0.30	0.50	0.80	0.30	0.50	0.80
		>400	0.40	0.60	1.00	0.40	0.60	1.00

表 3-14 天然花岗石板材正面外观缺陷要求

名称	规定内容	优等品	一等品	合格品
缺棱	长度≤10 mm，宽度≤1.2 mm(长度<5 mm，宽度<1.0 mm不计)，每边每米长允许个数(个)	0	1	2
缺角	沿板材边长，长度≤3 mm，宽度≤3 mm(长度不≤2 mm，宽≤2 mm者不计)，每块板允许个数(个)			
裂纹	长度不超过两端顺延至板边总长度的1/10(长度<20 mm者不计)，每块板允许条数(条)			
色斑	面积≤15 mm×30 mm(面积<10 mm×10 mm者不计)，每块板允许个数(个)			
色线	长度不超过两端顺延至板边总长度的1/10(长度×40 mm者不计)，每块板允许条数(条)		2	3

4. 天然花岗石板材的命名

天然花岗石板材的命名顺序为：荒料产地名称、花纹色调特征名称、花岗石(G)。

标记顺序为：命名、分类、规格尺寸、等级、标准号。

例如，用山东济南青花岗石荒料生产的规格尺寸为 600 mm×600 mm×20 mm 的普型、镜面、一等品板材，其命名和标记如下：

命名：济南青花岗石。

标记：济南青(G370)PX JM 600 mm×600 mm×20 mm B GB/ T 18601-2009。

3.2.3 *石灰石建筑板材*

石灰石主要指由碳酸钙(方解石矿物)或者碳酸钙镁(白云石矿物)或两者的混合矿物构成的一种沉积岩类饰面石材。通常为灰白色、浅灰色，有时因含有杂质而呈现灰黑、深灰、浅红、浅黄等颜色。

石灰岩的主要特征是呈层状结构，外观多层理和含有动物化石。石灰石的表观密度为

2 000～2 600 kg/m³，抗压强度为 20～120 MPa，吸水率在 2%～10%以下，具有较高的耐水性和抗冻性，有一定的强度和耐久性。石灰岩的缺点是材质软，易风化，其风化程度随岩体埋藏深度差异很大。埋藏深度较浅或处于地表的岩石风化较严重，岩石呈片状，可直接用于建筑。埋藏较深的石灰石，其板块厚，抗压强度及耐久性均较理想，可加工成所需要的装饰板材。

石灰石材根据表面加工形式的不同，分为毛面板和光面板两大类。毛面板是人工用工具按自然纹理劈开，表面不经修磨，利用石灰石本身固有的不同颜色，搭配混合使用时，可形成粗犷的质感和丰富的色彩，具有一定的自然风格，主要用于地面及室内墙面的装饰。光面板是一种珍贵的饰面材料，主要用于建筑物墙面、柱面等部位的装饰。近年来，我国许多公共建筑采用了石灰岩板材，取得了良好的装饰效果。

石灰石建筑板材的技术指标参见《天然石灰石　建筑板材》(GB/T 23453-2009)。

1. 石灰石分类

天然石灰石根据自身密度可分为以下三类：

Ⅰ低密度石灰石，密度范围：1 760～2 160 kg/m³；

Ⅱ中密度石灰石，密度范围：2 160～2 560 kg/m³；

Ⅲ高密度石灰石，密度范围：2 560 kg/m³ 以上。

2. 物理性能技术指标

石灰石饰面板材的主要物理性能技术指标有吸水率、体积密度、压缩强度、断裂模数、耐磨度，具体标准见表 3-15。

表 3-15　石灰石物理性能技术指标

物理指标	技术指标	分类	检验方法标准
吸水率最大值/%	12	Ⅰ	ASTM C97
	7.5	Ⅱ	
	3	Ⅲ	
体积密度/(kg/m³)	1 760	Ⅰ	ASTM C97
	2 160	Ⅱ	
	2 560	Ⅲ	
压缩强度最小值/MPa	12	Ⅰ	ASTM C170
	28	Ⅱ	
	55	Ⅲ	
断裂模数最小值/MPa	2.9	Ⅰ	ASTM C99
	3.4	Ⅱ	
	6.9	Ⅲ	
耐磨度最小值/(1/cm³)	10	Ⅰ	ASTM C241/C1353
	10	Ⅱ	
	10	Ⅲ	

3.2.4 进口天然石材

进口石材因其特殊的地理形成条件，无论在天然纹路、质地和色泽上，都与国产石材有明显区别，再加上国外先进的加工技术，使得进口石材从整体外观与性能上都优于国产石材。现今，我国一些公共建筑、星级宾馆、高档会所等装饰都大面积选用进口石材。

主要进口石材的情况见表 3-16。

表 3-16 国内常见进口石材汇总

国家名称	中文名称	英文名称	石材种类
美国	美国白麻	CAMELIA WHITE	G
	美国灰麻	BETHEL WHITE	G
	芝麻灰	BARRY GREY	G
	沙利士红	SALISBURY PINK	G
	太阳白麻	SOLAR WHITE	G
	红紫晶	DAKOTA MAHOGANY	G
	恺撒白	CAESA WHITE	G
巴西	金彩麻	GIALLO VENEZIANO	G
	金钻麻	GIALLO FIOPITO	G
	金鸡麻	CARIOCA GOLD	G
	紫点金麻(深色)	GIALLO CECILIA DARK	G
	紫点金麻(浅色)	GIALLO CECILIA LIGHT	G
	皇室啡	CAFE IMPERIAL	G
	维纳斯白麻	CEARA WHITE	G
	紫点黄麻	GIALLO JASMINE	G
	博多金麻	JUPARANA BORDEAUX	G
	比萨金麻	GOLDEN PERSA	G
	世贸金麻(深色)	GIALLO SF REAL(DARK)	G
	世贸金麻(浅色)	GIALLO SF REAL(LIGHT)	G
	墨绿麻	VERDE BAHIA	G
	香槟金麻	SAMOA	G
	啡珍珠	IMPERIAL BROWN	G
	加州金麻(红底)	GIALLO CALIFORNIA	G
	加州金麻(黑底)	GIALLO CALAFURIA	G
	皇室金麻	GOLDEN KING	G
	积架红	JACARANDA	G

续表

国家名称	中文名称	英文名称	石材种类
	维纳金麻	GIALLO IMPERIAL	G
	新金山麻	ORO VENEZIANO	G
	金山麻	GIALLO SAN FRANCISCO REAL MS	G
	玫瑰白麻	WHITE ROSE	G
	黄蝴蝶	BUTTERFLY YELLOW	G
	多瑙蓝	AZUL BAHIA	G
	奥文度金	GIALLO ORNAMENTAL	G
	威尼斯金麻	NEW VENETIAN GOLD	G
	巴西紫水晶	MARRON BAHIA	G
	紫水晶	LILLAS GERAIS	G
	蝴蝶青	VERDE BUTTERFLY	G
	海洋绿	VERDE MF	G
	金芝麻	GIALLO ANTICO	G
	女皇白	REGINA WHITE	G
	啡水晶	NEW CALEDONIA	G
	幻彩绿	VERDE SANFRANCISCO	G
	银啡钻	ZETA BROWN	G
	博多金麻	JUPARANA BORDEAUX	G
	珊瑚麻	QUARCITA ROSSO	G
	红豆沙白麻	BIANCO CARDINALE	G
	细啡珠	CAFE BAHIA	G
	石英蓝	AZUL MACAUBAS	G
	高蛟红	MARRON GUAIBA	G
	巴西红	ROYAL RED	G
加拿大	金松绿	PINE GREEN	G
	宝利康	POLYCHROME	G
克罗地亚	克罗地亚米黄	CROATIA BEIGE	M
埃及	金线米黄	SUNNY YELLOW	M
	埃及米黄	GALALA BEIGE	M
	金碧辉煌	GIALLO ATLANTIDE	M
	劳斯米黄	LOTUS BEIGE	M

续表

国家名称	中文名称	英文名称	石材种类
菲律宾	橙皮红	TEA ROSE	M
	金摩卡	GOLD MOCA	L
芬兰	啡钻	BALTIC BROWN	G
	绿钻麻	BALTIC GREEN	G
	路佑红	BALMORAL RED	G
	老鹰红	EAGLE RED	G
	红钻(卡门红)	CARMEN RED	G
法国	枫丹白露	FONTANE BLEAU	M
	法国红	ROSSO FRANCIA	M
	黑罗兰	SAINT LAURENT	M
希腊	金蜘蛛	GOLD SPIDER	M
	爵士白	VOLAKAS	M
	雅士白	ARISTON	M
	银河白	VENUS GALAXY	M
	白水晶	THASSOS WHITE	M
印度	印度红	IMPERIAL RED	G
	黑金沙	BLACK GALAXY	G
	英国棕	TAN BROWN	G
	印度绿	INDIA GREEN	G
	宝石蓝	SAPHIRE BLUE	G
	幻彩红	MULTICOLOR RED	G
	金丝麻	RAW SILK	G
	克什米尔金	KASHMIR GOLD	G
	皇家白麻	IMPERIAL WHITE	G
	沙漠金	DESERT GOLD	G
	印度蓝	LAVENDER BLUE	G
	纯黑麻	ABSOLUTE BLACK	G
	翡翠绿	HASSEN GREEN	G
	虎皮纹	TIGER SKIN	G
	哥伦布红	JUPARANA COLUMBO	G
	雪中红	GALAXY WHITE	G
	紫彩麻	PARADISO DARK	G

续表

国家名称	中文名称	英文名称	石材种类
印度	黑珍珠	EMERALD PEARL	G
	雨林啡	RAINFOREST BROWN	M
	黑水晶	BLACK CRYSTAL	G
	彩虹砂石	RAINBOW SANDSTONE	Q
印尼	都市米黄	CREMA IVORY	M
	嘉曼米黄	MALAKA	M
	新雅米黄	CITATAH BEIGE	M
伊朗	欧典米黄	SHAYAN BEIGE	M
	黄金米黄	GLO CREAM	M
	莎安娜米黄	ROYAL BOTTICINO	M
	米白洞石	LIGHT BEIGE TRAVERTINE	L
	啡洞石	BROWN TEAVERTINE	L
	白宫米黄	HARSIN BEIGE	M
	红洞石	RED TRAVERTINE	L
	香草米黄	VENILLA CREAM	M
	克罗地亚米黄	CREAM FLOWER	M
	橙玉	HONEY GOLD ONYX	M
	白玉	WHITE ONYX	M
	超白洞石	SUPER WHITE TRAVERTINE	L
	安娜米黄	ARYAN MARFIL	M
	金龙米黄	DRAGON BEIGE	M
	龙舌兰	SHELL BEIGE	M
	黄洞石	BEIGE TRAVERTINE	L
以色列	皇家金	GIALLO ROYAL TAFU	M
	富达玛金	GIALLO FATIMA	M
意大利	万寿红	ROSSO VERONA	L
	香槟红	PERLINO ROSATO	M
	银线米黄	PERLINO BIANCO	M
	新米黄	PERLATO SICILIA	M
	细花白	WHITE CARRARA	M
	中花白	STATAURIETTO	M
	雪花白	STATUARIO VENATO	M

续表

国家名称	中文名称	英文名称	石材种类
意大利	银芝麻	BEOLA GRIGIA	M
	豆腐花米黄	BOTTICINO FIORITO	M
	七彩米黄	BRECCIA AURORA CLASSICA	M
	大花绿	VERDE ALPI	M
	网状大花白	ARABESCATO CORCHIA	M
	山水纹大花白	ARABESCATO FANIELLO	M
	黑金花	PORTORO	M
	旧米黄	BOTTICINO CLASSICO	M
	木纹石	SERPEGGIANTE	L
	木纹沙石	PIETRA DORATA	L
	爵士黄	GIALLO REALE	M
	凯悦红	BRECCIA ONICIATA	M
	鱼肚白	CALACATTA	M
	米兰玫瑰	ITALIAN ROSE	M
	象牙洞石	TRAVERTINE NAVONA	M
	红线米黄	FILETTO ROSSO	M
	金花米黄	PERLATO SVEVO	M
	柏斯高灰	FIOR DI PESCO	M
	西耶那金(圣安娜黄)	GIALLO SIENA	M
挪威	蓝珍珠(蓝花岗)	BLUE PEARL	G
	银星	SILVER PEARL	G
	绿星石	EMERALD PEARL	G
	宝金蓝	BLUE ANTIQUE	G
	挪威红	ROSA NORVEGIA	G
西班牙	白珠白麻	GRIGIO PEARL	G
	粉红麻	ROSA PORRINO	G
	梦幻蓝	BLUE DREAM	G
	伯利黄	SPAINISH GOLD	M
	西班牙米黄(COTO)	CREMA MARFIL(COTO)	M
	西班牙米黄(ZARFA)	CREMA MARFIL(ZARFA)	M
	珊瑚红	ROSSO ALICANTE	M
	深啡网	EMPERADOR DARK	M

续表

国家名称	中文名称	英文名称	石材种类
西班牙	西施红	ROSA LEVANTE	M
	黑白根	NEGRO MARQUINA	M
	奶油砂石	NIWALA YELLOW	L
	罗莎红	ROSSO VALENCIA	M
	柠檬黄	CREMA VALENCIA	M
	浅啡网纹	EMPERADOR LIGHT	M
	透光石	ALABASTER	M
	金黄天龙(金丝雀)	AMARILLO TRIANA	M
	西班牙白砂石	CALIZA CAPRI	L
阿曼	圣诞米黄	CHRISTMAS BEIGE	M
巴基斯坦	金年华	INDUS GOLD	M
	金网花	BLACK & GOLD	M
	绿玉	GREEN ONYX	M
瑞典	紫晶麻	ROYAL MAHOGANY	G
葡萄牙	玫瑰红	ROSA PORTOGALLO	M
	白沙米黄	MOCA CREME	L
	树挂冰花	SAINT LOUIS	G
沙特	黄金钻	TROPICAL BROWN	G
	琥珀红	NAJRAN RED	G
	宝金石	GOLDEN LEAF	G
南非	巴拿马黑	NERO IMPALA	G
	南非红	AFRICAN RED	G
	黑罗兰	PORT LAURENT	G
	香格里拉黑	BROWN ANTIQUE	G
土耳其	紫罗红	ROSSO LEPANTO	M
	世纪米黄	BURSA BEIGE	M
	丁香米黄	SAHARA BEIGE	M
	阿曼米黄	AMASYA BEIGE	M
	帝皇金	GOLDEN IMPERIAL	M
	宝金米黄	CAPPUCINO	M
	玻丁米黄	BURDUR BEIGE	M
	金世纪米黄	GOLDEN BEIGE	M

续表

国家名称	中文名称	英文名称	石材种类
土耳其	新丁香米黄	BEDEN BEIGE	M
	特雅米黄	ATLAS BEIGE	M
	银河米黄	ORION CREAM	M
	爵士米黄	REFAL BEIGE	M
	维纳斯米黄	MOON CREAM	M
	雅典米黄	KOMBASSON BEIGE	M
	罗马米黄(Y)	MIRACLE BEIGE	M
	罗马米黄(I)	INEGOL BEIGE	M
	粉蝶米黄	NEW MARFIL	M
	雅士米黄	BELLA BEIGE	M
	象牙米黄(I)	IVORY CAEAM	M
	象牙米黄(T)	TROYA BEIGE	M
	幸福米黄	FILICITA CREAM	M
	达丽米黄	CREAM NOVITA	M
	特丽米黄	CREMA PERFETTA	M
	雅丽米黄	CREMA NOUVA SELECT	M
	贝丽米黄	CREMA UNICO	M
	皇室米黄	ROYAL BEIGE	M
	罗马灰(L)	BIANCO LEOPARTO	M
	罗马灰(V)	VERDE ROSA	M
	罗马灰(S)	ROSA SILVER	M
	罗马灰(P)	ROSA PEARL	M
	浅啡网纹	LIGHT EMPERADOR	M
	安娜红	DIANA ROSE	M
	晶典米黄	SANDY BEIGE	M
	彩玉	PICASSU ONYX	M
	金黄洞石	YELLOW TRAVERTINE	L
	茶花红	ROSA TEA	M
	土耳其白砂石	LYMRA LIMESTONE	L
	如意米黄(中东米黄)	ANTICA	M
	黄窿石(黄洞石)	BEIGE TRAVERTINE	L
	美姬塔	MILITTA BEIGE	M
	莱尔塔	MB BEIGE	M
	哈密黄	LEMON YELLOW	M
	土耳其玫瑰	ROSALIA	M
	贵族米黄	TIGER BEIGE	M

续表

国家名称	中文名称	英文名称	石材种类
津巴布韦	津巴布韦黑	NERO ZIMBABWE	G
安哥拉	安哥拉黑	ANGOLA BLACK	G

说明：石材种类由一个英文字母组成：花岗石（granite）—“G”；大理石（marble）—“M”；石灰石（limestone）—“L”；砂岩（sandstone）—“Q”；板石（slate）—“S”。

3.3　人造石材

人造石材是指用人工合成的办法，制成具有天然石材花纹和质感的新型装饰材料，由于类似天然装饰石材，所以称为人造石材。人造饰面石材是采用有机或者无机胶凝材料作为黏结剂，以天然大理石、花岗石碎料或方解石、白云石、石英砂、玻璃粉等无机矿物为骨料，加入适量的阻燃剂、稳定剂、颜料等填充料，经成型、固化、表面处理而成的一种人造材料。

天然石材资源有限，加工异形制品难度大，成本高。随着现代工业技术的发展，装饰材料生产技术的革新，人造石材较好地解决了这个问题。人造石又称人造合成石（俗称高分子人造板），是人造大理石和人造花岗石的总称。它的色彩、花纹图案可根据设计意图制作，具有质轻、质地均匀、无毛细孔、抗污染、耐酸碱、耐磨、耐高温、强度高、施工方便、接合无缝等优点。与天然石材相比，合成石是一种比较经济的饰面材料，同时不失天然石材的纹理与质感。

人造石材生产工艺简单，设备不复杂，原料广泛，价格适中，因而许多发展中国家也都开始生产人造大理石。我国于 20 世纪 70 年代末开始从国外引进人造石材样品、技术资料及成套设备，80 年代进入发展时期，目前有些产品的质量已达国际同类产品的水平。

3.3.1　人造石材的类型

根据使用原料和制造方法不同，人造石材可以分成以下四类：

1. 树脂型人造石材

树脂型人造石材是以不饱和聚酯树脂、环氧树脂等合成树脂为胶黏剂，与天然石渣、石粉或其他无机填料按一定的比例配合，再加入催化剂、固化剂、颜料等添加剂，经混合搅拌、固化成型、脱模烘干、表面抛光等工序加工而成的。国内绝大部分产品用不饱和聚酯树脂制造，这类产品光泽度高，颜色丰富，可以仿制出各种天然石材花纹，装饰效果好。

2. 水泥型人造石材

水泥型人造石材是以各种水泥为胶结材料，砂、天然碎石粒为粗细骨料，经配制、搅拌、加压蒸养、磨光和抛光后制成的人造石材。配制过程中，混入色料，可制成彩色水泥石。水泥型石材的生产取材方便，价格低廉，装饰性也较差。水磨石和各类花阶砖即属此类。

3. 复合型人造石材

复合型人造石材采用的粘接剂中，既有无机材料，又有有机高分子材料。其制作工艺是：先用水泥、石粉等制成水泥砂浆的坯体，再将坯体浸于有机单体中，使其在一定条件下聚合而成。对板材而言，底层用性能稳定而价廉的无机材料，面层用聚酯和大理石粉制作。无机胶结材料可用快硬水泥、白色硅酸盐水泥、普通硅酸盐水泥、铝酸盐水泥、粉煤灰硅酸盐水泥、矿渣硅酸盐水泥以及熟石膏等。有机单体可用苯乙烯、甲基丙烯酸甲酯、醋酸乙烯、丙烯腈、丁二烯等，这些单体可单独使用，也可组合使用。复合型人造石材制品的造价较低，但它受温差影响后聚酯面易产生剥落或开裂。

4. 烧结型人造石材

烧结型人造石材与制造陶瓷的工艺相似，是将长石、石英、辉绿石、方解石等粉料和赤铁矿粉，以及一定量的高岭土共同混合，一般配比为石粉 60%、黏土 40%，采用混浆法制备坯料，用半干压法成型，再在窑炉中以 1 000 ℃左右的高温焙烧而成。烧结型人造石材的装饰性好，性能稳定，但需经高温焙烧，因而能耗大，造价高。

不饱和聚酯树脂具有黏度小，易于成型，光泽好，颜色浅，容易配制成各种明亮的色彩与花纹，固化快，常温下可进行操作等特点。目前使用最广泛的是以不饱和聚酯树脂为胶结剂而生产的树脂型人造石材，其物理、化学性能稳定，适用范围广，又称聚酯合成石。

3.3.2 建筑水磨石制品

水磨石板是以水泥为胶结材料，大理石渣为主要骨料，经搅拌、成型、养护、研磨、抛光等工序制成的一种建筑装饰用人造石材。一般预制水磨石板以普通水泥混凝土为底层，以添加颜料的白色硅酸盐水泥和彩色硅酸盐水泥与各种大理石渣拌制的混凝土为面层而组成。

1. 建筑水磨石板材的特点和用途

建筑水磨石板具有表面结构致密、光滑、光泽度高、坚固耐用、花色品种多、使用范围广、施工方便等特点，颜色可以根据具体环境的需要任意配制，花纹图案多，并可以在施工时拼铺成各种不同的图案。水磨石板广泛应用于建筑物的地面、墙面、柱面、窗台、踢脚线、台面、楼梯踏步等处，还可制成桌面、水池、假山盘、花盆等。

2. 水磨石板的分类、规格和命名

水磨石板材的分类方法通常有以下几种：

(1)根据水磨石制品在建筑物中的使用部位可分为墙面和柱面用水磨石(Q)，地面和楼面用水磨石(D)，踢脚板、立板和三角板类水磨石(T)，隔断板、窗台板和台面板类水磨石(G)。

(2)根据表面加工程度可分为磨面水磨石(M)和抛光面水磨石(P)两类。

(3)根据水磨石的外观质量和物理力学性能可分为优等品(A)、一等品(B)和合格品(C)三类。

建筑装饰用水磨石板材的常用规格有 300 mm×300 mm、305 mm×305 mm、400 mm×400 mm 和 500 mm×500 mm。其他规格的水磨石板材可由设计、施工部门与生产厂家协商议定。

水磨石板的标记顺序是：牌号（商标）、类别、等级、规格、标准号。

例如，钻石牌，规格尺寸为 400 mm×400 mm×25 mm，一等品地面抛光水磨石标记为：钻石牌水磨石 DPB 400×400×25 JC/T-1993。

3. 水磨石板的质量技术要求

水磨石板的质量技术要求包括规格尺寸允许偏差、外观质量缺陷和物理性能。规格尺寸允许偏差要求见表 3-17，外观质量缺陷的要求见表 3-18。水磨石板光面有图案时，其越线和图案偏差应该符合表 3-19 的规定，同一批水磨石磨光面上石渣的配合颜色应基本一致。

物理性能包括光泽、强度、吸水率等。抛光水磨石的光泽度，优等品不得低于 45.0 光泽单位，一等品不得低于 35.0 光泽单位，合格品不得低于 25.0 光泽单位。水磨石的吸水率不得大于 8.0%。抗折强度平均值不得低于 5.0 MPa，且单块的最小值不得低于 4.0 MPa。

表 3-17　水磨石板规格尺寸允许偏差、平面度、角度允许极限公差　　单位：mm

类别	等级	长度、宽度	厚度	平面度	角度
Q	优等品	0 −1	±1	0.6	0.6
	一等品	0 −1	+1 −2	0.8	0.8
	合格品	0 −2	+1 −3	1.0	1.0
D	优等品	0 −1	+1 −2	0.6	0.6
	一等品	0 −1	±2	0.8	0.8
	合格品	0 −2	±3	1.0	1.0
T	优等品	±1	+1 −2	1.0	0.8
	一等品	±2	±2	1.5	1.0
	合格品	±3	±3	2.0	1.5
G	优等品	±2	+1 −2	1.5	1.0
	一等品	±3	±2	2.0	1.5
	合格品	±4	±3	3.0	2.0

表 3-18　水磨石板外观缺陷规定　单位:mm

缺陷名称	优等品	一等品	合格品
返浆、杂质	不允许		长×宽≤10×10 不超过 2 处
色差、划痕、杂石、漏砂、气孔	不允许	不明显	
缺口	不允许		不应有长×宽>5×3 的缺口 长×宽≤5×3 的缺口周边上不超过 4 处，同一条棱上不超过 2 处

表 3-19　水磨石板磨光面的越线和图案偏差　单位:mm

缺陷名称	优等品	一等品	合格品
图案偏差	≤2	≤3	≤4
越线	不允许	越线距离≤2 长度≤10 允许 2 处	越线距离≤3 长度≤20 允许 2 处

3.3.3　微晶石材

微晶石是又称为微晶玻璃，一种采用天然无机材料，运用高新技术经过两次高温烧结而成的新型材料。其具有色调均匀一致，纹理清晰雅致，光泽柔和晶莹，色彩绚丽璀璨，质地坚硬细腻，不吸水，防污染，耐酸碱，抗风化，绿色环保，无放射性毒害等优良品质。这些优良的理化性能都是天然石材不可比拟的。各种规格、不同颜色的平面板、弧形板可用于建筑物的内外墙面、地面、圆柱、台面和家具装饰等任何需要石材建设、装饰的地点。

1. 产品分类

表 3-20　微晶石材分类

分类标准	类别
按颜色基调分类	基本色调有白色、米色、灰色、蓝色、绿色、灰色和黑色
按形状分类	(1)普型板(P):正方形或长方形的板材 (2)异形板(Y):其他形状的板材
按表面加工程度分类	(1)镜面板(JM):表面平整呈镜面光泽的板 (2)亚光面板(YG):表面具有均匀细腻光漫反射能力的板

2. 产品等级

按板材的尺寸允许偏差、平面度、角度公差、外观质量、光泽度分为优等品(A)、合格品(B)两个等级。

3. 产品标记顺序

微晶石的标记顺序为：微晶玻璃、产品分类、规格尺寸、等级、标准号。如规格为600 mm×600 mm×15 mm，浅米色、普型、镜面、优等品微晶玻璃板材其标记为：

微晶玻璃浅米色 PJM 600 mm×600 mm×15 mm A JC/T 872-2000

4. 技术要求

《建筑装饰用微晶玻璃》(JC/T872-2000)对微晶玻璃装饰板的质量技术要求如表3-21、表3-22、表3-23所示：

表3-20 微晶玻璃普型板规格尺寸允许偏差 单位：mm

项目			允许偏差	
			优等品	合格品
规格尺寸允许偏差	长度 宽度		0 −1.0	0 −1.5
	厚度		±2.0	±2.5
平面度允许公差	板材长度、宽度	≤600×900	1.0	1.5
		600×600～900×1 200	1.0	1.5
		>900×1 200	1.2	2.0
角度允许公差		≤400	0.6	1.0

表3-22 微晶玻璃普型板正面外观缺陷要求

名称	规定内容	优等品	合格品
缺棱	长度、宽度不超过10 mm×1 mm(长度≤5 mm不计)，周边允许(个)	0	2
缺角	面积不超过5 mm×2 mm(面积小于2 mm×2 mm不计)		
气孔	直径∅/mm ∅>2.5 2.5≥∅≥1	不允许5个	不允许≤10个
砂眼	在距离板面2 m处目视观察	不大于3个	有，但不影响装饰效果

表3-23 微晶玻璃板材的物理性能指标

性能指标	说明
光泽度	镜面板材的镜面光泽度优等品不低于85光泽单位，合格品不低于75光泽单位
硬度	板材硬度为莫氏硬度5～6级
弯曲强度	弯曲强度不小于30 MPa
抗极冷极热	抗极冷极热，无裂隙(此指标仅对外墙装饰用微晶玻璃)
色差	同一颜色、同一批号板材花纹颜色基本一致，仲裁时色差不大于2.0

3.3.4 聚酯型人造石材

1. 聚酯合成石的特性

聚酯合成石具有以下特性：

(1)装饰性好。可以按设计要求制成各种颜色、纹理、光泽，模仿天然大理石或花岗石，效果可与天然石材饰面板相媲美。还可根据需要加入适当的添加剂，制成兼具特殊性能的饰面材料。

(2)强度高。其制成板材厚度薄，质量轻，强度高，不易碎。可直接用聚酯砂浆或水泥砂浆进行粘贴。

(3)可加工性好。比天然大理石易于锯切、钻孔，可加工成各种形状和尺寸，便于施工。

(4)表面抗污性强。因采用不饱和聚酯树脂为胶结剂，故合成石具有良好的耐酸碱腐蚀性。它对醋、酱油、墨水、紫药水、机油等均不着色或着色十分轻微，碘酒痕迹可用酒精擦拭。其表面具有良好的抗污性，可用作实验室、厨房间的操作台面。

(5)耐久性良好。聚酯合成石具有良好的耐久性，经实验测得：骤冷、骤热(0 ℃，15 min；80 ℃，15 min)30 次，表面无裂纹，颜色无变化；80 ℃下烘 100 h，表面无裂纹，色泽微变黄；置于室外暴露 300 天，表面无裂纹，色泽微变黄。

(6)易老化。聚酯合成石的胶结剂为有机材料，因此和其他有机材料一样，因长期受自然环境(日照、雨淋、风吹)的综合作用，它也会逐渐产生老化，表面会变暗，失去光泽，降低了装饰效果。在室内使用，可延长它的使用年限。

聚酯合成石与天然岩石相比，密度小，强度较高，其物理力学性能见表 3-24。

表 3-24 聚酯合成石的物理力学性能

抗压强度/MPa	抗折强度/MPa	抗冲击强度/(J/cm^2)	表面硬度/RC	表面光泽度/度	密度/(g/cm^3)	吸水率/%	线膨胀系数/×10^{-5}
>100	38	15	40	>100	2.1 左右	<0.1	2～3

2. 聚酯合成石的种类、制品、用途

聚酯合成石由于生产时采用的天然石料的种类、粒度和纯度不同，加入的颜料不同，以及加工的工艺方法不同，所制合成石的花纹、图案、色彩和质感也就不同。通常制成仿天然大理石、天然花岗石和天然玛瑙石的花纹和质感，故分别称为人造大理石、人造花岗石和人造玛瑙。另外还可以仿造紫晶、芙蓉石、山田玉、彩翠等名贵玉石，制成具有类似玉石色泽和透明状的人造石，可达以假乱真的程度。

意大利在聚酯合成石的加工方面十分发达，举世闻名，所仿制的人造大理石与天然大理石条纹极为相似，堪称独特产品，但价格昂贵。我国北京、天津、青岛、江苏、广东等地均有生产聚酯合成石制品的厂家。聚酯合成石饰面板材常见品种及规格见表 3-25。

表 3-25　聚酯合成石饰面板材常见品种及规格　　单位:mm

品种	品名	规格			备注
		长	宽	厚	
人造大理石板	红五花石	450	450	8～10	种类规格较多,花色特征均仿天然大理石
	蔚蓝雪花	800	800	15～20	
	絮状墨碧	600	600	10～12	
	栖霞深绿	700	700	12～15	
人造花岗石板	奶白	1 730	890	12	图案和色彩多样
	麻花	1 730	890	12	
	彩云	1 730	890	12	
	贵妃红	1 730	890	12	
	锦黑	1 730	890	12	
人造玉石板	白云紫	400	400	10	白色
	天蓝红	400	400	10	蓝红色
	芙蓉石	400	400	10	粉红色
	黑白玉质板	400	400	10	黑白花纹
	山田玉硬板	400	400	10	绿色
	碧玉黑金星	400	400	10	绿色带金星

聚酯合成石制成饰面人造大理石板材、人造花岗石板材和人造玉石板材广泛应用于家具面板及工厂、学校、医院等工作场所的工作台面、装饰板等。人造玛瑙、人造玉石可用于制作家具装饰件、工艺壁画、装饰浮雕、立体雕塑等各种人造石材工艺品等。

本章小结

建筑装饰石材是指在建筑上作为饰面材料的石材,包括天然装饰石材和人造装饰石材两大类。天然装饰石材主要有天然大理石、天然花岗石和石灰石,人造装饰石材主要有水磨石、微晶石等。

天然石材岩石的类型有岩浆岩、沉积岩和变质岩。天然石材的主要技术性质有表观密度、抗压强度、抗冻性、耐水性、硬度和耐磨性等。

天然大理石由于抗风化性能较差,主要用于室内装饰;而天然花岗石耐久性好,可用于室内外装饰。某些花岗石含有微量放射性元素,对人体有害,使用时应注意选用石材的放射性等级。

天然石材具有许多优良性能,但成本高,自重大,运输不方便,在选用时应注意考虑经济性、强度与耐久性、装饰性等方面的因素。

人造石材分为树脂型人造石材、水泥型人造石材、复合型人造石材和烧结型人造石材,装饰工程中常用的人造石材有人造大理石、人造花岗石、微晶玻璃装饰板和水磨石。人造石材是一种很有发展前途的新型装饰材料，在建筑装饰工程中主要用于室内装饰。

复习思考题与习题

3.1　岩石的类型有哪几种？天然石材的主要技术指标有哪些？

3.2　常用的天然石材有哪几种？各有何主要特性和用途？如何命名？

3.3　天然石材按放射性分为几个等级？各个等级分别适用于什么地方？

3.4　石灰岩在建筑工程中主要用于哪些方面？

3.5　人造石材一般分为几类？每一类人造石材的主要特性有哪些？

3.6　主要的进口石材有哪些品牌？

3.7　分析装饰石材的发展趋势。

第 4 章　石膏装饰制品

本章要点

本章讲述了石膏材料的种类、生产、凝结硬化原理、技术性能、特性与应用，及常见石膏装饰制品的规格、技术要求、性质和应用。通过本章的学习，应了解石膏和石膏装饰制品的种类，熟悉建筑石膏的凝结硬化原理和特性，掌握石膏和石膏装饰制品的技术要求与应用。

石膏及其制品有质轻、保温、不燃、防火、吸声、形体饱满、线条清晰、表面光滑而细腻、装饰性好等特点，因而是建筑装饰工程常用的装饰材料之一。

4.1　石膏的基本知识

4.1.1　建筑石膏

1. 石膏的制备

(1)石膏胶凝材料的原料

生产石膏胶凝材料的原料有天然石膏(又称生石膏、软石膏)、含硫酸钙的化工副产品和工业副产石膏，其化学式为 $CaSO_4 \cdot 2H_2O$，也称二水石膏，常用天然二水石膏。

(2)石膏的制备方法及品种

①石膏的制备

石膏的生产工序主要是粉碎、加热与粉磨。由于原材料质量不同及煅烧时压力与温度不同，可得到不同品种的石膏。

②石膏的品种

A. 建筑石膏。在常压下加热温度达到 107～170 ℃时，二水石膏脱水变成 β 型半水石膏(即建筑石膏，又称熟石膏)，其反应式为

$$CaSO_4 \cdot 2H_2O \xrightarrow{107\sim170\ ℃} \beta\text{-}CaSO_4 \cdot \frac{1}{2}H_2O + \frac{3}{2}H_2O$$

B. 高强石膏。将二水石膏在压蒸条件下(0.13 MPa、125 ℃)加热，则生成 α 型半水石膏(即高强石膏)，其反应式为

$$CaSO_4 \cdot 2H_2O \xrightarrow{125\ ℃(0.13\ MPa)} \alpha\text{-}CaSO_4 \cdot \frac{1}{2}H_2O + \frac{3}{2}H_2O$$

α型和β型半水石膏虽然化学成分相同，但宏观性能相差很大，表4-1列出了α型与β型半水石膏的强度、密度及水化热等性能。进行比较后可见，由于α型半水石膏的标准稠度用水量比β型小很多，因此强度大得多。从表4-2中可知，α型半水石膏和β型半水石膏的内比表面积和晶粒粒径相比后可见，两种石膏在宏观上的差别主要源于亚微观上即晶粒的形态、大小以及聚集状态等方面的差别。

表4-1　α型半水石膏和β型半水石膏性能比较

类别	标准稠度用水量	抗压强度/MPa	密度/(g/cm^3)	水化热/(J/mol)
α-半水石膏	0.40～0.45	24～40	2.73～2.75	17 200±85
β-半水石膏	0.70～0.85	7～10	2.62～2.64	19 300±85

表4-2　α型半水石膏和β型半水石膏的内比表面积

类别	内比表面积/(m^2/kg)	晶粒平均粒径/nm
α-半水石膏	19 300	94
β-半水石膏	47 000	38.8

α型半水石膏结晶完整，常是短柱状，晶粒较粗大，聚集体的内比表面积较小。β型半水石膏结晶较差，常为细小的纤维状或片状聚集体，内比表面积较大。因此，前者的水化速率慢，水化热低，需水量小，硬化体的强度高，而后者则相反。

石膏的品种虽很多，但在工程上应用最多的是建筑石膏。

2. 建筑石膏的凝结硬化机理

建筑石膏与适量的水拌和后，最初成为可塑的浆体，但很快失去可塑性，产生强度，并逐渐发展成为坚硬的固体，这种现象称为凝结硬化。长期以来，对半水石膏的水化硬化机理做过大量研究工作。归纳起来，主要有两种理论：一种是结晶理论（或称溶解—析晶理论），另一种是胶体理论（或称局部化学反应理论）。前者由法国学者雷·查德里提出，并得到大多数学者的赞同。其基本要点如下：

(1)半水石膏加水后进行如下化学反应：

$$CaSO_4 \cdot \frac{1}{2}H_2O + \frac{3}{2}H_2O \longrightarrow CaSO_4 \cdot 2H_2O$$

半水石膏首先溶解形成不稳定的过饱和溶液。这是因为半水石膏在常温下(20 ℃)的溶解度较大，为8.85 g/L左右，而这对于溶解度为2.04 g/L左右的二水石膏来说，则处于过饱和溶液中，因此，二水石膏胶粒很快结晶析出(大约需7～12 min)。

(2)二水石膏结晶，促使半水石膏继续溶解，继续水化，如此循环，直到半水石膏全部耗尽。

(3)由于二水石膏粒子比半水石膏粒子小得多，其生成物总表面积大，所需吸附水量也多，加之水分的蒸发，浆体的稠度逐渐增大，颗粒之间的摩擦力和黏结力增加，因此浆体可塑性减少，表现为石膏的“凝结”。

(4)随着水化的不断进行，二水石膏胶体微粒凝聚并转变为晶体。晶体颗粒逐渐长大，且晶体颗粒间相互搭接、交错、共生，使浆体失去可塑性，产生强度，即浆体产生“硬化”。

3. 建筑石膏的性质

(1)建筑石膏的特性

与水泥和石灰等无机胶凝材料比,石膏具有以下特征:

①建筑石膏的装饰性好。建筑石膏为白色粉末,可制成白色的装饰板,也可加入彩色矿物颜料制成丰富多彩的彩色装饰板。

②凝结硬化快。建筑石膏一般在加水后的3~5 min内便开始失去塑性,一般在30 min左右即可完全凝结。为了满足施工操作的要求,可加入缓凝剂,以降低半水石膏的溶解度和溶解速度。常用的缓凝剂有硼砂、酒石酸钾钠、柠檬酸、聚乙烯醇、石灰活化膏胶和皮胶等。掺量为0.1%~0.5%。掺缓凝剂后,石膏制品的强度将有所降低。

③凝结硬化时体积微膨胀。石膏凝固时不像石灰和水泥那样出现体积收缩现象,反而略有膨胀,膨胀率约为0.5%~1%。这使得石膏制品表面光滑细腻,尺寸精确,轮廓清晰,形体饱满,容易浇筑出纹理细致的浮雕花饰,因而特别适合制作建筑装饰制品。

④孔隙率大,体积密度小。建筑石膏水化反应的理论需水量只占半水石膏质量的18.6%,但在使用中,为满足施工要求的可塑性,往往要加60%~80%的水,由于多余水分蒸发,在内部形成大量孔隙,孔隙率可达50%~60%。因此,体积密度小,为800~1 000 kg/m^3,属于轻质材料。

⑤强度低。建筑石膏的强度低,但其强度发展速度较快,2 h的抗压强度可达3~6 MPa,7 d时可达8~12 MPa。

⑥有较好的功能性。石膏制品孔隙率高,且均为微细的毛细孔,因此导热系数小,一般为0.121~0.205 W/(m·K);隔热保温性好;吸声性强;吸湿性大,使其具有一定的调温、调湿功能。当空气中水分含量过大即湿度过大时,石膏制品能通过毛细管很快地吸水;当空气湿度减小时,又很快地向周围扩散,直到水分平衡,形成一个室内"小气候的均衡状态"。

⑦具有良好的防火性。建筑石膏与水作用转变为$CaSO_4 \cdot 2H_2O$,硬化后的石膏制品含有占其总质量20.93%的结合水,遇火时,结合水吸收热量后大量蒸发,在制品表面形成水蒸气幕,隔绝空气,缓解石膏制品本身温度的升高,有效地阻止火的蔓延。

⑧耐水性和抗冻性差。建筑石膏硬化后有很强的吸湿性和吸水性,在潮湿条件下,晶粒间的结合力减弱,导致强度下降。其软化系数仅为0.2~0.3,是不耐水的材料。为了提高建筑石膏及其制品的耐水性,可以在石膏中掺入适当的防水剂(如有机硅防水剂),或掺入适量的水泥、粉煤灰、磨细粒化高炉矿渣等。另外,石膏浸泡在水中,由于二水石膏微溶于水,也会使其强度下降。若石膏制品吸水后受冻,会因水分结冰膨胀而破坏。

(2)建筑石膏的技术要求

建筑石膏为白色粉末,密度为2.60~2.75 g/cm^3,堆积密度为800~1 000 kg/m^3。技术要求主要有强度、细度和凝结时间,并按2 h强度(抗折强度)分为3.0、2.0和1.6三个等级。其基本技术要求见表4-3。

表 4-3 建筑石膏物理力学性能(GB/T 9776-2008)

等级		3.0	2.0	1.6
2 h强度/MPa	抗折强度≥	3.0	2.0	1.6
	抗压强度≥	6.0	4.0	3.0
细度/%	0.2 mm方孔筛筛余≤	10		
凝结时间/min	初凝时间≥	3		
	终凝时间≤	30		

注:表中强度为2 h强度。

4.1.2 模型石膏

模型石膏采用β型半水石膏,其晶粒较细,调制成一定稠度的浆体时,需水量较大,因而硬化后强度较低,但杂质少,色白。主要用于陶瓷的制坯工艺,少量用于装饰浮雕。

4.1.3 高强石膏

若将二水石膏置于0.13 MPa压力和124 ℃的过饱和蒸汽条件下蒸炼脱水,或置于某些盐溶液中沸煮,可得到α型半水石膏,将此熟石膏磨细得到的粉末称为高强石膏。高强石膏的晶粒较β型半水石膏粗大,调制成一定稠度的浆体时,需水量较小(建筑石膏用量的60%～80%),因而硬化后密度较高,强度较大,7天时可达15～40 MPa。

高强石膏主要用于室内高级抹灰、各种石膏板、嵌条、大型石膏浮雕等。

4.1.4 粉刷石膏

粉刷石膏是二水石膏或无水石膏经煅烧,单独或两者混合后掺入外加剂,也可加入骨料制成的胶结料。粉刷石膏按用途分为面层粉刷石膏(M)、底层粉刷石膏(D)和保温层粉刷石膏(W)。

面层粉刷石膏细度要求1.0 mm方孔筛和0.2 mm方孔筛的筛余应分别不大于0和40%,底层粉刷石膏和保温层粉刷石膏不作规定。初凝时间应不小于1 h,终凝时间应不大于8 h,可操作时间不小于30 min。粉刷石膏保水率的规定是:面层粉刷石膏、底层粉刷石膏和保温层粉刷石膏应分别不小于90%、75%和60%。保温层粉刷石膏的体积密度应不大于500 kg/m^3。粉刷石膏的强度应满足标准(表4-4)的要求。

表 4-4 粉刷石膏的强度要求(JC/T 517-2004)

产品类别	面层粉刷石膏	底层粉刷石膏	保温层粉刷石膏
抗压强度/MPa,≥	6.0	4.0	0.6
抗折强度/MPa,≥	3.0	2.0	—
剪切黏结强度/MPa,≥	0.4	0.3	—

粉刷石膏黏结力高，不裂，不起鼓，表面光洁，防火，保温，并且施工方便，可实现机械化施工，是一种高档抹面材料，可用于办公室、住宅等的墙面、顶棚等处(图 4-1)。

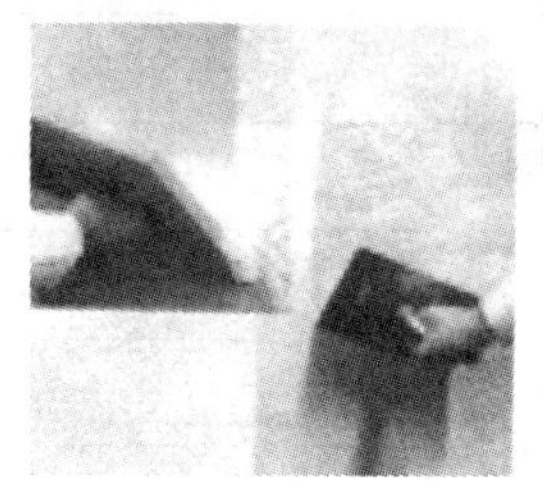

图 4-1　石膏抹灰

4.2　石膏装饰制品的分类和规格

石膏材料及其产品的种类相当多，石膏装饰制品主要有装饰板、装饰吸声板、装饰线角、花饰、装饰浮雕壁画、画框、挂饰及建筑艺术造型等。

4.2.1　装饰石膏板

《装饰石膏板》(JC/T799-2007)标准规定了以建筑石膏为主要原料，掺入适量纤维增强材料和外加剂，与水一起搅拌成均匀的料浆，经浇筑成型、干燥而成的不带护面纸的装饰板材即为装饰石膏板。

在制作过程中也可注入带有图案和花纹的硬质模具内成型，再经过硬化干燥而成无护纸装饰板。有的装饰石膏板在生产时，可在其板面粘贴一层聚氯乙烯(PVC)装饰面层，以一次完成装饰工序。当用作吊顶板材考虑兼有吸声效果时，则可以将板穿以圆形或方形的盲孔或全部穿孔，通常将孔呈现一定图案进行布置，以增加板材的装饰效果。

1. 装饰石膏板材的品种和性能

装饰石膏板的品种很多，根据装饰石膏板的功能不同，可以分为高效防潮石膏吸声装饰板、普通石膏吸声装饰板、石膏吸声板等。高效防潮石膏吸声装饰板也称防潮板，主要根据石膏板在特殊场合的使用功能命名。由于石膏制品通常是不防水的，即使做放水处理，其使用范围也只局限于空气相对湿度较高的场所，因此，对于内掺或外涂防水剂的装饰石膏板，称为防潮板比称为防水板更合理和确切一些。

(1)装饰石膏板的性能

装饰石膏板主要技术性能包括容重、断裂荷载、挠度、软化系数、导热系数、防水性能、吸声系数和频率等。其技术性能指标见表 4-5。

表 4-5　装饰石膏板主要的技术性能

技术性能		技术指标
容量/(kg/m³)		750～870
断裂荷载/N		200
挠度(相对湿度 95%,跨距 580 mm)/mm		1.0
软化系数		>0.72
导热系数/[W/(m·K)]		<0.174
防水性能(24 h 吸水率)/%		<2.5(高效防水板)
吸声系数(驻波管测试)	频率 250 Hz	0.08～0.14
	500 Hz	0.65～0.80
	1 000 Hz	0.30～0.50
	2 000 Hz	0.34

2. 装饰石膏板材的分类和规格

(1)装饰石膏板的分类及代号

装饰石膏板的分类方法比较简单,一般有以下两种方法:按板材的耐湿性能不同,可以分为普通板材和防潮板材两类。每类按其板面特征不同,又可以分为平板、孔板及浮雕三种,其具体分类及代号见表 4-6。

表 4-6　装饰石膏板分类及代号(JC/T 799-2007)

分类	普通板			防潮板		
	平板	孔板	浮雕	平板	孔板	浮雕
代号	P	K	D	FP	FK	FD

(2)装饰石膏板的形状及规格

装饰石膏板产品主要形状为正方形,其棱边的形状有直角形和 45°倒角形两种。装饰石膏板的规格有以下两种:500 mm×500 mm×9 mm、600 mm×600 mm×11 mm。其他形状和规格的板材,由供需双方商定。

生产装饰石膏板的厂家很多,产品的规格和技术性能也有很大的差异。

3. 装饰石膏板的技术要求

(1)外观质量:装饰石膏板正面不应该有影响装饰效果的气孔、污痕、裂纹、缺角、色彩不均匀和图案不完整等缺陷。

(2)尺寸允许偏差值、不平度和直角偏离度应不大于表 4-7 的相关规定。

表 4-7　装饰石膏板允许偏差值　　单位:mm

项目	优等品	一等品	合格品
边长	0 −2	+1 −2	—
厚度	±0.5	±1.0	—
不平度	1.0	2.0	3.0
直角偏离度	1.0	2.0	3.0

(3)装饰石膏板材单位面积质量应不大于表 4-8 的相关规定。

表 4-8　装饰石膏板单位面积质量　　单位:kg/m²

板材代号	厚度/mm	优等品		一等品		合格品	
		平均值	最大值	平均值	最大值	平均值	最大值
P、K	9	8.0	9.0	10.0	11.0	12.0	13.0
FP、FK	11	10.0	11.0	12.0	13..0	14.0	15.0
D、FD	9	11.0	12.0	13.0	14.0	15.0	16.0

(4)石膏板材与水的性能:板材的含水率、防潮板的吸声率及受潮程度应不大于表 4-9 的相关规定。

表 4-9　装饰石膏板与水的性能

项目	优等品		一等品		合格品	
	平均值	最大值	平均值	最大值	平均值	最大值
含水率/%	2.0	2.5	2.5	3.0	3.0	3.5
防潮板吸水率/%	5.0	6.0	8.0	9.0	10.0	11.0
受潮挠度/mm	5.0	7.0	10.0	12.0	15.0	17.0

(5)装饰石膏板材的断裂荷载应符合表 4-10 的要求。

表 4-10　装饰石膏板断裂荷载　　单位:N

板材代号	优等品		一等品		合格品	
	平均值	最大值	平均值	最大值	平均值	最大值
P、K、FP、FK	176	159	147	132	118	106
D、FD	186	168	167	150	147	132

(6)装饰石膏板材的物理力学性能应符合表 4-11 的要求。

表 4-11　装饰石膏板物理力学性能(JC/T 799-2007)

项目		指标					
		P、K、FP、FK			D、FD		
		平均值	最大值	最小值	平均值	最大值	最小值
单位面积质量/(kg/m²),≤	厚度 9 mm	10.0	11.0	—	13.0	14.0	—
	厚度 11 mm	12.0	13.0	—	—	—	—
含水率/%,≤		2.5	3.0	—	2.5	3.0	—
吸水率/%,≤		8.0	9.0	—	8.0	9.0	—
断裂荷载/N,≥		147	—	132	167	—	150
受潮挠度/mm,≥		10	12	—	10	12	—

注:D 和 FD 的厚度系指棱边厚度。

4. 装饰石膏板材的特点

装饰石膏板的质地非常细腻,颜色洁白无瑕,图案花纹多样,浮雕造型优美,立体感极强,用于室内装饰,给人感觉素雅大方。装饰板与纸面石膏板材一样,具有轻质、绝热、防火、吸声、阻燃、耐老化、变形小、调节室温等优良性能。在加工方面也具有很好的可塑性能,可以进行锯、刨、钉、粘贴等施工及加工操作,在室内装饰装修中应用广泛。

5. 装饰石膏板的用途

装饰石膏板是一种很好的顶棚装饰材料,其种类不同,用途也有很大的不同。

(1)普通装饰吸声石膏的用途

普通装饰吸声石膏板适宜用在礼堂、宾馆、会议室、招待所、医院、候车厅、候机厅、民用住宅等作吊顶或平顶装饰用板材。

(2)高效防潮装饰吸声板材的用途

高效防潮装饰吸声板材主要适用于对装饰和吸声均有一定要求的建筑物室内顶棚和墙面装饰,特别适用于环境湿度大于 70%的工矿车间、地下建筑、人防工程及对防潮有特殊要求的建筑工程中。

(3)吸声石膏板的用途

吸声石膏装饰材料不同于前面的两种材料,它的主要功能是吸声。因此,这种石膏板主要用于各种音响效果要求较高的场所,如影剧院、电教室、语音室、播音室等环境中,既可以起到装饰效果,又可以起到消声效果。

4.2.2　纸面石膏装饰板

纸面石膏装饰板是以建筑石膏为主要原料,掺入纤维、外加剂(发泡剂、缓凝剂等)和适量轻质填料,加水拌和成料浆,浇筑在行进中的纸面上,成型后再覆上纸面材料。料浆经过凝固形成芯板材料,经过切断、烘干,使芯板与护面纸质材料牢固地粘贴在一起。护面纸质材料主要起提高板材抗弯、抗冲击性能的作用。纸面石膏装饰板常用于室内隔墙和顶面装饰。

1. 纸面石膏装饰板的品种

普通纸面石膏板以重磅纸为护面纸；耐水纸面石膏板采用耐水的护面纸，并在建筑石膏中掺加了适量耐水外加剂制成耐水芯板；耐火纸面石膏板的芯板是在建筑石膏料浆中掺加了适量耐火纤维材料后制作而成的。耐火纸面石膏板的主要技术要求是在高温明火下燃烧时，能在一定时间内保持不断裂。国家标准 GB/T 9775-2008 规定，耐火纸面石膏板遇火稳定时间应不小于 20 min。纸面石膏装饰板按性能分类见表 4-12。

表 4-12　纸面石膏装饰板分类(GB/T 9775-2008)

名称	普通纸面石膏板	耐水纸面石膏板	耐火纸面石膏板	耐水耐火纸面石膏板
代号	P	S	H	SH

普通、耐水、耐火三类纸面石膏板，按棱边形状均有矩形(代号 J)、45°倒角形(代号 D)、楔形(代号 C)、圆形(代号 Y)和半圆形(代号 B)五种，也可根据用户的要求生产其他棱边形状的板。见图 4-2。

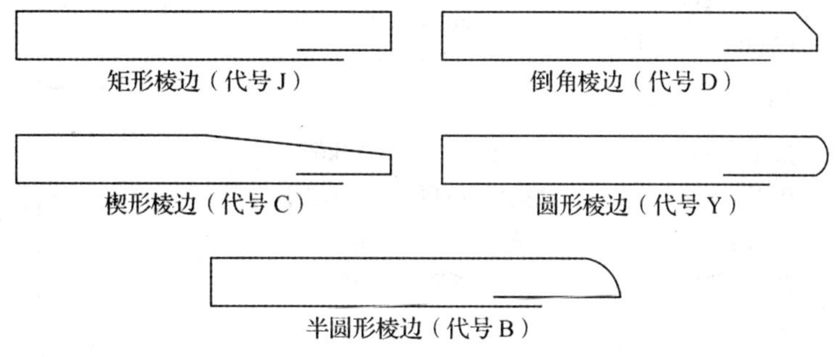

图 4-2　纸面石膏装饰板棱边形状

2. 纸面石膏装饰板的规格尺寸及性能

纸面石膏装饰板的长度为 1 500 mm、1 800 mm、2 100 mm、2 400 mm、2 440 mm、2 700 mm、3 000 mm、3 300 mm、3 600 mm 和 3 660 mm，宽度为 600 mm、900 mm、1 200 mm 和 1 220 mm，厚度为 9. 5 mm、12. 0 mm、15. 0 mm、18. 0 mm、21. 0 mm 和 25. 0 mm。也可根据用户要求生产其他规格的板材。

纸面石膏装饰板的品种很多，不同厂家生产的纸面石膏装饰板的规格和性能也有很大的差异，目前常见的品种有普通纸面石膏装饰板、耐水纸面石膏装饰板、耐火纸面石膏装饰板、圆孔型纸面石膏装饰吸声板、长孔型纸面石膏装饰吸声板等。常用纸面石膏装饰板的规格、性能及用途见表 4-13。

表 4-13　纸面石膏装饰板的规格、性能及用途

品名	规格：长×宽×高 (mm×mm×mm)	技术性能	主要用途
普通纸面石膏装饰板	(2 400～3 300)×(900～1 200)×(9～18)	耐水极限：5～10 mm 含水率：＜2% 导热系数[W/(m·K)]：0.167～0.18	主要用于墙面和顶棚的基面板
耐水纸面石膏装饰板	长：2 400、2 700、3 000 宽：900、1 200 高：12、15、18 等	吸水率：＜2%	主要用于卫生间、厨房衬板
耐火纸面石膏装饰板	900×450×9 900×450×12 900×600×9 900×600×12 1 200×450×9 1 200×450×12 1 200×600×9 1 200×600×12	燃气性能：A2 级不燃 含水率：≤2% 导热系数：0.186～0.206 W/(m·K) 隔声性能 9 mm 厚：隔声指数为 25 dB 12 mm 厚：隔声指数为 28 dB 钉入强度 9 mm 厚为 1.0 MPa， 12 mm 厚为 1.2 MPa	主要用于防火要求较高的建筑室内顶棚和墙面基面板
圆孔型纸面石膏装饰吸声板	600×600×(9～12) 孔径：6 mm 孔距：18 mm 开孔率：8.7% 表面可喷涂或油漆各种花色	质量：＜9～12 g/km² 挠度：板厚 12 mm，支座间距 40 mm 纵向：≤1.0 mm 横向：≤0.8 mm	主要用于顶棚和墙面的表面装饰
长孔型纸面石膏装饰吸声板	600×600×(9～12) 孔长：70 mm 孔宽：2 mm 孔距：13 mm 开孔率：5.5%	断裂荷载：支座间距 40 mm 9 mm 厚板：纵向≥400 N，横向≥150 N 12 mm 厚板：纵向≥600 N，横向≥180 N	

纸面石膏板的尺寸偏差应不大于表 4-14 的规定。

表 4-14　纸面石膏装饰板的尺寸偏差(GB/T 9775-2008)　　单位：mm

项目	长度	宽度	厚度	
			9.5	≥12
尺寸偏差	−6～0	−5～0	±0.5	±0.6

3. 纸面装饰石膏板材的特点

纸面装饰石膏板的表面应平整，不得有影响使用的破裂、波纹、沟槽、污痕、过烧、亏料、边部漏料和纸面脱开等情况。板材两对角线长度应不大于 5 mm。护面纸与石膏芯的粘贴要良好，不能裸露。对于耐水纸面石膏而言，其吸水率应不大于 10%，其表面吸水率应不大于 160 g/km²。耐火纸面石膏板遇火稳定时间应不小于 20 min。

纸面装饰石膏板材具有轻质、抗弯强度高、防火、隔热、隔声、抗震性能好、收缩率小、可调节室内温度等优点，安装纸面装饰石膏板配合金属龙骨能更好地解决防火问题。普通纸面石膏装饰板虽然具有很多优良的性能，但其抗压强度不高，一般只用作装饰材料，不能用于承重结构。

4. 纸面装饰石膏板的用途

纸面装饰石膏板材主要适合用于住宅、办公室、旅馆、影剧院、宾馆、商店、超市、车站、候机厅等室内环境，但要注意在厨房、厕所、浴室以及室内空气相对湿度经常大于 70%的潮湿环境中使用时，必须采取相应的防潮处理。

图 4-3　纸面石膏装饰板

4.2.3　石膏纤维板

石膏纤维（又称 GF 板或无纸石膏板）是一种以建筑石膏粉为主要原料，以各种纤维（主要是纸纤维）为增加材料的一种新型建筑石膏板材。有时在其中心层加入矿棉、膨胀珍珠岩等保温隔热材料，可以加工成三层或多层板。石膏纤维板是继纸面石膏装饰材料之后开发出来的新型石膏制品，其综合性能很优越，如在抗冲击、抗压痕、防火、防潮等性能方面都优于纸面石膏装饰材料。由于石膏纤维板省去了护面纸，其应用范围比纸面石膏板还有所扩大。产品的成本等于或略高于纸面石膏板，内部回收率大于纸面石膏材料。

1. 石膏纤维板材的分类和规格

石膏纤维板按板型分类主要有均质板、三层标准板、轻质板、结构板、覆层板及特殊要求的板材。

石膏纤维板按规格尺寸分类主要有三类：大幅尺寸可供房顶预制厂用，如 2 500 mm×(6 000～7 500 mm)；标准尺寸可供一般建筑物用，如 1 250 mm×1 200 mm；小大幅尺寸可供销售市场及特殊用途，如 1 000 mm×1 500 mm。石膏纤维板的厚度一般为 6～25 mm，在生产加工过程中可以按客户要求的规格进行生产加工。

此外，还有一些纤维板材可以用来制造石膏纤维板，同样能增强石膏板的物理力学性能，如石膏玻璃纤维板、石膏矿棉板、石膏植物纤维板等。

2. 石膏纤维板的品种和性能

石膏纤维板中的纤维主要是用废旧报纸、杂志等材料加工而成的，膨胀珍珠岩、氧化钙、适宜的天然淀粉等材料可以用作填充材料，其中添加的密封剂是可以使纤维板减少水分吸收而不发生化学反应的材料。石膏纤维板目前还没有相关国家标准和行业标准，生产企业暂套用德国工业标准 DIN。表 4-15 所示为三种轻质板材产品性能的对比。

表 4-15　三种轻质板材产品性能对比

性能指标	石膏纤维板	纸面石膏板	强硅钙板
抗折强度/MPa	6.0～8.0	4.0～8.0	—
抗压强度/MPa	22～28	—	—
含水率/%	0.3	2	10
单位面积质量/(kg/m^2)	11.5～12.0	9～12	9～12
断裂荷载/N	518	纵向 353，横向 176	570
吸水率/%	3.1	防水板 5～10	—
受潮挠度/mm	5.3～7.9	防水板 48～56	—
螺钉拔出力/(N/mm)	75.1～86.1	—	80
表面吸水量/g	2.5	2.0	—
耐火性能(级别)	不燃	难燃	不燃
耐火极限/min	85	45	54
导热系数/[W/(m·K)]	0.35	0.194～0.209	0.24
隔声/dB	52	45	48
伸缩性/%	0.07	—	0.1
可加工性	可刨、可剧、可粘	可刨、可剧、可粘	可刨、可剧、可粘
环保性	好	好	含石棉

3. 石膏纤维板材的特点

石膏纤维板由于填料的不同，其特点有很大差异。如石膏玻璃纤维板属于无纸石膏板，不受纸板规格的影响和限制，产品的规格尺寸可以灵活多样，板宽可以达到 2 500 mm，使用时，可减少墙面或吊顶的拼接缝，便于施工安装，也可以根据设计需要任意切割。

4. 石膏纤维板的用途

在应用方面，纤维石膏板可作干墙板、墙衬、隔墙板、瓦片及砖的背板、预制板外包覆层、天花板块、地板防火门及立柱、护墙板以及特殊应用，如拖车及船的内墙、室外保温装饰系统。板面可制成光洁平滑或经机器加工成各种图案形状，或印刷成各种花纹，压制成凹凸不平的花纹图案，增强板材装饰效果。如果石膏纤维板是平面的，还可以施以各类墙纸、墙布、涂料等进行装饰。

在销售市场方面，除了常用建筑业及用户自行装修市场外，还有所扩大。其综合性能优于纸面石膏板，如厚度为 12.5 mm 的纤维石膏板的螺丝握裹力达 600 N/mm^2，而纸面的仅为 100 N/mm^2，所以纤维石膏板具有钉性，可挂东西，而纸面板不行。产品成本略大于纸面石膏板，但投资的回报率高于纸面石膏板，因此是一种很有开发潜力的新型建筑板材。

目前,建筑隔墙板的市场要求及趋势是高质量(包括高的防火、防潮、抗冲击性能)及要求越来越低的价格。纤维石膏板已具备防火、防潮及抗冲击性能,加之简易设计的优质隔墙具有较低价格。因此,纤维石膏板比其他石膏板材具有更大的潜力。

4.2.4　嵌装式装饰石膏板

《嵌装式装饰石膏板》(JC/T 800-2007)标准规定,以建筑石膏为主要原料,掺入适量的纤维增强材料和外加剂,与水一起搅拌成均匀的料浆,经浇筑成型、硬化、干燥而成的不带面纸的板材即为嵌装式装饰石膏板。板材背面四边加厚,并带有嵌装企口,板材正面可为平面、带孔或带浮雕图案。

嵌装式装饰石膏板的正面可以是平面、带孔或带浮雕图案的。嵌装式吸声石膏板是以带有一定数量穿透孔洞的嵌装式装饰石膏板为面板,在其背面复合吸声材料,具有一定吸声性能的板材。这两种石膏板常与 T 形铝合金龙骨配套用于吊顶工程。

1. 嵌装式装饰石膏板的品种

嵌装式装饰石膏板主要包括穿孔嵌装式装饰石膏板和嵌装式吸声石膏板两种。

(1)穿孔嵌装式装饰石膏板(代号为 QZ):板材背面中部凹入而四周边加厚,并制有嵌装企业名称。板材的正面为平面或带孔或带有一定深度的浮雕花纹图案,也可穿以盲孔,称为穿孔嵌装式装饰石膏板。

(2)嵌装式吸声石膏板(代号为 QS):以带有一定数量穿透孔洞的嵌装式装饰石膏板为面板,在其背后复合吸声性能板材,称为嵌装式吸声石膏板。

2. 嵌装式装饰石膏板的形状和规格

嵌装式装饰石膏板一般多为正方形,其棱边断面形式有直角形和倒角形。其规格一般有两种:一种边长 600 mm×600 mm,边厚度大于 28 mm;另一种边长 500 mm×500 mm,边厚度大于 25 mm。也有其他形状和规格的板材,一般是由供需双方商定,但其技术指标应符合本标准规定。板材的边长(L)、铺设高度(H)、厚度(S)及其构造见图 4-4。嵌装式装饰石膏板的产品规格、技术性能见表 4-16。

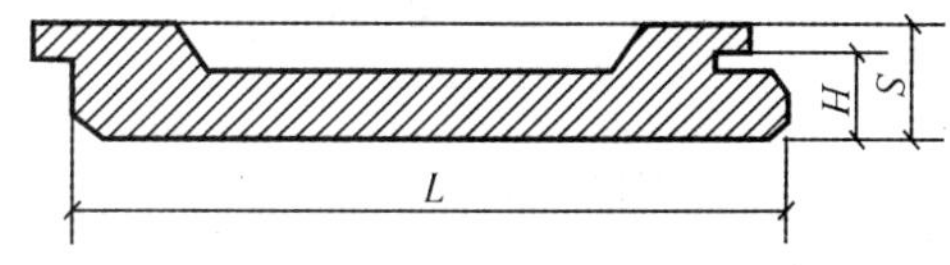

图 4-4　嵌装式装饰石膏板的构造

表 4-16　嵌装式装饰石膏板的产品规格、技术性能

名称	品种	规格:长×宽×高/(mm×mm×mm)	技术性能	
			项目	指标
石膏装饰吸声板	平面板	500×500×6	板重/(kg/km²) 表观密度/(kg/m³) 含水率/% 燃烧性能 火焰接触 45 s 断裂荷载/N 吸声系数	<20 825~900 <3 不燃烧、不变形 变形 ≥150 穿孔板:0.24
	嵌装式装饰石膏板	625×625 边部厚度 28~29 花纹深度 10~25 配 T1640 轻钢暗式系列龙骨		

续表

名称	品种	规格：长×宽×高/(mm×mm×mm)	技术性能	
			项目	指标
嵌装式浇筑石膏装饰板	直角平面板、直角半穿孔板、倒角平面板、倒角半穿孔板	600×600×30～10 (花纹深度 10～15)	板重/(kg/km^2) 含水率/% 燃烧性能 断裂荷载/N 受潮挠度/mm	<18 <3 不燃烧 >200 <5
装饰吸声石膏板	嵌装式装饰石膏板	500×500 600×600 625×625	板重/(kg/m^2)	8.5～10
	嵌装式吸声石膏板			
	薄型石膏板	500×500×8 600×600×8		

嵌装式装饰石膏板单位面积质量平均值应不大于 16.0 kg/m^2，石膏板材的含水率、断裂荷载、吸声系数应满足表 4-17 的要求。

表 4-17 嵌装式装饰石膏板的物理力学性能(JC/T 800-2007)

项目		技术要求
单位面积质量/(kg/m^2)	平均值	≤16.0
	最大值	≤18.0
含水率/%	平均值	≤3.0
	最大值	≤4.0
断裂荷载/N	平均值	≥157
	最大值	≥127

3. 嵌装式装饰石膏板材的特点

嵌装式装饰石膏板的性能与装饰石膏板基本相同，由于嵌装式装饰石膏板带有嵌装式企口，所以给吊顶的施工、制作带来更大的便利，在板材安装中嵌固后不需要另行固定，吊顶施工中可以实现全装配化。同时，由于任何部位的板材均可随意拆卸，这样可以节约施工工序，加快施工速度，降低工程造价。

嵌装式装饰石膏板具有质轻、强度较高、吸声、防潮、防火、阻燃、不变形、能调节室内潮湿度等优良性能，且施工方便，可锯、可钉、可切割、可粘贴，兼有较好的装饰性和吸声性能。

4. 嵌装式装饰石膏板的用途

嵌装式装饰石膏板具有装饰和吸声的双重功能，因此主要适用于影剧院、宾馆、商店、超市、饭店、展厅等公共建筑室内环境的顶部装饰，以及某些部位的墙面装饰，但需要注意在厨房、厕所、浴室以及室内空气相对湿度经常大于 70% 的潮湿环境中使用时，必须进行相应的防潮处理。

嵌装式吸声石膏板必须具有一定的吸声功能。嵌装式吸声石膏板的装饰功能，主要是其表面有各种不同凹凸图案和一定深度的浮雕花纹，加之各种色彩的配合、不同孔洞的形式(圆、椭圆、三角形等)以及不同的排列形式，使得其具有很好的装饰效果。嵌装式吸声石膏板主要用于吸声要求较高的建筑物装饰环境中，如音乐厅、礼堂、影剧院、演播厅、录音室、会议中心等。

嵌装式装饰石膏板还可以与轻钢暗式系列龙骨配套使用，组成新型隐蔽式装配吊顶体系，在吊顶工程中采用板材企口暗缝咬接法安装。安装板材时，要注意选用的龙骨必须与板材企口相互配套，并注意图案的拼接及保证企口相互咬接牢固。

图 4-5　嵌装式吸声石膏板

4.2.5　α 型高强石膏装饰板

《α-高强石膏》(JC/T 2038-2010)标准规定，二水硫酸钙($CaSO_4 \cdot 2H_2O$)在饱和水蒸气介质或液态水溶液中，且在一定的温度、压力或转晶剂条件下得到的以 α 型半水硫酸钙(α-$CaSO_4 \cdot \frac{1}{2}H_2O$)为主要晶体形态的粉状胶凝材料即为 α 型高强石膏装饰板。

高强石膏装饰板又称机压高强石膏装饰板，它是以建筑石膏为主要原料，采用先进的工艺和科学的配方，在特定的压力下强行挤压成高强度、高密度的石膏饰板。这种板的表面涂层经电子辐射固化处理后，与普通石膏板相比机械强度提高 3 倍，表面耐磨度增加百倍以上。

1. 高强石膏装饰板的品种

α 型高强石膏按强度分为 α25、α30、α40、α50 四个等级。

高强石膏装饰板主要品种有机压普通石膏装饰板、机压防水石膏板、仿瓷釉机压石膏装饰板、大型机压石膏装饰板、机压工艺板等。

2. 高强石膏装饰的性能和规格

α 型高强石膏的细度以 0.125 mm 方孔筛筛余量百分数计，筛余量不大于 5%。其初凝时间不小于 3 min，终凝时间不大于 30 min。

α 型高强石膏装饰板具有高强、轻质、保温、隔声、防水、防火、防尘、无毒等特点，其加工便捷，有各种图案、色彩。产品的性能和规格见表 4-18。

表 4-18　高强石膏装饰板的性能和规格

品种		规格/mm	技术性能	
			项目	指标
机压普通石膏装饰板	平板	500×500×6 600×600×6	硬度 抗压强度/(N/mm²) 吸水性(浸水 24 h)/% 耐水性(浸水 24 h) 防火极限(230 ℃) 断裂荷载/N	0.45 54 17 表面无变化 无明火及蔓延 255
	半穿孔板	500×500×6 600×600×6		
	浮雕板	500×500×7 600×600×7		
	组合花纹板	500×500×7 600×600×7		
	阴角线	60×60 100×100		
机压防水石膏板	平板	500×500×7 600×600×8	—	—
	半穿孔板	500×500×7 600×600×8		
	浮雕板	500×500×7 600×600×8		
	全穿孔板	500×500×7 600×600×8		
	阴角线	60×60 100×100		
防瓷釉机压石膏装饰板	平板	500×500×7 600×600×8	涂膜外观 光泽度 硬度 抗压强度/(N/mm²) 抗弯强度/(N/mm²) 附着力(划格法) 吸水性(浸水 24 h)/% 耐热性(85 ℃ 5 h) 防火极限(230 ℃)	平整、光滑 94.3 0.56 54 3.58 不脱落 23 表面无变化 无明火及蔓延
	半穿孔板	500×500×7 600×600×8		
	浮雕板	500×500×7 600×600×8		
	全穿孔板	500×500×7 600×600×8		
	阴角线	60×60 100×100		

续表

品种		规格/mm	技术性能	
			项目	指标
大型机压石膏装饰板	防水型平板	500×1000×10 600×1200×10	—	—
	防水型半穿孔板	500×1000×10 600×1200×10		
	防水浮雕板	500×1000×10 600×1200×10		
	仿瓷平板	500×1000×10 600×1200×10		
	仿瓷半穿孔板	500×1000×10 600×1200×10		
机压工艺板	仿瓷浮雕板	500×1000×10 600×1200×10		
	工艺版画为彩色摄影风景山水画	500×500×7 600×600×8 500×1000×10 600×1200×10 1000×1500×15		

3. 高强石膏装饰板的用途

高强石膏装饰板的生产成本较高，其中高强石膏磨细得到的白色粉末，可以用在室内墙体，形成室内高级抹灰，也可以制成装饰制品等。高强石膏装饰板主要用于室内隔墙。高强石膏装饰板的高密度、高强度使得这种板材在性能上更优于其他类石膏板材。

图 4-6　高强石膏装饰板

4.2.6　石膏空心板条

石膏空心板条是以天然石膏或化学石膏为主要原料，加入少量纤维，拌和成料浆，经浇筑成型、抽芯、干燥等工艺制成的轻质板材，见图 4-7。

图 4-7　石膏空心板条

1. 石膏空心板条的分类

石膏空心板条按原料可分为石膏珍珠岩空心板和石膏粉煤灰硅酸盐空心板。按防潮性能可分为普通石膏空心板条和防潮石膏空心板条。

2. 石膏空心板条的性能和规格

石膏空心板条在室内环境设计中应用十分广泛，其技术性能指标规格等资料见表 4-19。

表 4-19　石膏空心板条技术性能指标规格

品种	一般规格			技术性能		备注
	长/mm	宽/mm	高/mm	项目	指标	
石膏空心板条	2 400～3 000	250～600	80	板质量/(kg/m^2)	68～70	—
				抗压强度/MPa	7.37	
				抗折强度/MPa	1.57	
				抗拉强度/MPa	1.45	
	2 500～3 000	600	90	表面密度/(kg/m^3)	580～680	具有防潮性
				板质量(kg/m^2)	65	
				集中破坏荷载/N	1 300	
				导热率/[W/(m·K)]	0.24	
				耐火极限/h	2.25	
				隔音指数/dB	32	
				含水率/%	≤3.0	
	2 860	500	90	表面密度/(kg/m^3)	800～900	—
				抗压强度/MPa	10.0	
				抗拉强度/MPa	2.0	
	3 300	600	100	表面密度/(kg/m^3)	800～900	
				抗压强度/MPa	7.5～10.8	
				抗拉强度/MPa	2.42	

续表

品种	一般规格			技术性能		备注
	长/mm	宽/mm	高/mm	项目	指标	
石膏珍珠岩空心板条	2 500～3 000	600	60	板质量/(kg/m^2)	40±5	胶结料掺少量水泥 孔径:38 mm 9 孔空心率:28.4%
				抗弯荷载/N	1 000	
				导热率/[W/(m·K)]	0.279	
				隔音指数/dB	>30	
				耐火极限/h	1.6	
				吸水率(24 h)/%	<5.0	
				饱和浸水强度/MPa	>60	
				软化系数	0.65～0.70	
	2 500～3 000	600	60	板质量(kg/m^2)	38～40	孔径:40 mm 9 孔空心率:31.4%
				抗压强度/MPa	5.0～6.0	
				抗折强度/MPa	1.8～2.3	
				集中破坏荷载/N	890～1 150	
				导热率/[W/(m·K)]	0.244	
				热阻值[(m^2·K)/W]	0.262	
				隔音指数/dB	29～31	
				耐火极限/h	1.6	
	2 500～2 900	600	60	板质量/(kg/m^2)	600～650	—
				抗压强度/MPa	5.0～6.0	
				抗折强度/MPa	2.0～2.6	
				集中破坏荷载/N	1 040～1 450	
				导热率/[W/(m·K)]	0.21	
				隔音指数/dB	28	
石膏粉煤灰硅酸盐空心板条	2 500～2 900	600	60	板质量/(kg/m^2)	50～58	胶结料中掺有适量粉煤灰
				抗压强度/MPa	6.66	
				抗弯荷载/N	700	
				耐火极限/h	1.0	
				隔音指数/dB	33	
	2 000～3 300	500～600	60～80	板质量/(kg/m^2)	<60	
				抗弯荷载/N	>500	
				耐火极限/h	1.5	
				隔音指数/dB	31～38	

3. 石膏空心板条的特点

石膏空心板条具有质量轻、强度高、隔热、隔声、防火等性能，可刨、可钻，施工简便。与其他纸面相比，其石膏用量多，质量大，生产效率低，但是不用纸和胶黏剂，不用龙骨，工艺设备简单，所以比纸面石膏板造价低。

4. 石膏空心板条的用途

石膏空心板条不用纸和黏结剂，安装时不用龙骨，是发展比较快的一种轻质板材。石膏空心板条主要用于工业与民用建筑的内隔墙，其墙面可做喷浆、涂装、贴壁纸等各种饰面。

4.3 其他石膏制品

4.3.1 特种耐火石膏板

特种耐火石膏板是在建筑石膏的芯材内掺多种添加剂，板面上复合专用玻璃纤维毡(其质量为 100～120 g/m^2)。其生产工艺与纸面石膏板相似。

特种耐火石膏板属于 A 级建筑材料。板的自重略小于普通纸面石膏板和耐火纸面石膏板。因石膏与毡纤维相互牢固地黏合在一起，遇火时黏结剂虽可燃烧碳化，但纤维与石膏牢固连接，支撑板材整体结构抗火而不被破坏。其遇火稳定时间可达 1 h，导热系数为 0.16～0.18 W/(m·K)。适用于防火等级要求较高的建筑物或重要建筑物，作为吊顶、墙面、隔断等的装饰材料。

4.3.2 艺术石膏浮雕装饰制品

石膏浮雕装饰制品是现在国内市场十分流行的一种室内装饰材料。它具有丰富的造型、极强的艺术立体感，可以随意的改变色彩，而且石膏材料有不变形、不老化、不褪色、无毒、防潮、阻燃等优秀品质。见图 4-8。

图 4-8 室内艺术石膏浮雕

1. 石膏浮雕装饰饰件

装饰石膏线角、花饰、造型等石膏艺术制品可统称为石膏浮雕装饰饰件。它可划分为平板、浮雕版系列，浮雕饰线系列（阴型饰线及阳型饰线），艺术顶棚、灯圈、角花系列，艺术廊柱系列，浮雕壁画、画框系列，艺术系列及人体造型系列。

断面形状为一字形或 L 形的长条状装饰部件多用高强石膏或加筋建筑石材制作，用浇筑法成型。其表面呈现雕花形和弧形。规格尺寸很多，线脚的宽度一般为 45～300 mm，长度一般为 1 800～2 300 mm。它主要在室内装修中组合使用，如采取多层线脚贴合，形成吊顶局部变高的造型处理；线脚和贴墙脚、踢脚线可用构成代替木材的石膏墙裙，即上部用线角封顶，中部为花饰的防火石膏板，底部用跳板作踢脚线，贴好后再刷涂料，在墙上用线脚镶壁画，彩饰后形成画廊等。

浮雕艺术石膏线角、线板和花角具有表面光洁、颜色洁白高雅、花型和线条清晰、立体感强、尺寸稳定、强度高、无毒、防火、施工方便等优点，广泛用于高档宾馆、饭店、写字楼和居民住宅的吊顶装饰，是一种造价低廉、装饰效果好、调节室内湿度和防火的理想装饰装修材料，可直接用粘贴石膏腻子和螺丝钉进行固定安装。见图 4-9。

图 4-9　石膏浮雕

2. 装饰石膏柱、石膏壁炉

装饰石膏柱有罗马柱、麻花柱、圆柱、方柱等多种，柱上、下端分别配以浮雕艺术石膏柱头和柱基，柱高和周边尺寸由室内层高和面积大小而定。柱身上纵向浮雕条纹，可显得室内空间更加高大。在室内门厅、走道、墙壁等处设置装饰石膏柱，既丰富了室内的装饰层次，更给人一种欧式装饰艺术和风格的享受。

装饰石膏壁炉更增添了室内墙体的观赏性，使人置身于一种中西方文化和谐统一的艺术氛围之中，糅合精湛华丽的雕饰，达到美观、舒适与实用的效果。见图 4-10。

图 4-10　石膏柱、石膏壁炉

3 石膏壁画

石膏壁画是集雕刻艺术与石膏制品于一体的饰品。整幅图面可大到 1.8 m×4 m,画面有山水、松竹、腾龙、飞鹤等。它是由多块小尺寸预制件拼合而成的。见图 4-11。

图 4-11　石膏壁画

2. 石膏造型

单独或配合廊柱用的人或动物造型也常采用石膏材料制成。见图 4-12。

图 4-12　石膏人物造型

本章小结

建筑石膏具有以下特性:(1)凝结硬化快,强度较低;(2)体积微膨胀;(3)孔隙率大,体积密度小,保温、吸声性较好;(4)具有一定的调温和调湿性能;(5)防火性好,但耐火性较差;(6)耐水性差。

石膏装饰制品主要有装饰板、装饰吸声板、装饰线角、花饰、装饰浮雕壁画、画框、挂饰及建筑艺术造型等。

普通纸面石膏板适用于办公楼、影剧院、饭店、宾馆、候车室、候机楼、住宅等建筑的室内吊顶、墙面、隔断、内隔墙等的装饰。普通纸面石膏板产品的标记顺序为:产品名称、板材棱边形状代号、板宽、板厚及标准号。

装饰石膏板广泛用于宾馆、饭店、餐厅、礼堂、影剧院、会议室、医院、幼儿园、候机(车)室、办公室、住宅等的吊顶、墙面等。

石膏浮雕装饰件可划分为平板、浮雕板系列,浮雕饰线系列(阴型饰线及阳型饰线),艺术顶棚、灯圈、角花系列,艺术廊柱系列,浮雕壁画、画框系列,艺术系列及人体造型系列。

复习思考题与习题

4.1 什么是石膏?

4.2 试指出石膏今后的发展趋势?

4.3 石膏的主要化学成分有哪些?

4.4 简述石膏的性能及特点。

4.5 简述石膏的用途。

4.6 什么是石膏浮雕装饰饰件?常见的有哪些?

4.7 嵌装式装饰石膏板有哪些?嵌装式装饰石膏板的用途有哪些?

第5章　水泥及其装饰制品

本章要点

本章通过对硅酸盐水泥较详细的阐述，了解硅酸盐水泥熟料的矿物组成及其对硬化水泥浆体结构、性能的影响，理解各通用水泥的技术要求、性质及应用范围，重点掌握白水泥和彩色水泥的生产、技术要求、性质以及在建筑装饰工程中的应用。

介绍常用装饰混凝土、装饰砂浆的基本原材料、性能、配合比，以及装饰混凝土和装饰砂浆的施工工艺和施工要点。

水泥呈粉末状，与水混合后，经过物理化学反应过程能由塑性浆体变成坚硬的石状体，并能将散粒料胶结成为整体，是一种良好的胶凝材料。水泥属于水硬性材料。

自问世以来，水泥就一直是土木工程材料中的主体材料。目前世界上水泥的品种众多，已达200余种，按其化学组成可分为硅酸盐系水泥、铝酸盐系水泥、硫铝酸盐系水泥、铁铝酸盐系水泥、磷酸盐系水泥、氟铝酸盐系水泥等系列。国家标准《水泥的命名、定义和术语》(GB/T 4131-1997)规定，按水泥的性能及用途可分为三大类，即用于一般土木建筑工程的通用水泥——六大硅酸盐系列水泥，具有专门用途的专用水泥，及具有某种比较突出性能的特性水泥。

水泥的品种繁多，但最基本的水泥是硅酸盐水泥。水泥的制品也很多。水泥具有早强、快硬、坚固、防潮、防水、不褪色、耐老化、容易达到颜色鲜艳均匀、可塑性好等特点。因此，它是建筑装饰必不可少的材料。这里主要介绍与装饰有关的水泥及其制品。

5.1　水泥的基本知识

5.1.1　硅酸盐水泥

1. 硅酸盐水泥的生产、矿物组成以及水化、凝结硬化

国家标准《通用硅酸盐水泥》(GB 175-2007)规定，凡由硅酸盐水泥熟料、0%～5%石灰石或粒化高炉矿渣、适量石膏磨细制成的水硬性胶凝材料，称为硅酸盐水泥。硅酸盐水泥分为两类：不掺加混合材料的称Ⅰ型硅酸盐水泥，代号为P·Ⅰ；在硅酸盐水泥熟料粉磨时掺加不超过水泥质量5%的石灰石或粒化高炉矿渣混合材料的称Ⅱ型硅酸盐水泥，代号为P·Ⅱ。

(1)硅酸盐水泥的生产

硅酸盐水泥的生产分为三个阶段：石灰质原料、黏土质原料及少量校正原料破碎后，按一定比例配合、磨细，并调配成成分合适、质量均匀的生料，称为生料制备；生料在水泥窑内煅烧至部分熔融所得到的以硅酸钙为主要成分的硅酸盐水泥熟料，称为熟料煅烧；熟料加适量石膏和其他混合材料共同磨细为水泥，称为水泥粉磨。硅酸盐水泥生产的工艺流程如图5-1所示。

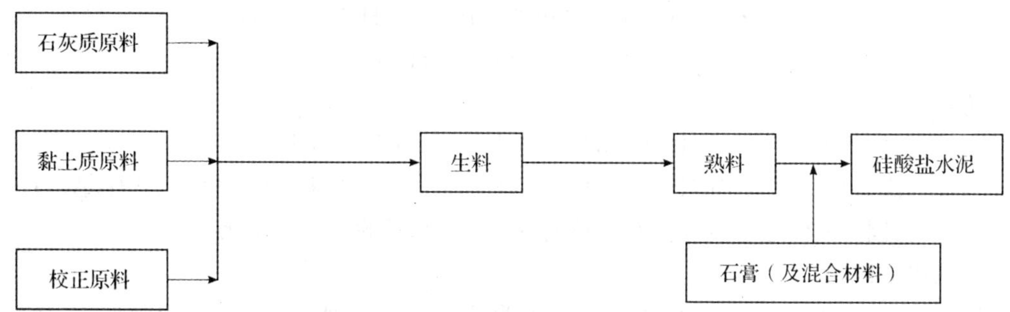

图 5-1　硅酸盐水泥生产的工艺流程

(2)水泥熟料的矿物组成

在以上的主要熟料矿物中，硅酸三钙和硅酸二钙的总含量在 70%以上，铝酸三钙和铁铝酸四钙的含量在 25%左右，故称为硅酸盐水泥。除主要熟料矿物外，水泥中还含有少量游离 CaO、游离 MgO 和碱，但其总含量一般不超过水泥总量的 10%。

(3)硅酸盐水泥熟料矿物的水化特性

硅酸盐水泥的性能是由其组成矿物的性能决定的。水泥具有许多优良建筑技术性能，主要是由于水泥熟料中几种主要矿物水化作用的结果。因此，要了解水泥的性质必须了解每种矿物的水化特性。

熟料矿物与水发生的水解或水化作用通称为水化。水泥单矿物与水发生水化反应，生成水化物，并放出一定的热量。

①硅酸三钙

C_3S 在常温下水化反应，大致可用下式表示：

$$2(3CaO \cdot SiO_2)+6H_2O=3CaO \cdot 2SiO_2 \cdot 3H_2O+3Ca(OH)_2$$

简写为：

$$2C_3S+6H=C\text{-}S\text{-}H+3CH$$

②硅酸二钙

C_2S 的水化反应很慢，但其水化产物中的水化硅酸钙与 C_3S 的水化生成物是同一种形态，其反应式大致可表示为：

$$2(2CaO \cdot SiO_2)+4H_2O=3CaO \cdot 2SiO_2 \cdot 3H_2O+Ca(OH)_2$$

简写为：

$$2C_2S+4H=C\text{-}S\text{-}H+CH$$

硅酸二钙和硅酸三钙比较，其差别在于水化速度特别慢，并且生成的 $Ca(OH)_2$ 较少。

③铝酸三钙

C_3A 与水的反应非常迅速，水化放热量较大，水化产物的组成结构受水化条件影响较大。

在常温下 C_3A 依下式水化：

$$3CaO \cdot Al_2O_3 + 6H_2O = 3CaO \cdot Al_2O_3 \cdot 6H_2O$$

简写为：

$$C_3A + 6H = C_3AH_6$$

在有石膏存在时，C_3A 开始水化生成的水化铝酸四钙还会立即与石膏反应：

$$4CaO \cdot Al_2O_3 \cdot 13H_2O + 3(CaSO_4 \cdot 2H_2O) + 13H_2O$$
$$= 3CaO \cdot Al_2O_3 \cdot 3CaSO_4 \cdot 31H_2O + Ca(OH)_2$$

简写为：

$$C_4AH_{13} + 3\overline{S}H_2 + 13H = C_3A\overline{S}_3H_{31} + CH$$

生成的高硫型水化硫铝酸钙（$3CaO \cdot Al_2O_3 \cdot 3CaSO_4 \cdot 31H_2O$），又称钙矾石（AFt），是难溶于水的针状晶体，它包围在熟料颗粒周围，形成“保护膜”，延缓水化。

④铁铝酸四钙

C_4AF 的水化与 C_3A 极为相似，只是水化反应速度较慢，水化热较低。其反应式大致可表示为：

$$4CaO \cdot Al_2O_3 \cdot Fe_2O_3 + 7H_2O = 3CaO \cdot Al_2O_3 \cdot 6H_2O + CaO \cdot Fe_2O_3 \cdot H_2O$$

简写为：

$$C_4AF + 7H = C_3AH_6 + C\text{-}F\text{-}H$$

反应生成 C_3AH_6 晶体和 C-F-H 凝胶体。

综上所述，如果忽略一些次要和少量成分，硅酸盐水泥水化后的主要水化产物有水化硅酸钙（C-S-H）凝胶、水化铁酸钙（C-F-H）凝胶、氢氧化钙（OH）板状晶体、水化铝酸钙（C_3AH_6）立方晶体和水化硫铝酸钙（AFt）针状晶体。

在充分水化的水泥石中，水化硅酸钙凝胶约占 70%，$Ca(OH)_2$ 约占 20%，水化硫铝酸钙约占 7%，未水化的熟料残余物和其他微量组分大约占 3%。各种水泥熟料矿物水化所表现的特性见表 5-1。

表 5-1　硅酸盐水泥熟料主要矿物单独与水作用时的特性

名称		C_3S	C_2S	C_3A	C_4AF
水化反应速度		快	慢	最快	快
凝结硬化速度		快	慢	最快	快
28 d 水化热		大	小	最大	中
强度	早期	高	低	低	低
	后期		高		
干缩性		中	小	大	小
耐化学侵蚀性		中	良	差	优

水泥是几种熟料矿物的混合料，改变熟料矿物成分间的比例时，水泥的性质即发生相应的变化。例如提高 C_3S 的含量，可以制得高强度水泥；又如降低 C_3A 和 C_3S 含量，提高 C_2S

含量，可以制得水化热低的水泥，如大坝水泥。

(4)硅酸盐水泥的凝结硬化

水泥加水拌和后，成为可塑的水泥浆，水泥浆逐渐变稠失去塑性，但尚不具有强度的过程，称为水泥的“凝结”。随后产生明显的强度并逐渐发展而成为坚硬的人造石，即水泥石，这一过程称为水泥的“硬化”。凝结和硬化是人为划分的，实际上是一个连续的复杂的物理化学变化过程。

硅酸盐水泥凝结硬化的过程非常复杂，自从1882年雷·查特里(Le Chatelier)首次提出水泥凝结硬化理论以来，学者们至今还在不断研究，目前一般的看法如下：

首先，水泥加水后，未水化的水泥颗粒分散在水中，形成水泥浆。水泥在水泥浆中立即发生快速反应，在几分钟内便生成过饱和溶液，然后反应急剧减慢，这是由于水泥颗粒表面生成了硫铝酸钙微晶膜或凝胶状膜层。

接着，水泥产物的量随时间而增加，新生胶粒不断增加，水化物膜层增厚，游离水分不断减少，颗粒间空隙也不断缩小，而分散相中最细的颗粒通过分散介质薄层，相互无序连接而生成三维空间网，形成凝聚结构。这种结构在振动的作用下可以破坏，但又可逆地恢复，因此具有凝胶的触变性。在形成凝聚结构的同时，水泥浆发生“凝结”。

随着以上过程的不断进行，固态的水化物不断增多，颗粒间的接触点数目增加；结晶体(CH、C_3AH_6和AFt)和凝胶体(C-S-H凝胶)互相贯穿，形成了凝聚结构，随着水化继续进行，C-S-H凝胶增多，填充硬化的水泥石毛细孔中，使孔隙率下降，强度逐渐增大，从而进入了硬化阶段。

水泥的水化与凝结硬化是从水泥颗粒表面开始，逐渐往水泥颗粒的内核深入进行的，是一个连续的过程。水化是水泥产生凝结硬化的前提，而凝结硬化是水泥水化的结果。开始时，由于水化速度快，水泥强度增长也快；但由于水化不断进行，堆积在未水化水泥颗粒周围的水化产物不断增多，便阻碍了水和水泥颗粒未水化部分的继续接触，水化减慢，强度增长也减慢。无论时间多久，水泥内核很难达到完全水化。因此，在硬化的水泥石中，同时包含水泥熟料矿物水化的凝胶体和结晶体、未水化的水泥颗粒、水(自由水和吸附水)和孔隙(毛细孔和凝胶孔)，它们在不同时期相当数量的变化，使水泥石的性质随之改变。

2. 硅酸盐水泥的技术性质

国家标准《通用硅酸盐水泥》(GB 175-2007)对其物理、化学性能指标等均做了明确规定。

(1)物理性质

①细度——选择性指标

水泥颗粒的粗细程度称为细度。一般认为，水泥粒径在40 μm以下的颗粒才具有较高的活性，大于100 μm活性就很小了。细度与水泥的水化速度、凝结硬化速度、早期强度和空气硬化收缩量等成正比，与成本及储存期成反比。

与筛析法相比，比表面积法能较好地反映水泥粗细颗粒的分布情况，是检测硅酸盐水泥细度较为合理的方法。所谓的比表面积就是指单位质量的水泥粉末所具有的总面积，用m^2/kg表示。国家标准GB 175-2007规定，硅酸盐水泥比表面积应大于300 m^2/kg。

②标准稠度用水量

水泥的物理性质中有体积安定性和凝结时间，为了使检验的这两种性质有可比性，国家标准规定了水泥浆的稠度，获得这一稠度时所需的水量称为标准稠度用水量，以水与水泥质量的比值来表示。

③凝结时间

水泥的凝结时间分初凝和终凝。初凝是指从水泥加水拌和起至标准稠度的水泥净浆开始失去可塑性所需的时间。终凝是指从水泥加水拌和起至标准稠度的水泥净浆完全失去可塑性所需的时间。

硅酸盐水泥国家标准 GB 175-2007 规定，初凝时间不早于 45 min，终凝时间不得迟于 390 min。实际上国产硅酸盐水泥的初凝时间一般在 1～3 h，终凝时间一般在 4～6 h。

④体积安定性

水泥的体积安定性是指水泥在凝结硬化过程中体积变化的均匀性。如果在已经硬化后，水泥石内部产生不均匀的体积变化，即所谓体积安定性不良，就会使构件产生破坏应力，使结构物及构件产生裂缝、弯曲，甚至崩坍等现象，降低建筑物质量，甚至引起严重的工程事故。

造成安定性不良的原因，一般是由于熟料中所含的游离氧化钙过多，也可能是由于熟料中所含的游离氧化镁或生产水泥时掺入石膏过多造成的。

国家标准 GB 175-2007 规定，用沸煮（沸煮 3 h）法检测水泥的体积安定性必须合格。测试方法可以用饼法和雷氏法，有争议时以雷氏法为准。饼法是指观察水泥净浆试饼沸煮后的外形变化，如试饼无裂纹、无翘曲，则水泥的体积安定性合格。雷氏法则是测定水泥净浆试件在雷氏夹中沸煮前后的尺寸变化，即膨胀值。如雷氏夹膨胀值大于 5.0 mm，则体积安定性不合格。

沸煮只能加速 CaO 的熟化作用，所以只能检测游离 CaO 引起的水泥体积安定性不良。由于游离 MgO 只在压蒸下加速熟化，石膏的危害则需长期在常温水中才能发现，两者均不便于快速检验。所以，国家标准规定水泥熟料中游离 MgO 含量不得超过 5.0%，水泥中 SO_3 含量不超过 3.5%，以控制水泥的体积安定性。

体积安定性不良的水泥应作废品处理，不能用于工程中。某些体积安定性不合格的水泥（如游离 CaO 含量高造成体积安定性不合格的水泥）在空气中存放一段时间后，由于游离 CaO 吸收空气中的水蒸气而熟化，体积安定性可能会变得合格，此时可以使用。

⑤强度及强度等级

水泥强度检验按《水泥胶砂强度检验方法（ISO 法）》（GB/T 17671-1999）的规定进行。它是将水泥、标准砂和水按 1∶3∶0.5 的比例配制成胶砂，并制成 40 mm×40 mm×160 mm 的试件，脱模后在标准条件下[1 d 内为温度（20±1）℃、相对湿度在 90%以上的空气中，1 d 后为温度（20±1）℃的水中]养护一定龄期（3 d、28 d）后测其强度。

国家标准 GB 175-2007 规定，硅酸盐水泥的强度等级可分为 42.5、42.5R、52.5、52.5R、62.5、62.5R 六个级别，并具体规定各等级所对应的抗压强度和抗折强度在 3 d、28 d 时的数值，见表 5-2。

（2）化学性质

水泥的化学性质指标主要控制水泥中有害的化学成分，要求其不超过一定的限量，否则可能对水泥的性质和质量带来危害。

表 5-2　硅酸盐水泥各龄期的强度要求(GB 175-2007)

品种	强度等级	抗压强度/MPa		抗折强度/MPa	
		3 d	28 d	3 d	28 d
硅酸盐水泥	42.5	≥17.0	≥42.5	≥3.5	≥6.5
	42.5R	≥22.0		≥4.0	
	52.5	≥23.0	≥52.5	≥4.0	≥7.0
	52.5R	≥27.0		≥5.0	
	62.5	≥28.0	≥62.5	≥5.0	≥8.0
	62.5R	≥32.0		≥5.5	
普通硅酸盐水泥	42.5	≥17.0	≥42.5	≥3.5	≥6.5
	42.5R	≥22.0		≥4.0	
	52.5	≥23.0	≥52.5	≥4.0	≥7.0
	52.5R	≥27.0		≥5.0	
矿渣硅酸盐水泥 火山灰硅酸盐水泥 粉煤灰硅酸盐水泥 复合硅酸盐水泥	32.5	≥10.0	≥32.5	≥2.5	≥5.5
	32.5R	≥15.0		≥3.5	
	42.5	≥15.0	≥42.5	≥3.5	≥6.5
	42.5R	≥19.0		≥4.0	
	52.5	≥21.0	≥52.5	≥4.0	≥7.0
	52.5R	≥23.0		≥4.5	

①氧化镁

水泥中氧化镁含量应不超过 5.0%。如果水泥压蒸安定性试验合格，则水泥中氧化镁含量允许放宽到 6.0%。氧化镁是指存在于熟料中的游离氧化镁，它与水反应后生成氢氧化镁，这一反应生成物将使体积膨胀 1.5 倍，如果过多将造成水泥石结构产生裂缝，甚至破坏。

②三氧化硫

水泥中 SO_3 的含量不得超过 3.5%。三氧化硫是添加石膏时带入的成分，其量过多会与铝酸钙矿物生成较多的 AFt，产生较大的体积膨胀，同样会造成水泥石体积膨胀。

③烧失量

烧失量是指水泥在一定温度、一定时间内加热后烧失的数量。水泥煅烧不佳或受潮后，均会导致烧失量增加。用烧失量来限制石膏和混合材料中杂质含量，以保证水泥的质量。国家标准 GB 175-2007 规定，Ⅰ型硅酸盐水泥烧失量≤3.0%，Ⅱ型硅酸盐水泥烧失量≤3.5%。

④不溶物

不溶物是指水泥在浓盐酸中溶解保留下来的不溶性残留物，再以 NaOH 溶液处理，经 HCl 中和、过滤后所得的残渣，再经高温灼烧所剩的物质。不溶物越多，对水泥质量影响越大。国家标准 GB 175-2007 规定，Ⅰ型硅酸盐水泥不溶物≤0.75%，Ⅱ型硅酸盐水泥不溶物≤1.50%。

⑤碱

水泥中碱含量以水泥中 $Na_2O+0.658K_2O$ 的计算值来表示。水泥中的碱与某些碱活性骨料发生化学反应会引起混凝土膨胀破坏，这种现象称为“碱—骨料反应”。它是影响混凝土耐久性的一个重要因素。使用活性骨料或用户要求提供低碱水泥时，水泥中碱含量不大于 0.60%，或者由供需双方商定。

(3)其他性质

①水化热

水泥在水化过程中放出的热称为水化热。水化热的大小与放热速度主要取决于水泥的矿物组成和细度，而且还与水灰比、混合材料及外加剂的品种、数量等因素有关。

鲍格(Bogue)研究得出，对于硅酸盐水泥，1～3 d 龄期内水化放热量为总放热量的 50%，7 d 为 75%，6 个月为 83%～91%。由此可见，水泥水化热量大部分在早期(3～7 d)放出，以后逐渐减少。

②抗冻性

抗冻性是指水泥石抵抗冻融循环的能力。在严寒地区使用水泥时，抗冻性是水泥石的重要性质之一。影响抗冻性的因素主要是水泥各成分的含量和水灰比。当 C_3S 含量高时，水泥的抗冻性好，适当提高石膏掺量也可提高抗冻性；水灰比控制在 0.40 以下，抗冻性好；水灰比大于 0.55 时，抗冻性将显著降低。

③抗渗性

抗渗性是指水泥石抵抗液体渗透作用的能力。水泥石的抗渗性与它的孔隙率和孔径大小有关，也与水灰比、水化程度、所掺混合材料的性能、养护条件等有关。水灰比小，水化程度高，水泥中凝胶含量高，抗渗性高。

3. 硅酸盐水泥的腐蚀与防止

硅酸盐水泥硬化后，在通常的使用条件下，有较好的耐久性。但在某些腐蚀性液体或气体介质的长期作用下，水泥石将会发生一系列物理、化学变化，使水泥石的结构逐渐遭到破坏，强度逐渐降低，甚至全部溃裂破坏，这种现象称为水泥石的腐蚀。

实际上水泥石的腐蚀是一个极为复杂的物理化学作用过程，往往是几种腐蚀作用同时存在、互相影响的结果。从物理和化学角度归纳分析，其主要原因有以下几种：

(1)水泥石有易被腐蚀的成分，主要是氢氧化钙和水化铝酸钙。

(2)水泥石本身不密实，有很多毛细孔通道，腐蚀介质容易侵入。

(3)腐蚀与通道相互作用。

根据以上腐蚀原因的分析，使用水泥时可以采取下列防止腐蚀的措施：

(1)合理选择与环境条件相适宜的水泥品种。例如，选用硫铝酸盐水泥、掺混合材料的硅酸盐水泥及高铝水泥等，尽量减少水泥石中 $Ca(OH)_2$ 和水化铝酸钙的含量。

(2)提高水泥石的密实度，降低孔隙率。例如，降低水灰比，掺加外加剂，采取机械施工等方法。

(3)在水泥石表面加做保护层，以隔离侵蚀介质与水泥石的接触。例如，采用耐腐蚀的涂料(沥青质、环氧树脂等)或贴板材(花岗石板、耐酸瓷砖等)。

4. 硅酸盐水泥的性能与应用

(1)凝结硬化快、早期强度高和强度等级高

硅酸盐水泥具有凝结硬化快、早期强度高以及强度等级高的特性，故可用于地上、地下和水中重要结构的高强及高性能混凝土工程中，也可用于有早强要求的混凝土工程中。

(2)抗冻性好

硅酸盐水泥水化放热量高，早期强度也高，因此可用于冬季施工及严寒地区遭受反复冻融的工程。

(3)抗碳化性能好

硅酸盐水泥水化后生成物中有 20%～25%的 $Ca(OH)_2$，因此水泥石中碱度不易降低，对钢筋有保护作用，抗碳化性能好。

(4)水化热高

因为硅酸盐水泥的水化热高，所以不宜用于大体积混凝土工程。

(5)耐腐蚀性差

由于硅酸盐水泥石中含有较多的易受腐蚀的氢氧化钙和水化铝酸钙，因此其耐腐蚀性能差，不宜用于水利工程、海水作用和矿物水作用的工程。

(6)不耐高温

当水泥石受热温度到 250～300 ℃时，水泥石中的水化物开始脱水，水泥石收缩，强度开始下降；当温度达 700～800 ℃时，强度降低更多，甚至破坏。水泥石中的氢氧化钙在 547 ℃以上开始脱水分解成氧化钙，当氧化钙遇水，则因熟化而发生膨胀导致水泥石破坏。因此，硅酸盐水泥不宜用于有耐热要求的混凝土工程以及高温环境。

(7)干缩小

硅酸盐水泥在硬化过程中形成大量的水化硅酸钙胶体，使水泥石密实，游离水分少，不易产生干缩裂纹，可用于干燥环境的混凝土工程。

(8)耐磨性好

硅酸盐水泥强度高，耐磨性好，而且干缩小，可用于路面与地面工程。

5.1.2　掺混合材料的硅酸盐水泥

掺混合材料的硅酸盐水泥是指由硅酸盐水泥熟料、适量混合材料及石膏共同磨细所制成的水硬性胶凝材料，与硅酸盐水泥同属硅酸盐系列水泥。与硅酸盐水泥相比，掺混合材料的硅酸盐水泥由于利用了工业废料和地方材料，因此，节省了硅酸盐水泥熟料，降低了水泥的成本，扩大水泥强度等级范围，改善了硅酸盐水泥的性能。

1. 水泥混合材料

在生产水泥时，为了改善水泥的性能，调节水泥的强度等级而加到水泥中去的人工或天然的矿物材料，称为水泥混合材料。水泥混合材料通常分为活性混合材料和非活性混合材料两大类。

(1)活性混合材料

混合材料磨成细粉，与石灰或与石灰和石膏拌和在一起，加水后，在常温下能生成具有

胶凝性的水化产物。既能在水中也能在空气中硬化的混合材料，称为活性混合材料。具有这类性质的混合材料有粒化高炉矿渣、火山灰质混合材料和粉煤灰等。

(2)非活性混合材料

非活性混合材料是指不具有活性或活性很低的人工或天然的矿物材料。常用的非活性混合材料有磨细石英砂、黏土、石灰石、慢冷矿渣和各种废渣等。它们与水泥成分不起化学作用或化学作用很小，因此，这类混合材料也称为惰性混合材料。将它们掺入硅酸盐水泥中，主要是起提高产量、调节水泥强度等级、减少水化热等作用。

2. 掺混合材料的硅酸盐水泥

掺混合材料的硅酸盐水泥的组分应符合表 5-3 的规定。

表 5-3 掺混合材料硅酸盐水泥的组分

<table>
<tr><th rowspan="2">品种</th><th rowspan="2">代号</th><th colspan="4">组分/%</th></tr>
<tr><th>熟料+石膏</th><th>粒化高炉矿渣</th><th>火山灰质混合材料</th><th>粉煤灰</th></tr>
<tr><td>普通水泥</td><td>P·O</td><td>≥80 且<95</td><td colspan="3">>5 且≤20</td></tr>
<tr><td rowspan="2">矿渣水泥</td><td>P·S·A</td><td>≥50 且<80</td><td>>20 且≤50</td><td></td><td></td></tr>
<tr><td>P·S·B</td><td>≥30 且<50</td><td>>50 且≤70</td><td></td><td></td></tr>
<tr><td>火山灰水泥</td><td>P·P</td><td>≥60 且<80</td><td></td><td>>20 且≤40</td><td></td></tr>
<tr><td>粉煤灰水泥</td><td>P·F</td><td>≥60 且<80</td><td></td><td></td><td>>20 且≤40</td></tr>
<tr><td>复合水泥</td><td>P·C</td><td>≥50 且<80</td><td colspan="3">>20 且≤50</td></tr>
</table>

(1)普通硅酸盐水泥

①定义与代号

根据 GB 175-2007 定义，凡是由硅酸盐水泥熟料、>6%且≤15%混合材料及适量石膏磨细制成的水硬性胶凝材料，称为普通硅酸盐水泥(简称普通水泥)，其代号为 P·O。

②技术要求

A. 凝结时间。普通水泥初凝时间不得早于 45 min，终凝时间不得迟于 600 min。

B. 强度等级。普通水泥强度等级分为 42.5、42.5R、52.5、52.5R。各强度等级水泥的各龄期强度不得低于表 5-2 中的值。

普通水泥的细度、体积安定性、氧化镁含量、三氧化硫含量、碱含量等其他技术要求与硅酸盐水泥相同。

③普通水泥的主要性能及应用

普通水泥与硅酸盐水泥的区别在于其混合材料的掺量，普通水泥为>6%且≤15%，硅酸盐水泥仅为0%～5%。由于混合材料的掺量变化幅度不大，在性质上差别也不大，但普通水泥在早强、强度等级、水化热、抗冻性、抗碳化能力上略有降低，而耐热性、耐腐蚀性略有提高。普通水泥与硅酸盐水泥的应用范围大致相同。但由于性能上有一点差异，一些硅酸盐水泥不能用的地方，普通硅酸盐水泥可以用，使得普通水泥成为建筑行业应用面最广、使用量最大的水泥品种。

(2)矿渣硅酸盐水泥、火山灰质硅酸盐水泥、粉煤灰硅酸盐水泥

①定义及代号

A. 矿渣硅酸盐水泥。根据 GB 175-2007 定义，凡由硅酸盐水泥熟料和粒化高炉矿渣、适量石膏磨细制成的水硬性胶凝材料称为矿渣硅酸盐水泥(简称矿渣水泥)，其代号为 P·S。水泥中粒化高炉矿渣的掺量按质量百分比计为＞20％且≤70％。

B. 火山灰质硅酸盐水泥。根据 GB 175-2007 定义，凡由硅酸盐水泥熟料和火山灰质混合材料、适量石膏磨细制成的水硬性胶凝材料称为火山灰质硅酸盐水泥(简称火山灰水泥)，其代号为 P·P。水泥中火山灰质混合材料的掺量按质量百分比计为＞20％且≤40％。

C. 粉煤灰硅酸盐水泥。根据 GB 175-2007 定义，凡由硅酸盐水泥熟料和粉煤灰、适量石膏磨细制成的水硬性胶凝材料称为粉煤灰硅酸盐水泥(简称粉煤灰水泥)，其代号为 P·F。水泥中粉煤灰的掺量按质量百分比计为＞20％且≤40％。

②技术要求

三种掺混合材料水泥的技术要求如下：

A. 细度、凝结时间和体积安定性。三种水泥的细度要求是：0.08 mm 方孔筛筛余不大于 10％，或 0.45 mm 方孔筛筛余不大于 30％；而凝结时间和体积安定性要求与普通水泥要求相同。

B. 氧化镁含量。规定水泥熟料中氧化镁的含量同硅酸盐水泥(P·S·B 不要求)，但是，当熟料中氧化镁含量为 5.0％～6.0％时，如矿渣水泥中混合材料总量大于 40％或火山灰水泥和粉煤灰水泥中混合材料掺加量大于 30％，制成的水泥可不做压蒸试验。

C. 三氧化硫含量。矿渣水泥中三氧化硫的含量不得超过 4.0％，火山灰水泥和粉煤灰水泥中三氧化硫的含量不得超过 3.5％。

D. 强度等级。这三种水泥根据 3 d 和 28 d 的抗压强度和抗折强度划分强度等级，分别为 32.5、32.5R、42.5、42.5R、52.5、52.5R。三种水泥的各龄期强度不得低于表 5-2 中的值。

③矿渣水泥、火山灰水泥、粉煤灰水泥的水化特性

矿渣水泥、火山灰水泥、粉煤灰水泥水化时有一个共同点就是二次水化，即水化反应分两步进行：首先，熟料矿物水化析出氢氧化钙、水化硅酸钙、水化铝酸钙、水化铁酸钙等水化产物。然后，活性混合材料开始水化，熟料矿物析出的氢氧化钙作为碱性激发剂，掺入水泥中的石膏作为硫酸盐激发剂，促进三种混合材料中活性氧化硅和活性氧化铝的活性发挥，生成水化硅酸钙、水化铝酸钙、水化硫铝酸钙。

④矿渣、火山灰、粉煤灰水泥的共同特性

A. 凝结硬化速度慢，早期强度低，但后期强度较高；

B. 抗腐蚀能力强；

C. 水化热低；

D. 硬化时对湿热敏感性强，适合高温养护；

E. 抗碳化能力差；

F. 抗冻性差。

⑤矿渣、火山灰、粉煤灰水泥的不同特性

A. 矿渣水泥的耐热性好。由于硬化后，矿渣水泥石中的氢氧化钙含量减少，而矿渣本身又耐热，因此矿渣水泥适宜用于高温环境(温度不高于 200 ℃的混凝土工程中，如热工窑炉基础等)。由于矿渣水泥中的矿渣不容易磨细，其颗粒平均粒径大于硅酸盐水泥的粒径，磨细后又是多棱角形状，因此矿渣水泥保水性差，易泌水，抗渗性差，故不宜用于有抗渗性要求的混凝土工程。

B. 火山灰水泥具有较高的抗渗性和耐水性。原因是:不仅火山灰混合材料含有大量的微细孔隙,使其具有良好的保水性,而且火山灰颗粒较细,比表面积大,可使水泥石结构密实,又因在水化过程中产生较多的水化硅酸钙,可增加结构致密程度。因此,适用于有抗渗性要求的混凝土工程。火山灰水泥在干燥环境下易产生干缩裂缝,二氧化碳使水化硅酸钙分解成碳酸钙和氧化硅的粉状物,即发生"起粉"现象,所以,火山灰水泥不宜用于干燥地区的混凝土工程。

C. 粉煤灰水泥具有抗裂性好的特性。原因是:其独特的球形玻璃态结构,比表面积小,吸水力弱,干缩小,裂缝也少,抗裂性好。但由于它的泌水速度快,若施工处理不当,易产生失水裂缝,因而不宜用于干燥环境。此外,泌水会造成较多的连通孔隙,故粉煤灰水泥的抗渗性较差,不宜用于抗渗要求高的混凝土工程。

(3)复合硅酸盐水泥

①定义与代号

根据 GB 175-2007 定义,凡由硅酸盐水泥熟料、两种或两种以上规定的混合材料、适量石膏磨细制成的水硬性胶凝材料,称为复合硅酸盐水泥(简称复合水泥),其代号为 P·C。水泥中混合材料总掺量按质量百分比计应大于 20%,但不超过 50%。

②技术要求

A. 细度、安定性、凝结时间的要求和氧化镁、三氧化硫的含量要求均同矿渣、火山灰和粉煤灰水泥。

B. 复合水泥强度等级的要求如表 5-2 所示。

③复合水泥的特点及应用

复合水泥是一种新型的通用水泥,掺有两种或两种以上混合材料,可以相互取长补短,克服单一混合材料的一些弊端。其早期强度接近于普通硅酸盐水泥,而其他性能均优于矿渣、火山灰和粉煤灰水泥,因而适用范围广。

5.1.3 白色硅酸盐水泥

以适当成分的生料烧至部分熔融,所得以硅酸钙为主要成分、氧化铁含量极少的熟料,加入适量石膏,磨细制成的水硬性胶凝材料称为白色硅酸盐水泥,简称白水泥,其代号为 P·W。

白色硅酸盐水泥的性质与普通硅酸盐水泥相同。国家标准《白色硅酸盐水泥》(GB/T 2015-2005)规定,白色硅酸盐水泥分为 32.5、42.5 和 52.5 三个强度等级。各等级各龄期强度不低于表 5-4 中规定。白水泥按其白度可分为特级、一级、二级、三级四个等级,各级白度不得低于表 5-5 的数值。

表 5-4 白水泥的强度要求(GB/T 2015-2005)

强度等级	抗压强度/MPa		抗折强度/MPa	
	3 d	28 d	3 d	28 d
32.5	12.0	32.5	3.0	6.0
42.5	17.0	42.5	3.5	6.5
52.5	22.0	52.5	4.0	7.0

表 5-5　白水泥白度等级

等级	特级	一级	二级	三级
白度/%	86	84	80	75

5.1.4　彩色硅酸盐水泥

白色硅酸盐水泥熟料、石膏和耐碱矿物颜料共同磨细，可制成彩色硅酸盐水泥。在白水泥生料中加入少量金属氧化物作为着色剂，直接烧成彩色熟料，然后再磨细制成彩色水泥。若制造红色、黑色或棕色水泥时，可在普通水泥中加耐碱矿物颜料，不一定用白水泥。

彩色硅酸盐水泥的 0.080 mm 方孔筛筛余不得大于 6.0%，SO_3不得超过 4.0%，初凝时间不得早于 1 h，终凝时间不得早于 10 h，体积安定性必须合格。彩色硅酸盐水泥的强度等级分为 22.5、32.5、42.5 三个强度等级，各等级各龄期强度不低于表 5-6 中规定。

表 5-6　彩色水泥的强度要求(JC/T 2015-2000)

强度等级	抗压强度/MPa		抗折强度/MPa	
	3 d	28 d	3 d	28 d
22.5	7.5	22.5	2.0	5.0
32.5	10.0	32.5	2.5	5.5
42.5	15.0	42.5	3.0	6.5

通常装饰用水泥主要是普通水泥、白水泥和彩色水泥。装饰水泥主要用于配制普通砂浆、彩色水泥浆、彩色混凝土，制造各种彩色水磨石、人造大理石、人造花岗石、彩色水泥瓦、彩色水泥地砖，并可用做雕塑、工艺美术品等。

5.2　装饰用水泥制品

5.2.1　装饰砂浆

砂浆是由胶凝材料、砂子和水等材料按适当比例配制而成的。砂浆常用的胶凝材料有水泥、石灰、石膏。在室内装修中，地砖、墙砖粘贴以及墙柱的砌筑等都要用到砂浆，它不仅可以增强面材与基层的吸附能力，而且还能保护内部结构，同时可以作为建筑毛面的找平层，所以在装修工程中，砂浆是必不可少的材料。按胶凝材料不同，砂浆可分为水泥砂浆、石灰砂浆和混合砂浆。混合砂浆有水泥石灰砂浆、水泥石膏砂浆等。按砂浆功能不同，又可分为砌筑砂浆、抹面砂浆、防水砂浆和其他特种砂浆。

1. 砌筑砂浆

用于砌筑砌体的砂浆称为砌筑砂浆。它起着传递荷载、黏结块材的作用，因此是砌体的重要组成部分。普通水泥常用来配制砌筑砂浆。有时为改善砂浆的和易性和节约水泥还常在砂浆中掺入适量的石灰或石膏浆而制成混合砂浆。

2. 抹面砂浆

凡涂抹在建筑物或土木工程构件表面的砂浆,可统称为抹面砂浆。根据抹面砂浆功能的不同,一般可将抹面砂浆分为普通抹面砂浆、装饰砂浆、防水砂浆和具有某些特殊功能的抹面砂浆(如绝热、耐酸、防射线砂浆)等。

(1)普通抹面砂浆

普通抹面砂浆的功能是保护结构主体免遭各种侵害,提高结构的耐久性,改善结构的外观。常用的普通抹面砂浆有石灰砂浆、水泥砂浆、水泥混合砂浆、麻刀石灰砂浆和纸筋石灰砂浆等。

为改善抹面砂浆的保水性和黏结力,胶凝材料的量应比砌筑砂浆多,必要时还可加入少量107胶,以增强其黏结力。为提高抗拉强度、防止抹面砂浆的开裂,常加入部分麻刀等纤维材料。普通抹面砂浆的配合比可参见表5-7。

表5-7 普通抹面砂浆的配合比

材料	体积配合比	材料	体积配合比
水泥:砂	1:2～1:3	石灰:石膏:砂	1:0.4:2～1:2:4
石灰:砂	1:2～1:4	石灰:黏土:砂	1:1:4～1:1:8
水泥:石灰:砂	1:1:6～1:2:9	石灰膏:麻刀	100:1.3～100:2.5(质量比)

(2)装饰砂浆

涂抹在建筑物内外墙表面,具有美观装饰效果的抹面砂浆通称为装饰砂浆。若选用具有一种颜色的胶凝材料和骨料以及采用某种特殊的操作工艺,便可使表面呈现出各种不同的色彩、线条与花纹等装饰效果(图5-2)。常用的装饰砂浆特殊操作工艺有拉毛灰、洒毛灰、搓毛灰、扒拉灰、扒拉石、拉条灰、仿石抹灰和假面砖等。

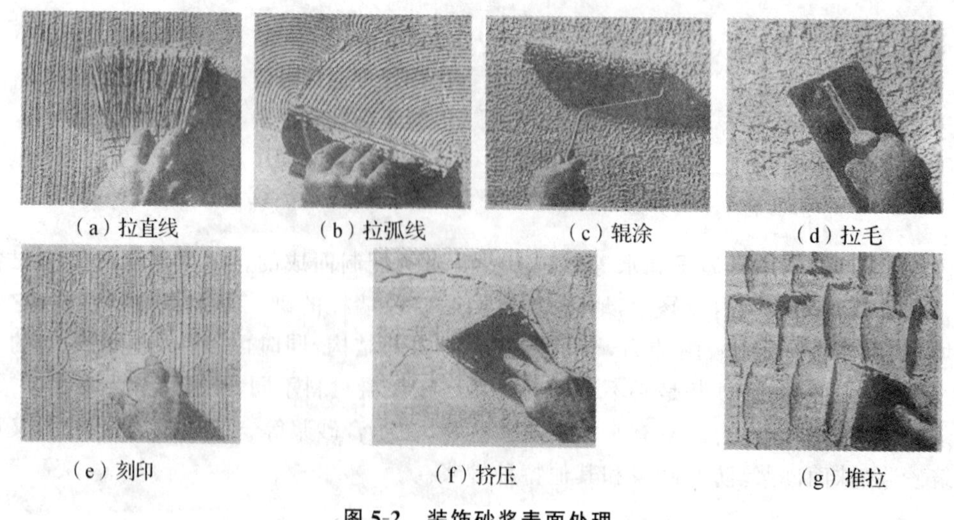

(a)拉直线　(b)拉弧线　(c)辊涂　(d)拉毛

(e)刻印　(f)挤压　(g)推拉

图5-2 装饰砂浆表面处理

①拉毛灰。是水泥砂浆或水泥混合砂浆抹灰的表面用拉毛工具(棕刷子、铁抹子或麻刷子等)将砂浆拉成波纹、斑点等花纹而做成的装饰面层。

②洒毛灰。是用茅草、高粱穗或竹条等绑成的 20 cm 左右的茅柴帚蘸罩面砂浆均匀地洒在抹灰层上,形成云朵状、大小不一但有规律的饰面。

③搓毛灰。是用木抹子在罩面上搓毛而形成的装饰面层。

④扒拉灰。是用钢丝刷子在罩面上刷毛扒拉而形成的装饰面层。

⑤扒拉石。适用于外墙装饰抹灰面,层用 1∶2 水泥细砾石浆,厚度一般为 10～12 mm,然后用钉耙子扒拉表面。

⑥拉条抹灰。是用专用模具把面层砂浆做出竖线条的装饰抹灰做法。

⑦假面砖。是用彩色砂浆抹成相当于外墙面砖分块形式与质感的装饰抹灰面。假面砖抹灰用的彩色砂浆一般按设计要求的色调调配数种,多配成土黄、淡黄或咖啡等颜色。

⑧仿石抹灰。又称"仿假石",是层砂浆分出大小不等的横平竖直的矩形格块,用竹丝扎成能手握的竹丝帚,用人工扫出横竖毛纹或斑点,有如石面质感的装饰抹灰。它适用于影剧院、宾馆内墙面和厅院外墙面等装饰抹灰。

(3)防水砂浆

制作防水层的砂浆叫作防水砂浆。砂浆防水层又叫刚性防水层,是在普通水泥砂浆中掺入防水剂来提高砂浆的抗渗能力。这种防水层仅适用于不受振动和具有一定刚度的混凝土或砖石砌体工程。在室内装修时常用作有水房间的墙面、地面的抹面。

(4)其他特种砂浆

①绝热砂浆。采用水泥、石灰、石膏等胶凝材料与膨胀珍珠岩砂、膨胀蛭石或陶粒砂等轻质多孔骨料,按一定比例配制的砂浆称为绝热砂浆。绝热砂浆质轻,且具有良好的绝热性能。

绝热砂浆是由轻质多孔骨料制成的,具有吸声性能。还可以配制用水泥、石膏、砂、锯末(其体积比约为 1∶1∶3∶5)拌成的吸声砂浆,吸声砂浆用于室内墙壁和平顶的吸声。

②耐酸砂浆。用水玻璃(硅酸钠)与氟硅酸钠拌制而成。水玻璃硬化后具有很好的耐酸性能。耐酸砂浆多用作衬砌材料、耐酸地面和耐酸容器的内壁防护层。

③防辐射砂浆。在水泥浆中掺入重晶石粉和砂,可配制成有防 X 射线能力的砂浆。如在水泥浆中掺加硼砂、硼酸等可配制有抗中子辐射能力的砂浆。此类防射线砂浆应用于射线防护工程。

5.2.2　装饰混凝土

1. 装饰混凝土原材料

装饰混凝土的原材料基本上与水泥混凝土相同,只不过在原材料的颜色等方面要求更加严格。

(1)水泥

水泥是装饰混凝土的主要原材料。如采用混凝土本色,一个工程应选用一个工厂同一号的产品,并一次备齐。除了性能应符合国家标准外,颜色必须一致。如在混凝土表面喷刷涂料,可适当放宽对颜色的要求。

(2)粗、细骨料

粗、细骨料应采用同一产源的材料，要求洁净、坚硬，不含有毒杂质。制作露骨料混凝土时，骨料的颜色应一致，且其吸水率不宜超过11%。

(3)水

配制装饰混凝土的用水要求与水泥混凝土相同，一般饮用水即可。

(4)颜料

颜料应选用不溶于水，与水泥不发生化学反应，耐碱、耐光的矿物颜料，其掺量不应降低混凝土的强度，一般不超过6%。有时也采用具有一定色彩的骨料代替颜料。

(5)外加剂

外加剂的选择与水泥混凝土相同，但应注意某些品种的外加剂会与颜料发生化学反应引起过早褪色。

2. 装饰混凝土的种类

装饰混凝土是在水泥混凝土表面经过喷涂色彩或其他工艺处理，使其改变单一色调，具有线型、质感和宜人的色彩。

混凝土的最大优点是具备多功能性。可以将混凝土塑造成任何形状，染成任何颜色或着色后与任何颜色相匹配，其组织结构可以从粗糙一直到高度光洁。混凝土适用于各种装饰风格，既可以体现出现代感觉，也可以达到古色古香的效果。

混凝土可以通过着色、染色、聚合以及环氧涂层等化学处理达到酷似大理石、花岗石和石灰石的效果。由于颜色与染料的品牌不同，每一个经化学处理的混凝土部件看上去都独具特色。有时混凝土部件产生一些细小的裂缝，这是混凝土的自然收缩造成的，一般不影响使用。

对混凝土的艺术处理方法还有很多，比如在混凝土表面做出线型、纹饰、图案、色彩等，以满足建筑立面、楼地面或屋面不同的美化效果。当前，装饰混凝土出现了许多种类，备受装饰界的青睐。

(1)表面彩色混凝土

表面彩色混凝土是在混凝土表面着色，一般采用彩色水泥和白色水泥、彩色与白色石子及石屑，再与水按一定比例配制成彩色饰面料。制作时先铺于模板底，厚度不小于10 mm，再在其上浇筑水泥混凝土。此外，还有一种在新浇筑混凝土表面上干撒着色硬化剂显色，或采用化学着色剂掺入已硬化混凝土的毛细孔中，生成难溶且抗磨有色沉淀物而呈现色彩(图5-3)。

(2)整体彩色混凝土

整体彩色混凝土一般采用白水泥或彩色水泥、白水泥或彩色石子、白色或彩色石屑以及水等配制而成。混凝土整体着色既可满足建筑装饰的要求，又可满足建筑结构基本坚固性能的要求(图5-4)。

(3)立面彩色混凝土

立面彩色混凝土是通过模板，利用水泥混凝土结构本身的造型、线型或几何外形，取得简单、大方和明快的立面效果，使混凝土获得装饰性。如果在模板构件表面浇筑出凹凸纹饰，可使建筑立面更加富有艺术性(图5-5)。

(4)彩色混凝土面砖

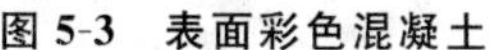

图 5-3　表面彩色混凝土

图 5-4　整体彩色混凝土

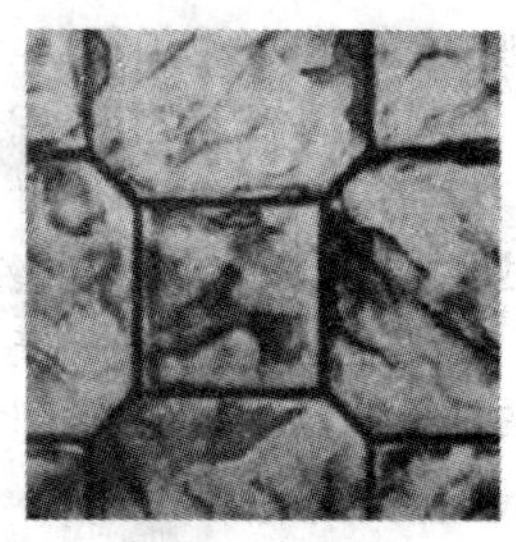

图 5-5　立面彩色混凝土

彩色混凝土面砖包括路面砖、人行道砖和车行道砖，造型又可分为普通型砖和异型砖，其形状有方形、圆形、椭圆形、六角形等，表面可做成各种图案，又称花阶砖。采用彩色混凝土面砖铺路，可使路面形成多彩美丽的图案和永久性的交通管理标志，既美化了城市，又可使步行者足下生辉(图 5-6)。

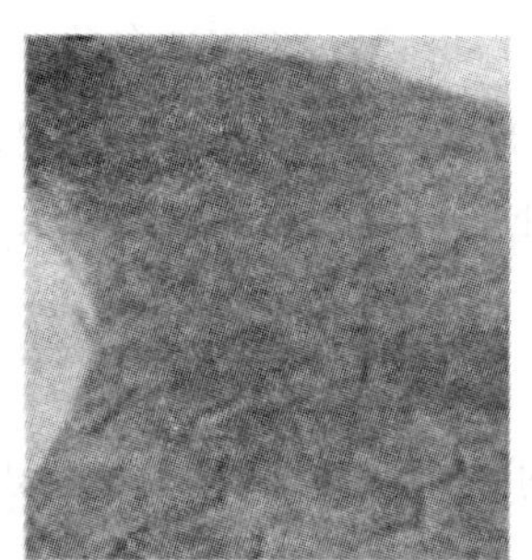

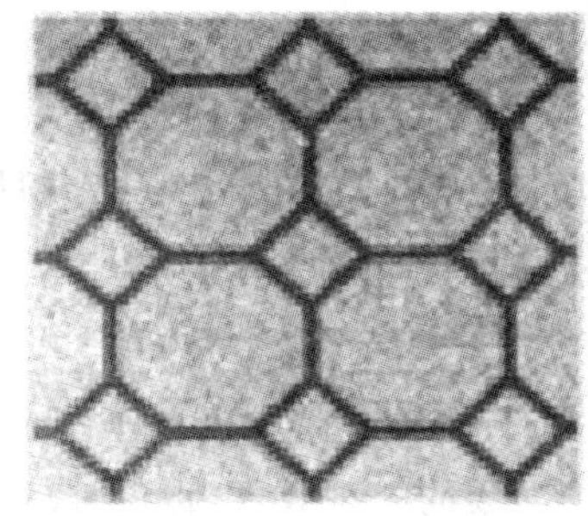

图 5-6　彩色混凝土面砖

总之，混凝土作为最普通常用的建筑材料，经过各种艺术处理之后，其在发挥使用功能的同时，又增添几分装饰功能，扩大了混凝土制品的使用范围。

5.3　水泥装饰构配件

5.3.1　水泥装饰板材

1. 纤维水泥平板

纤维水泥平板，是以矿物纤维、纤维素、纤维分散剂和水泥为主要原料，经抄坯、成型、养护而成的薄型建筑平板。这种板材有良好加工性能、防火性能、表面装饰性能，可喷涂和贴壁纸。可用于工业与民用建筑的内外墙板、天花板、壁柜、门扇及需要的部位(图 5-7)。

2. 无机纤维增强平板

无机纤维增强平板简称 TK 板，是以低碱水泥、中碱玻璃纤维和短石棉为原料，经圆网成型机抄制成型，再蒸养硬化而成的薄型平板。这种板材抗冲击性好，加工方便，用于隔墙、吊顶和墙裙板(图 5-8)。

3. 纤维水泥加压板

纤维水泥加压板简称 FC 加压板。它是以各种纤维和水泥为主要原料，经抄取成型、加压蒸养而成的高强度薄板。这种薄板的密度较大，表面光洁，可用于内墙板、卫生间墙板、吊顶板、楼梯和免拆型混凝土模板(图 5-9)。

图 5-7 纤维水泥平板

图 5-8 无机纤维增强平板

图 5-9 纤维水泥加压板

4. 水泥刨花板

水泥刨花板是以水泥、木材刨花为主要原料，加入适当水和化学助剂，经搅拌、成型、加压、养护等工序制成的薄型建筑平板。它具有自重轻、强度高、防火、防水、保温、隔热、防蛀等性能，可进行锯、粘、钉、装饰等加工，主要用于建筑物内外墙板、天花板、壁橱板(图5-10)。

5. 水泥木丝板

水泥木丝板是将木材下脚料经机型刨切成均匀木丝，加入水泥、水玻璃等，经成型、铺模、冷压、干燥、养护而成的一种吸声、保温、隔热材料。其性能与应用与水泥刨花板一样，但因其骨架为木丝，故强度与吸声性能较好(图 5-11)。

6. GRC 空心轻质隔墙板

GRC 是玻璃纤维强化水泥(Class Fiber Reinforced Cement)的英文缩写，是国外 20 世纪 70 年代发明并广泛应用的一种复合材料。它是将二氧化锆(ZrO_2)加入玻纤原料中，使玻纤成为抗酸、抗碱侵蚀的超强纤维，并以水泥及砂为胶凝及骨料，通过机械喷射、预混、铺网抹浆、混合等工艺成型的一种高强度抗老化的复合材料。这种隔墙板具有耐水、防潮、防水、抗震、轻质、高强、高韧性、非燃、隔声、隔热、易于加工的性能。适于做高层建筑的分室、分户、卫生间、厨房非承重部位的隔墙(图 5-12)。

图 5-10 水泥刨花板

图 5-11 水泥木丝板

图 5-12 水泥空心轻质隔墙板

5.3.2　水泥花砖

水泥花砖是以水泥、砂、颜料等为主要原料，按一定配比配合，经搅拌、分层铺设、压制成型、养护等工序制成的表面带有色彩和图案的饰面块材。水泥花砖强度高，耐久性好，制作简单，成本低，既可用于室内，也可用于室外。按用途分，有地面花砖(F)和墙面花砖(W)。地面花砖规格有 200 mm×200 mm、200 mm×150 mm、150 mm×150 mm，厚度为 12～16 mm。墙面花砖的规格有 200 mm×150 mm、150 mm×150 mm，厚度为 10～14 mm。

水泥地面花砖适用于一般工程的楼面和地面装饰，墙面花砖适用于一般工程内墙面踢脚部位的装饰。见图 5-13。

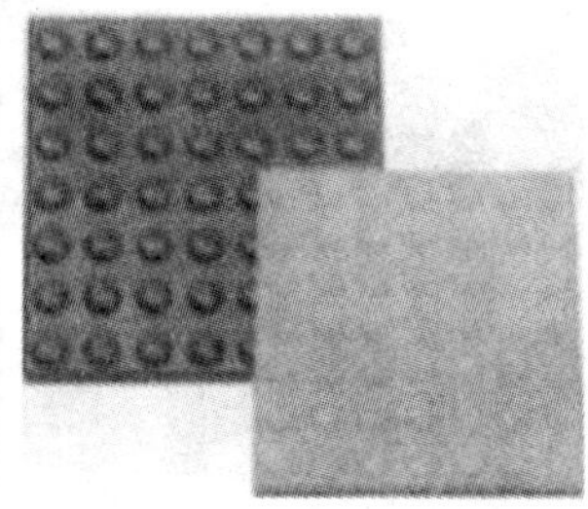

图 5-13　水泥花砖

5.3.3　其他水泥装饰构件

水泥不仅可以制作大型构件，还可以制作很多中小型的装饰构配件。水泥制作的装饰构配件具有造型随意、不需抛光、浇筑成型、造价低廉、坚固耐久、环境适应性强等特点，所以可用于不同的装饰部位。

近些年，用 GRC 材料生产的欧式建筑装饰构件古朴典雅，高贵豪华，富有贵族风格，将欧式建筑装饰艺术很好地展现出来。这些装饰构件的主要原材料是水泥、玻纤布、砂子、改性发泡材料、钢筋等。其特点是强度高，耐水，防火，防腐，防老化，不仅仿真效果好，而且结实耐用，使用寿命可达 50 年以上。

目前，GRC 制品的装饰构件种类繁多，如罗马柱、檐线、腰线、门套、窗套、山花、廊柱、墙饰板、花柱、花盆、文化石、欧式浮雕等。装饰构件有欧式雕花门、欧式预制吊顶、灯池、角花及室内艺术雕像、几架等(图 5-14)。

这些构件外表光洁精致，花纹流畅逼真，定型完美，艺术感强，豪华典雅不变形，装饰效果富丽堂皇，而且具有结构轻、立体感强的特点。材料的颜色可任意变化，能适应任意色调的建筑需要。同时通过调节原材料的颜色，可制作出各种仿真材质。

1. 仿石型

如仿板岩、砂岩、千层岩、海底石、风化岩、火层岩、水层岩、云纹岩、花岗石、大理石等。

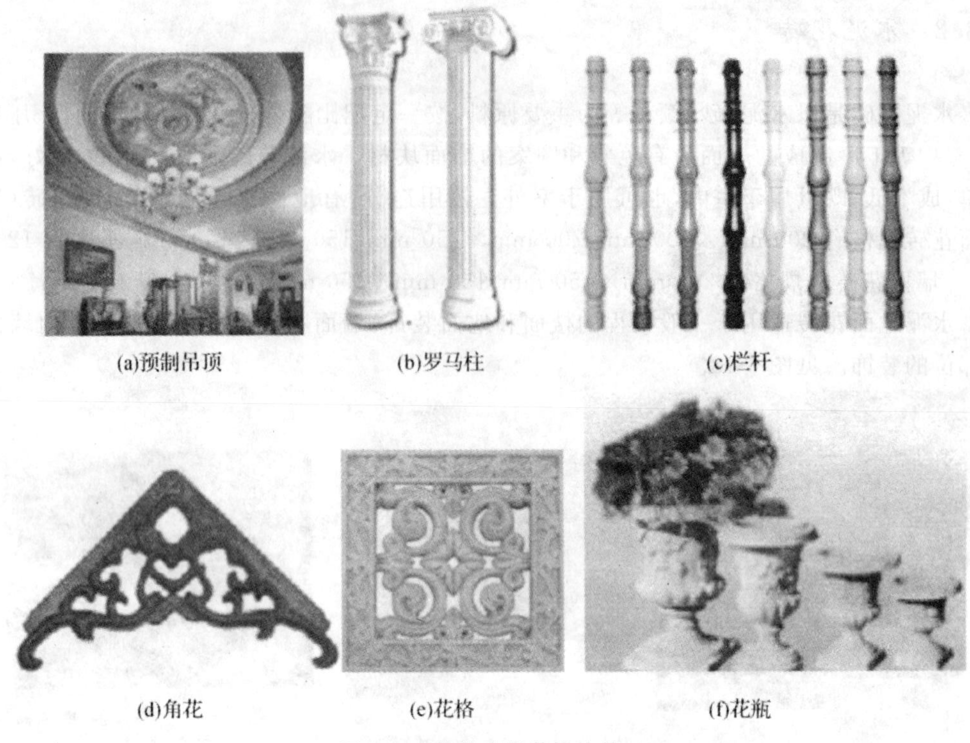

(a)预制吊顶　(b)罗马柱　(c)栏杆

(d)角花　(e)花格　(f)花瓶

图 5-14　其他水泥装饰构件

2. 仿古型

如仿风化砖，砖面好像经历数千年风霜，风化剥落严重，用其装饰墙壁，有一种返璞归真的美感；仿古代木雕、砖雕、石雕砖，它的砖面有残缺不全的浮雕花纹，可使现代建筑透射出古韵；仿青铜砖，它的砖面逼真再现了青铜的质感和纹饰，仿佛从地下刚刚出土。

3. 仿现代艺术型

这种砖的砖面一律采用新潮艺术设计，或夸张、抽象，或细腻、写实，但都以时髦为特色。其图案让人欣赏时如梦如幻，似懂非懂，有一种朦胧美，每次欣赏都会有新的感觉。

4. 仿国外艺术型

这种风格的产品主要为追求洋味的人而准备。如仿古罗马、古希腊、非洲原始部落、美洲玛雅文化、澳洲毛利人艺术，也可仿现代欧美风情。

本章小结

水泥是三大建筑材料之一，是水泥混凝土、水泥砂浆主要的也是最重要的组成材料。通过学习可以了解到水泥的定义和分类，硅酸盐水泥熟料的矿物组成及其水化产物对硬化水泥浆体结构和性能的影响，硬化水泥浆体产生腐蚀的原因及防止措施，通用水泥的主要技术要求、性能与特点，以及适用范围。

白色和彩色水泥作为胶凝材料或以胶凝材料为原料制成的制品，以其使用方便、装饰性好、价格低廉、耐久性较好等优良品质广泛应用于建筑装饰工程中。本章重点掌握装饰水泥的技术要求、性能及在建筑装饰工程中的应用。

装饰混凝土的原材料与水泥混凝土基本相同，只是在原材料的颜色上有不同的要求。通过掺加颜料或采用不同颜色的原材料及不同的施工方法即可达到不同的装饰效果。

装饰砂浆可分为两大类：灰浆类砂浆饰面、石渣类砂浆饰面。灰浆类饰面根据施工工艺的不同分为拉毛灰、甩毛灰、搓毛灰、假面砖、假大理石、喷涂、滚涂、弹涂等；石渣类饰面则根据施工工艺分为水刷石、斩假石、干黏石、水磨石等。同样通过采用不同的原材料和施工工艺可达到不同的装饰效果。

复习思考题与习题

5.1　生产硅酸盐水泥时，为什么要掺入适量石膏？石膏掺量过多或过少会有怎样的结果？

5.2　硅酸盐水泥的细度对水泥的应用有什么影响？是否越细越好？水泥细度用什么方法测定？国家标准规定的指标是多少？

5.3　何谓水泥的体积安定性？水泥体积安定性不良的原因是什么？工程中使用安定性不良的水泥是否有危害？安定性不合格的水泥如何处理？

5.4　何谓活性混合材料和非活性混合材料？它们掺入硅酸盐水泥中各起什么作用？

5.5　硅酸盐水泥的腐蚀机理是什么？

5.6　水泥水化热对混凝土工程有何危害？有哪些预防措施？

5.7　为什么矿渣水泥耐淡水及耐硫酸盐侵蚀性好，而硅酸盐水泥则较差？

5.8　为保证白水泥的质量，可从哪些方面采取措施？

5.9　白水泥的产品等级是如何划分的？

5.10　彩色水泥的技术要求是什么？彩色水泥的用途是什么？

5.11　彩色混凝土主要有哪些原材料？彩色混凝土有哪些缺陷？如何防止？

5.12　什么是清水混凝土？什么是正打成型工艺？什么是反打成型工艺？

5.13　什么是露骨料混凝土？常用的制作工艺有哪些？

5.14　灰浆类饰面有哪些特点？石渣类饰面有哪些特点？、两者有何区别？

5.15　灰浆类饰面及石渣类饰面常用的装饰工艺是什么？

第6章　金属装饰材料

本章要点

用于建筑装饰的金属材料主要为金、银、铜、铝、铁及其合金，特别是钢和铝合金以其优良的机械性能、较低的价格而被广泛应用。在建筑装饰工程中主要应用的是金属材料的板材、型材及其制品。近代将各种涂层、着色工艺用于金属材料，不但大大改善了金属材料的抗腐蚀性能，而且赋予了金属材料以多变、华丽的外表，更加确立了其在建筑装饰艺术中的地位。本章主要介绍建筑装饰工程中广泛应用的钢、铝、铜及其合金材料。

6.1　金属装饰材料的基本知识

金属材料是指一种或两种以上金属元素或金属与某些非金属元素化合的合金的总称。金属材料在建筑上的应用具有悠久的历史，它既可以用作结构材料，也可用作装饰材料。金属装饰材料以其独特的光泽与颜色、庄重华贵的外表、经久耐用的特点，在装饰工程中被广泛采用。在建筑装饰工程中，金属材料品种繁多，主要有钢、铁、铝、铜及其合金材料。应用最多的还是铝与铝合金以及钢材及其复合制品。

6.1.1　金属材料的类型

金属材料的类型可以分为7种，如表6-1所示。

表6-1　金属材料类型

材料类型	材质	表面处理	用途	备注
饰面薄板	铜板、铝板、不锈钢板、钢板、镀锌铁板	光面、雾面、丝面、凹凸面、腐蚀雕刻面、搪瓷面	壁面、天花面	
规格型材	铁、钢、铝及其合金，不锈钢、铜	方式极多	框架、支撑管、防盗门等	
金属管材	主要有不锈钢管、铁管、铜管、镀锌管	有花管及光管两种	夹具弯管、支撑管、防盗门等	有空心和实心两种
金属焊材	以铁棒、不锈钢、钢筋为主要结构		铁架、铁窗等	扁铁、钢筋等
金属网	铁丝网、钢网、铝网、不锈钢网、铜网等	可编制成菱形、方形、弧形、六角形、矩形等	用于壁面、门的表面，有悬挂、隔离等作用	用细金属线编织而成

续表

材料类型	材质	表面处理	用途	备注
金属五金	铜、不锈钢、铝		家具壁面	
金属装饰箔	铝、金、银	平面、压花	反射隔热，或用于古建筑的装修	

6.1.2　金属装饰材料的特点

与其他材料相比，金属装饰材料具有很多特点：

1. 强度高，塑性大，能承受较大的荷载和变形。

2. 有独特的金属光泽、颜色和质感，具有精美、高雅、高科技的特性，表现力强，装饰性能好。

3. 有良好的耐磨、耐腐蚀、抗冻、抗渗性能，耐久，轻盈，不燃烧。

4. 有良好的可加工性，可根据需要熔铸或轧制成各种型材，制造出形态多样、精度高的装饰制品。

5. 金属材料易锈蚀，切割加工困难，保温隔热性能差。

因此，在现代建筑装饰中，金属被广泛采用，如柱子外包不锈钢板或铜板，墙面和顶棚镶贴铝合金板，楼梯扶手采用不锈钢管或铜管，隔墙、幕墙用不锈钢板等。

6.1.3　金属装饰材料的表面处理

金属装饰材料表面处理方式及用途见表 6-2。

表 6-2　装饰用金属材料表面处理方式及用途

处理方式	用途
表面腐蚀出图案或文字	多用于不锈钢板或铜板
表面印花	花纹色彩直接印于金属表面，多用于铝板
表面喷漆	多用于铁板、铁棒、铁管、钢板，如铁门、铁窗
表面烤漆	多用于钢板条、铁板条、铝板条
电解阳极处理（电镀）	多用于铝材或铝板，表面有保护作用
发色处理	如发色铝门窗、发色铝板
表面刷漆	多用于铁板、铁杆，如楼梯扶手、栏杆
表面贴特殊弹性薄膜保护	使金属不与外界接触，如不锈钢板
加其他元素成合金	具有防蚀作用，如固格铝
立体浮压成图案	如花纹铁板、花纹铝板

6.2 铝及铝合金

铝作为化学元素,在地壳组成中占第三位,约占7.45%,仅次于氧和硅。随着炼铝技术的提高,铝及铝合金成为一种被广泛应用的金属材料。

6.2.1 铝的特性及应用

铝属于有色金属中的轻金属,质轻,密度为2.7 g/cm^3,为钢的1/3,是各类轻结构的基本材料之一。铝的熔点低,为660 ℃。铝呈银白色,反射能力很强,因此常用来制造反射镜、反射隔热屋顶等。铝有很好的导电性和导热性,仅次于铜,所以,铝也被广泛用来制造导电材料、导热材料和蒸煮器具等。

铝是活泼的金属元素,和氧的亲和力很强,暴露在空气中,表面易生一层致密而坚固的氧化铝(Al_2O_3)薄膜,可以阻止铝继续氧化,从而起到保护作用,所以铝在大气中的耐腐蚀性较强。但氧化铝薄膜的厚度一般小于0.1 μm,因而它的耐腐蚀性亦是有限的,如纯铝不能与盐酸、浓硫酸、氢氟酸、强碱及氯、溴、碘等接触,否则将会因发生化学反应而被腐蚀。铝具有良好的延展性,可焊接,铸造性能好,无磁性,塑性好,加工成型性好,易加工成板、管、线及箔(厚度6~25 μm)等。铝的强度和硬度较低,所以,常可用冷压法加工成制品。铝在低温环境中塑性、韧性和强度不下降,因此,铝常作为低温材料用于航空和航天工程及制造冷冻食品的储运设备等。铝无毒,抗核辐射性好,表面呈银色光泽,对光、热、电波有高反射性,还可接受多种方式的表面处理,有多种漂亮外观。铝可合金化,一些铝合金还可通过热处理来改善性能。铝还有良好的可回收再利用性,是无公害可循环使用的绿色、环保型材料。

6.2.2 铝合金及其性质和应用

纯铝强度较低,为提高其实用价值,常在铝中加入适量的铜、镁、锰、硅、锌等元素组成铝合金,如Al-Cu系合金、Al-Cu-Mg系硬铝合金(杜拉铝)、Al-Zn-Mg-Cu系超硬铝合金(超杜拉铝)等。这样,铝合金既保持了铝质轻的特点,又明显提高了其力学性能。因此,结构及装饰工程中常使用的是铝合金。

1. 铝合金的一般性质

铝中加入合金元素后,其力学性能明显提高,并仍能保持铝质量轻的固有特性,使用也更加广泛,不仅用于建筑装修,还能用于建筑结构。铝合金装饰材料具有质量轻、不燃烧、耐腐蚀、经久耐用、不易生锈、施工方便、装饰华丽等优点。

铝合金的主要缺点是弹性模量小(约为钢材的1/3),热膨胀系数大,耐热性能差,焊接需采用惰性气体保护等技术。

2. 铝合金的应用

目前铝合金广泛用于建筑工程结构和建筑装饰,如屋架、屋面板、幕墙、门窗框、活动式隔墙、顶棚、暖气片、阳台和楼梯扶手、室内家具、商店货柜、其他室内装修、建筑五金以及施工用的模板等。近些年，建筑铝材的产品不断更新，彩色铝板、复合铝板、复合门窗框、铝合金模板等新颖建筑制品被广泛用于工业与民用建筑中。

美国已用铝合金制造了跨度为66 m的飞机库，其全部建筑物的重量仅为钢结构的1/7。日本制成铝—聚乙烯(Al-PE)复合板，可作建筑室内装饰材料。复合板的两面是0.1～0.3 mm厚的铝板，中间的夹心材料主要采用中低压聚乙烯(高密度聚乙烯)。铝板的表面进行防腐、轧花、涂装、印刷等二次加工，这种复合板的特点是质量轻，有适当的刚性，能耐振和隔声。德国在工业建筑上使用两层铝板之间填充泡沫材料的保温板材，可以用螺栓固定，质量仅为8 kg/m^2，其构件长度可达15.4 m。掺入有玻璃棉的沥青，外贴铝箔(厚度仅为0.05～0.08 mm)而成的复合材料，用于防水屋面可使平屋面完全不透水，且耐久性好，还可反射夏季日照的热量，对顶层房间具有良好的隔热效果，又能防止沥青受到热冲击作用。贴有铝箔的三聚氰胺具有良好的耐久性和耐热性，可代替装饰用纸。它具有金属的外观，耐磨，不开裂。

6.2.3　铝质型材的加工与表面处理

1. 型材加工

建筑铝质型材主要指铝合金型材，其加工方法可分为挤压法和轧制法两大类。在国内外生产中，绝大多数采用挤压方法，仅在批量较大，尺寸和表面要求较低的中、小规格的棒材和断面形状简单的型材时，才采用轧制方法。

挤压法是金属压力加工的一种方法，有正挤压、反挤压、正反向联合挤压之分。铝合金型材主要采用正挤压法。它是将铝合金锭放入挤压筒中，在挤压轴的作用下，强行使金属通过挤压筒端部的模孔流出，得到与模孔尺寸形状相同的挤压制品。铝挤压材包括管材、棒材、型材，建筑用铝挤压材习惯称为“建筑铝型材”。事实上建筑用铝挤压材中除了型材之外还有管材和棒材，不过其中型材最多。

挤压型材的生产工艺常因材料的品种、规格、供应状态、质量要求、工艺方法及设备条件等因素不同而不同，常按具体条件综合选择与制定。一般的过程如下：铸锭→加热→挤压→型材空气或水淬火→张力矫直→锯切定尺→时效处理→型材。

2. 表面处理与装饰加工

(1)阳极氧化处理

建筑用铝型材必须全部进行阳极氧化处理，一般用硫酸法。阳极氧化处理的目的是使铝型材表面形成比自然氧化膜(厚度＜0.1 μm)厚得多的人工氧化膜层(5～20 μm)，并进行“封孔”处理，使处理后型材表面显银白色，提高表面硬度、耐磨性、耐蚀性等。同时，光滑、致密的膜层也为进一步着色创造了条件。

处理方法是将铝型材作为阳极，在酸溶液中，水电解时在阴极上放出氢气，在阳极上产生氧，该原生氧和铝阳极上形成的三价铝离子(Al^{3+})结合形成氧化铝膜层。Al_2O_3膜层本身是致密的，但在其结晶中存在缺陷，电解液中的正负离子会侵入皮膜，使氧化皮膜局部溶解，在型材表面上形成大量小孔，直流电得以通过，使氧化膜层继续向纵深发展。这样就使氧化膜在厚度增加的同时形成一种定向的针孔结构，断面呈六棱体蜂窝状态（图 6-1）。

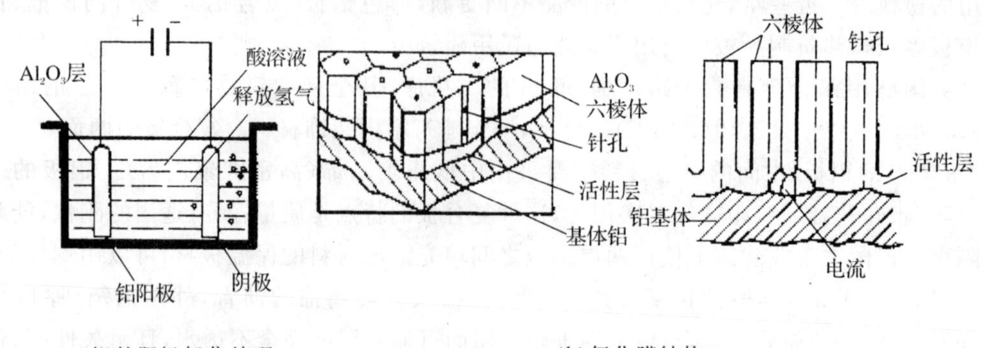

(a)铝的阳极氧化处理　　(b)氧化膜结构

图 6-1　阳极氧化处理

经阳极氧化处理后的铝可以着色，做成装饰制品。

(2)表面着色处理

经中和水洗（中和也叫出光或光化，其目的在于用酸性溶液除去挂灰或残留碱液，以获得光亮的金属表面）或阳极氧化后的铝型材，可以进行表面着色处理。着色方法有自然着色法、电解着色法、化学浸渍着色法、涂漆法等。常用的是自然着色法和电解着色法。前者是在进行阳极氧化的同时进行着色；后者在含金属的电解液中对氧化膜进一步进行电解，实际上就是电镀，是把金属盐溶液中的金属离子通过电解沉积到铝阳极氧化膜针孔底部，光线在这些金属离子上漫射，使氧化膜呈现颜色。喷涂着色有粉末喷涂及氟碳漆喷涂，材质外观受涂料覆盖，不显金属质感，而是涂料质感，可有任意色系。

除上之外，还有砂面、拉纹、镜面、亚光等诸多表面形式。

6.2.4　铝合金门窗

1. 铝合金门窗的加工装配

铝合金门窗是将表面已处理过的型材，经过下料、打孔、铣槽、攻螺纹、制配等加工工艺制成的门窗框料构件，再加连接件、密封件、开闭五金件一起组合装配而成。门窗框料之间的连接采用直角榫头，不锈钢螺钉结合。在现代建筑装修工程，铝合金门窗长期维修费用少，性能好，美观，节约能源，在国内外得到广泛应用。

2. 铝合金门窗的品种

铝合金门窗按结构与开闭方式可分为推拉窗（门）、平开窗（门）、固定窗（门）、悬挂窗、回转窗、百叶窗，铝合金门还分地弹簧门、自动门、旋转门、卷闸门等。

3. 铝合金门窗的特点

铝合金门窗与普通门窗相比，具有以下特点：

(1)质量轻。铝合金的相对密度为 2.7 g/cm^3，只有钢的 1/3，且铝合金门窗框多为中空型材，厚度薄（1.5～2.0 mm），因而用材省，质量轻，每平方米门窗用铝型材质量约为钢门窗质量的 50%。

(2)密封性好。气密性、水密性、隔声性均好。

(3)色泽美观。表面光洁,外观美丽,可着成银白色、古铜色、暗灰色、黑色等多种颜色。

(4)耐腐蚀,使用、维修方便。铝合金门窗不锈蚀,不褪色,不需要油漆,维修费用少。

(5)铝合金门窗强度高,刚度好,坚固耐用。

(6)便于工业化生产,有利于实行设计标准化、生产工厂化、产品系列化、零配件通用化。

4. 铝合金门窗的性能

铝合金门窗在出厂前须经过严格的性能试验,只有达到规定的性能指标后才可以安装使用。铝合金门窗通常要检测以下主要技术性能指标:

(1)强度

铝合金门窗的强度是在压力箱内进行压缩空气加压试验,用所加风压的等级来表示的,单位是 Pa。一般性能的铝合金窗可达 1 961～2 353 Pa,高性能铝合金窗可达 2 353～2 764 Pa。在上述压力下测定窗扇中的最大位移量应小于窗框内沿高度的 1/70。

(2)气密性

铝合金窗在压力试验箱内,使窗的前后形成 4.9～2.94 Pa 的压力差,用每平方米面积每小时的通气量(m^3)表示窗的气密性,单位是 $m^3/(h \cdot m^2)$。一般性能的铝合金窗前后压力差为 10 Pa 时,气密性可达 8 $m^3/(h \cdot m^2)$以下,高密封性能的铝合金窗可达 2 $m^3/(h \cdot m^2)$以下。

(3)水密性

铝合金窗在压力试验箱内,对窗的外侧加入周期为 2 s 的正弦波脉冲压力,同时向窗内每分钟每平方米喷射 4 L 的人工降雨,进行连续 10 min 的“风雨交加”的试验,这样在室内一侧不应有可见的渗漏水现象。用水密性试验施加的脉冲风压平均压力表示,一般性能铝窗为 343 Pa,抗台风的高性能窗可达 490 Pa。

(4)开闭力

装好玻璃后,窗扇打开或关闭所需外力应在 49 Pa 以下。

(5)隔热性

通常用窗的热对流阻抗值来表示隔热性能(单位是 $m^2 \cdot h \cdot ℃/kJ$),一般可分为三级:$R_1=0.05$,$R_2=0.06$,$R_3=0.07$。采用 6 mm 双层玻璃高性能的隔热窗,热对流阻抗值可以达到 0.05 $m^2 \cdot h \cdot ℃/kJ$。

(6)隔声性

在音响实验室内对铝合金窗的音响声透过损失进行试验发现,当声频达到一定值后,铝合金窗的响声透过损失趋于恒定。用这种方法可以测定出隔声性能的等级曲线。有隔声要求的铝合金窗,响声透过损失可达 25 dB。高隔声性能的铝合金窗,音响透过可降低 30～45 dB。

(7)尼龙导向轮的耐久性

推拉窗活动窗扇用电动机经偏心连杆机构做连续往复行走试验,用直径 12～16 mm 的尼龙轮试验 1 万次,直径 20～24 mm 的尼龙轮试验 5 万次,直径 30～60 mm 的尼龙轮试验 10 万次,窗及导向轮等配件无异常损坏。

6.2.5 铝合金装饰板

在建筑上，铝合金装饰制品应用最广的是各种装饰板。它们是以纯铝或铝合金为原料，经滚轧而成的饰面板材，广泛用于内外墙面、柱面、地面、屋面、顶棚等部位的装修。

1. 铝质浅花纹板

铝合金浅花纹板是优良的建筑装饰材料之一。它花纹精巧别致，色泽美观大方（图 6-2），除具有普通铝板共有的优点外，刚度较普通铝板提高 20%，抗污垢、抗划伤、抗擦伤能力均有所提高，尤其是增加了立体图案和美丽的色彩，更使建筑物生辉。它是我国所特有的建筑装修产品。

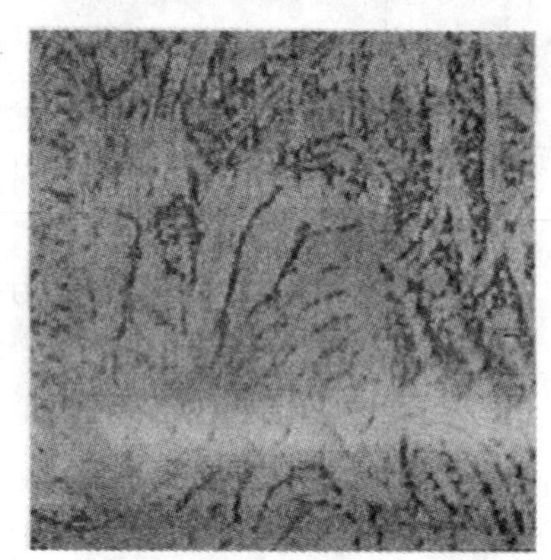

图 6-2 铝合金浅花纹板

2. 铝合金花纹板

铝合金花纹板是采用防锈铝合金（Al-Mg）等坯料，用特制的花纹轧制而成的，其花纹美观大方，不易磨损，防滑性能好，防腐蚀性强，便于冲洗。通过表面处理可以得到不同的颜色。花纹板材平整，裁剪尺寸精确，便于安装，广泛用于墙面装饰、楼梯及楼梯踏板处。

铝合金花纹板对白光反射率达 75%～90%，热反射率达 85%～95%。在氨、硫、硫酸、磷酸、亚磷酸、浓硝酸、浓醋酸中耐蚀性好。通过电解、电泳涂漆等表面处理可得到不同色彩的浅花纹板。

铝合金花纹板的花纹图案有多种，一般分为七种：1 号花纹板方格形；2 号花纹板扁豆形；3 号花纹板五条形；4 号花纹板三条形；5 号花纹板指针形；6 号花纹板菱形；7 号花纹板四条形（图 6-3）。

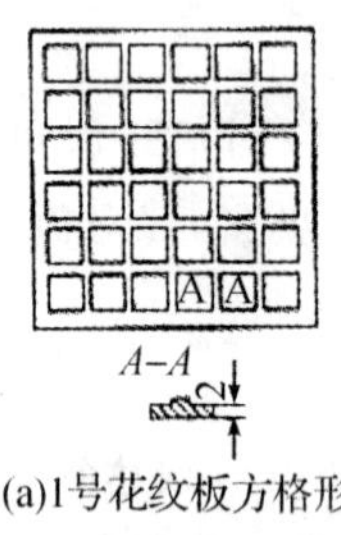

(a)1号花纹板方格形

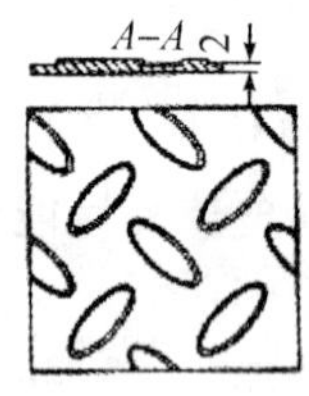

(b)2号花纹板扁豆形

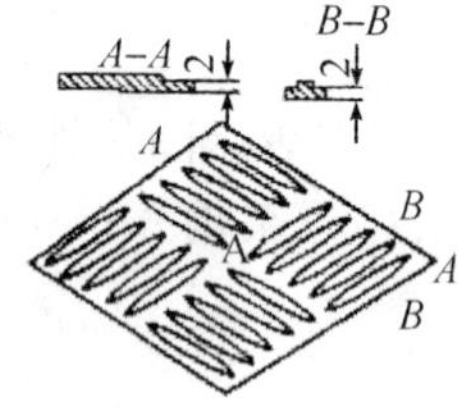

(c)3号花纹板五条形

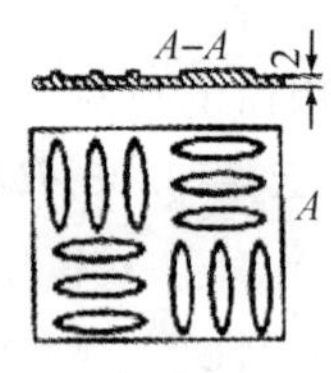

(d)4号花纹板三条形

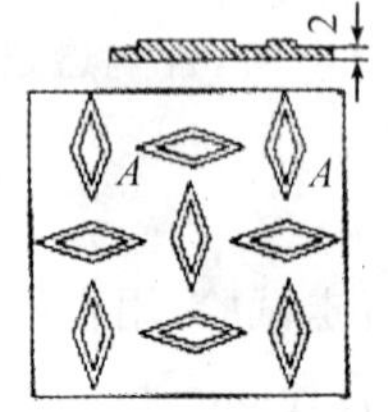

(e)5号花纹板指针形

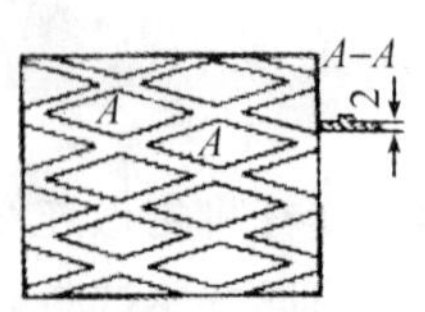

(f)6号花纹板菱形

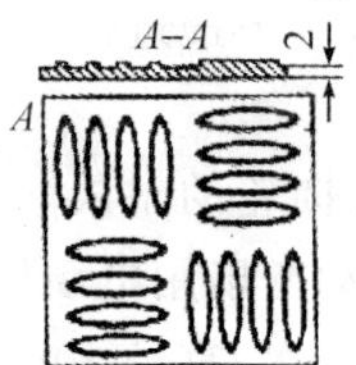

(g)7号花纹板四条形

图 6-3 铝合金花纹板

3. 铝合金波纹板和铝合金压型板

将纯铝或防锈铝在波纹机上轧制形成的铝及铝合金波纹板和在压型机上压制形成的铝及铝合金压型板是目前世界上广泛应用的新型建筑装饰材料。主要用于墙面装饰，也可用于屋面。表面经化学处理可以有各种颜色，有较好的装饰效果，又有很强的反射阳光能力。它们具有质量轻、外形美观、经久耐用、防火、防潮、耐腐蚀、安装容易、施工进度快等优点，尤其是通过表面着色处理的各种色彩的波纹板和压型板在建筑装修中得到广泛应用。适合于旅馆、饭店、商场等建筑墙面和屋面的装饰（图 6-4）。

(a)铝合金波纹板

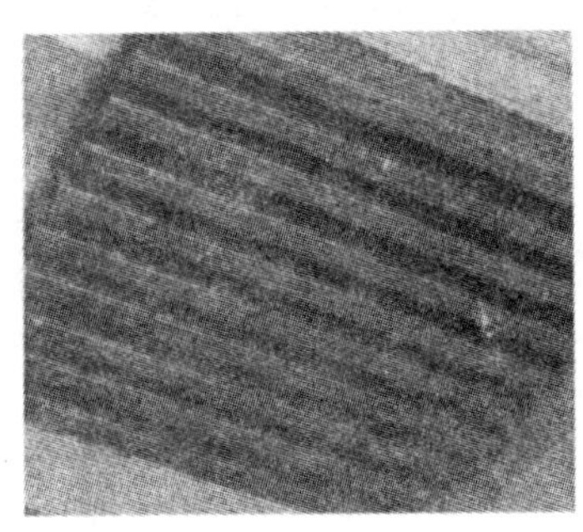

(b)铝合金压型板

图 6-4　铝合金波纹板和铝合金压型板

4. 铝合金穿孔吸声板

铝合金穿孔板采用各种铝合金平板经机械穿孔而成。孔型根据需要有圆孔、方孔、长圆孔、三角孔等。这是一种降低噪声并兼有装饰作用的新产品。

铝合金穿孔板材质轻，耐高温、耐腐蚀，防火、防潮、防震，化学稳定性好，可以将孔型处理成一定图案，造型美观，色泽优雅，立体感强，装饰效果好（图 6-5）。同时，内部放置吸声材料后可以解决建筑中吸声的问题，是一种兼有降噪和装饰双重功能的理想材料。组装简便，可用于宾馆、饭店、影院、播音室等公共建筑和中高档民用建筑，也可用于各类车间厂房、人防地下室、各种控制室、电子计算机房的顶棚或墙壁，以改善音质，降低噪声。

图 6-5　铝合金穿孔吸声板

5. 铝合金扣板

铝合金扣板是因为安装方法扣在龙骨上，所以称为铝扣板。铝扣板一般厚 0.4～0.8 mm，有条形、方形、菱形等。是 20 世纪 90 年代出现的一种吊顶材料，主要用于厨房和卫生间的吊顶、墙面和屋面装修。

铝合金扣板按功能分为吸声板和装饰板两种。吸声板孔型有圆孔、方孔、长圆孔、长方孔、三角孔、大小组合孔等。吸声板大多是白色或银色;装饰板更注重装饰性,线条简洁流畅,有古铜、金黄、红、蓝、乳白等多种颜色。

铝合金扣板按表面形式分为表面冲孔和平面两种。表面冲孔可以通气吸声,扣板内部铺一层薄膜软垫,潮气可透过冲孔被薄膜吸收,所以它最适合水分较多的厨卫使用。铝合金扣板是一种中档装饰材料,装饰效果别具一格,具有质量轻、色彩丰富、外形美观、经久耐用、安装容易、工效高等特点,可连续使用 20～60 年。除用于建筑物的外墙和屋面外,还可做复合墙板。铝扣板板型多,同工固化色丰富,外观效果良好(图 6-6),更具有防火、防潮、易安装、易清洗等特点。

图 6-6 铝合金扣板

6. 铝蜂窝板

铝蜂窝板是两块铝板中间加蜂窝芯材黏结成的一种复合材料。蜂窝板是一种仿生结构产品,是根据蜜蜂巢穴的结构特点而制造出来的。蜂窝具有正六面体结构(图 6-7),在切向上承受压力时,这些相互牵制的密集蜂窝犹如许多小工字梁,可分散承担来自面板方向的压力,使板受力均匀,保证了面板在较大面积时仍能保持很高的平整度。另外,空心蜂窝还能大大减弱板体的热膨胀性。蜂窝板蜂巢结构形成单元室,空气之间不产生对流,具有良好的隔热性能。同时,铝蜂窝板是复合体结构,又具有良好的隔声效果。经大量实验证明,正六面体结构更耐压、耐拉。蜂窝材料具有抗高风压、减震、隔声、保温、阻燃、重量轻、强度高、刚度好、耐蚀性强、性能稳定和比强度高等优良性能。铝蜂窝板主要应用于大厦的外墙装饰,也可运用于室内天花、吊顶。

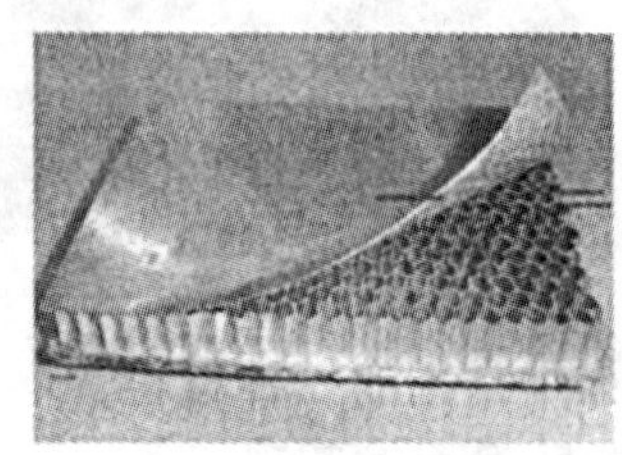

图 6-7 铝蜂窝板

6.2.6　铝塑板

铝塑板，其实是铝塑复合板的简称。铝塑复合板是由内外两面铝合金板、低密度聚乙烯芯层与黏结剂复合为一体的轻型墙面装饰材料，其组成见图 6-8。作为一种新型建材，铝塑板广泛用于建筑物的外墙装饰、招牌、展板、广告宣传牌、建筑隔板、内墙用装饰板等。

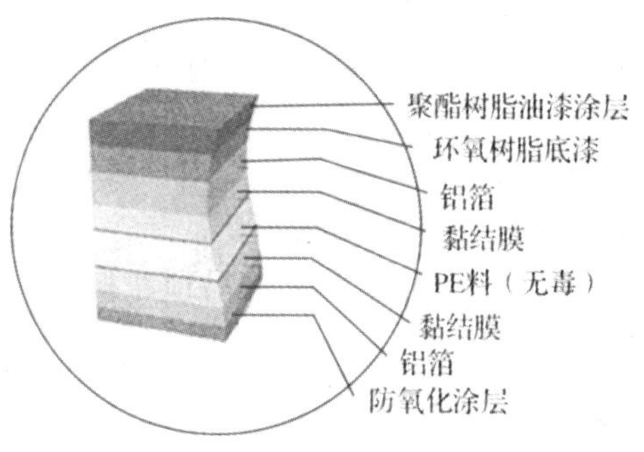

图 6-8　铝塑板构成

铝塑复合板大致可分室外、室内用两种，其中又可分为防火型和一般型。现在市场销售的多为一般型。室外用铝塑复合板上下均为 0.5 mm 铝板（一般为纯铝板），中间夹层为 PE（聚乙烯）或 PVC（聚氯乙烯），夹层厚度为 3～5 mm。防火型铝塑复合板中间夹层为 FR（防火塑胶）。室外用复合铝塑板厚度为 4～6 mm。室内用铝塑板上下面一般为 0.2～0.25 mm 铝板，夹层厚度为 2.5～3 mm，室内用铝塑板厚度为 3～4 mm。铝塑板产品标准规格一般为 1 220（宽）×2 440（长）×厚度，宽度也可以达到 1 250 mm 或 1 500 mm。室外采用厚度最薄应为 4 mm，室内采用厚度应为 3 mm。

铝塑复合板有多种颜色，其板面平整，颜色均匀，色差较小（有方向性），质轻，有一定的刚度和强度。由于板材表面用的是氟碳涂料，能抗酸碱腐蚀，耐粉化，耐紫外线照射不变色。但一般铝塑板不防火，表面遇到高温时，铝板会鼓泡。0.5 mm 铝板如遇到火灾，很容易熔化，中间夹层 PE、PVC 均会燃烧，散发出有害的气体，有窒息的危险。铝塑复合板由于其优良的特性，在建筑装饰上应用甚广，如建筑用幕墙（不用于高层），旧房改造，大量街道店面的装饰，室内装饰，室内包柱，室内办公间的隔断、吊顶，家具、车辆内装饰等（图 6-9）。此外，为了减少大面积隐框玻璃幕墙的光污染，在低层幕墙不透光部分用复合板带状幕墙，减少隐框玻璃幕墙大面积镜面效果。

图 6-9　铝塑复合板

6.2.7 铝合金龙骨

龙骨是用来支撑造型、固定结构的一种材料。铝合金龙骨是装饰中常用的一种材料，可以起到支架的作用。铝合金龙骨具有不锈、质轻、防火、抗震、安装方便等特点，适用于室内吊顶、隔断装饰。铝合金龙骨多做成T形、U形、L形。T形龙骨主要用于吊顶。吊顶龙骨可与板材组成450 mm×450 mm、500 mm×500 mm、600 mm×600 mm的方格，不需要大幅面的吊顶板材，可灵活选用小规格吊顶材料（图6-10）。铝合金材料经过电氧化处理，光亮，不锈，色调柔和，吊顶龙骨呈方格状外露，美观大方。铝合金龙骨除用于吊顶外，还广泛用于广告栏、橱窗及室内隔断等。

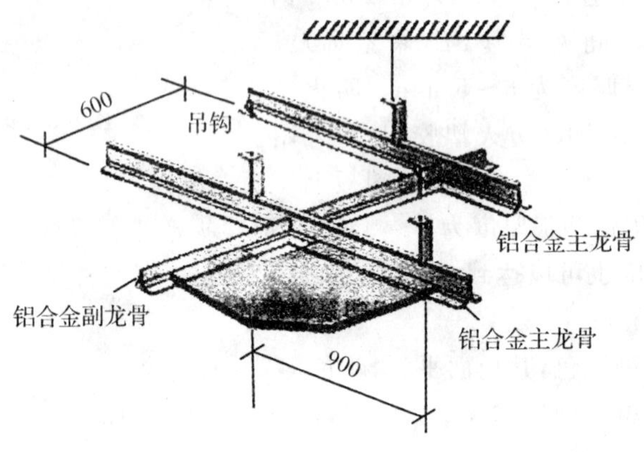

图6-10 铝合金龙骨

6.2.8 铝合金吊顶格栅

铝合金吊顶格栅也称吊顶花栅或敞透式吊顶，是将铝合金薄片拼装成网格状（图6-11），悬吊作顶棚。这种吊顶形式往往与采光、照明、造型结合在一起，以达到完整的艺术效果。

图6-11 铝合金吊顶格栅

6.2.9　铝合金百叶窗帘

铝合金百叶窗帘启闭灵活，质量轻巧，使用方便，经久不锈，造型美观，可以调整角度来满足室内光线明暗和通风量大小的要求，也可遮阳或遮挡视线而受到用户的青睐。

铝合金百叶窗帘是铝镁合金制成的百叶片，由梯形尼龙绳串联而成。拉动尼龙绳可将叶片翻转 180°，达到调节通风量、光线明暗等作用。其百叶有多种颜色。应用于宾馆、工厂、医院、学校和住宅建筑的遮阳和室内装潢设施(图 6-12)。

图 6-12　铝合金百叶窗帘

6.2.10　铝箔

铝箔是用纯铝或铝合金加工成 6.3～200 μm 的薄片制品。按铝箔的形状分为卷状铝箔和片状铝箔；按铝箔的状态和材质分为硬质箔、半硬质箔和软质箔；按铝箔的表面状态分为单面光铝箔和双面光铝箔；按铝箔的加工状态分为素箔、压花箔、复合箔、涂层箔、上色箔、印刷箔等。

当厚度为 0.025 mm 以下时，尽管有针孔存在，仍比没有针孔的塑料薄膜防潮性好。铝是一种温度辐射性能极差而对太阳光反射力很强(反射比为 87%～97%)的金属。在热工设计时常把铝箔视为良好的绝热材料。铝箔以全新的多功能保温隔热材料、防潮材料和装饰材料广泛用于建筑工程。

建筑上应用较多的卷材是铝箔牛皮纸和铝箔布。是将牛皮纸和玻璃纤维布作为依托层，用黏结剂粘贴铝箔而成的(图 6-13)。前者用在空气间层中作绝热材料；后者多用在寒冷地区做保温窗帘，炎热地区做隔热窗帘。另外，将铝箔复合成板材或卷材，如铝箔泡沫塑料板、铝箔石棉夹心板等，常用于室内或者设备表面，有较好的装饰性。若在铝箔波形板上打上微孔，则还有很好的吸声作用。

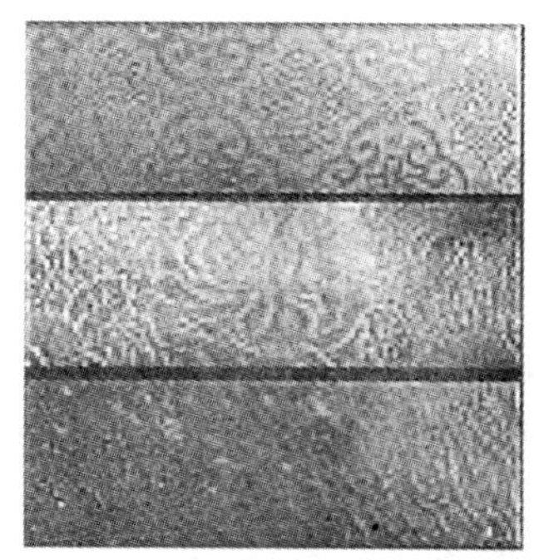

图 6-13　铝箔

另外，铝合金还可压制五金零件，如把手、铰锁、标志、商标、提把、提攀、嵌条、包角等装饰制品，既美观，金属感强，又耐久不腐。

6.3 建筑装饰用钢材制品

钢材是铁和碳的合金，在特定的条件下熔炼而成。若在普通钢材基体中添加多种元素或在基体表面上进行艺术处理，便可使普通钢材仍成为一种金属感强、性能优良、美观大方的装饰材料。在现代建筑装饰中，钢材愈来愈受到关注，如柱子外包不锈钢，栏杆扶手采用不锈钢管等。目前，建筑装饰工程中常用的钢材制品主要有不锈钢板与钢管、彩色不锈钢板、彩色涂层钢板和彩色压型钢板以及塑料复合钢板及轻钢龙骨等。

6.3.1 装饰用不锈钢及其制品

1. 不锈钢的一般特性

钢材的锈蚀可分为化学锈蚀和电化学锈蚀两类。前者由于大气中的氧和工业废气中的硫酸气体、碳酸气体与钢材表面作用形成锈蚀物（如疏松的氧化铁）而锈蚀；后者因钢材处于潮湿空气中，其表面发生“原电池”作用形成锈蚀物（如氢氧化铁）而锈蚀。电化学锈蚀是钢材最主要的锈蚀形式。

若在钢材中加入提高合金组织的电极电位的合金元素，则可以大大改善钢材的防锈能力。实践证明，可向钢材中加入铬，由于铬的性质比较活泼，铬首先与环境中的氧化合，生成一层与钢材基体牢固结合的致密的氧化膜层，称为钝化膜。它使钢材得到保护，不致锈蚀，这就所谓的不锈钢。铬含量越高，钢的抗腐蚀性越好。除铬外，不锈钢中还含有镍、锰、钛、硅等元素，这些元素都能影响不锈钢的强度、塑性、韧性和耐蚀性。

按腐蚀特点，又可分为普通不锈钢和耐酸钢两类，前者具有耐大气和水蒸气侵蚀的能力，后者除对大气和水蒸气有抗蚀能力外，还对某些化学侵蚀介质（如酸、碱、盐溶液）具有良好的抗蚀性。

不锈钢的主要特点是：(1)耐腐蚀性好；(2)经不同表面加工可形成不同的光泽度和反射能力；(3)安装方便；(4)装饰效果好，具有时代感。

2. 普通不锈钢装饰制品

建筑装饰用不锈钢制品包括薄钢板、管材、型材及各种异型材，主要是薄钢板。其中，厚度小于 2 mm 的薄钢板用得最多。

不锈钢制品在建筑上可用作屋面、幕墙、门、窗、内外装饰面、栏杆扶手等。常用的不锈钢包柱就是将不锈钢板进行技术和艺术处理后广泛用于建筑柱面的一种装饰。目前不锈钢包柱广泛用于大型商场、宾馆和餐馆的入口、门厅、中厅等处，在通高大厅和四季厅之中，也常采用(图 6-14)。这是由于不锈钢包柱不仅是一种新颖的具有观赏价值的建筑装饰手段，而且由于其镜面反射作用，可取得与周围环境中各种色彩、景物交相辉映的效果。同时，在灯光的配合下，还可形成晶莹明亮的高光部分，从而有助于在这些共享空间中，形成空间环境的兴趣中心，对空间环境的效果起到强化、点缀和烘托的作用。

图 6-14　不锈钢包柱

不锈钢装饰制品除板材外，还有管材、型材，如各种弯头规格的不锈钢楼梯扶手，以它轻巧、精致、线条流畅展示了优美的空间造型，使周围环境得到升华。不锈钢自动门、转门、拉手、五金与晶莹剔透的玻璃，使建筑达到了尽善尽美的境地。不锈钢龙骨是近年才开始应用的，其刚度高于铝合金龙骨，因而具有更强的抗风压性和安全性，并且光洁、明亮，因而主要用于高层建筑的玻璃幕墙中。

3. 彩色不锈钢板

彩色不锈钢板系在不锈钢板上进行技术性和艺术性加工，使其成为具有各种绚丽色彩的不锈钢装饰板，其颜色有蓝、灰、紫、红、青、绿、金黄、橙、茶色等多种(图 6-15)。

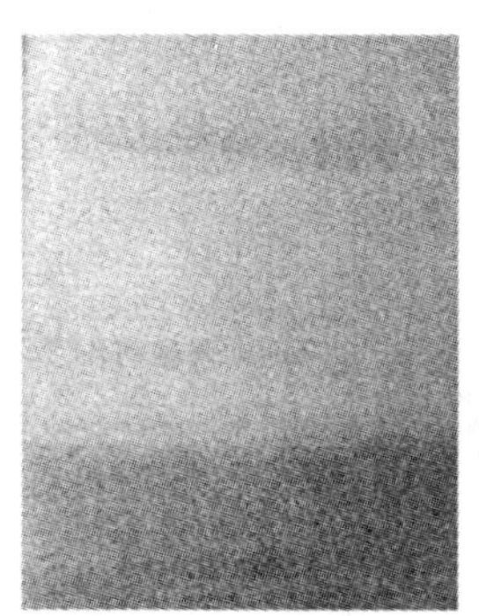

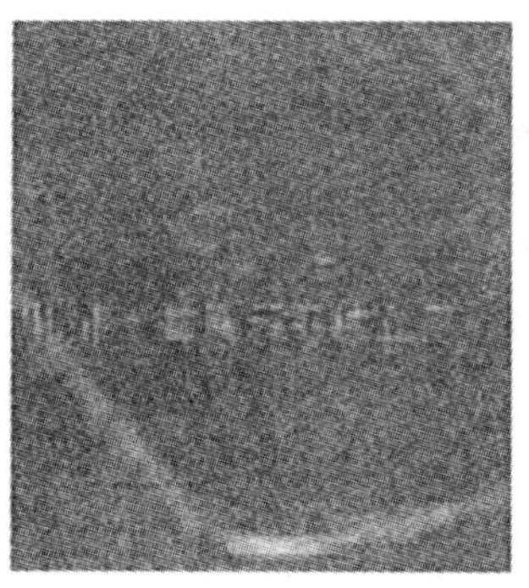

图 6-15　彩色不锈钢板

彩色不锈钢板具有色彩斑斓，色泽艳丽，柔和，雅致，光洁度高，抗腐蚀性强，力学性能较高，彩色面层经久不褪色，色泽随光照角度不同会产生色调变幻等特点，而且彩色面层能耐 200 ℃的温度，耐盐雾腐蚀性能比一般不锈钢好，耐磨和耐刻画性能相当于箔层涂金的性能。当弯曲 90°时，彩色层不会损坏。

彩色不锈钢装饰制品的原料除板材外还有方钢、圆钢、槽钢、角钢等彩色不锈钢型材。

彩色不锈钢板可用于厅堂墙板、柱面、天花板、电梯厢板、车厢板、建筑装潢、招牌等作为装饰之用。采用彩色不锈钢板装饰墙面，不仅坚固耐用，美观新颖，而且具有强烈的时代感。

4. 花纹图案不锈钢板

不锈钢花纹图案装饰表面的形成方法，是在厚度 0.6～3 mm 的本色（银白色）或彩色不锈钢板上，贴上图像模具，经过喷砂处理，在不锈钢表面上形成喷砂花纹图案（图6-16），在花纹图案的表面设置一层透明的保护膜。这种制作形成方法简单方便，而由此制作出来的彩色不锈钢喷砂花纹图案装饰表面富丽堂皇，色彩丰富。它不仅保持了原彩色不锈钢装饰材料的优点，而且花纹图案变化繁多，其表面形成 8K 镜面与喷砂面的强烈对比，使之具有更强的装饰效果，适用于家用电器、厨房设备、装饰装潢、工艺美术等多种需要装饰的行业。

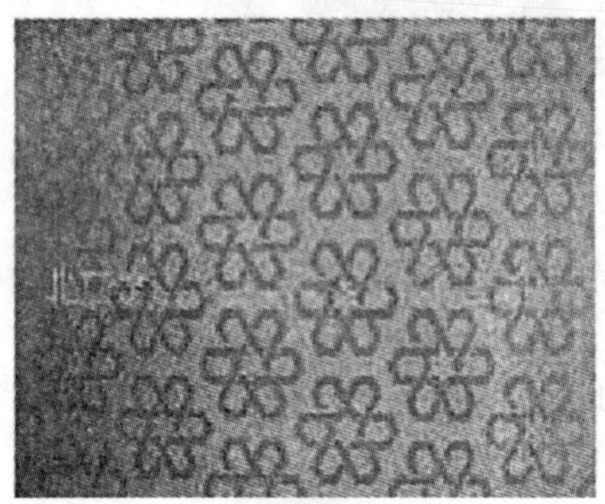
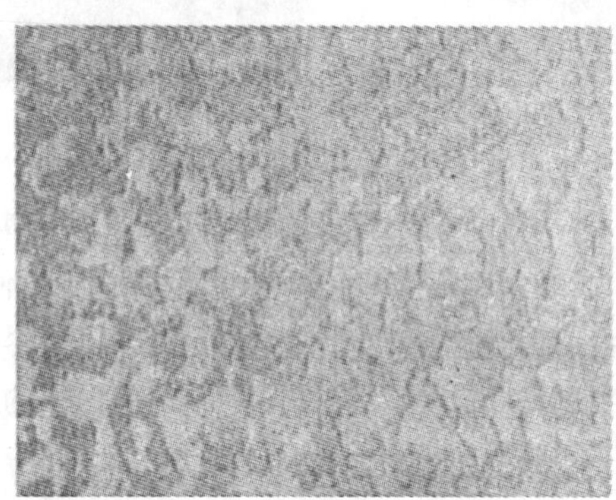

图 6-16　花纹图案不锈钢板

6.3.2　彩色涂层钢板

彩色涂层钢板（旧称涂层镀锌钢板，简称彩板）是以钢板为基材，在其表面涂以各类涂料的产品。它一方面起到了保护金属的作用，另一方面起到了装饰作用（图 6-17）。这种钢板涂层可分为有机涂层、无机涂层和复合涂层，以有机涂层钢板发展最快。有机涂层可以配制各种不同色彩和花纹，故称之为彩色涂层钢板。彩色涂层钢板具有优异的装饰性，涂层附着力强，可长期保持新颖的色泽，并且具有良好的耐污染性能、耐高低温性能和耐沸水浸泡性能。另外，加工性能也好，可进行切断、弯曲、钻孔、铆接、卷边等。

图 6-17　彩色涂层钢板

彩色涂层钢板的长度为 1 000～6 000 mm，宽度为 600～1 600 mm，厚度为 0.2～2.0 mm。

彩色涂层钢板及钢带的最大特点是发挥了金属材料与有机材料各自的特性，板材具有良好的加工性，可切、弯、钻、铆、卷等。彩色涂层附着力强，色彩、花纹多样，经加热、低温、沸水、污染等作用后涂层仍能保持色泽新颖如初。色彩主要有红色、绿色、乳白色、棕色、蓝色等。

彩色涂层钢板可用作各类建筑物内外墙板、吊顶、工业厂房的屋面板和壁板，也可作为排气管道、通风管道及其他类似的具有耐腐蚀要求的物件及设备罩等。

彩色涂层钢板可用作建筑外墙板、屋面板、护壁板、拱覆系统等，如作商业亭、候车亭的瓦楞板，工业厂房大型车间的壁板与屋顶等。另外，还可用作防水汽渗透板、排气管道、通风管道、耐腐蚀管道、电气设备罩等。

6.3.3　彩色压型钢板

彩色压型钢板是以镀锌钢板为基材，经过成型机的轧制，并涂敷各种耐腐蚀涂层与彩色烤漆而制成的轻型围护结构材料。这种压型钢板具有质量轻(板厚 0.5～1.2 mm)，波纹平直坚挺，色彩鲜艳丰富，造型美观大方，耐久性强(涂敷耐腐涂层)，抗震性高，加工简单，施工方便等特点，广泛用于工业与民用建筑及公共建筑的内外墙面、屋面吊顶、墙板及墙壁装贴的装饰以及轻质夹芯板材的面板等。图 6-18 展示出了压型钢板的形式。

图 6-18　彩色压型钢板

6.3.4　塑料复合钢板

塑料复合钢板是在钢板上覆以 0.2～0.4 mm 半硬质聚氯乙烯塑料薄膜而成的。它绝缘性好，耐磨损、耐冲击、耐潮湿，具有良好的延展性及加工性，弯曲 180°塑料层不脱离钢板，既改变了普通钢板的乌黑面貌，又可在其上绘制图案和艺术条纹，如布纹、木纹、皮革纹、大理石纹等。该复合钢板可用作地板、门板、天花板等。

复合隔热夹芯钢板是采用镀锌钢板作面层，表面涂以硅酮和聚酯，中间填充聚苯乙烯泡沫或聚氨酯泡沫制成的。它质轻，绝热性强，抗冲击，装饰性好。适用于厂房、冷库、大型体育设施的屋面及墙体，也被广泛用于交通运输及生活用品方面，如汽车外壳、家具等。但在建筑方面的应用仍占 50%左右，主要用作墙板、顶棚及屋面板。

6.3.5 轻钢龙骨

所谓龙骨是指罩面板装饰中的骨架材料。罩面板装饰包括室内隔墙、隔断、吊顶。轻钢龙骨以冷轧钢板(带)、镀锌钢板(带)或彩色喷塑钢板(带)作原料，采用冷弯工艺生产的薄壁型钢称为轻钢龙骨。它具有强度大、通用性强、耐火性好、安装简易等优点，可装配各种类型的石膏板、钙塑板、吸声板等。用作墙体隔断和吊顶的龙骨支架，美观大方。它广泛用于各种民用建筑工程以及轻纺工业厂房等场所，对室内装饰造型、隔声等功能起到良好效果。

轻钢龙骨按断面分有 U 形龙骨、C 形龙骨、T 形龙骨及 L 形龙骨(也称角铝条)；按用途可分为墙体(隔断)龙骨(代号 Q)、吊顶龙骨(代号 D)。墙体龙骨和吊顶龙骨的构造分别如图 6-19 和图 6-20 所示。

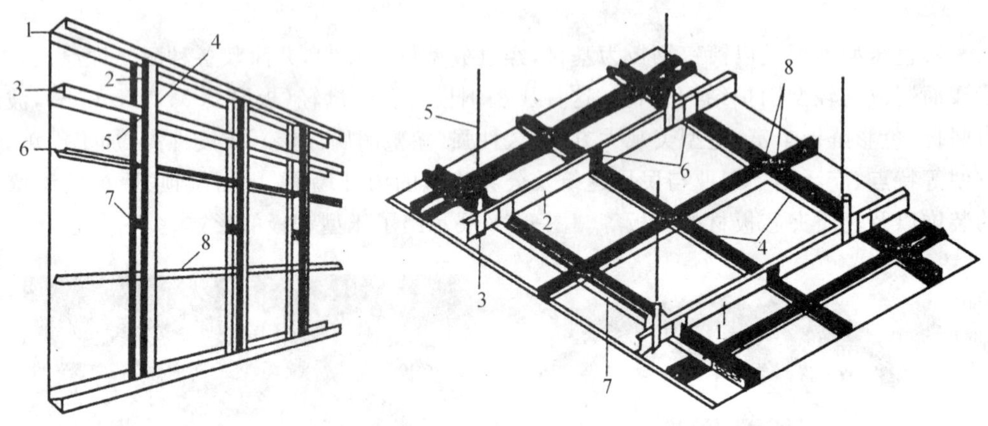

1—横龙骨；2—竖龙骨；3—通撑龙骨；
4—角托；5—卡托；6—通贯龙骨；
7—支撑卡；8—通贯龙骨连接件

图 6-19　墙体龙骨

1—承载龙骨连接件；2—承载龙骨；3—吊件；
4—覆面龙骨连接件；5—吊杆；6—挂件；
7—覆面龙骨；8—挂插件

图 6-20　吊顶龙骨

按结构可分为吊顶龙骨、承载龙骨、覆面龙骨。墙体龙骨有竖龙骨、横龙骨和通贯龙骨。承载龙骨指吊顶龙骨的主要受力构件。覆面龙骨指吊顶龙骨中固定面层的构件。横龙骨指墙体和建筑结构的连接构件。竖龙骨指墙体的主要受力构件。通贯龙骨指竖龙骨的中间连接构件(图 6-21)。

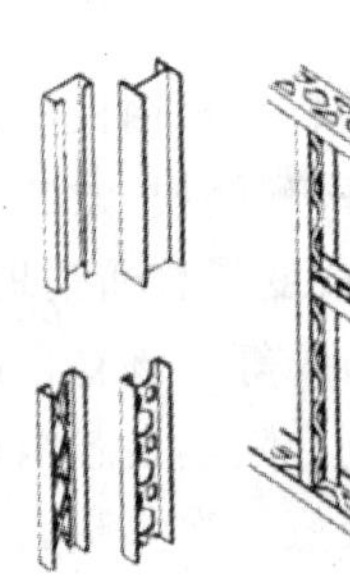

图 6-21　轻钢龙骨

6.4 铁　艺

6.4.1 铁艺起源

作为金属材料，铁的应用历史有几千年。铁作为黑色的金属材料，给人的感觉是强度高，硬度大，坚固、耐用及结构性能良好，但其色彩黑暗，光泽感不强，厚重冷酷，因而，常不为建筑装饰所利用。但是17世纪欧洲大陆发明的铁艺这种融金属感和艺术美感于一体的装饰，以其欧洲古典浪漫主义的风格和回归自然的温馨感觉，逐渐为各阶层人们所钟爱，并迅速用于建筑装饰之中。与人们熟知的木材、陶瓷、石材、塑料等装饰材料相比，铁艺制品更具坚固、耐用、无污染、不老化、耐火、安全等优势，特别是其千姿百态、变化无穷的艺术造型，使它在众多装饰材料中以独特、高雅、浪漫的艺术风格独树一帜。铁艺自身材料和工艺的特殊品质是其他材料无法替代的，它厚重、古朴，刚柔并重，永远令人赏心悦目。

因为铁艺源于欧洲已有几百年的历史，所以具有浓郁的欧陆风情和异国情调。它利用机器或人工锻打，把冰冷生硬的金属变成了生灵活现的实用艺术。各种弧线的变形和油饰工艺使铁艺产品古朴、典雅、华贵，广泛适用于建筑业、装饰业、家私业、市政园林建设等方面，如门窗护栏、楼梯扶手、公共设施围栏、市场货架、各种铁艺家具、艺术摆设等，深受人们喜爱。

6.4.2 铁艺的性能

1. 安全感

目前，防盗门生产和销售十分旺盛，铁艺大门、小门、护窗需求越来越多。铁艺在保障安全的同时，不会影响通风透光，保持了良好的视野。

2. 装饰性

一座平常甚至丑陋的建筑，与环境严重冲突，顶部加一铁艺饰带，就能软化天际。一个碎花的铁艺护门、护栏、家具可减弱建筑与地的冲突，增加亲切感，如果有良好的花形，还可引人驻足，减少主人的封闭感，这样就在实用的基础上实现了装饰性。

3. 展示性

上乘的铁艺内含着昂贵的劳动，铁艺的应用就意味着某种无言的富贵。对铁艺的兴趣与鉴别力本身就展示着一种超群的情趣，展现着某种历史的回归、异国的情调或迥异的向往。

6.4.3 铁艺的分类

铁艺按材料及加工方法分为扁铁花、铸铁铁艺、锻造铁艺。按功能、用途通常分为大门、楼梯、护栏、门芯、饰品、家具、灯具、招牌等(图 6-22)。

图 6-22　铁艺栏杆

1. 扁铁花

以扁铁为主要材料,冷弯曲为主要工艺,手工操作或用手工机具操作,端头装饰少,造型自由度大,但材料局限性也大,截面积较大的材料使用困难,功能上达到要求,但工艺性差,装饰性差,这类铁艺为我国铁艺的基本形式。但由于成本低,目前在注重功能性、注重价格的低档次场合下仍在广泛使用。

2. 铸铁铁艺

以灰铸钢为主要材料,铸造为主要工艺,花形多样,装饰性强,是我国铁艺第二阶段的主要形式。由于灰铸钢韧性差,易折断,易破裂,所以花形容易破裂。由于多数铸件采用砂模成型,因此表面粗糙。

另一缺点是可焊性差,耐久性差,整体工程易破损,难于补救,需要从材料、工艺上继续改善。

3. 锻造铁艺

以低碳钢型材为主要原材料,以表面轧花、机械弯曲、模锻为主要工艺,以手工锻造辅之。加工精度较高,产品品质好,工艺性强,装饰性强,成本、价格高,形成了标准化、批量化的锻件生产能力。生产和工程分离进行,在工程中减少了施工难度。

6.4.4　铁艺的表面处理

铁艺制品表面处理泛指为了防止铁艺制品表面的锈蚀,消除和掩盖铁艺制品出现的不影响强度的表面缺陷,而对铁艺制品表面涂镀防锈及效果美观性装饰涂料的工艺实施过程。

1. 铁艺制品表面的预处理

指用机械或者化学等工艺方法来消除铁艺制品涂镀前的表面缺陷。

(1)去锈、清除氧化皮和焊渣的主要方法有手工处理、机械处理、喷射处理、化学处理(酸洗)、电化学处理和火焰处理等方法。

(2)对于铁艺制品来讲,除油一般可采用有机溶液、碱液、电化学等方法。

2. 铁艺制品表面保护与装饰工艺

一般采用表面保护和装饰综合处理的方法。常用的是涂装和电镀(热镀)的方法,使铁艺制品表面形成非金属保护膜、金属保护膜或化学保护膜。

6.5　铜和铜合金

人类最先造出的金属是铜,人们用它来制铜镜、铜针、铜壶和兵器,这一时代被称为青铜器时代。随后古希腊、古罗马及我国的许多宗教宫殿建筑以及纪念性建筑均较多地采用了金、铜等金属材料用于装饰和雕塑。铜是我国历史上使用最早、用途较广的一种有色金属。

6.5.1　铜的特性与应用

铜在地壳中储量远小于铝,约占 0.01%,且在自然界中很少以游离状态存在,多以化合物状态存在。炼铜的矿石有黄铜矿($CuFeS_2$)、辉铜矿(Cu_2S)、斑铜矿(Cu_5FeS_4)、赤铜矿(Cu_2O)和孔雀石[$CuCO_3 \cdot Ca(OH)_2$]等。

铜属于有色重金属,密度为 8.92 g/cm^3。纯铜由于表面氧化生成的氧化铜薄膜呈紫红色,故常称紫铜。纯铜具有较高的导电性、导热性、耐蚀性及良好的延展性、可塑性,可碾压成极薄的板(紫铜片),或拉成很细的丝(铜线材)。它既是一种古老的建筑材料,又是一种良好的导电材料。纯铜强度低,不宜直接用作结构材料。

我国纯铜产品分为两类:一类属冶炼产品,包括铜锭、铜线锭和电解铜;另一类属加工产品,是指铜锭经过加工变形后获得的各种形状的纯铜材。

铜是一种古老的建筑材料,并广泛用作建筑装饰及各种零部件。在古建筑中,铜材是一种高档的装饰材料,用于宫廷、寺庙、纪念性建筑以及商店铜字招牌等。在现代建筑装饰方面,铜材集古朴和华贵于一身,可用于外墙板、执手或把手、门锁、纱窗(紫铜纱窗)、西式高级建筑的壁炉。在卫生器具、五金配件方面,铜材可用作洗面器配件、浴盆配件、妇洗器配件、坐便器配件、蹲便器配件、小便器配件、洗涤盆配件、淋浴器配件等。经铸造、机械加工成型,表面处理用镀镍、镀铬工艺,具有抗腐蚀、色泽光亮、抗氧化性强的特点,可用于宾馆、旅社、学校、机关、医院等多种民用建筑中,铜材还可用于楼梯扶手栏杆、楼梯防滑条等。有的西方建筑用铜包柱,光彩照人,美观雅致,光亮耐久,多在本色基础上抛光。高级宾馆、饭店、古建筑、楼、堂、殿、阁中采用此装饰方式,可体现出一种华丽、高雅的气氛。另外,在一些高级宾馆中,选用紫铜编织成网,网孔为方形,幅面宽度一致,数目不同,可用作纱门、纱窗、防护罩等。

6.5.2　铜合金及其应用

在铜中掺加锌、锡等元素可制成铜合金,铜合金主要有黄铜、白铜和青铜,其强度、硬度等力学性能得到提高,且价格比纯铜低。铜合金最初是用手工制造武器而发展起来的,它也可以用作生活用品，如宗教祭具、货币和装饰品等。

铜与锌的合金称为黄铜(普通黄铜)。锌是影响黄铜力学性能的主要因素，随着含锌量不同，不但色泽随之变淡，力学性能也随之改变。含锌量约为30%的黄铜塑性最好，含锌量约为4%的黄铜强度最高，一般黄铜含锌量多在30%以内。

黄铜的牌号用“黄”字的汉语拼音字母“H”加数字表示，数字代表平均含铜量。例如H68表示含铜量约为68%，其余为锌。黄铜可进行挤压、冲压、弯曲等冷加工成型，但因此而产生的残余内应力必须进行退火处理，否则在湿空气、氮气、海水作用下，会发生蚀裂现象，称为黄铜的自裂。黄铜不易偏析，韧性较大，但切削加工性差。为了进一步改善黄铜的力学性能、耐蚀性或某些工艺性能，在铜锌合金中再加入其他合金元素，即成为特殊黄铜，常加入的元素有铅、锡、镍、铝、锰、硅等，并分别称为铅黄铜、锡黄铜、镍黄铜等。加入铅可改善黄铜的切削加工性，常用的铅黄铜是HPb 59-1。

加入锡、铝、锰、硅均可提高黄铜的强度、硬度和耐蚀性。其中，锡黄铜还具有较高的抗海水腐蚀性，故称为海军黄铜。

加入镍可改善其力学性质、耐热性和耐腐性，多用于制作弹簧，或用于制作首饰、餐具，也用于建筑、化工、机械等行业。

若为特殊黄铜，往往根据合金元素加入的量将其分为压力加工和铸造用两类。前者加入合金元素较少，使之能熔于固熔体中，以保证有足够的变形能力。后者加入合金元素较多，以提高强度和铸造性能。铸造黄铜的牌号前加有“铸”字的汉语拼音字母Z，例如ZHSi 80-3表示含铜约80%，含硅3%，余量为锌的铸造硅黄铜；又如HFe 59-1-1表示含铜约59%，含铁1%，含其他金属元素1%，余量为锌的特殊黄铜。

6.5.3 铜合金装饰制品

铜合金经挤制或压制可形成不同横断面形状的型材，有空心型材和实心型材。铜合金型材也具有铝合金材类似的优点，可用于门窗的制作，尤其是以铜合金型材作骨架，以吸热玻璃、热反射玻璃、中空玻璃等为立面形成的玻璃幕墙，一改传统外墙的单一面貌，使建筑物乃至城市生辉。另外，利用铜合金板制成铜合金压型板，应用于建筑物内外墙装饰，同样使建筑物金碧辉煌，光亮耐久。

铜合金装饰制品的另一特点源于其具有金色感，常替代稀有的价值昂贵的金在建筑装饰中作为点缀。古希腊的宗教及宫殿建筑较多地采用金、铜等进行装饰、雕塑。具有传奇色彩的帕提农神庙大门为铜质镀金；古罗马的雄狮凯旋门、图拉真骑马座像都有青铜的雕饰；中国盛唐时期，宫殿建筑多以金、铜来装饰，人们认为以铜或金来装饰的建筑是高贵和权势的象征。

现代建筑装饰中，大厅门常配以铜质的把手、门锁；螺旋式楼梯扶手栏杆常选用铜质管材，踏步上附有铜质防滑条；浴缸龙头、坐便器开关、淋浴器配件，及各种灯具、家具采用制作精致、色泽光亮的铜合金制作，会在原有豪华、高贵的氛围中更增添装饰的艺术性(图6-23)。

铜合金的另一应用是铜粉，俗称“金粉”，是一种由铜合金制成的金色颜料。主要成分为铜及少量的锌、铝、锡等金属。常用于调制装饰涂料，代替“贴金”。

(a)铜线角

(b)铜饰神台

图 6-23　铜合金装饰制品

本章小结

金属装饰材料以其独特的光泽与颜色、庄重华贵的外表、经久耐用的特点，在装饰工程中被广泛应用。

复习思考题与习题

6.1　铝合金材料在建筑上主要用在哪几个方面？

6.2　根据成分和工艺特点铝合金可分为哪些种类？它们都有哪些特性？

6.3　建筑装饰用铝合金制品有哪些？它们应用于何处？有哪些突出的优点？

6.4　建筑装饰用不锈钢制品有哪些突出的优点？不锈钢装饰制品有哪些种类？简述其应用。

6.5　彩色涂层钢板有哪几种？主要应用于何处？有哪些优点？

6.6　建筑用的龙骨主要用途是什么？有哪些种类？

6.7　简述铜合金的分类及用途。

6.8　铝扣板有什么特点？

6.9　怎样保养钢质楼梯和铁艺楼梯？怎样维修铁艺楼梯扶手上的铁花断裂？

6.10　怎样保养铝合金门窗？

6.11　阳台的铁栏杆如何防锈？

第7章 建筑装饰涂料

本章要点

涂料是涂敷于物体表面，对物体起保护、装饰及其他特殊功能的材料。本章介绍了建筑装饰涂料的发展历史和发展趋势，装饰涂料的组成、分类、命名和型号；分别阐述了常用的内墙涂料、外墙涂料、地面涂料的特点、用途、使用范围及主要技术指标，并简单介绍了如何根据不同的使用要求和使用部位正确选择涂料。

7.1 建筑装饰涂料的基本知识

涂料是一种呈流动状态并可液化的固体粉末、厚浆状态物质，将它涂敷于物体表面，能与基体材料很好地黏结，干后成膜(层)对被涂物体起到装饰、保护及特殊作用或几种作用兼而有之。由于在物体表面结成干膜，故又称涂膜或涂层。用于建筑物的装饰和保护的涂料称为建筑涂料。建筑涂料是按涂料的用途进行分类而得出的一个涂料类别，其含义有广义与狭义之分。狭义是指用于建筑外、内墙体及顶棚、地面等部位，而广义则包括用于建筑物所有部位的木质构件、金属构件和塑料等构件上。

与其他饰面材料相比，建筑涂料具有质量轻、色彩鲜明、附着力强、质感丰富、品种多样、价廉质好、可满足各种不同要求，以及耐水、耐污染、耐老化、施工简便、省工省料、维修方便等特点。如建筑物的外墙采用彩色涂料装饰，比传统的装饰工程更给人以清新、典雅、明快、富丽的感觉，并能获得较好的艺术效果。常见的浮雕类涂料具有强烈的立体感；用染色石英砂、瓷粒、云母粉等做成的彩砂涂料又具有色泽新颖而且晶莹绚丽的良好效果；使用厚质涂料经喷涂、滚花、拉毛等工序可获得不同质感的花纹；而薄质涂料质感更细腻，更省料。

7.1.1 建筑装饰涂料的功能

建筑装饰涂料具有以下功能：

1. 保护作用

建筑涂料通过刷涂、辊涂或喷涂等施工方法，涂敷在建筑构件的表面上，形成连续的薄膜，厚度适中，有一定的硬度和韧性，并具有耐磨、耐候、耐化学侵蚀以及抗污染等功效，可以延长建筑物的使用寿命。

2. 装饰作用

建筑涂料所形成的涂层能装饰美化建筑物。若在涂料中掺加粗、细骨料，再采用拉毛、喷涂和辊花等方法进行施工，可以获得各种纹理、图案及质感的涂层，使建筑物产生不同凡响的艺术效果，以达到美化环境、装饰建筑的目的。

3. 改善建筑的使用功能

建筑涂料能提高室内的亮度，起到吸声和隔热的作用。一些特殊用途的涂料还能使建筑具有防火、防水、防霉、防静电等功能。

在工业建筑、道路设施等构筑物上，涂料还可起到标志作用和色彩调节作用，在美化环境的同时，提高人们的安全意识，改善心理状况，减少不必要的损失。

7.1.2　涂料的性能与特点

1. 涂料的性能

(1)遮盖力。遮盖力通常用能使规定的黑白格遮盖所需的涂料的质量来表示，质量越大，遮盖力越小。

(2)涂膜附着力。它表示涂膜与基层的黏结力。

(3)黏度。黏度的大小影响施工性能，不同的施工方法要求涂料有不同的黏度。

(4)细度。细度大小直接影响涂膜表面的平整性和光泽。

2. 涂料的特点

(1)耐污染性。耐污染是涂料的一个重要特点。

(2)耐久性。包括耐冻融、耐洗刷性、耐老化性。

(3)耐碱性。涂料的装饰对象主要是一些混凝土、水泥砂浆等无机硅酸盐类基层材料，因此耐碱性是涂料的重要特性。

(4)最低成膜温度。每种涂料都具有一个最低成膜温度，不同涂料的最低成膜温度不同。

7.2　建筑装饰涂料的基本组成

涂料最早以天然植物油脂、天然树脂如亚麻子油、桐油、松香、生漆等为主要原料，故以前称为油漆。目前，许多新型涂料已不再使用植物油脂，合成树脂在很大程度上已经取代天然树脂。因此，我国已正式采用涂料这个名称，而油漆仅仅是一类油性涂料而已。按涂料中各组分所起的作用，可分为主要成膜物质、次要成膜物质和辅助成膜物质。

7.2.1　主要成膜物质

主要成膜物质也称胶黏剂或固着剂。其作用是将涂料中的其他组分黏结成一体，并使涂料附着在被涂基层的表面形成坚韧的保护膜。主要成膜物质一般为高分子化合物或成膜后能形成高分子化合物的有机物质，如合成树脂或天然树脂以及动植物油等。

1. 油料

在涂料工业中，油料(主要为植物油)是一种主要的原料，用来制造各种油类加工产品、清漆、色漆、油改性合成树脂及作为增塑剂使用。在目前的涂料生产中,含有植物油的品种仍占较大比重。涂料工业中应用的油类分为干性油、半干性油和不干性油三类。

2. 树脂

涂料用树脂有天然树脂、人造树脂和合成树脂三类。天然树脂是指天然材料经处理制成的树脂,主要有松香、虫胶和沥青等;人造树脂系由有机高分子化合物经加工而制成的树脂,如松香甘油酯(酯胶)、硝化纤维等;合成树脂系由单体经聚合或缩聚而制得的,如醇酸树脂、氨基树脂、丙烯酸酯、环氧树脂、聚氨酯等。其中合成树脂涂料是现代涂料工业中产量最大、品种最多、应用最广的涂料。

7.2.2 次要成膜物质

次要成膜物质主要组分是颜料和填料(有的称为着色颜料和体质颜料),但它不能离开主要成膜物质而单独构成涂膜。

1. 颜料

颜料是一种不溶于水、溶剂或涂料基料的一种微细粉末状的有色物质,能均匀地分散在涂料介质中,涂于物体表面形成色层。颜料在建筑涂料中不仅能使涂层具有一定的遮盖能力,增加涂层色彩,而且还能增强涂膜本身的强度。颜料还有防止紫外线穿透的作用,从而可以提高涂层的耐老化性及耐候性。

颜料的品种很多,按它们的化学组成可分为有机颜料和无机颜料两大类;按它们的来源可分为天然颜料和合成颜料;按它们所起的作用可分为白色颜料、着色颜料、防锈颜料和体质颜料(即填料)等。着色颜料是建筑涂料中品种最多的一种。着色颜料的颜色有红、黄、蓝、白、黑、金属光泽及中间色等。常用的品种见表 7-1。

表 7-1 常用着色颜料

颜料颜色	化学组成	品种
黄色颜料	无机颜料	铅铬黄($PbCrO_4$)、铁黄[$FeO(OH)\cdot nH_2O$]
	有机颜料	耐晒黄、联苯胺黄等
红色颜料	无机颜料	铁红(Fe_2O_3)、银朱(HgS)
	有机颜料	甲苯胺红、立索尔红等
蓝色颜料	无机颜料	铁蓝、钴蓝($CoO\cdot Al_2O_3$)、群青
	有机颜料	钛菁蓝[$Fe(NH_4)Fe(CN)_5$]
黑色颜料	无机颜料	炭黑(C)、石墨(C)、铁黑(Fe_3O_4)等
	有机颜料	苯胺黑
绿色颜料	无机颜料	铬绿、锌绿等
	有机颜料	钛菁绿等
白色颜料	无机颜料	钛白粉(TiO_2)、氧化锌(ZnO)、立德粉($ZnO+BaSO_4$)
金属颜料	无机颜料	铝粉(Al)、铜粉(Cu)等

防锈颜料的作用主要是防止金属锈蚀。常用的有红丹、锌铬黄、氧化铁红、银粉等。

2. 填料

填料又称为体质颜料。填料的主要作用在于改善涂料的涂膜性能，降低成本。它们不具有遮盖力和着色力。填料主要是一些碱土金属盐、硅酸盐，镁、铝的金属盐及重晶石粉($BaSO_4$)、轻质碳酸钙($CaCO_3$)、重碳酸钙、滑石粉($3MgO \cdot 4SiO_2 \cdot H_2O$)、云母粉($K_2O \cdot Al_2O_3 \cdot 6SiO_2 \cdot H_2O$)、硅灰石粉、膨润土、瓷土、石英石粉或砂等。这类产品大部分是天然产品和工业上的副产品，价格便宜。在建筑涂料中常用的填料有粉料和粒料两大类。

7.2.3　辅助成膜物质

1. 溶剂

溶剂又称稀释剂，是涂料的挥发性组分。它的主要作用是使涂料具有一定的黏度，以符合施工工艺的要求。溶剂是液态建筑涂料的主要成分，涂料涂刷到基层上后，溶剂蒸发，涂料逐渐干燥硬化，最终形成均匀、连续的涂膜。溶剂最后并不留在涂膜中，因此称为辅助成膜物质。溶剂与涂膜的形成及其质量、成本等有密切的关系。

常用的溶剂有松香水、酒精、200 号溶剂汽油、苯、二甲苯、丙酮等。

配制溶剂型合成树脂涂料选择有机溶剂时，首先应考虑有机溶剂对基料树脂的溶解力。此外，还应考虑有机溶剂本身的挥发性、易燃性和毒性等对配制涂料的适应性。

2. 辅助材料

辅助材料又称助剂，是为进一步改善或增加涂料的某些性能，在配制涂料时加入的物质。其掺量较少，一般只占涂料总量的百分之几到万分之几，但效果显著。常用的助剂有如下几类：

(1)硬化剂、干燥剂、催化剂等。

(2)增塑剂、增白剂、紫外线吸收剂、抗氧化剂等。

(3)防污剂、防霉剂、阻燃剂、杀虫剂等。

此外还有分散剂、增稠剂、防冻剂、防锈剂、芳香剂等。

某些功能性涂料还需采用具有特殊功能的助剂，如防火涂料用难燃助剂，膨胀型防火涂料用发泡剂等。

7.3　建筑装饰涂料的分类和型号

建筑涂料是当今产量最大、应用最广的建筑材料之一。建筑涂料品种繁多，据统计，我国的涂料已有 100 余种。一般按使用部位分为木器装修漆、外墙涂料、内墙涂料、顶棚涂料和地面涂料等；按主要成膜物质中所包含的树脂可分为油漆类、天然树脂类、醇酸树脂类、丙烯酸树脂类、聚酯树脂类和辅助材料类等共 18 类；根据主要成膜物质的化学成分分为有机涂料、无机涂料和复合涂料，其中有机涂料又分为溶剂型、无溶剂型和水溶型或水乳胶型，水溶型和水乳胶型统称为水性涂料；根据漆膜光泽的强弱又把涂料分为无光、半光(或称平光)

和有光等品种；按形成涂膜的质感可分为薄质涂料、厚质涂料和砂壁状涂料（又称彩砂涂料）三种。由于建筑装饰涂料在目前尚无统一的分类方法，一般有按化学组成分类、使用部位分类、使用功能分类等。

7.3.1 涂料的分类

1. 按成膜物质的化学组成分类

建筑装饰涂料可分为有机高分子涂料、无机高分子涂料和复合涂料。

（1）常用的有机高分子涂料

①溶剂型涂料：以有机高分子合成树脂为主要成膜物质，有机溶剂为稀释剂，加入适量的颜料、填料等材料研磨而成。此种涂料产生的涂膜细腻、光洁、坚韧，且光泽、硬度、耐水性、耐酸性、气密性、耐刷洗性、耐化学药品性和耐老化性能均较好，对建筑物有较高的装饰性和保护性，施工方便。另一个优点是，这种涂料的成膜温度可以低到0 ℃，使用范围广，适用于建筑物的内外墙和地面等处（图 7-1）。其主要缺点是透气性差，价格昂贵，易燃，挥发的有机溶剂对人体健康有害。

②乳液型涂料：又称乳胶涂料或乳胶漆，是将合成树脂以0.1～0.5 μm的极细微粒分散于水中，形成非均相的乳状液，以乳液为主要成膜物质并加入适量颜料、填料、辅助原料配制而成。当所有的填充料为细粉末，所得涂料可形成类似油漆漆膜的平滑涂层时，称其为乳胶漆；而掺用类似云母粉、粗砂粒等粗填料所制得的涂料，称之为乳液厚涂料。其主要优点是以水为分散介质，无毒，施工操作方便，而且耐久性较好，有一定的透气性和耐碱性。主要缺点是施工时温度不能太低，一般在8 ℃以上，且耐曝晒性和耐水性不够理想，用于潮湿部位的乳液型涂料需加入防霉剂。因此，乳液型涂料的室内装饰用量远远大于室外（图 7-2）。

图 7-1 溶剂型涂料

图 7-2 乳液型涂料

③水溶性涂料：是以水溶性合成树脂为主要成膜物质，以水为稀释剂，加入适量颜料、填料及辅助材料，经共同研磨而成的涂料。这种涂料价格低，无毒无味，施工方便，但一般耐水性、耐污染性、耐候性、耐刷洗性较差，若掺入有机高分子材料，则可改善这些性能。常用于建筑物内墙面（图 7-3）。

（2）无机涂料

无机涂料是以无机材料胶结剂（如水玻璃等）为基料，加入固化剂、颜料、填料及分散剂等经搅拌混合而成。大致可分为水泥系、碱金属硅酸盐系、胶态氧化硅系等几个大类，其中以碱金属硅酸盐系的涂料产品产量最高，成本也较低。无机涂料价格低，无毒，不燃，具有良好的遮盖能力，对基层材料的处理要求不高，可在低温下施工，所形成的涂膜与有机涂料的相比，具有更好的长期耐水性、耐热性、保色性和耐候性。可用于建筑物的内外墙面。

（3）无机—有机复合涂料

不论是有机涂料还是无机涂料，在单独使用时，都存在一定的局限性。为克服缺点，发挥各自的长处，出现了无机和有机复合的涂料。复合涂料是既使用无机基料又使用有机基料的涂料。按复合方式不同，分为无机基料与有机基料通过物理方式混合而成，无机基料与有机基料通过化学反应进行接枝或镶嵌的方式而成。复合涂料既有无机涂料的优点，又具有有机涂料的优点，如聚乙烯醇水玻璃内墙涂料就比聚乙烯醇有机涂料的耐水性好。此外，以硅溶胶、丙烯酸系列复合的外墙涂料在涂膜的柔韧性及耐候性方面更能适应气候的变化，而且通过复合方式可制出特殊功能的涂料（如反光涂料、防辐射涂料等）。复合涂料适用于建筑物内外墙面（图 7-4）。

图 7-3　水溶性涂料

图 7-4　复合涂料

2. 按构成涂膜的主要成膜物质分类

按构成涂膜的主要成膜物质分类是以涂料漆基中主要成膜物质为基础来分的，若成膜物质为多种树脂，则以在漆膜中起主要作用的一种树脂为基础。成膜物质分为 17 类，如表 7-2 所示。

表 7-2　成膜物质分类

成膜物质分类	主要成膜物质
油脂	天然植物油、动物油（脂）、合成油等
天然树脂	松香及其衍生物、虫胶、乳酪素、动物胶、大漆及其衍生物等
酚醛树脂	酚醛树脂、改性酚醛树脂等
沥青	天然沥青、（煤）焦油沥青、石油沥青等

续表

成膜物质分类	主要成膜物质
醇酸树脂	甘油醇酸树脂、季戊四醇醇酸树脂、其他醇类的醇酸树脂、改性醇酸树脂等
氨基树脂	三聚氰胺甲醛树脂、脲(甲)醛树脂等
硝酸纤维素(酯)	硝酸纤维素(酯)等
纤维素酯、纤维素醚	乙酸纤维素(酯)、乙酸丁酸纤维素(酯)、乙基纤维素、苄基纤维素等
过氯乙烯树脂	过氯乙烯树脂等
烯类树脂	聚二乙烯乙炔树脂、聚多烯树脂、聚乙烯共聚树脂、聚乙酸乙烯及其共聚物、聚乙烯醇缩醛树脂、聚苯乙烯树脂、含氟树脂、氯化聚丙烯树脂、石油树脂等
丙烯酸树脂	热塑性丙烯酸树脂、热固性丙烯酸树脂等
聚酯树脂	饱和聚酯树脂、不饱和聚酯树脂等
环氧树脂	环氧树脂、环氧酯、改性环氧树脂等
聚氨酯树脂	聚氨(基甲酸)酯树脂等
元素有机聚合物	有机硅树脂、有机钛树脂、有机铝树脂等
橡胶	氯化橡胶、环化橡胶、氯丁橡胶、氧化氯丁橡胶、丁苯橡胶、氯磺化聚乙烯橡胶等
其他	以上16类包括不了的成膜物质,如无机高分子材料、聚酰亚胺树脂、二甲苯树脂等

3. 按使用部位分类

按建筑物使用部位,可将涂料分为外墙建筑涂料、内墙建筑涂料、地面建筑涂料、顶棚涂料和屋面防水涂料等。

4. 按涂膜厚度、形态与质感分类

按涂膜的厚度分为薄质涂料和厚质涂料,前者的厚度一般为50～100 μm,后者的厚度一般为1～6 mm。

按涂膜的形态和质感分为平壁状涂层涂料、砂壁状涂层涂料、凹凸立体花纹涂料。

(1)平壁状涂层涂料

平壁状涂层涂料的涂膜表面平整、光滑(图7-1～图7-3),厚度一般为50～100 μm,表面不集灰,易清洁。

(2)砂壁状涂层涂料

砂壁状建筑涂料是涂膜饰面具有像砂壁、石材外观的一类涂料(图7-5),厚度一般为1 mm。

(3)凹凸立体花纹涂料

凹凸立体花纹涂料简称立体花纹涂料,即复层涂料。它由多种涂层,即基层封闭涂料、主层涂料、罩面涂料组成。对墙体有良好的保护作用,黏结强度高,并有良好的耐退色性、耐久性、耐污染性、耐温变性。其外观可以呈现出凹凸花纹状、波纹状、橘皮状及环状等;颜色可以呈现单色、双色及多种色;光泽有无光、半光、高光、珍珠光泽、金属光泽等(图7-6)。

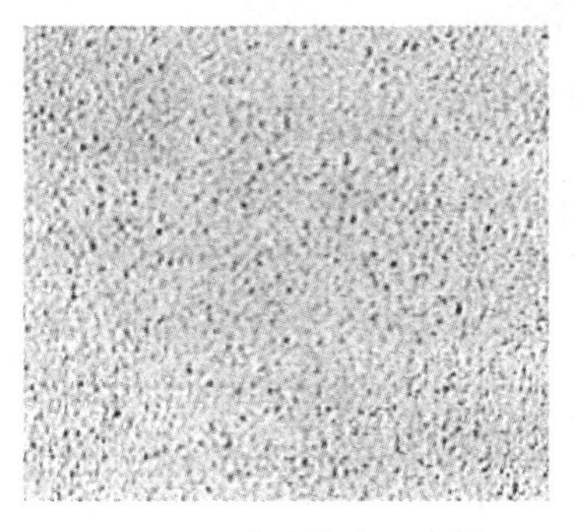

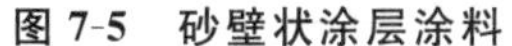

图 7-5　砂壁状涂层涂料

图 7-6　凹凸立体花纹涂料

5. 按使用功能分类

按使用功能，可将涂料分为装饰性涂料、防火涂料、保温涂料、防腐涂料、防水涂料、抗静电涂料、防结露涂料、闪光涂料（图 7-7）、幻彩涂料（图 7-8）等。

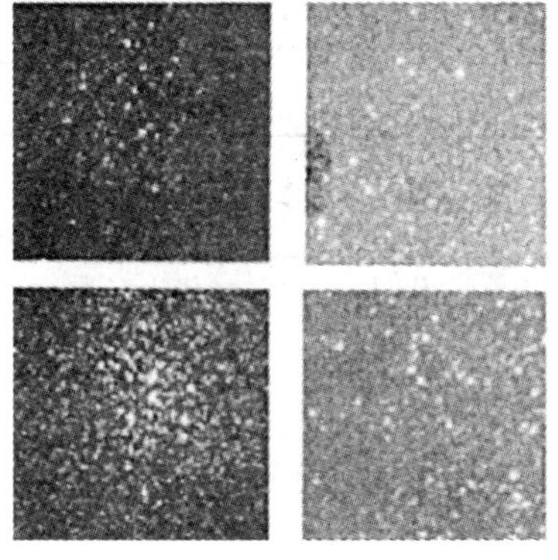

图 7-7　闪光涂料

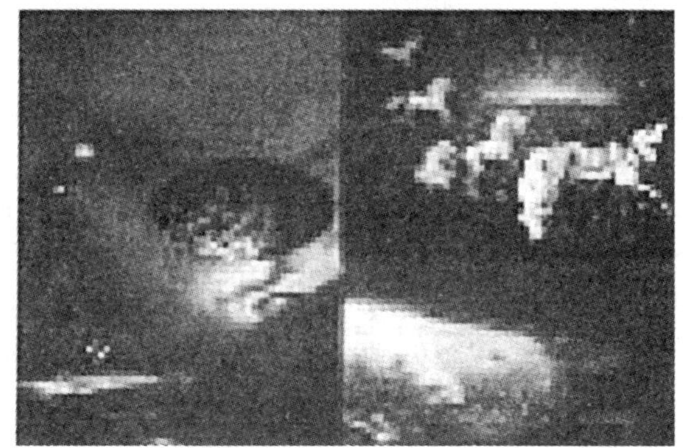

图 7-8　幻彩涂料

7.3.2　涂料名称

涂料全名一般由颜色或颜料名称加上成膜物质名称，再加上基本名称组成。对于不含颜料的清漆，其全名一般由成膜物质名称加上基本名称而组成。

颜色名称通常由红、黄、蓝、白、黑、绿、紫、棕、灰等颜色，有时再加上深、中、浅（淡）等词构成。若颜料对漆膜性能起显著作用，则可用颜料的名称代替颜色的名称，如铁红、锌黄、红丹等。

漆基中含有多种成膜物质时，选取起主要作用的一种成膜物质命名。必要时，也可选取两或三种成膜物质命名，主要成膜物质名称在前，次要成膜物质名称在后，例如红环氧硝基磁漆。

7.3.3　涂料的型号

涂料的型号由三部分组成：第一部分是涂料的类别，用汉语拼音字母表示（表 7-3）；第二部分是基本名称,用两位数字表示(表 7-4);第三部分是产品序号(一位或两位数字,用来区别同类、同名称涂料的不同品种),涂料基本名称和序号间加"-"。例如 Q01-17 硝基清漆、H07-5 灰环氧腻子等。

表 7-3 涂料类别代号

序号	代号	名称	序号	代号	名称
1	Y	油脂漆类	10	X	烯烃树脂漆类
2	T	天然树脂涂料	11	B	丙烯酸漆类
3	F	酚醛漆类	12	Z	聚酯树脂漆类
4	L	沥青漆类	13	H	环氧树脂漆类
5	C	醇酸树脂漆类	14	S	聚氨酯漆类
6	A	氨基树脂漆类	15	W	元素有机聚合物漆类
7	Q	硝基漆类	16	J	橡胶漆类
8	M	纤维素漆类	17	E	其他漆类
9	G	过氯乙烯漆类			

表 7-4 涂料基本名称代号

代号	代表名称	代号	代表名称	代号	代表名称
00	清油	30	(浸渍)绝缘漆	54	耐油漆
01	清漆	31	(覆盖)绝缘漆	55	耐水漆
02	厚漆	32	绝缘(磁烘)漆	60	防火漆
03	调和漆	33	黏合绝缘漆	61	耐热漆
04	磁漆	34	漆包线漆	62	变色漆
05	烘漆	35	硅钢片漆	63	涂布漆
06	底漆	36	电容器漆	64	可剥漆
07	腻子	37	电阻漆、电位器漆	65	粉末涂料
08	水溶漆、乳胶漆	38	半导体漆	66	感光涂料
09	大漆	40	防污漆、防蛆漆	80	地板漆
10	锤纹漆	41	水线漆	81	渔网漆
11	皱纹漆	42	甲板漆、甲板防滑漆	82	锅炉漆
12	裂纹漆	43	船壳漆	83	烟囱漆
13	晶纹漆	44	船底漆	84	黑板漆
14	透明漆	50	耐酸漆	85	调色漆
20	铅笔漆	51	耐碱漆	86	标志漆
22	木器漆	52	耐腐漆	98	胶液
23	罐头漆	53	防锈漆	99	其他

7.4　常用的建筑涂料

建筑涂料的品种繁多，性能各异，下面按涂料的使用部位分别介绍外墙涂料、内墙涂料及地面涂料等。

7.4.1　内墙涂料

内墙涂料亦可用作顶棚涂料，它的主要功能是装饰及保护内墙墙面及顶棚，使其美观整洁，让人们处于舒适的使用环境中。为了获得良好的装饰效果，内墙涂料应具有以下特点：

1. 色彩丰富，细腻，调和。众所周知，内墙的装饰效果主要由质感、线条和色彩三个因素构成。采用涂料装饰以色彩为主。内墙涂料的颜色一般应突出浅淡和明亮。由于众多使用者对颜色的喜好不同，因此要求建筑内墙涂料的色彩丰富多彩。

2. 耐碱性、耐水性、耐粉化性良好。由于墙面基层是碱性的，因而涂料的耐碱性要好。室内湿度一般比室外高，同时为了清洁方便，要求涂层有一定的耐水性及刷洗性。

3. 透气性、吸湿排湿性好。透气性不好的墙面材料易结露或挂水，使人产生不适感，因而内墙涂料应有一定的透气性。

4. 涂刷方便，重涂性好。

5. 无毒、无污染。

内墙涂料分类如表 7-5 所示。

表 7-5　内墙涂料分类

<table>
<tr><td rowspan="13">内墙涂料</td><td rowspan="3">刷浆材料</td><td>石灰浆</td></tr>
<tr><td>大白浆</td></tr>
<tr><td>可赛银</td></tr>
<tr><td colspan="2">油漆</td></tr>
<tr><td colspan="2">溶剂型涂料</td></tr>
<tr><td rowspan="3">合成树脂乳液（乳胶漆）</td><td>醋酸乙烯乳液</td></tr>
<tr><td>乙丙乳液</td></tr>
<tr><td>苯丙乳液</td></tr>
<tr><td rowspan="3">水溶性涂料</td><td>改性聚乙烯醇系内墙涂料</td></tr>
<tr><td>聚乙烯醇水玻璃内墙涂料</td></tr>
<tr><td>聚乙烯醇甲醛内墙涂料</td></tr>
<tr><td colspan="2">多彩花纹内墙涂料</td></tr>
</table>

1. 刷浆材料

刷浆材料中石灰浆、大白粉和可赛银等是我国传统的内墙装饰材料，因常采用排笔涂刷而得名。石灰浆又称石灰水，具有刷白作用，是一种最简便的内墙涂料，其主要缺点是颜色单调，容易泛黄及脱粉。大白粉亦称白垩粉、老粉或白土等，为具有一定细度的碳酸钙粉，在配制浆料时应加入胶黏剂，以防止脱粉。大白浆遮盖力较高，价格便宜，施工及维修方便，是一种常用的低档内墙涂料。可赛银是以碳酸钙和滑石粉等为填料，以酪素为胶黏剂，掺入颜料混合而制成的一种粉末状材料，也称酪素涂料。

2. 溶剂型涂料

溶剂型内墙涂料与溶剂型外墙涂料基本相同。由于其透气性较差，容易结露，较少用于住宅内墙。但其光洁度好，易于冲洗，耐久性好，可用于厅堂、走廊等处。

溶剂型内墙涂料主要品种有过氯乙烯墙面涂料、聚乙烯醇缩丁醛墙面涂料、丙烯酸酯墙面涂料、聚氨酯系墙面涂料等。

(1)过氯乙烯内墙涂料

这种涂料的主要成分是过氯乙烯树脂。它属于溶剂型涂料，具有较好的防水、耐老化性。这种涂料适用于内墙面。本品有刺激性气味，所以不适用于喷涂施工。

(2)JQ-831、JQ-841 耐擦洗内墙涂料

这种涂料主要成分为丙烯酸酯乳液，且无毒、无味，不易燃，涂膜耐酸性、保色性、耐水性、耐擦洗性好。本涂料适用于内墙装饰及家具着色，刷、喷施工均可。若涂料太稠可用水稀释，不能与有机溶剂及溶剂型涂料混合。最低成膜温度为 5 ℃。

3. 合成树脂乳液(乳胶漆)

合成树脂乳液内墙涂料是以合成树脂乳液为基料(成膜材料)的薄型内墙涂料。一般用于室内墙面装饰，但不宜使用于厨房、卫生间、浴室等潮湿墙面。目前，常用的品种有氯乙烯—偏氯乙烯共聚乳液内墙涂料、醋酸乙烯乳液内墙涂料、乙丙乳液内墙涂料、苯丙乳液内墙涂料等。合成树脂乳液内墙涂料的技术性能应符合表 7-6 的要求。

表 7-6 合成树脂乳液内墙涂料的技术性能

项目	技术指标
在容器中的状态	无硬块，搅拌后呈均匀状态
固体含量[(120±2)℃，2 h]/%	≥45
低温稳定性	不凝聚、不结块、不分离
遮盖力(白色及浅色)/(g/m^2)	≤250
颜色与外观	表面平整，符合色差范围
干燥时间/h	≤2
耐洗刷性/次	≥300
耐碱性(48 h)	不起泡、不掉粉，允许轻微失光和变色
耐水性(96 h)	不起泡、不掉粉，允许轻微失光和变色

(1)氯乙烯—偏氯乙烯乳液涂料

氯乙烯—偏氯乙烯乳液涂料的防水性能较好，可适用于建筑物内墙面装饰、地下建筑工程和洞库墙面防潮处理。氯乙烯—偏氯乙烯乳液涂料透气性好，附着力强，干燥快，色彩鲜

艳，但耐水性、耐碱性和耐候性稍差，适用于装饰要求较高的内墙。

(2)聚醋酸乙烯乳胶漆

聚醋酸乙烯乳胶漆是由聚醋酸乙烯均聚乳液加入颜料、填料及各种助剂，经研磨或分散处理而制成的一种乳液涂料。该涂料具有无毒、不燃、涂膜细腻、平滑、透气性好、附着力强、颜色鲜艳、装饰效果明快、价格适中等优点，但它的耐水性、耐碱性及耐候性不及其他共聚乳液，故仅适宜涂刷内墙，而不宜作为外墙涂料使用。

(3)乙丙乳胶漆

乙丙乳胶漆是以聚醋酸乙烯与丙烯酸酯共聚乳液为主要成膜物质，掺入适量的填料及少量的颜料及助剂，经研磨、分散后配制成的半光或有光的内墙涂料。乙丙乳液涂料具有外观细腻、耐水性好、保色性好的特点。

用于建筑内墙装饰，其耐碱性、耐水性和耐久性都优于聚醋酸乙烯乳胶漆，并具有光泽，是一种中高档的内墙涂料。

(4)苯丙乳胶漆内墙涂料

苯丙乳胶漆内墙涂料是由苯乙烯、甲基丙烯酸等三元共聚乳液为主要成膜物质，掺入适量的填料、少量的颜料和助剂，经研磨、分散后配制而成的一种各色无光的内墙涂料。

苯丙乳液涂料具有高颜料体积分数，用于内墙装饰，其耐碱、耐水、耐久性及耐擦性都优于其他内墙涂料，是一种高档内墙装饰涂料，同时也是外墙涂料中较好的一种。

(5)丝光内墙乳胶漆

丝光内墙乳胶漆以改性丙烯酸乳液或纯丙烯酸乳液为主要成膜物质，为新型优质乳胶漆，所形成的涂膜光泽柔和，具有丝绸般柔滑的质感，无毒、无异味，抗菌、防霉，能抵抗潮湿及各种气候变化，附着力极强，不怕洗抹，并具有优异抗渍功能，颜色光泽历久不变，并具有低反光率，对灯光有柔和折射，在墙壁上产生漫光效果。可用于建筑物室内墙体、天花板、石膏线表面，适用于医院、学校、宾馆、饭店、住宅楼、写字楼、民用住宅等。

部分合成树脂内墙涂料的主要技术指标见表 7-7。

表 7-7　部分合成树脂乳液内墙涂料的主要技术指标

品名	项目	技术指标
聚醋酸乙烯乳胶漆	涂膜颜色与外观	符合标准本色及色差范围，平整无光
	黏度[涂-4 黏度计，(20±1)℃]/s	30～40
	固含量/%	≥45
	干燥时间[25 ℃，相对湿度(65±5)%]/h	实干不大于 2
	遮盖力/(g/m²)	白色及浅色，不大于 170
	耐热性(80 ℃，6 h)	无变化
	耐水性	96 h 漆膜无变化
	附着力(划格法)/%	100
	冲击功/(N·m)	≥4
	硬度(刷于玻璃板干后，48 h 摆杆法)	≥0.3

续表

品名	项目	技术指标
乙丙乳胶漆	黏度(涂-4 黏度计,25 ℃)/s	20～50
	光泽/%	≤20
	固含量/%	≥45
	韧性/mm	1
	冲击功/(N・m)	≥4
	耐水性(浸水 96 h,板面破坏)/%	不超过 5
	最低成膜温度/℃	≥5
	遮盖力/(g/m²)	不大于 170
苯丙乳胶漆	黏度(涂-4 黏度计)/s	≥20
	光泽/%	≤10
	固含量/%	≥51±2
	遮盖力/(g/m²)	白色及浅色≥130　其他颜色≥110
	最低成膜温度/℃	≥3
	冻融循环(−15～15 ℃,5 次)	通过,无变化
	耐水性(96 h)	无变化
	耐擦洗性	可耐擦洗 2 000 次以上

4. 水溶性内墙涂料

水溶性内墙涂料是以水溶性化合物为基料,加入一定量的填料、颜料和助剂,经过研磨、分散后而制成的。这种涂料属于低档涂料,用于一般民用建筑室内墙面装饰,可分为Ⅰ类和Ⅱ类。Ⅰ类用于涂刷浴室、厨房内墙,Ⅱ类用于涂刷建筑物内的一般墙面。各类水溶性内墙涂料的技术质量要求应符合表 7-8 的规定。

表 7-8　水溶性内墙涂料的技术质量要求

项目	技术质量要求	
	Ⅰ类	Ⅱ类
容器中状态	无结块、沉淀和絮凝	
黏度/s	30～75	
细度/μm	≤100	
遮盖力/(g/m²)	≤300	
白度/%	≥80	
涂膜外观	平整,色泽均匀	
附着力/%	100	
耐水性	无脱落、起泡和皱皮	
耐干擦性(级)	—	≤1
耐洗刷性(次)	≥300	—

注:①Ⅰ类涂料适用于浴室、厨房等的内墙;Ⅱ类涂料适用于一般内墙。

②白度规定只适用于白色涂料。

目前，常用的水溶性内墙涂料有聚乙烯醇水玻璃内墙涂料（俗称106内墙涂料）、聚乙烯醇缩甲醛内墙涂料（俗称803内墙涂料）和改性聚乙烯醇系内墙涂料等。

（1）聚乙烯醇水玻璃内墙涂料

聚乙烯醇水玻璃内墙涂料又称106涂料，是以聚乙烯醇和水玻璃为基料，加入一定量的颜料、填料和适量助剂，经溶解、搅拌、研磨而成的水溶性内墙涂料。其技术性质应满足《水溶性内墙涂料》(JC/T 423-1991)中Ⅱ类涂料的规定。

聚乙烯醇水玻璃内墙涂料原料丰富，价格低廉，工艺简单，无毒，无味，耐燃，色彩多样，装饰性较好，并与基层材料间有一定的黏结力，但涂层的耐水性及耐水洗刷性差，不能用湿布擦洗，且涂膜表面易产生脱粉现象。聚乙烯醇水玻璃内墙涂料是国内内墙涂料中用量最大的一种，品种有白色、奶白色、湖蓝色、果绿色、蛋青色、天蓝色等。适用于住宅、商店、医院、学校等建筑物的内墙、顶棚等装饰，但不适合用于潮湿环境。

（2）聚乙烯醇缩甲醛内墙涂料

聚乙烯醇缩甲醛内墙涂料又称803内墙涂料，是以聚乙烯醇与甲醛进行不完全缩合醛化反应生产的聚乙烯醇缩甲醛水溶液为基料，加入颜料、填料及助剂，经搅拌、研磨等而成的水溶性内墙涂料。

聚乙烯醇缩甲醛内墙涂料的成本与聚乙烯醇水玻璃内墙涂料相仿，耐洗刷性略优于聚乙烯醇水玻璃内墙涂料，可达100次，其他性能与聚乙烯醇玻璃内墙涂料基本相同。聚乙烯醇缩甲醛内墙涂料可广泛用于住宅、一般公用建筑物的内墙与顶棚等。

（3）改性聚乙烯醇系内墙涂料

改性聚乙烯醇系内墙涂料又称耐湿擦洗聚乙烯醇系内墙涂料。提高聚乙烯醇系内墙涂料耐水性和耐洗刷性的措施有提高缩醛度，采用乙二烯和丁醛来代替部分甲醛或全部甲醛，加入活性填料等。

改性聚乙烯醇系内墙涂料具有较高的耐水性和耐洗刷性，耐洗刷性为500～1 000次。改性聚乙烯醇系内墙涂料的其他性质与聚乙烯醇水玻璃内墙涂料基本相同，适用于住宅、一般公用建筑的内墙和顶棚，也适用于卫生间、厨房等的内墙、顶棚。

5. 多彩花纹内墙涂料

多彩花纹内墙涂料又称多彩内墙涂料，是一种较为新颖的内墙涂料，由不相混溶的连续相（分散介质）和分散相组成。其中，分散相有两种或两种以上大小不等的着色粒子，在含有稳定剂的分散介质中均匀悬浮着并呈稳定状态。多彩内墙涂料按其介质可分为水包油型、油包水型、油包油型和水包水型（表7-9）。在涂装时，通过喷、辊、刷涂等形成多种色彩花纹图案，干燥后构成多彩花纹涂层（图7-9）。

表7-9　多彩内墙涂料的基本类型

类型	分散相	分散介质
O/W型（水包油）	溶剂型涂料	含保护胶的水溶液
W/O型（油包水）	水性涂料	溶剂型清漆
O/O型（油包油）	溶剂型涂料	溶剂型清漆
W/W型（水包水）	水性涂料	含保护胶的水溶液

(a)液体壁纸(滚花型)

(b)仿砂岩

(c)仿树皮

图 7-9　多彩花纹内墙涂料

多彩内墙涂料的主要技术性能参见表 7-10。

表 7-10　多彩内墙涂料的主要技术性能

项目		技术指标
涂料性能	在容器中的状态	经搅拌后均匀,无硬块
	储存稳定性,0～30 ℃	6 个月
	不挥发物含量/%	≥19
	黏度(涂-4 黏度计,25 ℃)/s	80～100
	施工性	喷涂无困难
涂层性能	实干燥时间/h	≤24
	外观	与标准样本基本相同
	耐水性(96 h)	不起泡,不掉粉,允许轻微失光和变色
	耐碱性(48 h)	不起泡,不掉粉,允许轻微失光和变色
	耐洗刷性(次)	≥300

多彩花纹内墙涂料具有涂层色泽优雅、富有立体感、装饰效果好的特点,涂膜质地较厚,弹性、整体性、耐久性好,耐油、耐水、耐腐、耐洗刷。适用于建筑物内墙和顶棚水泥混凝土、砂浆、石膏板、木材、钢、铝等多种基面。

目前,国内已成功研制了乳包油多彩涂料。这种涂料属于水包水型多彩涂料的更新换代产品,装饰效果与水包油多彩涂料相仿,而且价格较便宜。

6. 幻彩内墙涂料

幻彩内墙涂料又称梦幻涂料、云彩涂料、多彩立体涂料,是目前较为流行的一种装饰性内墙高档涂料。幻彩涂料是用特种树脂乳液和专门的有机、无机颜料制成的高档水性内墙涂料。

按组成的不同主要有用特殊树脂与专门的有机、无机颜料复合而成的,及用特殊树脂与专门制得的多彩纤维复合而成的等。幻彩涂料的成膜物质是经特殊聚合工艺加工而成的合成树脂乳液,具有良好的触变性及适当的光泽(图 7-10),涂膜具有优异的抗回黏性。

幻彩涂料具有无毒、无味、无接缝、不起皮等优点，并具有优良的耐水性、耐碱性和耐洗刷性，主要用于办公、住宅、宾馆、商店、会议室等的内墙、顶棚等的装饰。

幻彩涂料适用于混凝土、砂浆、石膏、木材、玻璃、金属等多种基层材料。幻彩涂料施工首先是封闭底涂，其主要作用是保护涂料免受墙体碱性物质的侵蚀。中层涂层一是增加基层材料与面层的黏结，二是可作为底色。中层涂料可采用水性合成乳胶涂料、半光或有光乳胶涂料。中层涂料干燥后，再进行面层涂料的施工。面层涂料可单一使用，也可套色配合使用。施工方式有喷、涂、刷、辊、刮等。

图 7-10　幻彩涂料

7. 其他内墙涂料

(1)静电植绒涂料

静电植绒是利用高压静电感应技术原理，将绒毛植于涂胶表面，干燥固化形成涂层的高档内墙涂料(图 7-11)，它主要由纤维绒毛和专用胶黏剂等组成。

纤维绒毛可采用胶黏丝、尼龙、涤纶、丙纶等纤维。主要用于住宅、宾馆、办公室等的高档内墙装饰。

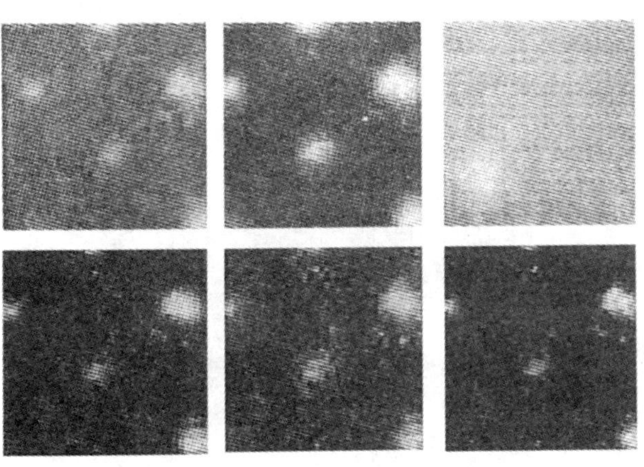

图 7-11　静电植绒涂料

(2)仿瓷涂料

仿瓷涂料又称瓷釉涂料，是一种质感与装饰效果酷似陶瓷釉面层饰面的装饰涂料(图 7-12)。仿瓷涂料分为溶剂型和乳液型两种。溶剂型仿瓷涂料以常温下产生交联固化的树脂为基料。乳液型仿瓷涂料以合成树脂乳液(主要使用丙烯酸树脂乳液)为基料。

可用于公共建筑内墙、住宅内墙、厨房、卫生间等处，也可用于电器、机械及家具的表面防腐。

图 7-12　仿瓷涂料

(3)天然真石漆

天然真石漆是以天然石材为原料，经特殊加工而成的高级水溶性涂料，以防潮底漆和防水保护膜为配套产品，在室内外装饰、工艺美术、城市雕塑上有广泛的使用前景。

天然真石漆具有阻燃、防水、环保等特点。基层可以是混凝土、砂浆、石膏板、木材、玻璃、胶合板等(图 7-13)。

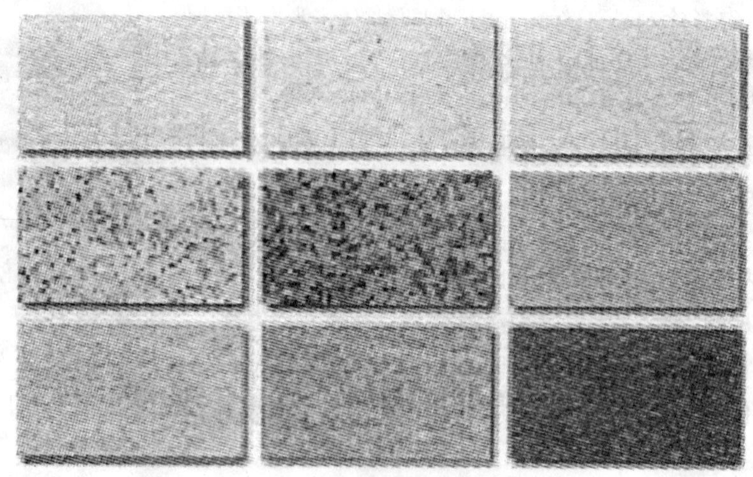

图 7-13　天然真石漆

(4)彩砂涂料

彩砂涂料由合成树脂乳液、彩色石英砂、着色颜料及各种助剂组成。该种涂料无毒，不燃，附着力强，保色性及耐候性好，耐水性、耐酸碱腐蚀性也较好。

彩砂涂料的立体感较强，色彩丰富，适用于各种场所的室内外墙面装饰(图 7-14)。

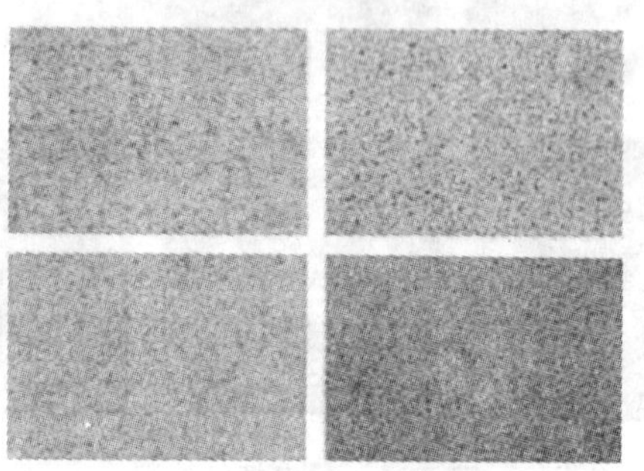

图 7-14　彩砂涂料

7.4.2　外墙涂料

外墙涂料的主要功能是装饰和保护建筑物的外墙面，使建筑物外貌整洁美观，从而达到美化城市环境的目的；同时能够起到保护建筑物外墙的作用，延长其使用时间。为了获得良好的装饰与保护效果，外墙涂料一般应具有以下特点：

1. 装饰性好。要求外墙涂料色彩丰富多样，保色性好，能较长时间保持良好的装饰性。

2. 耐水性好。外墙面暴露在大气中，要经常受到雨水的冲刷，因而外墙涂料应具有很好的耐水性能。某些防水型外墙涂料其抗水性能更佳，当基层墙面发生小裂缝时，涂层仍有防水的功能。

3. 耐沾污性好。大气中的灰尘及其他物质沾污涂层后，涂层会失去装饰效能，因而要求外墙装饰层不易被这些物质沾污或沾污后容易清除。

4. 耐候性好。暴露在大气中的涂层，要经受日光、雨水、风沙、冷热变化等作用。在这类因素反复作用下，一般的涂层会发生开裂、剥落、脱粉、变色等现象，使涂层失去原有的装饰和保护功能。因此，作为外墙装饰的涂层要求在规定的年限内不发生上述破坏现象，即有良好的耐候性。此外，外墙涂料还应有施工及维修方便、价格合理等特点。

建筑外墙涂料的主要类型及品种如图 7-15 所示。

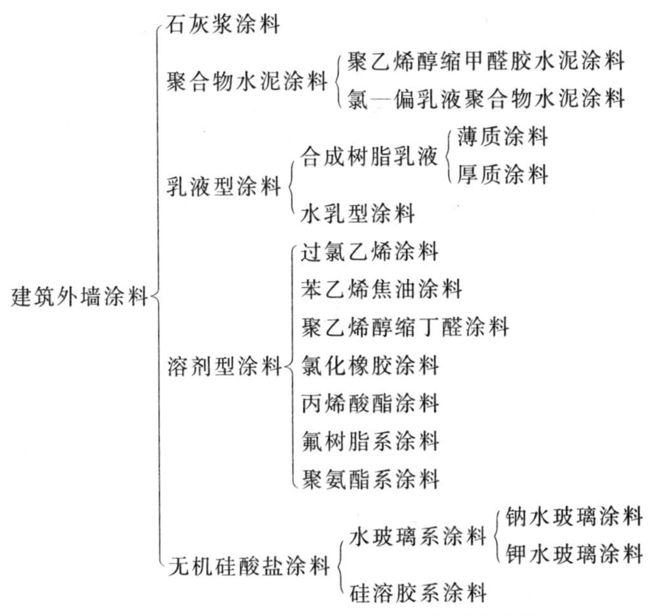

图 7-15　建筑外墙涂料的主要类型及品种

1. 溶剂型外墙涂料

溶剂型涂料是以高分子合成树脂为主要成膜物质，以有机溶剂为稀释剂，加入一定量的颜料、填料及助剂，经混合、搅拌溶解、研磨而配制成的一种挥发性涂料。涂刷在外墙面以后，随着涂料中所含溶剂的挥发，成膜物质与其他不挥发组分共同形成均匀连续的薄膜，即涂层。由于涂膜较紧密，通常具有较好的硬度、光泽、耐水性、耐酸碱性和良好的耐候性、耐污染性等特点。但由于施工时有大量的有机溶剂挥发，容易污染环境。漆膜透气性差，又有疏水性，如在潮湿基层上施工，易产生起皮、脱落等现象。由于这些原因，国内外这类外墙涂料的用量低于乳液型外墙涂料。近年来发展起来的溶剂型丙烯酸外墙涂料，其耐候性及装饰性都很突出，耐用年限在 10 年以上，施工周期也较短，且可以在较低温度下使用。国外这类涂料耐候性、防水性都很好，且具有高弹性的聚氨酯外墙涂料耐用期可达 15 年以上。

常用溶剂型涂料的主要品种有：

(1)氯化橡胶涂料

氯化橡胶涂料是由天然橡胶或合成异戊橡胶在一定条件下通入氯气，经聚合反应制成的白色粉末状树脂，此树脂溶解于煤焦油类溶剂后，再加入颜料、填料、增塑料剂等制成涂料。该涂料施工方便，干燥快，可在－20～50 ℃的环境中施工。成膜后具有良好的附着力，且具有耐酸碱、耐老化、难燃等特点。

(2)丙烯酸酯涂料

丙烯酸酯外墙涂料是以热塑性丙烯酸酯合成树脂为主要成膜物质,加入溶剂、颜料、填料、助剂等,经研磨而成的一种溶剂型涂料。

丙烯酸酯外墙涂料的特点如下:

①色彩丰富,无刺激性气味,耐候性好,不易变色、粉化或脱落;

②耐碱性好,且对墙面有较好的渗透作用,涂膜坚韧,附着力强;

③施工方便,可刷、辊、喷,也可根据工程需要配制成各种颜色。

主要适用于民用、工业、高层建筑及高级宾馆等内外装饰。丙烯酸酯外墙涂料的主要技术指标见表7-11。

表7-11　丙烯酸酯外墙涂料技术性能

项目	指标
固体含量/%	>45
干燥时间/h	表干:≤2,实干:≤24
细度/mm	≤60
遮盖力(白色及浅色)/(g/m²)	≤170
耐水性[(23±2)℃,96 h]	不起泡,不剥落,允许稍有变色
耐碱性[(23±2)℃,氢氧化钙浸泡]	不起泡,不剥落,允许稍有变色,不露底
耐洗刷性(0.5%皂液,2 000次)	未露底,不脱落
耐沾污性(白色及浅色,5次循环反射系数下降率)	≤30%
耐候性(人工加速,200 h)	不起泡,不剥落,无裂纹,变色及粉化不大于2级

(3)聚氨酯外墙涂料

聚氨酯系外墙涂料是以聚氨酯树脂或聚氨酯与其他树脂复合物为主要成膜物质,加入颜料、填料、助剂等配制而成的优质外墙涂料。

聚氨酯外墙涂料包括主涂层涂料和面涂层涂料。这种涂料具有以下特点:

①具近似橡胶弹性的性质,对基层的裂缝有很好的适应性;

②耐候性好;

③极好的耐水、耐碱、耐酸等性能;

④表面光洁度好,呈瓷状质感,耐污性好,使用寿命可达15年以上。

主要用于高级住宅、商业楼群、宾馆等的外墙装饰。该系列中常用的聚氨酯—丙烯酸酯涂料的主要技术指标见表7-12。

表7-12　聚氨酯—丙烯酸酯外墙涂料的主要技术指标

项目	指标
干燥时间/h,表干	不大于2
耐水性[(23±2)℃,96 h]	无变化
耐碱性[(23±2)℃,48 h]	无变化

续表

项目	指标
耐洗刷性(0.5%皂液,2 000 次)	无变化
耐沾污性(白色及浅色,5 次循环反射系数下降率)	≤10%
耐候性(人工加速,200 h)	不起泡,不剥落,无裂纹,无粉化

(4)丙烯酸聚氨酯涂料

是以丙烯酸和聚氨酯为主要成膜物质的双组分、温固化热固型涂料,具有色彩鲜艳、保光保色性好、耐候性优良等特点。

(5)环氧、聚氨酯涂料

是以环氧树脂或聚氨酯为主的双组分溶剂型建筑涂料,有亚光、半光、全光三种。具有耐水性好、附着力强、耐酸碱、耐久性达 10 年以上等特点。

2. 乳液型外墙涂料

以高分子合成树脂乳液为主要成膜物质的外墙涂料称为乳液型外墙涂料。按乳液制造方法不同可以分为两类:一是由单体通过乳液聚合工艺直接合成的乳液;二是由高分子合成树脂通过乳化方法制成的乳液。

目前,大部分乳液型外墙涂料是以由乳液聚合方法生产的乳液作为主要成膜物质的。乳液型外墙涂料的主要特点如下:

(1)以水为分散介质,涂料中无易燃的有机溶剂,因而不会污染周围环境,不易发生火灾,对人体的毒性小。

(2)施工方便,可刷涂,也可辊涂或喷涂,施工工具可以用水清洗。

(3)涂料透气性好,且含有大量水分,因而可在稍湿的基层上施工,非常适宜于建筑工地的应用。

(4)外用乳液型涂料的耐候性良好,尤其是高质量的丙烯酸酯外墙乳液涂料,其光亮度、耐候性、耐水性及耐久性等各种性能可以与溶剂型丙烯酸酯类外墙涂料媲美。

(5)乳液型外墙涂料存在的主要问题是其在太低的温度下不能形成优质的涂膜,通常必须在 10 ℃以上施工才能保证质量,因而冬季一般不宜应用。

目前,薄质外墙涂料有乙—丙乳液涂料、乙—顺乳液涂料、苯—丙乳液涂料、聚丙烯酸酯乳液涂料等;厚质涂料有乙—丙厚质涂料、氯—偏厚质涂料等。

常用的乳液涂料有:

(1)乙—丙乳液涂料

乙—丙乳液涂料是由醋酸乙烯和一种或几种丙烯酸酯类单体、乳化剂、引发剂,通过乳液聚合反应制得的共聚乳液,称为乙—丙共聚乳液,然后将这种乳液作为主要成膜物质,掺入颜料、填料、成膜助剂、防霉剂等,经分散、混合配制而成的乳液型涂料。这种涂料膜质厚实,质感强,耐候性、耐水性、冻融稳定性均较好,且保色性好,附着力强,施工速度快,操作简单,可用于各种建筑物外墙。乙—丙乳液涂料的主要技术指标见表 7-13。

表 7-13　乙—丙外墙乳液涂料技术指标

项目	指标
漆膜颜色和外观	符合标准板及其色差范围
黏度(涂-4 黏度计)/s	≥17
固体含量/%	≥45
遮盖力(白色及浅色)/(g/m²)	≤170
干燥时间	表干(min):≤30,实干(h):≤24
耐湿性(浸水 96 h)/%	板面破坏不超过 5
耐碱性(浸泡氢氧化钙饱和溶液 48 h)/%	板面破坏不超过 5
耐沾污性,30 次污染后反射系数下降率	≤50%
冻融稳定性	不小于 5 次循环,不破乳

(2)苯—丙乳液涂料

苯—丙乳液涂料是以苯乙烯—丙烯酸酯共聚物为主要成膜物质,加入颜料、填料及助剂等,经分散、混合配制而成的乳液型外墙涂料。苯—丙乳胶涂料是目前我国外墙涂料中使用较多的品种之一,这类涂料具有良好的耐候性、耐水性、耐碱性、抗化学性和抗沾污性。苯—丙乳液品种很多,根据不同需求可制成无光、半光、有光乳胶涂料。在国内,由于苯—丙乳液相对于其他品种乳液价格偏低,苯—丙乳胶涂料不仅在内墙装修中大量使用,在外墙装修中由于价格较低廉也广为采用。苯—丙乳液的主要技术性能指标见表 7-14。

表 7-14　苯—丙乳液的主要技术指标

项目	指标
固体含量/%	≥45
干燥时间/h	表干:≤2,实干:≤12
遮盖力(白色及浅色)/(g/m²)	≤200
冻融稳定性[(−5±1)℃,16 h]	不变质
耐水性[(23±2)℃,96 h]	不起泡、不剥落,允许稍有变色
耐碱性(氢氧化钙饱和溶液浸泡,48 h)	不起泡、不剥落,允许稍有变色
耐洗刷性(0.5%皂液,1 000 次)	不露底
耐沾污性(白色及浅色,5 次循环,反射系数下降率)	<50%

(3)聚丙烯酸酯乳液涂料

聚丙烯酸酯乳液涂料或称纯丙烯酸聚合物乳胶漆,是由甲基丙烯酸甲酯、丙烯酸丁酯、丙烯酸乙酯等丙烯酸系单体加入乳化剂、引发剂等,经过乳液聚合反应,然后以该乳液为主要成膜物质,加入颜料、填料及其他助剂,经分散、混合、过滤而成的乳液型涂料。

该涂料在性能上较其他共聚乳胶漆要好,最突出的优点是涂膜光泽柔和,耐候性与保光性都很优异。

(4)纯丙乳胶涂料

由 100%丙烯酸酯共聚乳液为黏结剂配制，是目前我国外墙涂料中的主要品种。与苯丙乳胶涂料相比，纯丙乳胶涂料性能优异而全面，具有优异的保光、保色、户外耐久性，及良好的抗污性和耐擦洗性。其更适宜在温度变化较大的环境中作为外墙涂料使用。纯丙乳液有不同的品种，可根据使用需求配制成无光、丝光、半光、有光等各种外用乳胶涂料。

(5)硅丙乳胶涂料

有机硅改性丙烯酸酯乳液是近年来开发出的具有发展前途的新型树脂。乳液中引入了有机硅组分，提高了丙烯酸树脂乳液的各项性能，具有优异的耐候性(可达 10～15 年)及优异的耐沾污性，不粘灰、不回黏，解决了热塑性丙烯酸涂料易回黏的问题。

(6)交联型高弹性乳胶涂料

除具有优良的耐候、耐水、耐碱等物理性能外，还具有优良的伸长率和黏结强度，使之具有优良的能遮盖基材细微裂纹的弹性。它是一种用于基材龟裂的建筑物表面保护及房屋渗漏维修的理想装修材料。

3. 彩色砂壁状外墙涂料

彩色砂壁状外墙涂料又称彩砂涂料，以合成树脂乳液为主要黏结剂，以砂粒、石材微粒和石粉为骨料，外加增稠剂及各种助剂配制而成。彩砂涂料的主要成膜物质有醋酸乙烯—丙烯酸酯共聚乳液、苯乙烯—丙烯酸酯共聚乳液、纯丙烯酸酯共聚乳液等。彩砂涂料中的骨料分为着色骨料和普通骨料两种。按着色的不同，砂壁状建筑涂料可分为 A、B、C 三类。A 类采用人工烧结彩色砂粒和彩色粉着色；B 类采用天然彩色砂粒和彩色石粉着色；C 类采用天然砂粒和石粉加颜料着色。彩砂涂料的主要技术性能见表 7-15。

彩色砂壁状外墙涂料在建筑物表面上能形成具有砂石材质感的厚质涂层(图 7-16)。由于采用高温烧结的彩色砂粒、彩色陶瓷或天然带色石屑作为骨料，制成的涂层具有丰富的色彩及质感，其保色性及耐候性比其他类型的涂料有较大的提高。耐久性约为 10 年以上。砂壁状涂料的不足之处是涂膜多孔，并有突出的砂粒，涂膜容易聚集灰尘，耐污性差，使用量日渐减少。近几年流行的真石漆、仿石漆实际上也属此类涂料范畴，与过去的彩砂涂料相比，其配方更为合理，花色更加丰富，造型更加逼真(图 7-17)，施工方法更加细腻，应用范围更加广泛。该类涂料由于具有花岗石、大理石般的装饰效果，大量用于商品住宅、公用建筑外墙，特别是外墙底部，可以达到以假乱真的装饰效果。

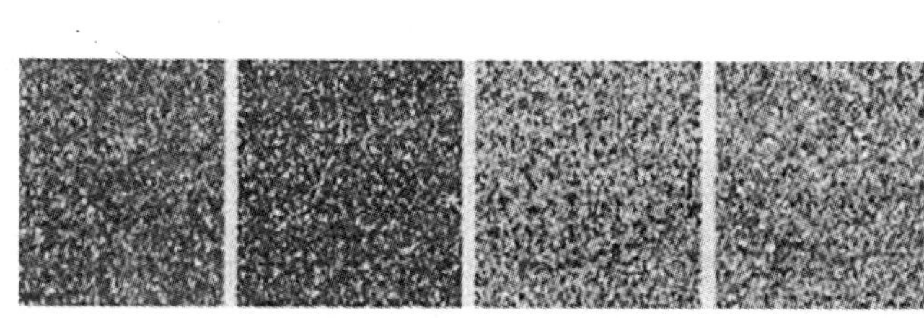

图 7-16　彩色砂壁状外墙涂料

图 7-17　仿石漆

表 7-15　彩色砂壁状外墙涂料的主要技术指标

项目	指标
在容器中状态	经搅拌后呈均匀状态，无结块
骨料沉降率/%	＜10
干燥时间/h	≤2
颜色及外观	与样本相比，无明显变化
冻融循环(10 次)	涂层无裂纹、起泡、剥落现象，允许有轻微变化
粘接强度/MPa	≥0.69
耐水性(240 h)	涂层无裂纹、起泡、剥落，无软化物析出，允许有轻微变化
耐碱性(240 h)	涂层无裂纹、起泡、剥落，无软化物析出，允许有轻微变化
耐洗刷性(1 000 次)	涂层无变化
耐沾污率/%	5 次沾污试验后，沾污率在 45%以下
人工耐候性(500 h)	涂层无裂纹、起泡、剥落、粉化，变色不大于 2 级

4. 复层涂料

复层涂料所形成的涂层具有浮雕质感，也称凹凸花纹涂料或浮雕涂料、喷塑涂料。它是由两种以上涂层组成的厚质复合涂料。该种涂料通常是以耐候性优异的丙烯酸共聚乳液为黏结剂配制而成的水性涂料。

复层涂料由底层涂料、主层涂料和罩面涂料三部分组成。将这些涂料依次施工而成为复合涂层，涂层质地坚硬，具有优良的耐水、耐碱及保光、保色性，并能对较粗糙的基层表面有较好的遮盖能力。适用于多种基层材料。复层涂料的主要技术指标见表 7-16。

表 7-16　复层涂料的主要技术指标

项目		分类代号			
		CE	Si	E	RE
低温稳定性[(−5±2)℃]		3 次循环不结块，无组成物分离、凝聚			
初期干燥抗裂性		不出现裂纹			
粘接强度/MPa	标准状态	＞0.49		＞0.68	＞0.98
	浸水后	＞0.49		＞0.49	＞0.68
耐冷热循环(10 次)		不剥落、不起泡、无裂纹，无明显变色			
透水性/mL		溶剂型＜0.5，水乳型＜2.0			
耐碱性(7 d)		不剥落、不起泡、不粉化，无裂纹			
耐冲击性(500 g，300 mm)		不剥落、不起泡，无明显变色			
耐候性(250 h)		不起泡、无裂纹；粉化≤1 级；变色≤2 级			
耐沾污性/%		＜30			

复层涂料按主层涂料主要成膜物质的不同，可分为聚合物水泥系复层涂料（CE）、硅酸盐系复层涂料（Si）、合成树脂乳液系复层涂料（E）、反应固化型合成树脂乳液系复层涂料（RE）四大类。

根据用户不同需求，可形成大小不一、多种类型的花纹质感（图 7-18），较一般平涂外墙涂料具有更好的立体装饰效果。广泛适用于商品住宅及宾馆饭店等各种公共建筑物的外墙装饰。

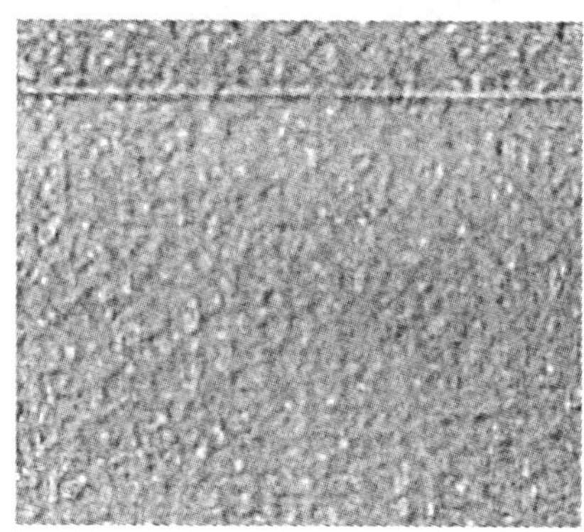

图 7-18　复层外墙涂料

5. 无机高分子涂料

无机高分子外墙涂料是以碱金属硅酸盐或硅溶胶为主要成膜物质，加入填料、颜料、助剂等配制而成的建筑外墙涂料。

按其主要成膜物质的不同可分为两类：一类是以碱金属硅酸盐为主要成膜物质，另一类是以硅溶胶为主要成膜物质。

（1）无机高分子建筑涂料

有机高分子建筑涂料一般都有耐老化性能较差、耐热性差、表面硬度小等缺点。无机高分子涂料恰好在这些方面性能较好，耐老化性、耐高温、耐腐蚀、耐久性等性能好，涂膜硬度大，耐磨性好。若选材合理，耐水性能也好，而且原材料来源广泛，价格便宜，因而近年来受到国内外普遍重视，发展较快。广泛用于住宅、办公楼、商店、宾馆等的外墙装饰（图 7-19），也可用于内墙和顶棚等的装饰。

图 7-19　无机高分子涂料

（2）硅溶胶涂料

硅溶胶外墙涂料是以胶体二氧化硅（硅溶胶）为主要成膜物质，有机高分子乳液为辅助成膜物质，加入颜料、填料和助剂等，经搅拌、研磨、调制而成的水分散性涂料。其主要性能特点如下：

①以水为分散介质，无毒、无臭，不污染环境。

②施工性能好，宜于刷涂，也可以喷涂、滚涂和弹涂，施工工具可用水清洗。

③涂料对基层渗透力强，附着性好。

④遮盖力强，涂刷面积大。

⑤涂膜细腻,颜色均匀明快,装饰效果好。涂膜致密、坚硬,耐磨性好,可用水磨砂纸打磨抛光。

⑥涂膜不产生静电,不易吸附灰尘,耐污染性好。

⑦涂膜以硅溶胶为主要成膜物质,具有耐酸、耐碱、耐沸水、耐高温等性能,且不易老化,耐久性好。

⑧原材料资源丰富,价格较低。

硅溶胶涂料性能优良,价格较低,广泛用于外墙涂装,也可作为耐擦洗内墙涂料。若加入粗填料,则可配制成薄质、厚质、粘砂等多种质感和各种花纹的建筑涂料,具有广阔的应用前景。几种常用的无机高分子外墙涂料的技术性能见表 7-17。

表 7-17 无机外墙涂料的技术性能

品名	项目	指标
钾水玻璃外墙涂料	耐水性(25 ℃,浸水 60 d)	无异常
	耐碱性[$Ca(OH)_2$ 饱和溶液浸 30 d]	无变化
	耐污性(循环 30 次)	白度下降 18%~32%
	硬度/H	≥6
	附着力	100%
	冻融循环(50 次)	无变化
	人工老化(600 h)	无变化
钠水玻璃改性外墙涂料	黏度(涂-4 黏度计)/s	14~15
	干燥时间/h	0.5
	硬度/H	6
	耐水性(浸水 15 d)	无明显变化
	耐碱性[$Ca(OH)_2$饱和溶液浸 15 d]	无明显变化
	冻融循环(30 次)	无变化
硅溶胶涂料	黏度(涂-4 黏度计)/s	15~20
	干燥时间/h	0.5
	pH 值	8.8~9.7
	硬度/H	>6
	耐水性(浸水 1 000 h)	无异常
	耐碱性[$Ca(OH)_2$饱和溶液浸 500 h]	无异常
	人工老化(氙气,1 000 h)	无粉化,不起泡
	冻融循环(50 次)	无变化
	光泽/度	3.5~5.5
	成膜温度/℃	>5

6. 合成树脂仿幕墙涂料

合成树脂仿幕墙涂料是由氟、硅及聚氨酯类物质复合而成的外墙涂料。它是将一些有机、无机或复合性的半成品涂料，通过类似高温吸烤的物理原理，加入氟元素分子的树脂对其进行系列改性，使其经过聚合→驳离→再聚合→再驳离这么一个循环往复的高性能聚合改性过程，达到能充分与水泥的属性相融、渗透，且分子结构稳定，从而形成一种 3～5 mm 厚，强度和表面效果可替代铝板、石材、玻璃等的外墙装饰材料。

合成树脂仿幕墙涂料用与水泥凝固原理相同的硅盐化合物，具抗老化氟改性的树脂及高性能填料组合而成的几种不同粗细、不同弹性的腻子，分批按先粗后细的顺序直接在水泥基面上施工，使建筑物的墙体达到致密、平整、光滑、抗裂透气和相互渗透的效果，然后采用喷涂、辊涂等方式，将有耐候性氟含量在 30%以上的氟树脂、鲜亮的金属氧化颜料，及由特殊填料、辅助剂等合成的底、中、面层氟碳涂料分层涂饰在与水泥基面合二为一的腻子层上，使其寿命可达 25 年以上。

合成树脂仿幕墙涂料色泽耐久且搭配灵活，与水泥相互亲和渗透，表面不粘灰尘、油垢等，自洁功能优异。可耐 600 ℃以上的高温，阻燃，无易燃气体，可自然雨水冲洗，也可人工高压水枪冲洗，适用于各类建筑物的外饰面(图 7-20)。

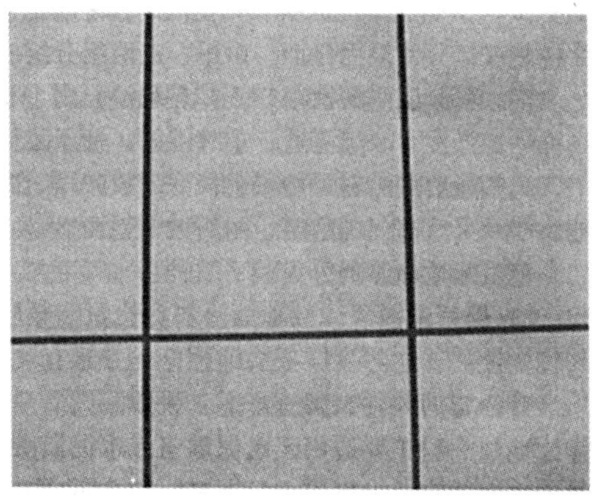

图 7-20　合成树脂仿幕墙涂料

7.4.3　地面涂料

地面涂料的主要功能是装饰与保护室内地面，使地面清洁美观，与其他装饰材料一同创造优雅的室内环境。为了获得良好的装饰效果，地面涂料应具有以下特点：耐碱性好，黏结力强，耐水性好，耐磨性好，抗冲击力强，涂刷施工方便及价格合理等。

地面涂料一般应具有如下一些性能：

1. 耐碱性良好。因为地面涂料主要涂刷在带有碱性的水泥砂浆基层上，因此需要良好的耐碱性。

2. 与水泥砂浆有良好的黏结性。水泥地面涂料必须具备与水泥类基层的黏结性能，要求在使用过程中不脱落，不起皮。

3. 耐水性好。要满足清洁擦洗的需要，因此要求涂层有良好的耐水洗刷性能。

4. 较高的耐磨性。耐磨性好是地面涂料的基本使用要求，要经得住行走、重物的拖移等产生的摩擦。

5. 耐冲击性好。地面容易受到重物的冲击、碰撞，地面涂料应在冲击下不开裂、不脱落，凹痕不明显。

6. 涂刷施工方便，重涂容易，价格合理。地面在磨损、破坏后，需要重涂，因此要重涂方便，费用不高。

地面涂料可进行如下的分类：

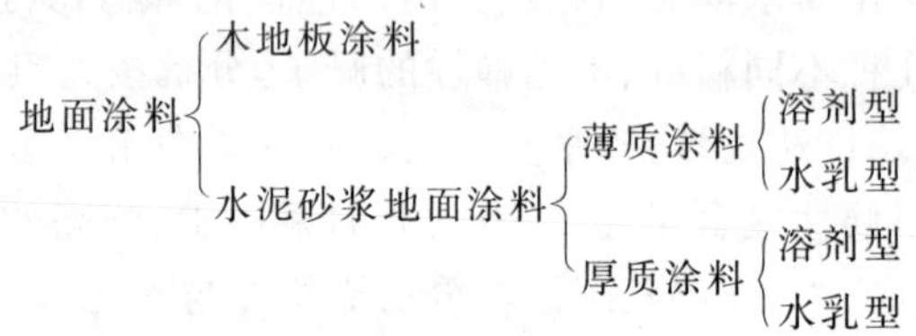

1. 木地板涂料

木地板涂料又称地板漆，它的品种较多，一般只用作木地板的保护，耐磨性差。各种地板漆的性能和用途见表 7-18。

表 7-18 地板漆的性能和用途

名称	性能及特点	适用范围
聚氨酯清漆	耐水、耐磨、耐酸碱，易洗净；漆膜美观、光亮，装饰性好	防酸碱、耐磨损的模板表面，运动场体育馆地板，混凝土地面
酯胶磁漆（地板清漆 T80-1）	易干，涂膜光亮坚韧，对金属附着力强，有一定的耐水性	室内、外不常曝晒的木材或金属
钙酯地板漆	漆膜坚硬，平滑光亮，干燥较快，耐磨性好，有一定的耐水性	显露木质纹理的地板、楼梯、扶手、栏杆等
紫红酚醛地板漆	干燥迅速，遮盖力强，附着力强，耐磨和耐水性好	木质地板、楼梯、扶手、栏杆
紫红酚醛地板漆（F80-1）	漆膜坚硬，光亮平滑，有良好的耐水性	木质地板、楼梯、扶手、栏杆

2. 水泥砂浆地面涂料

(1)聚氨酯地面涂料

聚氨酯地面涂料有薄质罩面涂料与厚质弹性地面涂料两类。聚氨酯弹性地面涂料是双组分常温固化型，由甲、乙两组分组成。

该涂料涂层耐磨性很好，并且耐油、耐水、耐酸碱；涂布后地坪整体性好，装饰性好，涂层固化后具有一定弹性，步感舒适；重涂性好，便于维修；因是双组分涂料，施工较复杂。

聚氨酯地面涂料可用于会议室、放映厅、图书馆等的弹性装饰地面，地下室、卫生间等的防水装饰地面，以及工厂车间的耐磨、耐腐蚀地面。聚氨酯地面涂料的主要技术性能见表 7-19。

表7-19　聚氨酯地面涂料的主要技术性能

项目	指标
BP硬度	74～91
断裂强度/MPa	3.8～19.2
伸长率/%	103～272
永久变形/%	0～12
阿克隆磨耗(cm^3/1.61 km)	0.108～0.160

聚氨酯地面涂料分为以下两种：

①聚氨酯厚质弹性地面涂料：是以聚氨酯为基料的双组分溶剂型涂料。其整体性好，色彩多样，装饰性好，并具有良好的耐油性、耐水性、耐酸碱性和优良的耐磨性，此外还具有一定的弹性，脚感舒适。聚氨酯厚质弹性地面涂料的缺点是价格高且原材料有毒。主要适用于水泥砂浆或水泥混凝土的表面，如用于高级住宅、会议室、手术室、放映厅等的地面装饰，也可用于地下室、卫生间等的防水装饰或工业厂房车间的耐磨、耐油、耐腐蚀等地面。

②聚氨酯薄质地面涂料：与聚氨酯厚质弹性地面涂料相比，涂膜较薄，涂膜的硬度较大，脚感硬，其他性能与聚氨酯厚质弹性地面涂料基本相同。聚氨酯薄质地面涂料主要用于水泥砂浆、水泥混凝土地面，也可用于木质地板。

(2)环氧树脂地面涂料

环氧树脂厚质地面涂料是以环氧树脂为主要成膜物质的双组分常温固化型涂料。这种涂料由甲、乙两种组分组成。甲组分以环氧树脂为主要成膜物质，加入填料、颜料、增塑剂和其他助剂等组成。乙组分由以胺类为主的固化剂组成。

环氧树脂地面涂料涂层坚硬、耐磨，且有一定的韧性，及良好的耐化学腐蚀、耐油、耐水等性能。涂层与水泥基层的黏结力强，耐久性好，可涂刷成各种图案，装饰性好。环氧树脂地面涂料技术性能见表7-20。

表7-20　环氧树脂地面涂料技术性能

项目	指标	
	清漆	色漆
色泽外观	浅黄色	各色，漆膜平整
黏度(涂-4黏度计，25 ℃)/s	14～26	16～40
细度/μm	—	≤30
干燥时间[(25±2)℃，相对湿度≤65%]/h	表干2～4，实干24，全干72	表干2～4，实干24，全干72
冲击强度/(N·cm)	490	490
附着力(画圈法)/级	1	1
柔韧性/mm	1	1
耐磨系数(磨耗量/试件重)	0.013 2	

3. 涂料受热后出现一层熔融膜并逐渐形成均匀的碳化层进而形成膨胀的发泡层。其膨胀量为涂覆度的 1 000～2 000 倍。

防火涂料有多种分类法。按其使用的部位划分，可将其分为钢结构防火涂料、木结构防火涂料、混凝土结构防火涂料等；按其成膜物来分，可分为有机、无机和复合防火涂料；按其可溶性划分，可分为水性防火涂料、油性防火涂料；按其阻燃原理分，可分为膨胀型防火涂料、非膨胀型防火涂料。但根据防火涂料的作用、功能和现行国家标准对防火涂料的要求，最适宜的分类为结构型防火涂料和饰面型防火涂料。具体的分类示意见图 7-21。

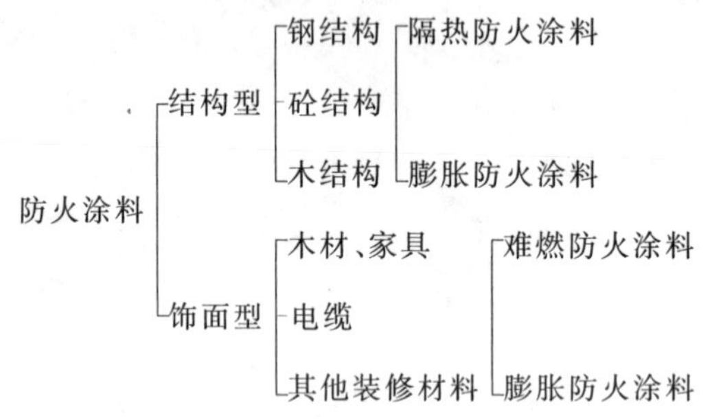

图 7-21　防火涂料的分类

1. 钢结构防火涂料

钢结构防火涂料一般分为膨胀型防火涂料和非膨胀型难燃防火涂料两大类。

(1)膨胀型防火涂料

膨胀型防火涂料就是在平时呈现普通的涂膜，发生火灾时，涂饰面受热，膨胀 10 倍甚至 100 倍以上，而在被涂面与火源之间形成海绵状碳化层(图 7-22)，阻止热量向底材传导，同时产生不燃性气体，使可燃性底材的燃烧速度明显降低。其涂料的防火性能由发泡层的阻热效果决定。

图 7-22　钢结构防火涂料

这类防火涂料常分为底层(主涂层)和面层(装饰层)涂料，其基本组成是：黏结剂(有机树脂中有机与无机复合物)、膨胀阻燃剂、绝热增强材料颜料和化学助剂、溶剂和稀释剂。

涂层厚度一般为 3～7 mm，可做成平整光滑的表面，有一定装饰效果，高温时涂层能膨胀增厚到几十甚至几百毫米，可将钢结构构件的耐火极限由 0.25 h 提高到 0.5～2.5 h。

膨胀型防火涂料的防火性能较好，但它只有平光漆和半光面漆，且不能制成各种颜色的色漆，在配制透明漆方面也有局限性，虽然作了很多努力，但收效不大，只能达到部分要求。

(2)非膨胀型防火涂料

非膨胀型防火涂料分为难燃性有机防火涂料和不燃性无机防火涂料。有蛭石水泥系、矿纤维水泥防火涂料系、氯氧化镁水泥系和其他无机轻体系。其基本组成是：胶结料(硅酸盐水泥、氯氧化镁或无机高温黏结剂等)、骨料(膨胀蛭石、膨胀珍珠岩、矿棉等)、化学助剂

(改性剂、硬化剂、防水剂等)和水。

涂层厚度一般在 8～50 mm,粒状表面,密度较小,导热系数小,耐火极限可达 0.5～3.0 h,又称为钢结构防火隔热涂料。

①难燃性防火涂料:即涂膜自身难燃,又具有灭火性的涂料。这其中又可分为难燃性乳液涂料及含阻燃剂的防火涂料。

A. 难燃性乳液涂料:即含有大量无机颜料的醋酸二烯、氯乙烯、丙烯酸乳液等难燃性涂料,可作为难燃性内墙和外墙涂料。

B. 含阻燃剂的防火涂料:该涂料成膜物中含有卤素,大多数还加入了阻燃助剂。常用的防火涂料的成膜物有干性油加氯化石蜡、氯化橡胶、氯化醇酸树脂、氯化乙烯树脂、偏氯乙烯树脂、醇酸树脂、多氯化物。

②不燃性无机涂料:无机质涂料配合无机颜料是完全不燃性的涂料。无机涂料的优点是完全不燃烧,不产生烟及分解气体,耐热性良好,表面硬度高,耐候性优良,易着色;缺点是难以施工,对底材的附着性、柔韧性差。现在研究的重点是无机防火涂料固化时的特殊添加剂。

2. 饰面型防火涂料

饰面型防火涂料是一种集装饰和防火为一体的新型涂料品种。目前,我国生产的饰面型防火涂料均为膨胀型防火涂料。这类饰面型防火涂料由水性高分子成膜剂、阻燃剂、发泡剂、碳化材料、颜料、分散剂、成膜助剂和分散介质等多种成分组成。遇火时,涂膜熔融发泡,几十倍乃至上百倍地膨胀,形成大量含有惰性气体的泡沫隔热层,可以有效地阻止或延迟火灾的发生和蔓延,因而具有优良的防火性能。当它涂覆于可燃基材上时,平时可起到一定的装饰作用,一旦火灾发生时,则可以阻止火势蔓延,从而达到保护基材的目的。

饰面型防火涂料按溶剂类型的不同,可分为溶剂型和水剂型两类,两类涂料所选用的防火组分基本相同,因此很难说它们的防火性能有多大的差别,只是在涂料的理化性能以及耐候性能方面有所不同,溶剂型防火涂料在这两方面的性能优于水剂型防火涂料。

饰面型防火涂料可应用于一般工业及民用建筑、高层建筑、宾馆、影剧院、古建筑、临时建筑的木结构和胶合板、纤维板、刨花板、玻璃钢、橡胶、塑料等,起防火作用。

7.5.2　发光涂料

发光涂料是指在夜间能指示标志的一类涂料。发光涂料一般有两种:蓄发性发光涂料和自发性发光涂料。它由成膜物质、填充剂和荧光颜色等组成,之所以能发光是因为含有荧光颜料的缘故。当荧光颜料(主要是硫化锌等无机颜料)的分子受光的照射后而被激发、释放能量,夜间或白昼都能发光(图 7-23)。

自发性发光涂料除了具有蓄发性发光涂料的组成外,还加有极少量的放射性元素。当荧光颜料的蓄光消失后,因放射物质放出的射线的刺激,涂料会继续发光。

发光涂料具有耐候、耐油、透明、抗老化等优点。发光涂料可广泛用于广告,建筑装饰装潢,工厂厂区的暗处通道,高压、危险、坑道的警示,大型公共场所安全指示(机场、地铁、商场、影剧院、写字楼、娱乐场所、游乐场等紧急疏散通道系统),楼梯标识,走廊、地板标识,甲板方向指示,救生艇、救生服装、救生器材、消防设施以及门窗把手、钥匙孔、电灯开关等需要

防霉涂料是以不易发霉材料(如硅酸钾水玻璃涂料和氧乙烯—偏氯乙烯共聚乳液)为主要成膜物质,加入两种或两种以上的防霉剂(多数为专用杀菌剂)制成的。涂层中含有一定量的防霉剂就可以达到预期防霉效果。主要适用于高级商品楼、厨房及酿酒、制药、食品、皮革、化妆品、医院、仓库等墙面的装饰,起到防霉效果。

防虫涂料是在以合成树脂为主要成膜物质的基料中,加入各种专用杀虫剂、驱虫剂制成的功能性涂料。它具有良好的装饰效果,对蚊、蝇、蟑螂等害虫有速杀和驱除功能,适用于城乡住宅、部队营房、医院、宾馆等的居室、厨房、卫生间、食品储存室等处。

本章小结

涂料涂敷于物体的表面,具有防护、装饰、防腐防锈、防水等功能。涂料有着悠久的历史和广泛的使用范围。建筑涂料只是涂料应用诸多领域中的一个方面。建筑涂料将向着低VOC、多功能、复合化、水溶性和通用性的方向发展。

涂料的组成分为主要成膜物质、次要成膜物质、溶剂和助剂四类。主要成膜物质的作用是将涂料中的其他组分黏结在一起,形成连续、均匀、坚韧的保护膜。次要成膜物质是指涂料中所用的颜料和填料,赋予涂膜以色彩和质感。溶剂是涂料的挥发性组分,赋予涂料一定的黏度,以符合施工工艺要求。助剂是进一步改善或增加涂料的某些性能而加入的物质,如硬化剂、增塑剂、防污剂等。

涂料可按主要成膜物质的化学成分、按构成涂膜的主要成膜物质、按涂料的功能及按建筑物的使用部位等进行分类。涂料的命名一般是由颜色或颜料名称加上成膜物质名称,再加上基本名称而组成。涂料的型号由涂料的类别、基本名称和产品序号三部分组成。

内墙涂料的功能是装饰及保护内墙面及顶棚。主要有合成树脂内墙涂料、溶剂型内墙涂料、水溶性内墙涂料、多彩内墙涂料等品种。

外墙涂料的功能是装饰、保护建筑物外墙,美化环境,延长使用寿命。外墙涂料要有良好的装饰性、耐水性、耐污性和耐候性。主要有溶剂型外墙涂料、溶液型外墙涂料、彩砂外墙涂料、复层外墙涂料及无机外墙涂料等。

地面涂料的功能是装饰和保护地面,使地面清洁美观。地面涂料应具有耐水性、耐磨性、耐冲击、高硬度、高黏结强度等性能。常用的地面涂料有过氯乙烯涂料、环氧树脂涂料和聚氨酯涂料等。

复习思考题与习题

7.1　什么是涂料?

7.2　试指出涂料今后的发展趋势。

7.3　涂料是由哪些组分组成的?各起什么作用?

7.4　举例说明涂料的命名方法。

7.5　配制溶剂型涂料时对溶剂的选择应注意哪些问题?

7.6　内墙涂料应具有哪些特点？常用的内墙涂料有哪些？

7.7　对外墙涂料有哪些要求？常用的外墙涂料有哪些？

7.8　对地面涂料有何要求？常用地面涂料有哪些？

7.9　选择建筑装饰涂料应遵循哪些原则？

7.10　怎样计算乳胶漆的用量？

7.11　怎样清洁乳胶漆墙面和真石漆墙面？

7.12　怎样重新涂刷家具油漆？

7.13　吊顶内的龙骨要刷防火涂料吗？

2. 按制品的形态分类

(1)薄膜制品:主要用作壁纸、印刷饰面薄膜、防水材料及隔离层等;

(2)薄板:装饰板材、门面板、铺地板、彩色有机玻璃等;

(3)异形板材:玻璃钢屋面板、内外墙板等;

(4)管材:主要用作给排水管道系统;

(5)异型管材:主要用作塑料门窗及楼梯扶手等;

(6)泡沫塑料:主要用作绝热材料;

(7)模制品:主要用作建筑五金、卫生洁具及管道配件;

(8)复合板材:主要用作墙体、屋面、吊顶材料;

(9)盒子结构:主要由塑料部件及装饰面层组合而成,用作卫生间、厨房或移动式房屋;

(10)溶液或乳液:主要用作胶黏剂、建筑涂料等。

3. 按其热性能分类

塑料按热性能不同可分为热塑性塑料和热固性塑料两类。两者在受热时所发生的变化不同,其耐热性、强度、刚度也不同。

热塑性塑料受热时软化或熔化,冷却后硬化、定型,冷热过程中不发生化学变化,且不论加热和冷却重复多少次,均保持这种性能,因而加工成型较简便,且具有较高的力学性能,但耐热性及刚性较差。热塑性塑料中的树脂都为线型分子结构,包括全部聚合树脂和部分缩合树脂,其典型品种有聚乙烯、聚丙烯、聚苯乙烯、聚氯乙烯、聚甲基丙烯酸甲酯、ABS塑料、聚酰胺、聚甲醛、聚碳酸酯、聚苯醚等。

热固性塑料在加工过程中受热先软化,然后固化成型,变硬后不能再软化。其加工过程中发生化学变化,相邻的分子互相交联成体型结构而硬化成为不熔不溶的物质。其耐热性及刚度均好,但机械强度较低。大多数缩合树脂制得的塑料是热固性的,如酚醛、环氧、氨基树脂,不饱和聚酯及聚硅醚树脂等制得的塑料就属于此类。

8.1.3 塑料的特性

塑料之所以在装饰装修中得到广泛的应用,是因为它具有如下特点。

1. 塑料的优点

(1)优良的加工性能。塑料可以根据使用要求用各种方法成型,且加工性能优良。可加工成多种薄膜、板材、管材,尤其易加工成断面形状复杂的产品,且加工工艺简单。

(2)密度小,强度高。塑料的密度在0.8～2.2 g/cm^{3}之间,一般只有钢的1/8～1/4,铝的1/2,混凝土的1/3,与木材相近。用于装饰装修工程,可以减轻施工强度,降低建筑物的自重。

(3)比强度大。塑料的比强度远高于水泥混凝土,接近甚至超过了钢材,属于一种轻质高强的材料。

(4)热导率小。塑料的热导率很小,约为金属的1/500～1/600。泡沫塑料的热导率只有0.02～0.046 W/(m·K),约为金属的1/1 500,水泥混凝土的1/40,是理想的绝热材料。

(5)化学稳定性好。塑料对一般的酸、碱、盐及油脂有较好的耐腐蚀性,比金属材料和一些无机材料好得多。这对于延长使用寿命非常重要。塑料特别适合做化工厂的门窗、地面、墙体等。

(6)电绝缘性好。一般塑料都是电的不良导体,其电绝缘性可与陶瓷、橡胶媲美。

(7)性能设计性好。可通过改变配方、加工工艺,制成具有各种特殊性能的工程材料,如高强的碳纤维复合材料,隔声、保温复合板材,密封材料、防水材料等。

(8)富有装饰性。现代先进的加工技术可以把塑料加工成装饰性能优异的各种材料。塑料可以制成透明的制品,也可制成各种颜色的制品,而且色泽美观、耐久,还可用先进的印刷、压花、电镀及烫金技术制成具有各种图案、花形和表面立体感、金属感的制品。印刷图案可以模仿天然材料,如大理石纹、木纹,图像十分逼真,花纹能满足各类设计人员的丰富想象力。压花使塑料表面产生立体感的花纹,增加了环境的变化。

(9)有利于建筑工业化。各种建筑塑料制品或配件都可以在工厂采用机械化大规模生产,然后现场装配,可大大提高生产效率和施工的效率。

2. 塑料的缺点

(1)易老化。塑料制品的老化是指制品在阳光、空气、热及环境介质中如酸、碱、盐等作用下,分子结构发生变化,增塑剂等组分挥发,化学键产生断裂,从而带来力学性能变差,甚至发生硬脆、破坏等现象。通过配方和加工技术等的改进,塑料制品的使用寿命可以大大延长,例如塑料管至少可使用20～30年,最高可达50年,比铸铁管使用寿命还长。又如德国的塑料门窗实际应用已有30～40年,仍完好无损。

(2)易燃。塑料不仅可燃,而且在燃烧时发烟量大,甚至产生有毒气体。但通过改进配方,如加入阻燃剂、无机填料等,也可制成自熄、难燃的甚至不燃的产品。不过其防火性能仍比无机材料差,在使用中应予以注意。在建筑物某些容易蔓延火焰的部位可考虑不使用塑料制品。

(3)耐热性差。塑料一般都具有受热变形,甚至产生分解的问题,在使用中要注意限制温度。

(4)刚度小。塑料是一种黏弹性材料,弹性模量低,只有钢材的1/20～1/10。且在荷载的长期作用下易产生蠕变,即随着时间的延续,塑料变形增大。而且温度愈高,塑料变形增大愈快。因此,用作承重结构应慎重。但塑料中的纤维增强等复合材料以及某些高性能的工程塑料的强度大大提高,甚至可超过钢材。

8.1.4 塑料制品的加工

对于热塑性塑料制品采用不同的成型方式,其工艺与设备均不相同,但在成型前,都需将主要原料与辅助原料进行混炼,使原料均匀混合,制成颗粒、粉状或其他状态,再进行成型。对于热固性塑料制品,则一般采用涂覆、浸渍、拌和、热压等组合成型。成型方法有如下几种:

1. 模压成型

模压成型又称压塑法,是制造热固性塑料的主要成型方法之一,有时也用于热塑性塑料。它是把粉状、片状或粒状塑料置于金属模具中加热,在压机压力下充满模具成型。在压

8.2.5 ABS塑料

ABS塑料是由丙烯腈、丁二烯和苯乙烯三种单体共聚而成的。ABS为不透明的塑料，呈浅象牙色，具有良好的综合力学性能。硬而不脆，尺寸稳定，易于成型和机械加工，表面能镀铬，耐化学腐蚀。缺点是不耐高温，耐热温度为96～116 ℃，易燃，耐候性差。

ABS塑料可用于制作压有美丽花纹图案的塑料装饰板材及装饰用的构配件，可制作电冰箱、洗衣机、食品箱、文具架等现代日用品。ABS树脂泡沫塑料尚能代替木材，制作高雅而耐用的家具等。

8.2.6 聚甲基丙烯酸甲酯(PMMA)

PMMA俗称“有机玻璃”，是透光率最高的一种塑料，透光率达92%，但它的表面硬度比无机玻璃差得多，容易划伤。PMMA具有优良的耐候性，处于热带气候下曝晒多年，透明度和色泽变化很小，易溶于有机溶剂中。

PMMA塑料在建筑中大量用作窗玻璃的代用品，用在容易破碎的场合。此外，PMMA尚可以用作室内墙板及中、高档灯具等。

8.2.7 酚醛塑料

酚醛塑料是用苯酚和甲醛聚合而成的热固性树脂加入各种添加剂混合而成的材料，具有很好的绝缘性、化学稳定性和黏附性。酚醛塑料的主要缺点为色深，装饰性差，抗冲击强度小。主要用于生产层压制品及配制粘接剂和涂料等。

8.2.8 氨基塑料

氨基树脂有脲醛树脂和三聚氰胺甲醛树脂等，是热固性塑料中使用最多的品种。三聚氰胺甲醛树脂坚硬，耐划伤，无色半透明，用作热固性树脂层压装饰板的面层材料，也可用作一些浅色装饰模压件。脲醛树脂价格低廉，是木材胶黏剂中最常用的一类，也可用于制作浅色装饰模压配件。

8.2.9 不饱和聚酯树脂

不饱和聚酯树脂是交联网状或体型结构，为不溶不熔的物质。具有优良的耐有机溶剂性能和良好的耐热性、隔热性，但不耐浓酸与碱。液态不饱和聚酯树脂可用作涂料和胶黏剂，也可以用来制造玻璃钢和人造大理石等树脂型混凝土。固化后的不饱和聚酯树脂具有优良的装饰性能和耐溶剂性能。

8.3　常用装饰塑料制品

目前，用于建筑装饰的塑料制品很多，几乎遍及装饰的各个部位，最常见的有塑料地板、铺地卷材、塑料地毯、塑料装饰板、装饰薄膜、装饰部件、塑料墙纸、塑料门窗型材、塑料管材等。

8.3.1　塑料墙纸和墙布

塑料墙纸（布）是 20 世纪 50 年代发展起来的装饰材料，是目前发展最迅速、应用最广泛的墙纸（布），已成为内墙装饰最广泛的材料之一。其产品种类不断增加，产量逐年提高，约占墙纸产量的 80%。在发达国家人均消耗已达 10 m^2 以上。

我国 20 世纪 70 年代开始试制塑料墙纸（布），目前已发展成具有一定规模的塑料墙纸（布）工业。墙纸（布）的应用也正在我国迅速普及，促使墙纸（布）的产量与花色品种不断增加。

塑料墙纸（布）是以一定材料为基材，在其表面进行涂塑后再经过印花、压花或发泡处理等多种工艺而制成的一种墙面、顶棚装饰材料。其图案变化多端（图 8-1），色泽丰富，通过不同的工艺可以仿制许多传统材料的外观，甚至达到以假乱真的地步。随着工艺技术的改进，新品种层出不穷，如布底胶面上压花或印花的墙纸，以及表面静电植绒的墙纸等。

塑料墙纸可分为印花墙纸、压花墙纸、发泡墙纸、特种墙纸、塑料墙布五大类，每一类有几个品种，每一品种又有几十乃至几百种花色。

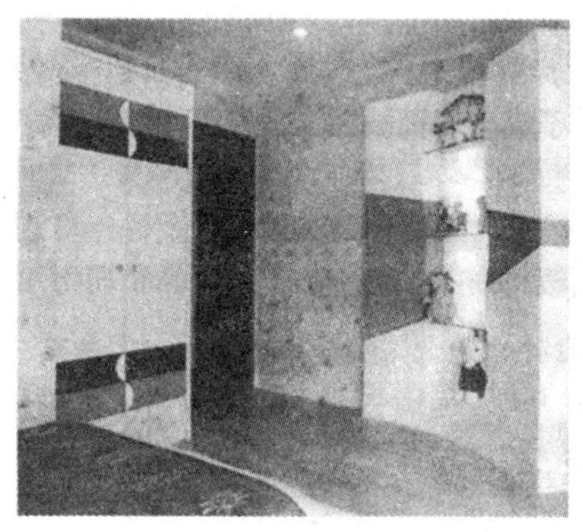

图 8-1　塑料墙纸、墙布

1. 塑料墙纸、墙布的原料与生产工艺

（1）原料

①基本塑料原料

如前所述，塑料墙纸需树脂及其他辅助原料。树脂主要为 PVC，为便于加工，一般用低分子量 PVC。辅助原料中，制作发泡墙纸时需加入发泡剂。

②底纸

作为塑料墙纸的底纸，要求能耐热，不卷曲，有一定强度，一般为 80～100 g/m^2 的纸张。

(2)生产工艺简介

塑料墙纸的生产工艺一般分为两步。第一步在底层纸(或布)上复合一层塑料。复合的方法有四种：第一种是用压延法使压延薄膜与底纸在压延机后直接加压复合。第二种是涂布法，涂布料有两种，一种是乳液涂布，如氯醋乳液；另一种是 PVC 糊。第三种是间接复合，即用复合机复合。第四种是挤出复合，就是底纸从平板机头挤出的薄膜复合。其中最常用的是压延法和涂布法。

第二步是对复合好的墙纸半成品进行表面加工，包括印花、压花、印花压花、发泡压花等。

有时，这两步骤可在一台机组上完成，如在涂布机组上直接压花得到压花墙纸。

2. 塑料墙纸和墙布的特点

(1)装饰效果好。由于塑料墙纸表面可进行印花、压花及发泡处理，能仿天然石纹、木纹及锦缎，达到以假乱真的地步，并通过精心设计，印制适合各种环境的花纹图案，几乎不受限制。色彩也可任意调配，做到自然流畅，清淡高雅。

(2)性能优越。根据需要可加工成具有难燃隔热、吸声、防霉，且不容易结露，不怕水洗，不易受机械损伤的产品。

(3)适合大规模生产。塑料墙纸的加工性能良好，可进行工业化连续生产。

(4)粘贴施工方便。纸基的塑料墙纸，用普通 107 胶黏剂或乳白胶即可粘贴，透气性好。且施工简单，可节约大量粉刷工作，因此可提高工效，缩短施工周期。塑料壁纸陈旧后，易于更换。

(5)使用寿命长，易维修保养。塑料墙纸具有一定的伸缩性，抗裂性较好，表面可擦洗，对酸碱有较强的抵抗能力。如北京饭店新楼使用的印花涂塑墙纸经人工老化 500 h，墙纸无异常。

3. 塑料墙纸、墙布的规格

塑料墙纸、墙布的规格一般有以下三种：

(1)幅宽 530～600 mm，长 10～12 m，每卷为 5～6 m^2 的窄幅小卷；

(2)幅宽 760～900 mm，长 25～50 m，每卷为 20～45 m^2 的中幅中卷；

(3)幅宽 920～1 200 mm，长 50 m，每卷 46～50 m^2 的宽幅大卷。

小卷壁纸是生产最多的一种规格。它施工方便，选购数量和花色灵活，比较适合居住建筑装饰，一般用户可自行粘贴。中卷、大卷粘贴工效高，接缝少，适合公共建筑，由专业人员粘贴。

4. 塑料墙纸的主要技术性质

按我国企业标准塑料壁纸的技术要求主要有以下几个方面：

(1)外观

塑料壁纸的外观是影响装饰效果的主要项目，一般不允许有色差、折印、明显的污点，不允许有漏印；压花墙纸压花应达到规定深度，不允许有光面。

(2)褪色性试验

将壁纸试样在老化试验机内经碳棒光照 20 h 后不应有褪、变色现象。

(3)耐摩擦性

将壁纸用干的白布在摩擦机上干磨 25 次，用湿的白布湿磨 2 次后不应有明显的掉色，即白色布上不应沾色。

(4)湿强度

将壁纸放入水中浸泡 5 min 后即取出用滤纸吸干，测定其抗拉强度应大于 2.0 N/15 mm。

表 8-2 为北京市企业标准——关于耐摩擦性和湿强度质量标准。

表 8-2　塑料壁纸技术标准

项目	技术指标		备注
	一级品	二级品	
规格/mm	宽度：920、1 000、1 200 长度：5 000		标准为北京市企业标准
施工性能	不得有浮起和剥落现象		
褪色性	20 h 以上无变色褪色	20 h 以上无明显变色褪色	
耐摩擦性能	干磨 25 次，湿磨 2 次无明显掉色	干磨 25 次，湿磨 2 次有轻微掉色	
湿抗拉强度/(N/15 mm)	纵横向：1.96 以上		

(5)可擦性

指粘贴壁纸的黏合剂可用湿布或海绵擦去而不留下明显痕迹的性能。

(6)施工性

将壁纸按要求用聚醋酸乙烯乳液淀粉混合(7∶3)黏合剂贴在硬木板上，经过 2 h、4 h、24 h 后观察，不应有剥落现象。

在特殊场合，塑料壁纸还应做耐燃性试验。

5. 塑料墙纸应用时需注意事项

使用时应注意其燃烧性等级、老化特性，防止其老化褪色或老化开裂的现象。使用塑料类材料作墙面装饰时，还应注意其封闭性，即这种材料的水密性及气密性。有时常出现由于塑料墙体材料的封闭性，破坏了砖墙体及混凝土墙体的呼吸效应，使室内空气干燥，空气新鲜程度下降，令人产生不适感的现象。

6. 常用塑料墙纸

(1)普通塑料壁纸

普通塑料壁纸是以 80～100 g/m^2 的纸作基材，涂塑 100 g/m^2 左右的聚氯乙烯糊，经印花、压花而成。这类墙纸又分单色压花、印花压花和有光、平光印花几种。单色压花墙纸经凸版轮热轧花机加工，可制成仿丝绸织锦缎等。印花、压花墙纸经多套色凹版轮转印花机印花后再轧花，可印有各种色彩图案，并压有布纹、隐条凹凸花等双重花纹(图 8-2)。还有有光印花和平光印花墙纸，前者是在抛光辊轧的光面上印花，表面光洁明亮；后者是在消光辊轧的平面上印花，表面平整柔和。普通塑料壁纸花色品种多，适用面广，价格也低，是民用住宅和公共建筑墙面装饰中应用最普遍的一种壁纸。

单色发泡压花壁纸结构
（压花图案由许多不同方向的锯齿面在光线照射下反射形成，立体感不强）

印花壁纸结构
（可模仿许多天然材料，装饰效果好，价格较贵）

图 8-2　普通塑料壁纸

(2)发泡型塑料壁纸

发泡壁纸(布)是以 100 g/m^2 的纸作基材，涂塑 300～400 g/m^2 掺有发泡剂的 PVC 糊状料，经印花后，再加热发泡而成。这类壁纸有高发泡印花、低发泡印花、低发泡印花压花等几个品种。高发泡壁纸的发泡倍数大，表面富有弹性的凹凸花纹，是一种装饰兼吸声的多功能墙纸，常用于歌剧院、会议室、住房的墙面、顶棚装饰。低发泡印花壁纸是在掺有适量发泡剂的 PVC 糊涂层的表面印有图案。低发泡印花压花墙纸是通过采用含有不同抑制发泡作用的油墨印花后再发泡，使表面形成具有不同色彩的凹凸花纹图案，所以又叫化学浮雕(图 8-3、图 8-4)。这种壁纸的图案逼真，立体感强，装饰效果好，并有一定的弹性，适用于室内墙裙、客厅和内走廊装饰。发泡型塑料壁纸除印、压有各种花纹及图案外，还用于制造各种仿真壁纸。如有一种仿砖、石面的深浮雕型壁纸，其凹凸高度可达 25 mm，为采用座模压制而成。发泡型塑料壁纸只适用于室内墙面装饰。

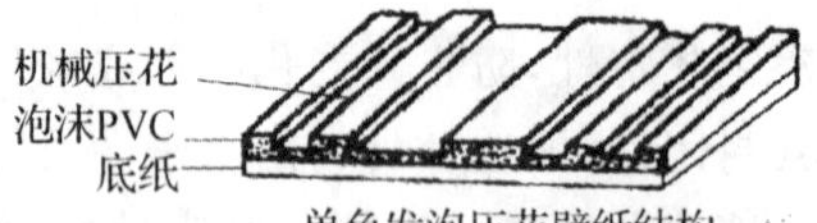

单色发泡压花壁纸结构
（发泡层较厚，压花可直接形成立体感强的图案，表面比较粗糙，不能反射光线形成锦缎效果）

沟底压花壁纸结构
（花纹立体感强，兼有印花和压花壁纸的双重效果。花纹是印在凹槽内的，所以不易磨损）

图 8-3　压花墙纸

(3)仿真系列墙纸

仿真塑料墙纸是以塑料为原料，用技术工艺手段，模仿砖、石、竹编物、瓷板及木材等真材的纹理和质感，加工成各种花色品种的饰面墙纸。仿砖(砖墙)墙纸是一种软泡塑型材料，

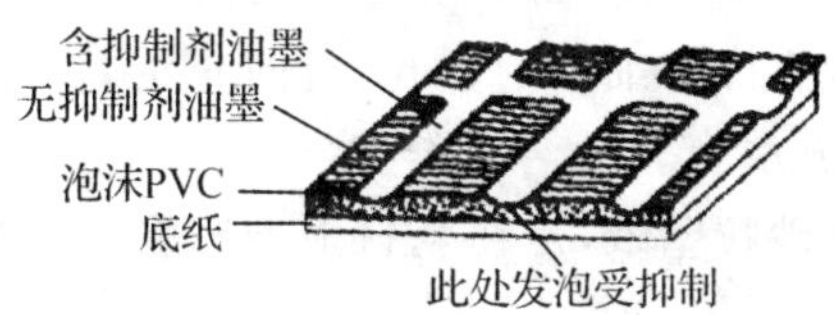

化学压花壁纸结构

（套色印刷后再发泡，加有发泡抑制剂颜色的图案，由于发泡受到抑制成为凹的图案，其他部分均匀地发泡，可制得十分逼真的图案，面层可再涂一层透明PVC保护层，生产成本增加）

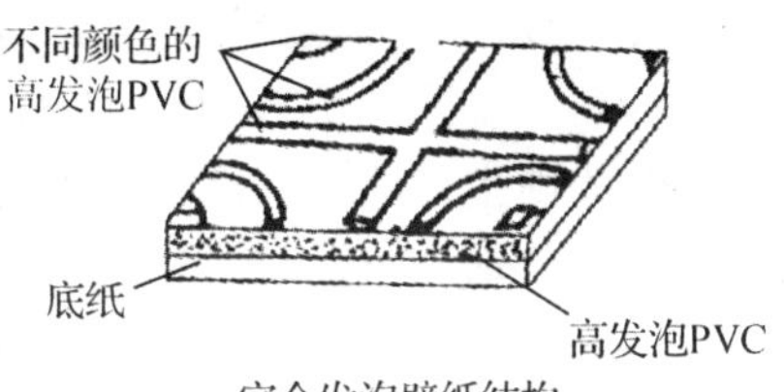

完全发泡壁纸结构

（与印花壁纸不同，图案不是用印刷油墨印上去的，而是由不同色彩的高发泡PVC构成，立体感很强，有浮雕感）

图 8-4　化学塑料发泡壁纸

厚约 4 mm 左右，无光泽，表面纹理清晰。有的呈焙烧过程形成的窝洞，有的如经长期使用后自然风化，或人为碰击的痕迹，触感柔软而无冰冷感。其窝洞、残迹以及砌筑灰缝都能触摸到不同凹陷。

①仿石材墙纸

仿造一种经人工修凿，外观规整的石块砌筑而成的墙面，软泡塑料加工成型，用印压工艺使表面形成修凿石纹，并表现出砌筑时凹凸错位及嵌接匠意。由于着色深浅变化而形成的光影效果，以增强真实感。色调有红、白、灰及明暗之分，手感有明显石纹及凹陷灰缝。

②仿竹编席片墙纸

用发泡塑料经印压而成的仿手工编织竹席墙纸。有多种粗细深浅不同编竹材料形式，表面竹片纹理精细，穿串编织构成明晰，并伴有交织纹路触感。

③仿木材墙纸

仍属发泡塑料材料，整体外观似板条拼镶墙面。板条木纹依所模仿树种，呈现各种木纹、木节，表面无光泽，抚摸时有纹理、木节真实感，拼接板缝也能触及凹入缝隙。色调分白木本色、红木及其他珍贵木种本色等。仿木材墙纸（布）是一种在薄型软塑料基材上，喷绘着色制成各种树林景色的饰面墙纸。表面粗糙，近处可见着色或油画笔触等，整体效果自然。

(4)特种功能塑料墙纸

特种功能塑料墙纸主要用于一些有特殊要求的场合。这种墙纸有耐水、防火、防霉、防结露和特殊装饰效果的壁纸品种。

①耐水壁纸用玻璃纤维毡作基材，在 PVC 涂塑材料中配以具有耐水性的胶黏剂，以适应卫生间、浴室等墙面的装饰要求。

②防火墙纸用 100～200 g/m^2 的石棉纸作基材，并在 PVC 涂塑材料中掺有阻燃剂，使墙纸具有一定的阻燃防火功能，适用于防火要求很高的室内墙面或木板面上使用。

③防霉墙纸在聚氯乙烯树脂中加入防霉剂，防霉效果很好，适合潮湿地区使用。

④防结露墙纸的树脂层上带有许多细小的微孔，可防止结露，即使产生结露现象，也只会整体潮湿，而不会在墙面上形成水滴。

⑤所谓特殊装饰效果的彩色砂粒壁纸，是在基材上散布彩色砂粒，再涂黏结剂，使表面呈砂粘毛面，可用于门厅、柱头、走廊等局部装饰。

7. 常用塑料贴墙布

贴墙布是以天然纤维或人造纤维织成的布为基料，表面涂以树脂，并印刷上图案色彩而制成的，也可用无纺成型方法制成。贴墙布图案美观，色彩绚丽多彩，富有弹性，手感舒适，是一种使用广泛的装饰材料。目前，我国生产的主要品种有纸基织物壁纸、玻璃纤维印花贴墙布、无纺贴墙布、化纤装饰墙布、棉纺装饰墙布、织锦缎等。

(1)纸基织物壁纸

该壁纸是由棉、毛、麻、丝等天然纤维及化纤制成的各种色泽、花色的粗细纱或织物再与塑料纸基层黏合而成的。这种壁纸用各色纺线的排列达到艺术装饰效果，有的品种为绒面，可以排成各种花纹，有的带有荧光，有的线中编有金、银丝，使壁面呈现金光闪闪，还可以压制成浮雕图案，别具一格。其特点是色彩柔和幽雅，墙面立体感强，吸声效果好，耐日晒，不褪色，无毒无害，无静电，不反光，且具有透气性和调湿性。适用于宾馆、饭店、办公大楼、会议室、接待室、疗养院、计算机房、广播室及家庭卧室等室内墙面装饰。

(2)麻草壁纸

该壁纸是以塑料纸为基底，以编织的麻草为面层，经复合加工而制成的墙面装饰材料。麻草壁纸具有吸声、阻燃、散潮气、不吸尘、不变形等特点，并且具有自然、古朴、粗犷的大自然之美，给人以置身于原野之中，回归自然的感觉。适用于会议室、接待室、影剧院、酒吧、舞厅以及饭店、宾馆的客房等的墙壁贴面装饰，也可用于商店的橱窗设计。

(3)玻璃纤维印花贴墙布

该墙布是以中碱玻璃纤维布为基材，表面涂以耐磨树脂，印上彩色图案而制成的。其特点是玻璃布本身具有布纹质感，经套色印花后，装饰效果好，且色彩鲜艳，花色多样，室内使用不褪色，不老化，防水，耐湿性强，可用肥皂水洗刷。价格低廉，施工简单，粘贴方便。适用于招待所、旅馆、饭店、宾馆、展览馆、餐厅、工厂净化车间、居民住宅等室内墙面装饰，尤其适用于室内卫生间、浴室等墙面的装贴。玻璃纤维印花贴墙布在使用中应注意防止硬物与墙面发生摩擦，否则表面树脂涂层磨损后，会散落出玻璃纤维，损坏墙布。另外，在运输和储存过程中应横向放置、放平，切勿立放，以免损伤两侧布边，影响施工时对花。当墙布有污染和油迹后，可用肥皂水清洗，切勿用碱水清洗。

(4)无纺贴墙布

该墙布是采用棉、麻等天然纤维或涤纶、腈纶等合成纤维，经无纺成型、涂布树脂、印刷彩色花纹等工序而制成的。这种贴墙布的特点是富有弹性，不易折断，纤维不老化，不散头，对皮肤无刺激作用，色彩鲜艳，图案雅致，粘贴方便，具有一定的透气性和防潮性，能擦洗而不褪色，且粘贴施工方便。适用于各种建筑物的室内墙面装饰。涤纶无纺墙布除具有麻质无纺墙布的所有性能外，还具有质地细腻、光滑等特点，特别适用于高级宾馆、高级住宅。

(5)化纤装饰贴墙布

该墙布是以化学纤维织成的布(单纶或多纶)为基材，涂布耐磨树脂，经一定处理后印花而成的。常用的化学纤维有黏胶纤维、醋酯纤维、丙纶、腈纶、锦纶、涤纶等。所谓“多纶”是指多种化纤与棉纱混纺制成的贴墙布。这种墙布具有无毒、无味、透气、防潮、耐磨、不分层等特点。适用于各级宾馆、饭店、办公室、会议室及居住建筑。

(6)棉纺装饰墙布

该墙布是以纯棉布为基材，经处理、印花、涂布耐磨树脂等工序制作而成的。该墙布强度大，静电小，蠕变性小，无光，吸声，无毒、无味，对施工人员和用户均无害，花型色泽美观大方。可用于宾馆、饭店及其他公共建筑和较高级的居住建筑中的装饰，适合于水泥砂浆墙面、混凝土墙面、白灰墙面、石膏板、胶合板、纤维板、石棉水泥板等墙面基层的粘贴或浮挂。棉纺装饰墙布还常用作窗帘，夏季采用这种薄型的淡色窗帘，无论棉纺装饰墙布是自然下垂或双开平拉成半弧形式，均会给室内创造出清静和舒适的氛围。

8.3.2　塑料装饰板

塑料装饰板是以树脂材料为基材或浸渍材料，经一定工艺制成的具有装饰功能的板材。装饰板是一种具有轻质、高强、隔声、透光、防火、可弯曲、安装方便等特点的建筑装饰板材，不仅可替代传统的消耗一次性资源的建筑材料，如木材、钢材等，还可以改善建筑功能，美化环境，满足现代建筑装饰的需求。塑料装饰板的耐久性优于涂料，其使用寿命比油漆延长4～5倍。保养简单，易于清洁，维护费用较低。塑料装饰板的生产工艺简单，加工成型方便，劳动生产率较高，创造价值较大。

塑料板材(包括各种异形板材和复合板材)的种类很多。根据塑料所用材料与制品结构，可将塑料装饰板进行分类：

按原材料的不同，塑料装饰板材可分为塑料金属复合板、硬质PVC、三聚氰胺层压板、玻璃钢板、聚碳酸酯采光板、有机玻璃装饰板、复合夹层板等类型。

按结构和断面形式，可分为平板、波形板、实体异形断面板、中空异形断面板、格子板、夹心板等类型。其中每类又有不同品种。

1. 常用塑料装饰板

(1)硬质PVC装饰板

硬质PVC装饰板可以用作护墙板和屋面板，它们除了要隔热、防水、透光等外，还要求有足够的刚性，能较简易地固定。对于硬质PVC板这类薄壁(1～2 mm)板材，提高刚性最简单的办法就是将平板加工成波形板、异形板和格子板。

①硬质PVC波形板

这类板材有两种基本结构。一种是横向波形板，其宽度可为800～1 500 mm。横向波形板的波形尺寸较小，这样可以卷起来，每卷长度可为10～30 m。另一种是纵向波形板，其宽度可为900～1 300 mm，长度没有限制，但为便于运输，一般最长为5～6 m。硬质PVC波形板的生产常采用挤出成型法。彩色硬质PVC波形板可作外墙装饰，特别是阳台栏板和窗间墙，色彩鲜艳，给建筑物的立面增色不少。此外，PVC波形板也大量用作屋面板。国内目前大都为圆波板，一般波高为15 mm，波距为63 mm。

②PVC异形板

是利用挤出成型方式生产的板材，分为单层异形板和中空异形板两种。为了适应板材的热胀冷缩，其宽度一般较小，通常为 100～200 mm，板材厚度为 6.5～25 mm。中空异形板材一般为多孔薄壁结构，它的断面也是多种多样的，连接一般采用企口的形式。

硬质 PVC 异形板可作建筑物内外墙的护墙板，以及吊平顶。PVC 异形板具有各种色彩，内墙用异形板常带有各种花纹图案。它表面光洁，不积灰，容易清洁，力学性能好，不易损伤和磨耗，起保护和装饰墙体的作用，同时提高了整体墙的隔声、隔热功能。

③硬质 PVC 格子板

格子板是将硬质 PVC 平板用真空成型的方法使平板变为具有各种立体图案的方形或矩形的建筑板材，这样板材的刚性大大提高，而且能吸收 PVC 的热伸缩。波形板和扣板只能吸收横向的热伸缩，而格子板则可吸收板面在纵横两方向的热伸缩，即当发生热伸缩时，格子板尖顶部的高度变化很小，所以格子板可以采用刚性方式固定，避免了板材因热收缩而发生开裂、扭曲和翘曲等现象。另外，格子板的立体感强。当阳光强射到格子板上时，其立体板面可形成迎光面和背光面的强烈反差，于是形成一阴影图案；当阳光照射的角度改变时，阴影图案也会随之改变，因此用格子板做的墙或顶棚具有极富特点的光影装饰效果，富于变化。格子板一般为 500 mm×500 mm 的正方形单格子板，也有更大尺寸的，一块板上有两个以上格子的多格子板(图 8-5)，厚度一般为 2～3 mm。格子板常用作大型公共建筑，如体育馆、图书馆、展览馆等的墙面或吊顶。

图 8-5　硬质 PVC 格子板

(2)塑料贴面板

塑料贴面板又称防火板，具有耐热性高、耐湿性好、吸水率低等特点，可在沸水条件下长期使用，有时使用温度可达 150～200 ℃。密胺塑料制品表面硬度较高，耐污染，能像陶瓷那样方便地去除污渍，因而用途非常广泛，在建筑上常用作装饰层压板。其生产较为特殊。原料和生产工艺如下：

①原料

A. 树脂。塑料贴面板用的树脂有三聚氰胺树脂、酚醛树脂、脲醛树脂、不饱和聚酯树脂、邻苯二甲酸丙烯酯树脂、鸟粪胺树脂等。我国目前主要应用三聚氰胺树脂和酚醛树脂。

B. 表层纸和底层纸。表层纸放在装饰板最上层，经浸渍树脂和热压后，具有高度透明性与坚硬性，起到保护装饰板表面的作用。这种纸细薄，洁白，干净，并且有较高吸收性能。

底层纸是层压板的基层，一般为 8 层牛皮纸，其主要作用是增加板材的刚性和强度，要求具有较高的吸收性和湿强度，对于有防火要求的层压板还需对底层纸进行阻燃处理。通常底层纸用稀释的水溶性酚醛树脂液浸渍。底层纸用来做装饰板的基材，使板材具有一定厚度与强度，是制造装饰板的重要材料，占用纸量的 80%以上，纸内灰分含量较低。

C. 装饰纸。装饰纸在产品结构中放在表层纸下面，主要起提供花纹图案的装饰作用和防止底层胶液渗现的覆盖作用。装饰纸要求表面平滑，有良好吸收性和适应性，有底色的要求色调均匀，彩色的要求颜色鲜艳。

D. 覆盖纸。覆盖纸夹在装饰纸与底层纸之间，用以遮盖深色的底层并防止酚醛树脂胶透过装饰纸。覆盖纸与装饰纸同样都是钛白纸。如装饰纸有足够的遮盖性可不用覆盖纸。

E. 模纸。原纸与底层纸相同，浸渍油酸胶配置在底层纸下面，以防止酚醛树脂胶在热压过程中粘在铝板上。可使用聚丙烯薄膜包覆铝垫板以省去脱模纸。

②生产工艺

将表层纸、装饰纸和覆盖纸采用三聚氰胺甲醛树脂或改性三聚氰胺甲醛树脂液浸渍，然后经干燥，再将各层纸按顺序铺装叠加在一起，经高温高压(140～150 ℃，大于 4.9 MPa)作用制成成品。

③塑料贴面装饰板的特点

塑料贴面装饰板采用的是热固性塑料，因此与 PVC 等热塑性塑料相比，具有独特的性能特点：耐热性高，经温度 100 ℃以上不软化、开裂和起泡，具有良好的耐烫、耐燃性；骨架是纤维材料厚纸，所以有较高的机械强度，其抗拉强度可达 90 MPa，且表面耐磨，光滑致密，具有较强的耐污性，污物很容易清除，卫生性好；同时耐酸、碱、油脂及酒精等溶剂的侵蚀，经久耐用。塑料贴面装饰板系采用特殊原纸和树脂制成的，在制造过程中可以仿制各种人造材料和天然材料的花纹图案，如桃花心木、花梨木、水曲柳、大理石、孔雀石、橘皮、皮革、纤维织物等纹理或设计其他不同图案。装饰板的品种多样，色调鲜艳，装饰性强，适用范围较广。表层、装饰层使用的是氨基树脂，基层使用的是酚醛树脂，所以表面坚硬，耐磨损，耐热，而且这种板材耐水性能好，密度大，尺寸稳定性好。

装饰板具有韧性，可以弯曲成一定弧度，便于曲面的装饰，并易于与其他材料胶贴。装饰板具有轻质高强的特点，静曲强度在 800 kg/cm^2 以上，密度一般为 1.0～1.4 g/cm^3，略重于水，而比铝约轻 1/2，比钢铁约轻 3/4，在使用方面常用于墙面、柱面、台面、家具、吊顶等饰面工程(图 8-6)，还可以代替某些轻金属和木材，如车辆、船舶、室内的装修等。

图 8-6　厨房装饰面板

(3)塑料金属复合板

塑料金属复合板包括塑料与镀锌钢板或铝板用涂布或贴膜法复合而成的复合板材及钢丝网泡沫塑料复合夹层板材等多个品种。它们兼有金属板的强度、刚性和塑料表面层优良的装饰性、防腐性等性能。

①钢塑复合板

目前使用的钢塑复合墙板有两种:一种是将塑料与镀锌钢板用涂布或贴膜法复合而成的钢塑复合板材。图8-7为几种钢塑复合板的典型结构。建筑用的塑钢板宽度为610 mm、914 mm、1 200 mm等,厚度为0.4~1.5 mm,镀锌钢板的镀锌量为250~300 g/m^2。背面和正面都要进行涂装,底漆要求有较强的附着力,最好用环氧树脂。表面涂层的种类很多,常用的有聚酯树脂、PVC糊、丙烯酸树脂等。表面涂层要求耐老化性好,附着力强,并要有一定的柔性,这样在二次加工,如弯曲时就不会脱落或开裂。涂装钢板的表面涂层厚度一般为20 mm左右,而涂PVC糊或贴膜的表面厚度可达100 mm。也有采用耐老化性极好的氟塑料和丙烯酸类塑料作表面涂层的,因而具有极好的耐久性、耐腐蚀性。钢塑复合板大量用于金属家具、汽车、集装箱、家用电器等方面,但在建筑上应用仍占50%左右,在建筑上主要被加工成波形板,作为外墙护墙板和屋面板,特别适用于工业建筑、仓库等大型建筑物。

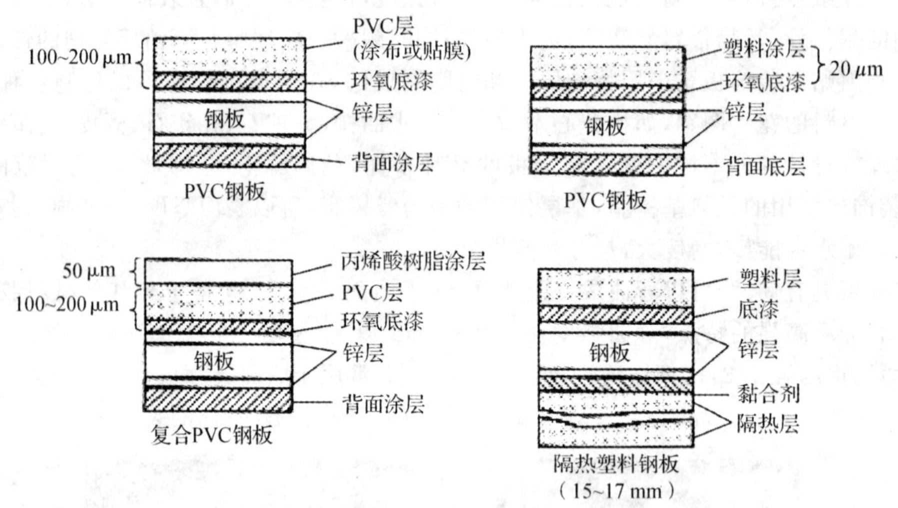

图8-7 钢塑复合板结构

②铝塑复合板

铝塑复合板也称铝塑板,是以铝合金薄板作为表层,以聚乙烯或聚氯乙烯塑料作为芯层或底层复合加工而成的。它有铝—塑—铝三层板或铝—塑双层复合板等品种。其厚度一般为3 mm、4 mm、6 mm、8 mm几种。该种板材表面铝板经阳极氧化和着色处理,色泽鲜艳。由于采用复合结构,所以兼有金属材料和塑料的优点,主要特点为质量轻,坚固耐久,比铝合金薄板有更强的抗冲击性和抗凹陷性;可自由弯曲,弯曲后不反弹,因此成型方便,沿弧面基体弯曲时,不需特殊固定便可与基体良好紧贴,便于粘贴固定;由于经过阳极氧化和着色、涂装等表面处理,所以不但装饰性好而且有较强的耐候性;可锯、铆、刨(侧边)、钻、冷弯、冷折等,易加工、易组装、易维修、易保养等。

铝塑板是一种新型金属塑料复合板材,愈来愈广泛地应用于建筑物的外幕墙和室内外墙面、柱面和顶面的饰面处理,市场占有率迅速提高,大有取代玻璃幕墙之势。为保护其表面在运输和施工时不被擦伤,铝塑板表面都贴有保护膜,施工完毕后再行揭去。铝塑板的结构如图 8-8 所示。

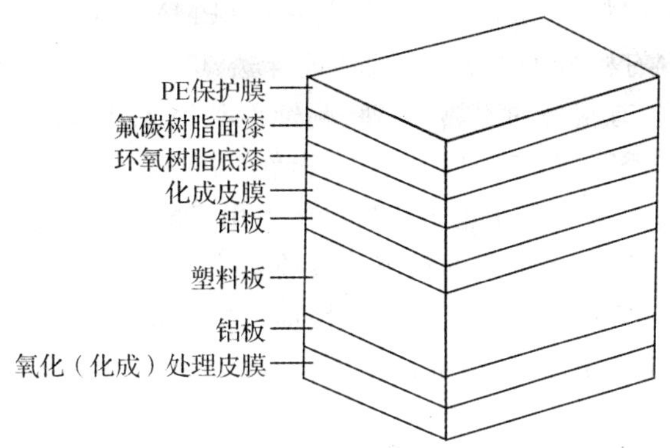

图 8-8　铝塑复合板的结构

铝塑内墙板的质量要求侧重于隔声、防火表面加工的装饰效果。内墙板可用三层复合，也可用双层复合，厚度约 30 mm，铝板可用 15-1 号铝合金板（含铝量为 99.00%的普通工业纯铝），板厚应不小于 0.2 mm，芯板厚约为 2.6 mm，芯板可用 PE 板或 PE 发泡板。外墙板主要对抗弯强度、色彩、耐候性及外观质量等方面要求比较严格，通常要求厚度不小于 4.0 mm。三层复合采用 LF21 号是 Al-Mn 系防锈铝的典型铝合金板，板厚不小于 0.5 mm，芯板厚度应不小于 3.0 mm。

2. 其他塑料装饰板

(1)钙塑板

钙塑板是指以树脂和轻质碳酸钙、亚硫酸钙为主要原料生产的塑料板材。钙塑装饰板兼具木材和塑料的性能特点。钙塑板能像木材一样锯、刨、钉，也能像纸一样印刷和粘贴，能加热软化乃至熔融塑化、热熔黏结。钙塑装饰板主要包括发泡钙塑板、钙塑硬板和增强钙塑板。高发泡钙塑装饰板是以聚乙烯、炭黑、三盐基性硫酸铅、硬脂酸锌加上轻质碳酸钙及添加剂制成的。主要的添加剂有发泡剂、活化剂、润滑剂、着色剂等，经搅拌、混炼、塑化、模压、发泡成型，成型后表面可按要求涂装修饰或二次加工。发泡钙塑板具有轻软、保温、吸声、隔热功能，且造型美观，立体感强。钙塑装饰板常用作公共建筑的顶棚与墙面饰材(图 8-9)。

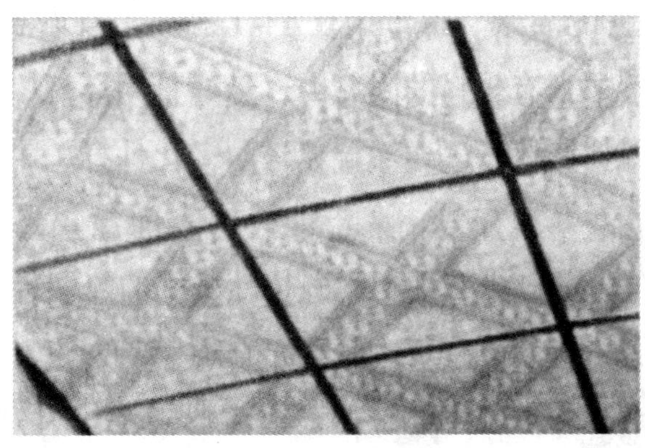

图 8-9　钙塑板顶棚

(2)有机玻璃装饰板

有机玻璃属热塑性塑料,一般以聚甲基丙烯酸酯(PMMA)为主要原料,加入引发剂、增塑剂等制成。有机玻璃有极好的透光性,大约能穿透73%的紫外线和92%以上的太阳光线。它的机械强度较高,有很好的耐热、耐寒、耐蚀性和绝缘性。易加工成型,尺寸较稳定。有机玻璃装饰板主要有透明、彩色和珠光三类,彩色有机玻璃装饰板中又有透明、半透明、不透明之分(图8-10)。有机玻璃板在建筑装饰上主要用于隔断、屏风、护栏等,也可制作广告牌、灯箱、招牌、暗窗及工艺古董的罩面材料。目前,有机玻璃彩绘板、有机玻璃压型压纹板也越来越多地用于书房、客厅、琴室、卫生间等墙面或隔断屏风等墙体装饰中。有机玻璃的缺点是质地较脆,易溶于有机溶剂,表面硬度不大,易擦毛等。

图8-10　有机玻璃装饰板

(3)玻璃钢装饰板

玻璃钢是玻璃纤维增强塑料的俗称,是以无碱玻璃纤维布和不饱和聚酯树脂为原料,用手糊法或挤压工艺黏合、固化成型的,也称GRP。目前玻璃钢材料可缠绕成型、手工成型或模压成型,因而可制成平面、浮雕式的装饰板材或制成波纹板、格子板(图8-11)。其质量轻,强度高,抗冲击,耐腐蚀,有较好的电绝缘性、透光性,色彩鲜艳,成型简便,施工安装方便。经不同着色等工艺处理后,可制成仿铜、仿玉、仿石、仿木等工艺品。制成的装饰制品表面光滑明亮,质感逼真;同时硬度高,刚度大,耐老化,耐腐蚀。装饰材料市场上还有用玻璃钢制成的假山水、假盆景或假壁炉等装饰制品。

图8-11　玻璃钢装饰板

(4)塑料阳光板

塑料阳光板简称阳光板,又称玻璃卡普隆板。这种板材是以聚碳酸酯(PC)为原料,经挤出定型加工而成的。其种类有平板、中空薄板及波纹板(瓦楞板)三种;色彩有全透明、无色、半透明乳白色或半透明彩色多种(图 8-12)。透明板的透光率达 80%以上,着色板的透光率在 50%左右,厚度为 0.8～1.0 mm,板宽有 600～2 100 mm 多种规格。阳光板透光率高,透光性好,耐老化;隔热保温,尤其中空板效果好;隔声,难燃;抗冲击强度高,防结露;质量轻,施工安装容易,表面易于清洗。阳光板目前已广泛用于建筑、市政工程设施、广告牌、办公隔断、浴室及居室隔断、工业防护罩、高架路面隔声屏、采光天棚和农用温室等。目前很多地区的高架公路两旁已大量采用此种板材作隔声屏,达到良好的效果。

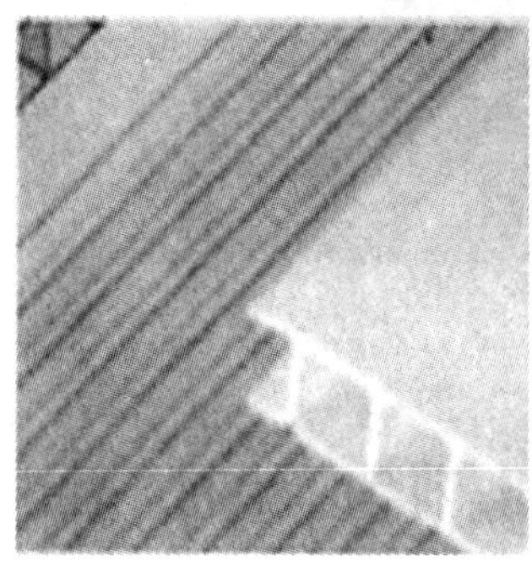

图 8-12　塑料阳光板

(5)覆塑装饰板

覆塑装饰板是以塑料贴面板或塑料薄膜为面层,以胶合板、纤维板、刨花板等板材为基层,采用胶合剂热压而成的一种装饰板材。用胶合板作基层的叫覆塑胶合板,用中密度纤维板作基层的叫覆塑中密度纤维板,以刨花板为基层的叫覆塑刨花板。

覆塑装饰板既有基层板的厚度、刚度,又具有塑料贴面板和薄膜的光洁,质感强,美观,装饰效果好,并具有耐磨、耐烫、不变形、不开裂、易于清洗等优点,可用于汽车、火车、船舶、高级建筑的装修及家具、仪表、电器设备的外壳装修。

(6)PVC 透明塑料板

PVC 透明塑料板是以 PVC 为基料,添加增塑剂、抗老化剂,经挤压成型的一种透明装饰板材。其特点是力学性能好,热稳定,耐候,耐化学腐蚀,难燃,并可进行切、剪、锯等加工。可部分代替有机玻璃制作广告牌、灯箱、展览台、橱窗、透明屋面、防震玻璃、装饰及浴室隔墙等,且价格低于有机玻璃。

(7)聚碳酸酯采光板

聚碳酸酯采光板是以聚碳酸酯塑料为基材,采用挤出成型工艺制成的栅格状中空结构异形断面板材,其结构如图 8-13 所示。聚碳酸酯采光板的特点为轻、薄,刚性大,不易变形,色调多,外观美丽,透光性好,耐候性好。

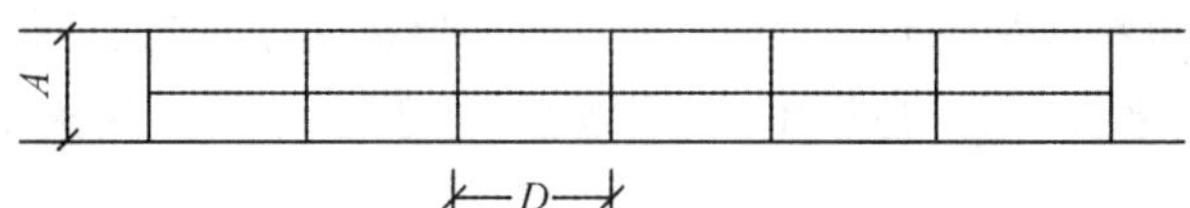

图 8-13　聚碳酸酯采光板断面

聚碳酸酯采光板多为装配式结构，组合装配后可作为敞开式吊顶装饰。由于预制的塑料格栅板在空间成规律排列，周期性变化，给人以工整规则、整齐划一的韵律感。这种格栅可采用透明塑料（或半透明塑料）、单色（或彩色）、电镀、仿铝合金等不同的塑料制品，以强化其装饰性。其技术经济效果优于金属板格栅（图 8-14）。

图 8-14　塑料格栅

8.3.3　塑料地面装饰材料

20 世纪 70 年代，塑料地面装饰材料就在西欧及美、日等工业国家得到广泛应用。我国在进入 20 世纪 80 年代后，塑料地面材料才投入批量生产。塑料地面装饰材料以其花色新颖、价格低廉而受到欢迎。

塑料地面装饰材料是以高分子材料为基料加工成铺设于地面的建筑装饰装修塑料制品。它包括块状塑料地板、塑料卷材地板、人造草坪、地面涂层、合成纤维地毯、树脂印花胶合木地板等。塑料地面装饰材料不仅能替代传统的地面材料而起到装饰作用，而且脚感舒适。

1. 塑料地板

塑料地板可以粘贴在如水泥混凝土或木材等基层上，构成饰面层。塑料地板的装饰性好，色彩及图案不受限制，能满足各种用途的需要，也可仿制天然材料，十分逼真。塑料地板施工铺设方便，耐磨性好，使用寿命较长，便于清扫，脚感舒适且有多种功能，如隔声、隔热和隔潮等。

（1）塑料地板的特点

塑料地板具有质轻、尺寸稳定、施工方便、经久耐用、脚感舒适、色泽艳丽美观、耐磨、耐油、耐腐蚀、防火、隔声及隔热等优点。

（2）塑料地板的分类

塑料地板品种很多，分类方法各异。

①按照生产塑料地板所用树脂来分，可以分为聚氧乙烯塑料地板、聚丙烯树脂塑料地板、氧化聚乙烯树脂塑料地板。目前，绝大多数塑料地板属于聚氯乙烯塑料地板。

②按照生产工艺来分，可分为热压法、压延法、注射法三类。我国塑料地板的生产大部分采用压延法。

③按照塑料地板的结构来分，有单层塑料地板、多层塑料地板等。

④按材料可分为硬质、半硬质片材和软质的卷材。

此外，塑料地毯也可作为一种中低档装饰材料代替部分毛、麻、化纤混纺、纯化纤类地毯。

(3)PVC塑料地板的原料及生产工艺

PVC塑料地板的原料与普通塑料相同，除树脂外还需加入其他辅助原料，如增塑剂、稳定剂、填料等。不过，塑料地板中加入的填料较多，因为它在使用过程中很少受拉力、剪力、撕力等作用，主要受压力和摩擦力两种作用。一方面它能降低制品成本，另一方面可提高制品的尺寸稳定性、耐热耐燃性。

常用的填料是碳酸钙和石棉，也可用其他填料，如重晶石、滑石粉、陶土等。

PVC塑料地板常采用的生产工艺有热压法和压延法。热压法填料可适当多加，但属间歇性生产。压延法生产是连续的，但填料不能多加。

(4)塑料地板的性能指标

为使塑料地板更好地满足其使用功能，国际和国内惯用的主要性能指标有尺寸稳定性、翘曲性、耐凹陷性、耐磨性、自熄性和耐烟头烫性能等。

①尺寸稳定性

主要是考虑PVC等塑料具有较大的胀缩性，当温度变化时，其平面尺寸胀缩会使接缝宽度变大或接缝处顶起，影响整体铺设质量。尺寸稳定性的测定是将塑料地板试样置于较高温度(80 ℃)的烘箱内经一定时间后测其尺寸相对变化率，一般为0.2%～0.4%。

②耐磨性

它是衡量塑料地板表面耐磨程度的一项主要指标，用耐磨仪测定，以加规定荷载的砂轮在试样表面旋转规定转数后的磨耗体积表示其耐磨度。一般塑料地板中填料越多，其耐磨性越差。半硬质PVC块材地板磨耗量为0.015～0.02 g/cm^2，而带基材的PVC卷材地板磨耗量仅为0.002 5～0.004 g/cm^2。

③翘曲性

主要是指塑料地板铺设后边缘是否发生翘曲变形。引起翘曲的主要原因是地板不同层的尺寸稳定性不同，故单层均质塑料地板比多层非均质塑料地板翘曲性要好得多。翘曲性的测定是将试样放入较高温度的烘箱或水中处理一段时间，观察其四角翘曲的高度，带基材的PVC卷材地板的翘曲度为12～18 mm。

④耐凹陷性

是指塑料地板抵抗家具等重物的静荷载作用引起的凹陷的能力。测试方法是采用直径为43.5 mm的钢球，加136 N负荷作用1 min，用千分尺测其压入深度，即凹陷度。半硬质PVC块材地板23 ℃凹陷度不大于0.3 mm。

⑤自熄性和耐烟头烫性

是指塑料地板表面耐燃烧自熄和局部耐高温的能力。PVC是塑料一般具有良好的自熄性，但其中所加的增塑剂往往是可燃的，因此某些塑料地板，特别是软质塑料地板(含增塑剂较多)不一定具有自熄性。自熄性通常用氧指数表示，即指材料能自熄时空气中氧气含量的体积百分数。氧指数越高，说明其自熄性越好。空气中氧气的含量为21%，PVC的氧指数为35，而聚乙烯的氧指数为18，因此PVC具有较好的自熄性。耐烟头烫性主要是指烟头踩灭后，地板上是否产生焦斑或凹陷，软质发泡地板的此指标稍差。

除以上各主要指标外，塑料地板还有耐刻画性、耐化学腐蚀性和耐久性等性能要求。

(5)常用 PVC 块状塑料地板

块状塑料地板俗称塑料地板块(砖)，它以聚氯乙烯、碳酸钙等为主要原料，经密炼、压延、压花或印花、切片等工序而成。目前大多数为半硬质，按外观分为单色、复色、印花、压花，按结构分为单层和复合层等。其规格主要有 300 mm×300 mm×1.5 mm 和 400 mm×400 mm×2.0 mm。

半硬质 PVC 地板砖属于低档装饰材料，适用于餐厅、饭店、商店、住宅、办公室等。采用不同颜色的塑料地板砖装饰地面，室内显得规矩整洁，给人以次序感(图 8-15)。

块状塑料地板具有以下性质：

①表面较硬，但仍有一定柔性，故脚感虽较硬，但较水磨石等石材类仍略有弹性，无冷感，步行噪声小。

②耐烟头烧。掉落的烟头即时踩灭不会被烧焦，但可能会略发黄。

③耐磨性高。其耐磨性优于水泥砂浆、混凝土、水磨石，但次于瓷砖。

④耐污染性好，但刻画性差，易被划伤。

⑤抗折强度低，有时易被折断。

常用 PVC 块状塑料地板类型如下：

①PVC 石棉地砖

PVC 石棉地砖是生产最早，使用最普遍的塑性地板材料，由 PVC 塑料或 PVC 与氯醋共聚树脂混合料加石棉与碳酸钙填料制成。它可以采用热压法或压延法生产，尺寸一般为 303 mm×303 mm，厚度为 2 mm，外形有方形、三角形和梯形等。

图 8-15　块状塑料地板

PVC 石棉地砖除具有 PVC 地板的共同优点——易清扫、耐磨、易施工外，还具有成本低、耐燃性好的优点，尤其耐烟头，踩灭烟头不会破坏其表面，故应用比较广泛。

②PVC 地砖

由于石棉纤维生产地砖时，有损健康，故近年开始生产只用碳酸钙填料的地砖，即 PVC 地砖。由于不用石棉，故必须采用特殊的技术来保证它的尺寸稳定性及其他性能，使其仍能达到 PVC 石棉地砖的标准。

PVC 地砖生产工艺与 PVC 石棉地砖基本相同。我国目前生产的大多是不含石棉的 PVC 地砖。

③压花印花 PVC 地砖

PVC 地砖一般是素色的，或仅以拉花处理。现可在压延机后设压花印花装置，生产的图案可以是无规则的，也可以是有规则的。

由于图案是在压花时印上去的，故是凹下去的，在使用中不易磨损。

④碎粒花纹地砖

碎粒花纹地砖是一种花纹透底型地砖，花纹不会因磨损而消失。生产它所用的原料与

PVC石棉地砖相同,工艺则不一样。首先将原料辊炼后破碎成不规则形状的各色碎粒,将不同颜色的碎粒混合,然后将混合料压延成片,进行上蜡、抛光处理后冲切成地砖,这样,表面便具有特殊的花纹。

(6)常用PVC塑料卷材地板

塑料卷材地板俗称地板革,属于软质塑料卷材地板。其生产工艺主要为压延法。其中填料较少,增塑剂较PVC地砖多。一般采用四辊压延机塑化的PVC,经压延后表面平整光洁,冷却后切边卷曲即为产品。产品可进行压花、印花、发泡等,生产时一般需要带有基材。塑料卷材地板按外观分为印花、压花,并可以仿木纹、仿大理石及花岗石等多种图案。按结构分为致密型和发泡型两种。塑料卷材的规格各国不一,我国也有各种规格。地板革的宽幅主要分为1 800 mm和2 000 mm,每卷长度分为20 m和30 m,厚度分为1.5 mm(家用)和2.0 mm(公共建筑用)。

塑料卷材地板可广泛用于住宅、办公室、实验室、饭店等地面,也可用于台面等(图8-16)。目前出现了一些用于特殊场合的塑料地板,如防静电塑料地板、防尘塑料地板等。

图8-16 塑料卷材地板

与半硬质块状地板相比,塑料卷材地板具有以下特点:

①柔软,脚感好。以发泡地板革的脚感最好。

②铺设方便、快捷,装饰性好。其宽幅、花色图案多,整体效果好。

③易清洗。

④耐热性及耐烟头性差,易烧焦或烤焦。

⑤耐磨性较好。

(7)印花发泡塑料地板

印花发泡塑料地板多为一种半硬质的塑料地板。主要原料也是PVC树脂,不同的是除表面层印花装饰处理外,中间层为加有2%AC发泡剂的PVC糊,在压延加热时形成PVC泡沫层,以提高地板的弹性和隔声、隔热性,基层为石棉纸、无纺布或玻璃纤维布等。

为增加表面印花图案的立体效果,采用化学压花法,即在某一种颜料的印刷印墨中加入一种发泡抑制剂(如反丁烯二酸)。这样,在发泡时,由于抑制作用,使一部分不发泡而凹下去,而发泡的凸出来,使图案或花形富有立体感。

为增加地板表面的耐磨性,在印刷层上还涂上一层不含颜料、填料的透明PVC糊。印花发泡卷材地板的结构见图 8-17。

图 8-17(a)为采用两步法生产，即在底衬材料上直接涂布发泡 PVC 浆，要求所有底衬材料平整，渗漏性小。常用于一般家庭地面的装修。

图 8-17(b)为采用三步法生产，所用底衬材料表面不很平整，有渗漏性，所以应在底衬材料下面加上一层 PVC 底层，使表面平整，便于印刷。

图 8-17(c)为用玻璃纤维毡作底衬，上下均加一层 PVC 底层，提高平整度，也为防止玻璃纤维外露。

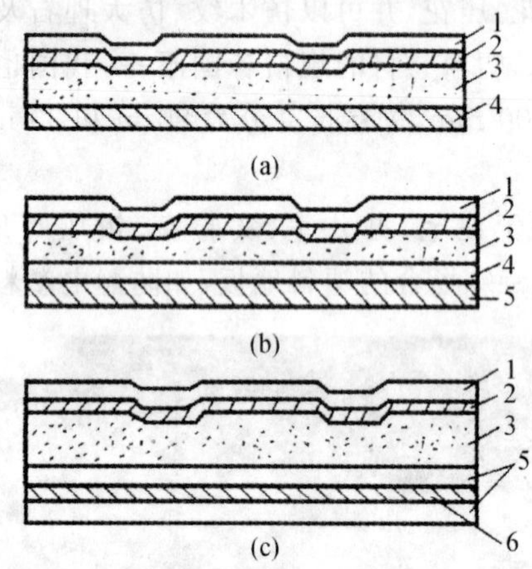

1—PVC 透明面层；2—印刷油墨；3—发泡 PVC 层；4—底层；5—PVC 打底层；6—玻璃纤维毡

图 8-17　印花发泡卷材地板的结构

(8)覆膜彩印 PVC 地板

为改善塑料地板的防滑性能，在表面彩印层上涂覆透明 PVC 糊层后再进行压花处理，即形成覆膜彩印 PVC 地板。

(9)其他塑料地板

①抗静电 PVC 地板

系在生产配料时，选用适当的填料，并掺用抗静电剂及其他附加剂使地板具有抗静电功能，适用于邮电、实验室、计算机房、精密仪表控制车间等的地面铺设。

②防尘地板

是以 PVC 树脂为基料，非金属无机材料为填料，内掺吸湿防尘添加剂而制成的。铺地后具有防尘作用，适用于纺织车间和要求空气净化的防尘仪表车间等。

(10)塑料地板的选用和保养

①塑料地板的选用

国内生产塑料地板的厂家众多，生产花色品种繁多的各类地板，这就为合理的选用提供了广泛余地。地板选择应遵循的原则是：首先应依据建筑物的等级和使用功能选用。对国家级和省、市级重要建筑物，可选择档次较高经久耐用的硬质、半硬质多层复合地板；而一般建筑物及民用住宅，可选用半硬质或软质的地板卷板。在花色、图案上要参照建筑物的性质，或富丽堂皇，或高贵肃穆，或淡雅宁静等。总之，地板品种及图案花色的选择，要与建筑物的整体建筑设计相协调，做到既经久耐用，又对建筑物产生恰如其分的装饰效果。对有特殊要求的办公用房，如计算机房、控制车间，要注意避免静电对仪表的干扰，选用抗静电塑料地板；对某些要求空气净化的防尘车间，要选用防尘塑料地板。

②塑料地板的保养

一般应注意以下几点：

A. 新铺贴的塑料地面 24 h 内不得上人走动，7～10 d 内应保持室内温湿度的稳定，通风，防止温度剧烈变化和过堂风劲吹。

B. 定期打蜡，一般 1～2 个月打一次。

C. 避免大量的水（拖地水），特别是热水、碱水与塑料地面接触。

D. 尖锐的金属工具，如炊具、刀、剪等应避免跌落在塑料地板上，以免损坏其表面。

E. 塑料地板上沾污的墨水、食品、油腻等，应先擦去脏物，然后用稀的肥皂水擦洗痕迹，如仍洗不干净，可用少量溶剂（汽油）轻轻擦拭，直至痕迹消失为止。

F. 不要在塑料地板上放置 60 ℃以上的热物及踩灭烟头，以免引起地板变形和焦痕。

G. 在静荷载集中部位，如家具脚，最好垫一些面积大于家具脚 1～2 倍的垫块。

H. 在受到阳光照射的地方，可能会出现局部褪色，最好加上窗帘遮阳。

I. 严重损坏的塑料地板应及时更换，最好备用少量的塑料地板，以免更换的塑料地板与原来的颜色不一致。地板存放时要平放，不能侧立，以免造成铺贴不良。对于脱胶部位，清除干净后，用原来的黏结剂或市售的白胶水重新粘贴，保养 24 h 后方可正常使用。

2. 人造草坪

人造草坪是用合成树脂为基料，仿制成与天然草坪相似的质感、色彩、弹性和细度的纤维状地毯，与天然草极为相似，站在上面有如亲临真实草地一般（图 8-18）。因其反射系数极低，所以不会造成眼睛疲倦。无论风吹、日晒、雨淋，均不变脆收缩；密度高，弹性好，重压后的回复性佳，柔软耐磨。阳光直射下，能柔和建筑物的反射热，具耐暑抗热效果，可吸热约 4 ℃。由于它专门铺设于露天场合（也可铺设于室内），所以其耐老化性能、色彩的保鲜艳度、纤维的弹性保持率比一般的室内用地毯要求高。由于它可用水冲洗，不霉烂，色彩鲜艳，是铺设于屋顶、阳台、运动场、游泳池、宾馆等地的极好装饰材料。

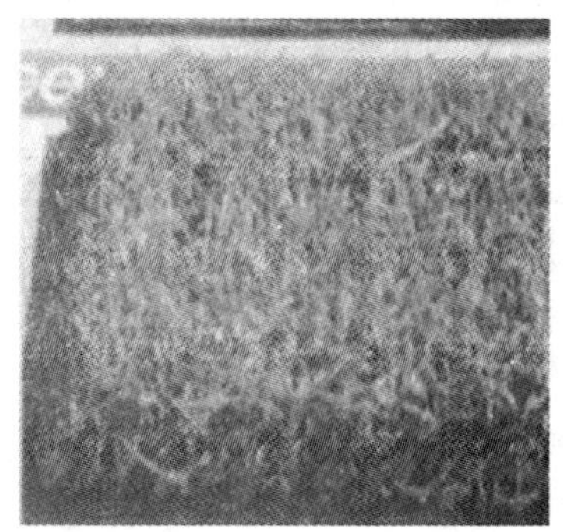

图 8-18　人造草坪

3. 树脂印花胶合板

是用合成树脂处理后的木材片材，表面印成天然木纹花纹，经浸渍树脂，热压成型形成耐水防潮性、刚性、耐磨性能优良的印花胶合板。这种地板比天然木地板具有更好的质感和外观,防潮性好,不变形,施工简单,深得用户喜爱。

8.3.4 塑料门窗

塑料门窗主要采用PVC树脂为胶结料,以轻体碳酸钙为填料,加入适量的各种添加剂,经混炼、挤出、冷却定型成异形材后,再经切割组装而成。

1. 塑料门窗的主要特性

(1)保温、隔热性好。由于塑料的导热系数小,再加上窗框是中空异形材拼接而成的,且有可靠的嵌缝材料密封,所以其隔热性远比钢、铝、木门窗好得多,主要用作节能型门窗。

(2)隔音性好。按照DIN4109试验,隔音量可达30 dB(普通钢材只有25 dB),能有效地防止室外噪音干扰。

(3)装饰效果好。由于塑料门窗尺寸工整,缝线规则,色彩艳丽丰富,同时经久不褪,而且耐污染,因而具有较好的装饰效果。

(4)耐水性、耐腐蚀性、耐老化性好。塑料门窗具有耐水、耐腐蚀的特性,可用于多雨湿热和有腐蚀性气体的工业建筑。改性PVC塑料门窗的抗老化性较高,使用寿命可达30年。

(5)防火性较好。PVC本身难燃,并具有自熄性,因而具有较好的防火性。

(6)不用维修。因为塑料门窗不会褪色,不用油漆,同时玻璃安装不用油灰腻子,不必考虑腻子干裂问题,故不用维修。

总之,塑料门窗不仅装饰性好,而且使用性能极佳,发展前景广阔。

2. 塑料门窗的品种

(1)塑料门的品种

塑料门按其结构形式分为镶板门、框板门和折叠门;按其开启方式分为平开门、推拉门和固定门。此外还分有带纱扇门和不带纱扇门、有槛门和无槛门等。

(2)塑料窗的品种

塑料窗按其结构形式分有平开窗(包括内开窗、外开窗、滑轴平开窗)、推拉窗(包括上下推拉窗、左右推拉窗)、上旋窗、下旋窗、垂直滑动窗、垂直旋转窗、固定窗等。此外,平开窗和推拉窗还分带纱扇窗和不带纱扇窗两种。

(3)其他塑料门窗

①PVC软质塑料门

此类门是采用透明PVC塑料制成的软质门。PVC软质塑料门又可分为平开门、垂帘式软门两种,具有透光透视、保温隔热、和谐优美的装饰特性。平开PVC塑料软门常用于特种建筑中;垂帘式PVC塑料软门(克尔西纳软门)常用于豪华商场、影剧院等人流密度极大的场所,不仅装饰特色明显,而且隔热绝热性能良好,且对冬季热空气幕和夏季空调制冷冷气有很好的适应性。

②塑料工艺门

此类门有多种形式,其门扇内部可为实心、空心。内部为木材,亦可为纤维类仿木制品;外层粘贴或模压PVC塑料工艺贴面层。此类门扇整体轻,防火、防蛀,表面层装饰贴面呈仿木、仿钢、仿铝合金的平面式或浮雕式图案与造型,色彩丰富艳丽,装饰性好。

③塑料百叶窗

用 PVC 等塑料叶片经编织缝制或穿挂而成。从装饰艺术角度讲，塑料百叶窗既可起遮挡作用，又具有透视效果，同时可通风透气、消声隔音。与布类棉质窗帘相比，更具有格律韵味，给人以高雅、神秘的感觉和气氛。尤其是现在流行的垂直式合成纤维与塑料复合织缝而成的百叶窗，在保持百叶窗的装饰艺术性方面，更向布类棉质窗帘靠近，同时具有拉走敞开、拉回遮挡的作用及摆动飘逸的特性，在住宅、宾馆、图书馆、博物馆中使用时，装饰效果颇佳。

此外，塑料门窗还分有全塑门窗和复合塑料门窗。复合塑料门窗是在门窗框内部嵌入金属型材以增强塑料门窗的刚性，提高门窗的抗风压能力和抗冲击能力。增强用的金属型材主要为铝合金型材和轻钢型材。

3. 塑料门窗的主要技术要求

PVC 塑料门窗的表面应平滑，颜色应基本一致，无裂纹、无气泡，焊缝平整，不得有影响使用的伤痕、杂质等缺陷。其物理性能、力学性能、耐候性应满足国家标准的要求。

8.3.5　其他塑料装饰制品

1. 合成革

合成革亦称为人造革，多由聚氯乙烯制成。与真皮相比，塑料人造革耐水性好，不会因吸水而变硬，其色彩、光洁度、耐磨性及抗拉强度均优于真皮（牛皮），尤其是高档人造革，表现艺术美学性能优于真皮，但某些情况下，其柔韧性、折叠性疲劳、耐光性、热老化性及低温冷脆性不如真皮。低档的人造革质次价廉，而高档的人造革质优价中，在建筑装饰工程中，常被用作沙发面料，有时用作欧式隔声门的软包面料，也偶有在墙壁局部作包覆装饰之用。使用人造革或真皮作为家具类装饰用材料，给人以富有、和平、宁静、轻柔、温暖的感觉和印象，实际使用时，整洁方便，实惠耐用（图 8-19）。

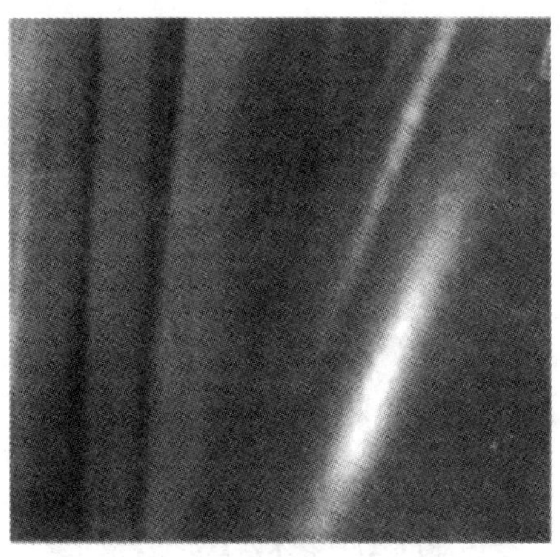

图 8-19　合成革

2. 窗用塑料薄膜

窗用节能塑料薄膜又称遮光膜、滤光薄膜或热反射薄膜。它以塑料薄膜为基材，喷镀金属后再和另外一张透明的染色胶料薄膜压制而成。节能薄膜的幅宽一般为1 000 mm左右。节能塑料薄膜一般采用压敏胶粘贴,使用时只需将垫纸撕去即可粘贴。粘贴时应尽量赶尽气泡,以免影响装饰效果。清洗时应采用中性洗涤剂和水,并使用软布擦洗,以免产生划痕(图8-20)。

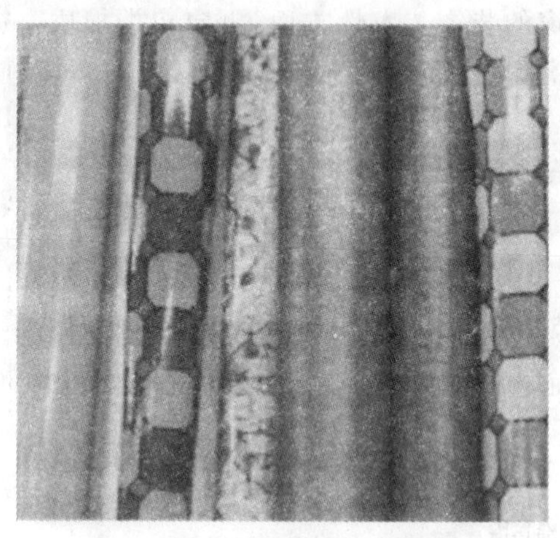

图8-23 窗用塑料薄膜

3. 塑料艺术制品

建筑装饰工程中,由于塑料色彩艳丽,光泽高雅,可模可塑,耐水性优良,因而常将塑料材料制成装饰艺术品,用于建筑空间的美化与优化。

(1)花木水草类塑料装饰材料

随着塑料艺术的发展,用塑料材料单独制成的或复合制成的塑料花草树木花样翻新,可以假乱真。传统的塑料花表面易吸尘,易被污染,且老化快,易褪色。新型的塑料花草类制品表面经特殊涂膜处理,油润洁净,富于活力。若与水景搭配,则与灯光水景交相辉映,装饰点缀效果独到。同时它比真实的植物花草具有许多优点,如不生虫,不枯黄落叶,不需浇水施肥,不受季节影响等(图8-21)。

图8-21 花木水草类塑料

(2)室内造景类装饰材料

一般采用GRP类材料,可制成盆景、流水瀑布、叠石以及装饰壁炉等。根据建筑物的功能及主人的艺术爱好,利用塑料制品造景,则可产生自然色彩浓郁的艺术风格、欧式风格或传统式风格的装饰效果，使人可在光射四壁的斗室之中追求自然与梦想的浪漫意境（图 8-22）。

图 8-22　室内造景

本章小结

1. 塑料由合成树脂、填料、增塑剂、固化剂、着色剂以及其他助剂组成。其中树脂决定塑料的主要性能和用途，而填充料和助剂、着色剂等可改善塑料的某些性能。

2. 塑料有很多优点，如质轻、耐腐、耐磨、绝缘、绝热、隔声、无污染等，但也有不足之处，如强度不如金属，耐热性低，易变形、易老化等。

3. 塑料地板：主要掌握塑料地板的特点和性能指标，PVC 块材地板和卷材地板的品种及应用，及塑料地板的保养和选用。

4. 塑料壁纸：了解塑料壁纸的特点、规格和技术要求，主要掌握普通塑料壁纸、发泡塑料壁纸、特种塑料壁纸的特点及应用。

5. 塑料门窗：了解塑料门窗的特点，掌握塑料门窗的品种、规格及应用。

6. 塑料装饰板材：了解硬质 PVC 板、三聚氰胺压层板、玻璃钢板、聚碳酸酯采光板、塑铝板等的性能特点及用途。

复习思考题与习题

8.1　塑料的主要组成是什么？

8.2　建筑塑料的优缺点是什么？

8.3　塑料装饰制品主要有哪些类型？简述其用途。

8.4　常用的塑料装饰板材有哪些品种？简述其性能特点及应用范围。

8.5　塑料地板有哪些优良性能？有哪些品种？其主要性能指标是什么？

8.6　塑料地板如何保养？

8.7 塑料门窗有哪些特点？有哪些品种？

8.8 怎样贴新墙纸？什么是液体墙纸？怎样贴液体墙纸？

8.9 怎样维护和保养墙纸？墙纸起泡、起皱怎么办？怎样清除墙纸上的污渍？

8.10 塑料扣板有什么特点？

8.11 怎样处理塑钢窗渗水？怎样保养塑钢门窗？使用塑钢门窗做阳台封装有什么优点？

8.12 怎样保养塑料家具？

第 9 章　建筑室内装饰织物

本章要点

地毯是一种高级的装饰材料，有着悠久的历史。地毯的品种很多。本章主要介绍室内装饰地毯的分类方法，纯毛地毯、化纤地毯的性能特点，地毯的构造、各项技术要求、质量评价标准及使用。介绍了墙面装饰织物壁纸和墙布的特点、规格、技术性能等内容。

随着生活质量的不断提高，人们对赖以生存的室内环境提出了更高层次的要求，而室内设计的气氛、格调、意境在很大程度上取决于室内陈设的设计。装饰织物以其柔软可塑的质地、绚丽多彩的花色易于创造氛围，通过人的视觉、触觉等生理和心理感受而存在并体现其价值。装饰用纺织品在品种结构、织纹图案和配色等各方面较其他纺织品有突出的特点，也可以说是一种工艺美术品。这类纺织品的色彩、质地、柔软性及弹性等均会对室内的质感、色彩及整体装饰效果产生直接影响。其应用范围广泛，品类繁多，家庭、旅馆、餐厅、剧院、汽车、飞机、轮船等，都需要用装饰织物配套布置。合理选用装饰用织物，既能呈现豪华气氛，又给人以柔软舒适的感觉。此外，还起到了保温、隔热、吸声、调节室内光线等作用。

装饰织物的应用历史悠久，如地毯的使用已有数个世纪。特别在出现了优质的合成纤维和改进的人造纤维后，室内的墙面、天花板、地板等处都广泛采用优质纤维织物作装饰材料、隔热材料和吸声材料。随着我国经济的发展和生活方式的变化，装饰织物所占比例将愈来愈大。据悉，美国的装饰织物消费约占纺织品比例的 37%，西欧占 35%，日本占 28%，我国仅占 20%左右。

装饰织物可分为室内用品、床上用品和户外用品。室内用品包括地毯、沙发套、椅垫、壁毯、贴布、像罩、纺品、窗帘、毛巾、茶巾、台布、手帕等；床上用品包括床罩、床单、被面、被套、毛毯、毛巾被、枕芯、被芯、枕套等；户外用品包括人造草坪等(图 9-1)。

图 9-1　装饰织物

9.1 装饰织物的基本知识

因原料的种类与材质不同,织物纤维的内部构造及化学、物理力学性能也不相同。加之使用形态与纺织方法的差异,装饰织物的外观及其他性质也不相同。因此,要正确恰当地选择装饰织物作为室内景观、光线、质感与色彩的烘托材料,必须了解其材料组成、性能特点及加工方法等。

9.1.1 装饰织物的分类

装饰纺织品是依其使用环境与用途的不同进行分类的。一般分为地面装饰、墙面贴饰、挂帷遮饰、家具覆饰、床上用品、盥洗用品、餐厨用品与纤维工艺美术品八大类。

1. 地面装饰类纺织品

地面装饰类纺织品为软质铺地材料——地毯。地毯具有吸声、保温、行走舒适和装饰作用。地毯种类很多,目前使用较广泛的有手织地毯、机织地毯、簇绒地毯、针刺地毯、编结地毯等。

2. 墙面贴饰类纺织品

墙面贴饰类纺织品泛指墙布织物。墙布具有吸声、隔热、调节室内湿度与改善环境的作用。墙布较常见的有黄麻墙布、印花墙布、无纺墙布、植物纺织墙布。此外,还有较高档次的丝绸墙布、静电植绒墙布、仿麂皮绒墙布等。

3. 挂帷遮饰类纺织品

挂帷遮饰类纺织品是挂置于门、窗、墙面等部位的织物,也可用作分割室内空间的屏障,具有隔声、遮蔽、美化环境等作用。主要形式有悬挂式、百叶式两种。常用的织物有薄型窗纱,中、厚型窗帘,垂直帘,横帘,卷帘,帷幔等。

4. 家具覆饰类纺织品

家具覆饰类纺织品是覆盖于家具之上的织物,具有保护和装饰的双重作用。主要有沙发布、沙发套、椅垫、椅套、台布、台毯等。此外,还有用于公共运输工具如汽车、火车、飞机上的椅套与坐垫织物。

5. 床上用品类纺织品

床上用品是居住建筑用装饰织物最主要的类别,具有舒适、保暖、协调并美化室内环境的作用。床上用品包括床垫套、床单、床罩、被子、被套、枕套、毛毯等织物。

6. 卫生盥洗类纺织品

卫生盥洗类纺织品以巾类织物为主,具有柔软、舒适、吸湿、保暖的性能。这类织物主要有毛巾、浴巾、浴衣、浴帘、簇绒地巾等。

7. 餐厨用品类纺织品

餐厨用纺织品在家用纺织装饰品中所占比重较小,较注重实用性能与卫生性能。一般包括餐巾、方巾、围裙、防烫手套、保温罩、餐具存放袋及购物的包袋等。

8. 纤维工艺美术品

纤维工艺美术品是以各式纤维为原料编结、制织的艺术品，主要用于装饰墙面，为纯欣赏性的织物。这类织物有平面挂毯、立体型现代艺术壁挂等。

9.1.2 常用织物纤维及其特点

纺织装饰品所使用的纤维原料包括天然纤维和化学纤维两大类。这两类纤维各有其优点和特性，能适应多种装饰织物质地、性能的不同要求。由于现代化学工业的发展，不少新原料、新纤维相继问世，给纺织装饰品的发展提供了日益广阔的原料来源。

1. 天然纤维

天然纤维是传统的纺织原料，分棉、毛、丝、麻等。这类纤维有使用舒适、外观自然优美的特性，在现代纺织装饰面料中占有十分重要的地位，许多高档装饰用的织物，以及床上用的纺织品大都选用天然纤维作原料。由于它们具有化学纤维无法比拟的特性，加之天然资源开发的有限性，天然纤维的合理使用正在得到进一步的重视。

(1)棉纤维

棉纤维是纺织纤维中最重要的植物纤维。主要成分是纤维素，一般呈白色或淡黄色。棉纤维具有良好的物理和化学性质，纤维表面呈螺旋状及内部的多孔性结构，使其具有很好的吸湿性和透气性。以棉花为原料制成的床上用的装饰纺织品(如床单、被套、枕套及毛巾类织物等)具有手感柔软、保暖性能好等优点，最适合目前我国人民的经济状况和卫生要求。棉纤维还具有较好的抗拉性能和压缩恢复弹性，耐疲劳性能也较好，是制作靠垫、沙发(如传统的多色提花沙发布等)的良好原料，棉织品的窗帘有良好的耐日晒性能。棉纤维对染料具有天然的亲和性，故装饰印花布可以印染出变化丰富、色彩鲜艳的图案。另外，棉织物耐久性较好，且不易卷缩，是室内装饰布的理想材料，如坚固的躺椅帆布、柔软的被服用的绒布、细密光滑的缎纹餐巾等。棉纤维多方面的适应性是其他纤维无可比拟的。

(2)羊毛

羊毛是人类在纺织上最早利用的天然纤维之一。人类利用羊毛的历史可追溯到新石器时代，由中亚细亚向地中海和世界其他地区传播，遂成为亚洲和欧洲的主要纺织原料。羊毛纤维柔软而富有弹性，羊毛织物手感丰润，色泽柔和，具有良好的保暖性，可用于制作呢绒、绒线、毛毯、毡呢等生活用和工业用的纺织品。在装饰织物中，常用于制织毛毯(绒毯)、床罩、家具铺设织物、帷幕等。羊毛纱也是制作地毯、壁挂的主要原料。除毛纱外，各类绒线也是装饰编织品的主要材料。

由于羊毛价格较高，常采用羊毛与其他原料混纺，这样既可降低成本，又可以提高原料的综合性能。

(3)蚕丝

蚕丝是我国古代文明产物之一，也是我国利用较多的纺织原料之一。除一般长丝外，装饰面料使用较多的是绢丝。蚕丝是自然界中集轻、柔、细为一体的天然纤维。蚕丝有着较好的强伸度，纤维细腻，其织物光泽好，手感滑爽，吸湿透气。但蚕丝的耐日光性较差，经长时间的阳光照射会逐渐变黄，丝质脆化，强度降低。

(4)麻

目前我国装饰织物生产中，所用的麻纺织原料主要有亚麻、苎麻、黄麻和剑麻。亚麻纤维是将麻茎进行一定加工制成的纺织原料。长期以来亚麻多用于生产粗犷、坚牢的帆布及茶巾、台布类织物。随着现代审美情趣的变化，以亚麻制作各种装饰面料的趋势正在发展，比较突出的有墙布面料。此外，在现代装饰纤维艺术品中亚麻也被广泛选用。

苎麻是麻纤维中品质最好的纺织纤维，可以纯纺，也可混纺，有一定的加工深度。苎麻纱具有凉爽、挺括、透气、吸湿等优点，可制成漂白织物、印花织物、染色织物，以及高级餐巾、台布、床单、被套等，还可用于制作风格新颖的定型片式窗帘。苎麻也是刺绣工艺品的理想原料。

黄麻纤维较粗，可纺性能不如亚麻与苎麻，目前只限于制织低档的黄麻地毯和地毯底布等。

剑麻是当今世界用量最大、范围最广的一种硬质纤维。由于硬质纤维特性具有洁白、质地坚韧(拉力强)、富于弹性、耐海水浸、耐摩擦、不易碎断、胶质少、不易打滑等特性，可制作各种规格绳索、帆布、防水布，及飞机、汽车等轮胎的帘布等，也可编织麻袋，制成糊墙纸帘布、地毯、絮垫、门口垫等。

2. 化学纤维

化学纤维是利用天然的高分子物质或合成的高分子物质，经化学工艺加工而取得的纤维的总称。

在化学纤维工业十分发达的今天，装饰纺织面料中化学纤维已占有极大的比重。现在不仅广泛用于中低档织物，在许多高档和交织品种中也运用较多。

化学纤维的优点是资源广泛，易于制造，具备多种性能，物美价廉。它不像天然纤维那样受到土地、气候及生产能力的多方面限制，石化工业的发展，以及先进的化纤制造技术，使各类化学纤维相继产生。

化学纤维在外观造型方面有很大的可塑性。利用这一特点，加之生产化学纤维的原料丰富，且成本低廉，可以加工纺制许多新颖奇特的花式线、装饰线。

目前，装饰纺织品常用的化学纤维有人造纤维与合成纤维。

人造纤维是化学纤维中生产量最大的品种。它利用有纤维素或蛋白质的天然高分子物质如木材、蔗渣、芦苇、大豆、乳酪等为原料，经化学和机械加工而成，如人造棉、人造丝、人造毛、虎木棉、富强棉。

合成纤维是化学纤维中的一大类，它是石油化工工业和炼焦工业中的副产品。涤纶、锦纶、腈纶、维纶、丙纶、氯纶等都属于合成纤维。

(1)涤纶

涤纶是聚酯纤维的商品名称，也是装饰织物中运用比较广泛的合成纤维，具有强度高、耐日光、耐摩擦、不霉不蛀、不易皱折的优点。涤纶长丝常用于各种丝织物经线和窗纱织物。涤纶短纤维在装饰纺织品中也有较大的适用性，除纯纺外，大量地同棉、毛、丝、麻、人造纤维等原料混纺，改进了原材料的外观和性能，适用于包括地毯织物在内的所有装饰织物领域。低级品的涤纶短纤维是制作无纺墙布的理想原料。

(2)锦纶

锦纶是聚酰胺纤维的商品名称，通常纺织品所用的聚酰胺纤维有锦纶6、锦纶66(又称尼龙)。锦纶纤维具有抗张力强、耐屈曲、耐磨、强度高、弹性好、染色容易、耐寒、耐蛀、耐腐蚀等优点。锦纶短纤维除纯纺外，常与天然纤维棉、毛混纺。前者经特殊加工，能够织成在性能和外观上可与羊毛媲美且价格便宜的装饰织物，目前在欧洲汽车用的织物中，这类织物受到普遍欢迎。混纺纤维能够充分利用天然纤维良好的舒适性能和锦纶纤维的高强度特性，广泛应用于铺垫型织物之中。

(3)腈纶

腈纶是聚丙烯腈纤维的商品名称，国外又称奥纶、开司米纶等。有长纤维和短纤维两种，长纤维像蚕丝，短纤维像羊毛，称人造毛。

腈纶纤维表现为蓬松，保暖性强，手感柔软，具有良好的耐气候性和不受微生物侵蚀的性能。由于它有特殊的耐日光性，很适宜制作窗帘和户外装饰织物，也可利用它的热性能制成膨体纱，纺制绒线、毛毯等，另外还可制造人造皮毛。

目前涤/腈、棉/腈、毛/腈混纺原料在机织、针织装饰织物中均有一定的使用，规格与棉、毛相仿，并已发展为白织、色织、印花等许多种类。腈纶膨体纱原料在现代装饰织物应用中有了较大的发展，特别是高膨体聚丙烯纱具有良好的柔软度、蓬松感、保暖性，最重要的是有极好的覆盖性能，而且原料成本低廉，主要用于簇绒地毯、簇绒床罩、装饰编织工艺品等。

在国外市场，腈纶已被广泛用于制织装饰织物，并成为当前市场使用增长率最高的纤维。以往人们认为腈纶最适用生产机织平绒，由于腈纶织物在手感、外观丰满度、回弹性能、染色牢度等方面的优点，经多种多样的应用后，被广泛使用。

(4)丙纶

丙纶是聚丙烯纤维的商品名称，以石油精炼的副产物丙烯为原料制得。原料来源丰富，生产工艺简单，价格比其他合纤低廉。丙纶纤维的比重(0.91 g/cm^3)是合成纤维中最轻的，具有耐磨损、耐腐蚀、强度高、蓬松性与保暖性好等特点。品种有长丝(包括未变形长丝和膨体变形长丝)、短纤维、异形纤维、中空纤维、复合纤维及无纺织物等。

9.2　室内装饰地毯

地毯是我国著名的传统手工艺品。中国地毯工艺的历史，有文字记载的可追溯到300多年以前，有实物可考的有2 000多年。它始于西北高原牧区，当地少数民族为了适应游牧生活的需要，利用当地丰富的羊毛捻纱，织出绚丽多彩的跪垫、壁毯和地毯。地毯是一种高级地面装饰品，也是一种世界通用的装饰材料之一。它不仅具有隔热、保温、吸声、挡风及弹性好等特点，而且铺设后可以使室内具有高贵、华丽、悦目的氛围。所以，它是自古至今经久不衰的装饰材料，广泛应用于现代公共建筑和民用住宅。

9.2.1　地毯的基本功能

1. 保暖、调节功能

地毯织物大多由保温性能良好的各种纤维织成，大面积地铺垫地毯可以减少室内通过地面散失的热量，阻断地面寒气的侵袭，使人感到温暖舒适。测试表明，在装有暖气的房内铺上地毯后，保暖值将比不铺地毯时增加12%左右。

地毯织物纤维之间的空隙具有良好的调节空气湿度的功能，当室内湿度较高时，它能吸收水分；室内较干燥时，空隙中的水分又会释放出来，使室内湿度得到一定的调节平衡，令人舒爽怡然。

2. 吸声功能

地毯的丰厚质地与毛绒簇立的表面具备良好的吸声效果，并能适当降低噪声影响。由于地毯吸收音响后，减少了声音的多次反射，从而改善了听音清晰程度，故室内的收录机等音响设备的音乐效果更为丰满悦耳。此外，在室内走动时的脚步声也会消失，减少了周围杂乱的音响干扰，有利于形成一个宁静的居室环境。

3. 舒适功能

人们在硬质地面上行走时，脚掌着力于地面以及地面的反作用力，使人感觉不舒适并容易疲劳。铺垫地毯后，由于地毯是富有弹性纤维的织物，有丰满、厚实、松软的质地，所以在上面行走时会产生较好的回弹力，令人步履轻快，感觉舒适柔软，有利于消除疲劳和紧张。在现代居室中，由于钢材、水泥、玻璃等建筑材料的性质生硬冷漠，人们十分注意改变它们，以追求触觉与视觉的柔软感和舒适度。地毯的铺垫给人们以温馨的感觉，起着极为重要的作用。

4. 审美功能

地毯质地丰满，外观华美，铺设后地面能显得端庄富丽，可获得极好的装饰效果。生硬平板的地面一旦铺了地毯便会满室生辉，令人精神愉悦，给人一种美的享受。

地毯在空间中所占面积较大，决定了居室装饰风格的基调。选用不同花纹、不同色彩的地毯，能造成各具特色的环境气氛。大型厅堂的庄严热烈，学馆会室的宁静优雅，家居房舍的亲切温暖，地毯在这些不同居室气氛的环境中扮演了举足轻重的角色。

9.2.2 地毯的分类与等级

1. 地毯的分类

地毯与其他装饰材料一样，有多种分类法，每类产品又有各种品种。

(1)按原料分类有纯毛地毯、混纺地毯、合成纤维地毯、塑料地毯、植物纤维地毯。

(2)按编织方法可分为手工织地毯、机织地毯、栽绒地毯、针扎地毯、编织地毯、黏结地毯、静电植绒地毯、刺绣地毯及无纺地毯等。

(3)按装饰花纹图案分类有京式地毯、美术式地毯、东方式地毯、彩花式地毯、素凸式地毯、古典式地毯等。

(4)按规格尺寸分类有块状地毯、卷材地毯(每卷一般为20～50 m)。

(5)按结构款式分类有方块地毯、花式方块地毯、草垫地毯、小块地毯、圆形地毯、半圆形地毯、椭圆形地毯。

2. 地毯的等级

根据地毯的内在质量、使用性能和适用场所将地毯分为6个等级。

(1)轻度家用级:适用于不常使用的房间。

(2)中度家用或轻度专业使用级:可用于主卧室和餐室等。

(3)一般家用或中度专业使用级:起居室、交通频繁部分楼梯、走廊等。

(4)重度家用或一般专业使用级:家中重度磨损的场所。

(5)重度专业使用级:用于客流量较大的公用场合,家庭一般不用。

(6)豪华级:通常其品质至少相当于 3 级以上,毛纤维加长,有一种豪华气派。

9.2.3　地毯的技术性能要求

地毯既是一种铺地材料,也是一种装饰织物,因此对地毯织物的性能要求就兼具这两方面的内容。

1. 坚固、耐久

地毯需承受的压力很大,家具器物的压置,人们频繁走动时的踩踏,使纤维常处于疲劳状态,因此要求地毯具有良好的耐磨、耐压性能。绒头需有较好的回弹力及较高的密度,不易倒伏。日常清洁地毯灰尘多数用吸尘器等电动机具吸附,因此地毯的纤维和组织结构编结都需具有一定的牢度,不易脱绒。

地毯长时间暴露于空气中,经阳光的照晒,色泽会受影响,所以在纤维色牢度方面也有一定的标准和要求。

(1)剥离强度。剥离强度是衡量地毯面层与背衬复合强度的一项性能指标,也是衡量地毯复合后耐水性的指标。背衬剥离强力测定是用仪器设备,在规定的速度下,将 50 m 宽的地毯试样的面层与背衬剥离至 50 m 长时所需的最大力。

(2)黏合力。黏合力是衡量地毯绒毛固定在背衬上的牢固程度的指标。

(3)抗老化性。抗老化性主要是对化纤地毯而言。这是因为化学合成纤维在空气、光照等因素作用下会发生氧化,使性能下降。通常是经紫外线照射一定时间后,根据化纤地毯的耐磨次数、弹性及色泽的变化情况加以评定的。

(4)耐磨性。地毯的耐磨性用耐磨次数来表示。即地毯在固定压力下磨至背衬露出所需要的次数。耐磨次数愈多,表示耐磨性愈好。耐磨性的优劣与所用材质、绒毛长度、道数(一般家庭用地毯为 90～150 道,高档装饰中所用地毯应为 200 道以上,甚至可达 400 道)有关,也与地毯编织厚度有关(越厚越耐磨)。耐磨性是反映地毯耐久性的重要指标。耐磨性与材质及绒毛长度的关系见表 9-1。

表 9-1　化纤地毯的耐磨性

面层织造工艺及材料	绒毛长度/mm	耐磨次数	面层织造工艺及材料	绒毛长度/mm	耐磨次数
机织法　丙纶	10	≥100 000	机织法　腈纶	6	6 000
机织法　腈纶	10	7 000	机织法　涤纶	6	≥100 000
机织法　腈纶	8	6 400	机织法　羊毛	8	2 500

2. 保暖性

地毯的保暖性能是由它的厚度、密度以及绒面使用的纤维类型来决定的。地毯由无数簇立的绒头或绒圈形成厚实柔软的绒面，绒头、绒圈长而密，蓬松度好的地毯保暖性尤佳。在选用纤维时要考虑其保暖性，合成纤维的保暖性一般都优于天然纤维，而天然纤维中羊毛又优于蚕丝、麻。此外，地毯的保暖性同地毯下面有否衬垫物以及衬垫的结构也有很大关系，故使用衬垫物能加强地毯的保暖性能。

3. 舒适性

地毯的舒适性主要指行走时的脚感舒适性。这里包括纤维的性能、绒面的柔软性、弹性和丰满度。天然纤维在脚感舒适性方面比合成纤维好，尤其是羊毛纤维，柔软而有弹性，举步舒爽轻快。化纤地毯一般都有脚感发滞的缺陷。绒面高度在 10～30 mm 之间的地毯柔软性与弹性较好，丰满而不失力度，行走脚感舒适。绒面太短虽耐久性好，步行容易，但缺乏松软弹性，脚感欠佳。

地毯的弹性用地毯在动荷载下的厚度损失率来表示，即地毯加压一定时间后，撤除压力，测量地毯与未加压前的厚度差，用其衡量地毯面层绒毛的回弹能力。厚度差愈小的，回弹性愈好。经测试，回弹性从大到小依次为羊毛、腈纶、锦纶、丙纶。当然，由于产地不同、工艺水平不同，特别是出现的很多改性产品，这个排序也会有变化。

4. 吸声隔声性

地毯需具有良好的吸声、隔声性能，这就要求在确定纤维原料、毯面厚度与密度时需进行认真的选择，考虑吸声率的大小，以满足不同环境需达到的吸声、隔声性能要求。剧院、大型会议厅等场所十分注重音响质量，力求避免噪声侵扰，对地毯的吸声、隔声性能要求较高，一般居家使用则适当掌握即可。

5. 抗污性

地毯使用时呈大面积暴露状态，人们经常行走其上，休憩其间，尘埃杂物极易污损地毯，因此要求地毯有不易污染、易去污清洗的性能。家庭居室使用的地毯更需耐污并便于进行日常清扫。

地毯还需具备较好抗菌、抗霉变、抗虫蛀的性能，尤其是以羊毛纤维制织的地毯在温度、湿度较高的环境中使用时极易霉蛀。因此，需进行防蛀处理，以确保地毯的良好性能与使用寿命。

6. 安全性

地毯的安全性包括抗静电性与阻燃性两个方面。

人们在地毯上行走时，鞋底与绒面摩擦后易产生静电，一旦手指与金属物体接触，会有一种轻微的电击感。静电也使毯面绒头易于沾尘，并产生缠脚的感觉，这对化纤地毯来说尤为明显。为此，目前正在研究抗静电的一些方法，如在绒头纤维中混入金属纤维、碳素与导电性纤维材料，或将极细微的炭黑混入地毯背面的胶剂内，这样可防止或减轻静电的产生。抗静电性用表面电阻和静电压来表示。

现代的地毯需具有阻燃性，燃烧时，低发烟并无毒气。目前羊毛地毯阻燃性较好，而合成纤维制作的地毯都极易燃烧熔化。改善合纤地毯阻燃性能所采取的方法是在合纤生产过程中的聚合阶段与具有阻燃性的共聚物反应，然后纺丝，这种方法在腈纶纤维生产中应用较多。在聚合阶段添加阻燃剂，然后纺丝，这一方法在涤纶纤维生产中应用较多。上述的方法均可提高合纤地毯的阻燃性能。燃烧时间在 12 min 以内，燃烧直径在 17.96 cm 以内，耐燃性合格。

不同纤维材料地毯的性能如表 9-2 所示：

表 9-2　不同纤维材料地毯的性能

材料特性	羊毛	蚕丝	黄麻	腈纶	棉纶	丙纶	涤纶
耐磨性	好	好	好		好		好
弹性	好	一般	一般	较差	一般	差	好
绒毛强度（产生毛球难易）	不易起球	不易起球	不易起球	易产生毛绒、易起球	毛头易缠结	易产生毛绒、易起球	不易起球
耐污性	好	一般	好	较差	差	差	好
去污性	好	一般	好	易去污	一般	一般	较差
带电性	不易带电	不易带电	不易带电	易带电	易带电	一般	易带电
燃烧性	不易燃烧	不易燃烧	不易燃烧	易燃熔化	易燃熔化	易燃熔化	易燃熔化
防蛀性	差（经防蛀加工后具有半永久防蛀性）	一般	好	好	好	好	好

9.2.4　地毯的材料与绒面结构

1. 地毯的材料

制造地毯的材料可分为毯面材料、初级背衬、防松涂层、次级背衬及黏合剂。不同的地毯所用材料也不同。

（1）毯面纤维

用来生产地毯的毯面纤维如前所述，有尼龙、腈纶、丙纶、涤纶等。其中尼龙适宜匹染，有优良的抗磨性及良好的回弹性与织纹保持性，加工成本低，因而使用量最大。丙纶价格低，染色性差，不能用来制造长绒、紧拈细绒，只适用于毛圈结构，如针扎地毯。因此出现了混纺的毯面纤维，如尼龙与丙纶混纺的毯面纤维。

为了提高地毯的耐污染性和抗静电性，国外已使用异形空心纤维，或加入各种添加剂，如酯类、酰胺或胺类的多醚衍生物，甚至可混入很细的金属纤维来提高抗静电性。

由于聚丙烯纤维价格低，抗拉强度、湿强度、耐磨性都优良，所以只要回弹性小和染色性差的缺陷能加以改进，它作为毯面纤维的潜力很大。

（2）初级背衬

初级背衬是各类地毯都具备的组成部分，其主要作用是对绒圈起固定作用，提供外形稳定性与加工适应性等。栽绒地毯还需要有次级背衬。

初级背衬以前用黄麻平织网，现多为聚丙烯背衬，比黄麻便宜。聚丙烯背衬有机织和非机织两种。

机织地毯的初级背衬要求较高，目前主要仍使用黄麻和棉纤维，聚丙烯所占比例很小。

（3）防松涂层材料

针扎和栽绒地毯在针扎和栽绒于初级背衬上以后，还必须用防松涂层材料处理使绒圈固定。针扎地毯一般用浸胶法，栽绒地毯则用背面涂胶法，使栽入的绒圈在背面固定。

常用的防松涂层材料为丁苯乳胶，含固量 50%～70%。如加入发泡剂，成为泡沫丁苯乳胶，则可代替次级背衬黄麻。此外，还有机械发泡的 PVC 糊、PU 等作为防松涂层材料，其中 PU 可在室温下发泡固化，因此不需烘箱等加热设备，但价格较高。

(4)次级背衬

次级背衬一般用于栽绒地毯中，即在涂布防松涂层时复合一层底层，使地毯外形更稳定。次级背衬仍以黄麻为主。如果用发泡防松涂层材料，如丁苯泡沫乳胶，则可以代替黄麻布。

2. 地毯的绒面结构

地毯的绒面结构分割绒与圈绒两类。制造方法相同的地毯只要绒面结构不同，其外观和手感就有很大区别。单色地毯若在绒面结构、绒面高度上加以变化，也会出现别致而含蓄的图案效果。

(1)割绒地毯

割绒地毯的绒面结构呈绒头状，绒面细腻，触感柔软，绒毛长度一般在 5～30 mm 之间。绒毛短的地毯耐久性好，步行轻捷，实用性强，但缺乏豪华感，舒适弹性感也较差。绒毛长的地毯柔软丰满，弹性与保暖性好，脚感舒适，具有华美的风格。

(2)绒圈地毯

绒圈地毯的绒面由保持一定高度的绒圈组成，它具有绒圈整齐均匀，毯面硬度适中而光滑，行走舒适，耐磨性好，容易清扫的特点，适用于步行量较多的地方铺设。若在绒圈高度上进行变化，或将部分绒圈加以割绒，就可显示出图案，花纹含蓄大方，风格优雅。

9.2.5 地毯的图案与色彩

地毯因选用原料、织造方法的不同，图案与色彩的风格也随之有异，但从总体看，可分为传统风格与现代风格两大类。

1. 传统地毯图案与色彩

传统地毯多指用羊毛、蚕丝以手工编织方式生产的地毯。我国生产这类地毯历史悠久，并形成了独特的图案风格，具有富丽华贵、精致典雅的特点。传统地毯图案采用适合纹样格局形式，根据图案的具体布局与艺术风格的不同，可分为北京式、美术式、彩花式、素凸式、东方式、古典式地毯六类。

(1)北京式地毯

北京式地毯具有浓郁的中国传统艺术特色，多选我国古典图案为素材，如龙、凤、福、寿、宝相花、回纹、博古等，并吸收织棉、刺绣、建筑、漆器等姐妹艺术的特点，构成寓意吉祥美好、富有情趣的画面。北京式地毯的构图为规矩对称的格律式，结构严谨，一般具有奎龙、枝花、角云、大边、小边、外边的常规程式。地毯中心为一圆形图案，称为“奎龙”，周围点缀折枝花草，四角有角花，并围以数道宽窄相间的花边，形成主次有序的多层次布局。

北京式地毯的色彩古朴浑厚，常用绿、暗绿、绛红、驼色、月白等色。在整体色彩配置上，有正配（深地浅边）、反配（浅地深边）、素配（同类色相配）和彩配（不同色相的色彩系列相配）之分。由于图案与色彩的独特风貌，北京式地毯具有鲜明的民族特色和雍容华贵的装饰美感（图 9-2）。

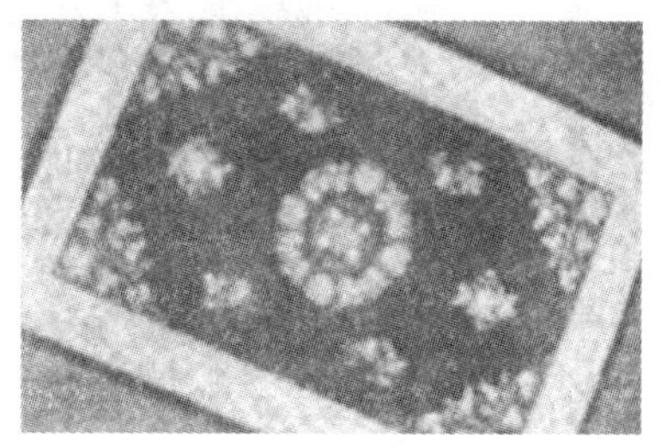

图 9-2　北京式地毯

（2）美术式地毯

美术式地毯以写实与变化花草如月季、玫瑰、卷草、螺旋纹等为素材，构图也是对称平稳的格律式，但风格比北京式地毯自由飘逸。地毯中心常由一簇花卉构成椭圆形的图案，四周安排数层花环，外围毯边为两道或三道边锦纹样。美术式地毯颇具特色的是各式卷草纹样，这些流畅潇洒的卷草结合其他装饰图案构成基本格局的骨架，使毯面形成几个主要的装饰部位——中心花、环花与边花，在这些部分安排主体花草。地毯的边饰也不像北京式那样呈单一的直线形，而是采用较为灵活自由的形式，以花草与变化图案相互穿插。因此，美术式地毯具有格局富于变化、花团锦簇、形态优雅的特点，带有较多中西结合的现代装饰趣味（图 9-3）。

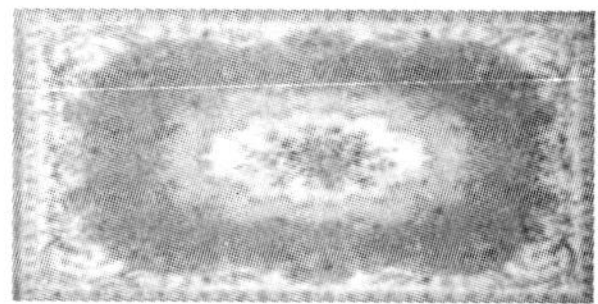

图 9-3　美术式地毯

（3）彩花式地毯

彩花式地毯以自然写实的花枝、花簇如牡丹、菊花、月季、松、竹、梅等为素材，运用国画的折枝手法做散点处理，自由均衡布局，没有外围边花。在地毯幅面内安排一二枝或三四枝折枝花，多以对角的形式相互呼应，毯面空灵疏朗，花青地明，具有中国画舒展恬静的风采。彩花式地毯构图灵活，富于变化，有时花繁叶茂，有时仅以零星小花点缀画面，有时也可添加一些变化图案如回纹、云纹等作为折枝花的陪衬，增加画面的层次与意趣。

彩花式地毯图案自然柔和，色彩明丽清新，花卉多采用色彩渐次变化的晕染技法处理，融合了写实风格的情趣和装饰风格的美感。地毯织成再经片剪后更显得细腻传神，栩栩如生（图 9-4）。

图 9-4　彩花式地毯

（4）素凸式地毯

素凸式地毯是一种花纹凸出的素色地毯，花纹与毯面同色，经过片剪后，花朵如同浮雕一般凸起。在构图形式上，与彩花式地毯相仿，也以折枝花或变形花草为素材，采用自由灵活的均衡格局，多呈对角放置，互为呼应。由于花地一色，为使花纹明朗醒目，因此图案风格简练朴实（图 9-5）。

素凸式地毯常用的色彩是玫红、深红、墨绿、驼色、蓝色等。地毯花形立体层次感强，素雅大方，适宜多种环境铺设，是目前我国使用较广泛的一种地毯。

(5)东方式地毯

东方式地毯的图案题材、风格和格局与前面四种地毯有明显的区别。纹样多取材波斯图案，各种树、叶、花、藤、鸟、动物经变化加工，并结合几何图形组成装饰感很强的花纹，具有十分浓郁的东方情调。东方式地毯通常以中心纹样与宽窄不同的边饰纹样相配，中心纹样可采用中心花加四个角花的适合纹样，也可采用缠枝花草自由连缀或重复排列。布局严谨工整，花纹布满毯面。

图 9-5　素凸式地毯

东方式地毯色彩浑厚深沉，多为棕红、黄褐、灰绿色调。常以变化丰富的小花、枝叶构成一组组花纹，并以单线包边来表现图案的形态与结构，因此东方式地毯图案显得精巧细致(图 9-6)。

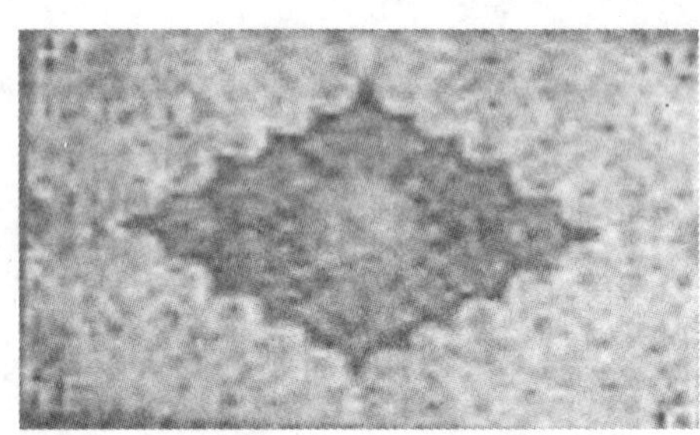

图 9-6　东方式地毯

(6)古典式地毯

古典式地毯是“北京式”图案的延伸和发展。采用彩陶、青铜器、漆器、石刻砖雕、陶瓷、织绣、绘画等艺术，结合地毯工艺、市场需要与现代审美要求进行设计，成为我国 20 世纪 80 年代以来，丝毛地毯的主要图案(图 9-7)。

图 9-7　古典式地毯

2. 机织、簇绒地毯图案与色彩

机织、簇绒地毯与传统纺织地毯相比，图案风格显得简练粗犷，多为四方连续格局，可任意裁剪、拼接。这类地毯的图案以具有现代装饰意趣的几何图形、抽象图案、变化图案为素材。在构图形式上运用较多的为几何图形交错结构和马赛克镶嵌结构，以简单的方格形、菱形、六角形、万字形、回纹形等交错组合，形成平稳匀称的网状结构，图形整齐而有变化，产生很有规律的节奏感(图 9-8)。

一些毯面较小的机织地毯、钩针栽绒地毯的图案也采用适合纹样格局。这类地毯常放置于室内某个部位，如客厅中央或沙发周围，具有轻松明快的特色。它的纹样不像传统地毯图案那么精细复杂，大多是几何图形纹样组合，图案概括简练，豪放自由，并带有较多抽象意味，与现代室内装饰风格十分协调。

机织地毯的色彩简单明净，常采用 3～5 色，以少胜多，追求稳重、宁静的装饰感。所用色彩较丰富，红色、草莓色、蓝色、灰色、绿色、深棕、棕黄、驼色都是常见的颜色。近年来，随着现代装饰的影响，传统的暗色调有被明色调取代的发展趋势。

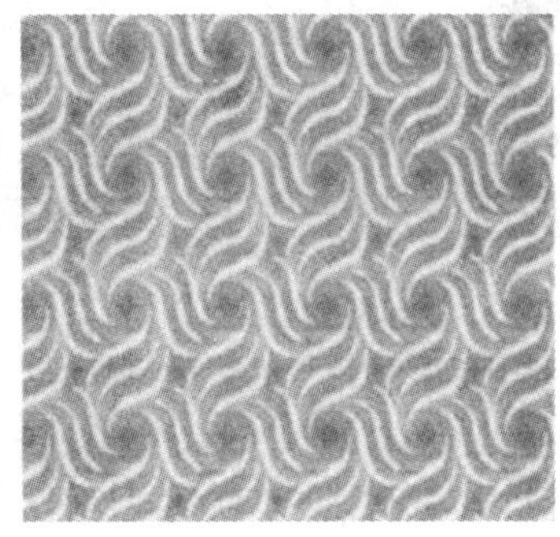

图 9-8　机织、簇绒地毯

9.2.6　纯毛地毯

纯毛(常用羊毛)地毯图案优美,色彩鲜艳,质地厚实。用以铺地,人行其上,柔软而舒适,且富丽堂皇,装饰效果极佳。纯毛地毯有较好的吸声能力,可以大大削弱各种噪声。纯毛地毯的隔热性能很好,是因为毛纤维具有很低的热传导性,使得热量不易散失。冬天,它可以防止屋中的热度传走,保持屋内的舒适环境。羊毛地毯还具有吸湿、防水以及防止空气污染等重要功能,正是这种特殊的性质,使它具有了调节环境湿度的作用,在高湿度环境中,它可从空气中吸收潮气,在空气干燥时又可把水分释放出来。

1. 手工编织纯毛地毯

国产手工编织纯毛地毯是用绵羊毛纺纱染色后,按照设计图样织造而成的。一般采用 8 字扣(国际上称波斯扣)栽绒打结编织出各种图案[在每 1 英尺(1 英尺＝0.304 8 m)内毯面上累计打结的层数为地毯的道数,地毯道数越多,栽绒的密度越大,地毯的质量越好,价格越贵],然后由工人们用剪刀剪。手工织成的栽绒地毯要用专用切削设备进行平整和切削处理,使毯面平整,绒头倒伏一致。再用电动剪刀开片加工,根据设计图案的层次关系,片剪成浮雕状。还要进行氯化水洗工艺,通过化学腐蚀和机械作用,将绒头的单股毛纱破捻,横截面刷尖,使之倒伏平滑,产生丝光效果。烘干后,产品表面平整丝光,手感爽滑,致密而富有弹性。最后进行衬边的修饰、绒面的完善和各种质量缺陷的剔除和修补,才算完成地毯的工作。

手工纺织纯羊毛地毯图案优美,色泽鲜艳,富丽堂皇,质地厚实,富有弹性,柔软舒适,经久耐用。但由于做工精细,价格较高,常用于高级会议场所、大型饭店及住宅(图 9-9)。

图 9-9　手工编织纯毛地毯

2. 机织纯毛地毯

机织纯毛地毯具有与手工纺织纯毛地毯相似的使用性能,毯面平整,光泽好,脚感舒适,抗磨耐用。机器织造的图案花纹不如手工编织地毯随意,但图案规整细腻(图 9-10),后期修补工作也不如手工纺织地毯细致。与化纤地毯相比，有高回弹、抗静电、耐老化、耐燃和感觉舒适等优点，而且能工业化大批量生产，价格适中。

机织纯毛地毯适用于宾馆、饭店的客房、楼梯及大多数公用场所，也可以在家庭中满铺使用。这种地毯有阻燃产品，用于高层建筑居室及公用场合等防火要求较高的场所。

3. 纯羊毛无纺织地毯

纯羊毛无纺织地毯以粗羊毛为原料，采用针刺、针缝、黏合、静电植绒等无纺织成型方法制成。它是近几年发展起来的新品种，具有质地均匀、物美价廉、使用方便等特点。广泛用于宾馆、体育馆、剧院及其他公共场合(图 9-11)。

图 9-10 机织纯毛地毯

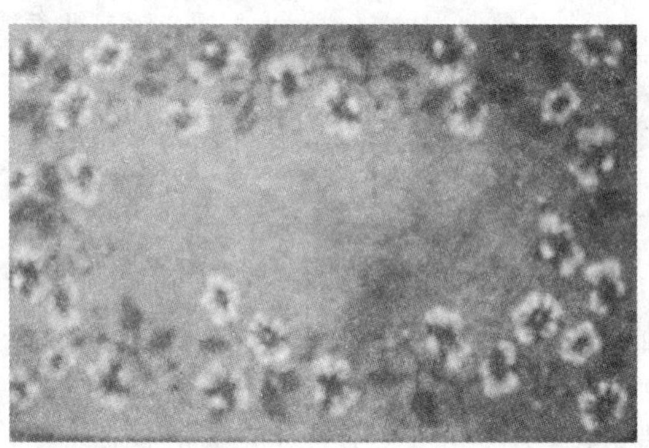

图 9-11 无纺印花地毯

4. 混纺地毯

混纺地毯品种极多。常以毛纤维和各种合成纤维混纺。如在羊毛纤维中加 20%的尼龙纤维，耐磨性可提高 5 倍。混纺地毯可以克服纯毛不耐虫蛀及易腐蚀等缺点。

9.2.7 其他材料的地毯

1. 化纤地毯

化纤地毯也叫合成纤维地毯。这类地毯品种极多，是以锦纶(又称尼龙纤维)、丙纶(又称聚丙烯纤维)、腈纶(又称聚乙烯醋纤维)、涤纶(又称聚酶纤维)等化学纤维为原料，用簇绒法或机织法加工成纤维面层，再与麻布底缝合成地毯。其质地、视感都近似于羊毛(图 9-12)，耐磨而富有弹性，鲜艳的色彩、丰富的图案都不亚于纯毛，具有防燃、防污、防虫蛀的特点，清洗维护都很方便，经过特殊处理，可具有防燃、防污和防静电等特点。化纤地毯原料来源广泛，可以机械化大批量生产，且价格远远低于纯毛地毯，所以，在一般家庭装饰装修中使用日益广泛。化纤地毯以尼龙地毯居多，用尼龙织造的地毯耐久性好，耐拉伸、耐曲折、耐破损性能较好，价格低廉，比较适合铺在走廊、楼梯、客厅等走动频繁的区域。

图 9-12 腈纶地毯

2. 纯棉地毯

纯棉地毯可分很多种，有平织的、线毯（可两面使用）的、时下非常流行的雪尼尔簇绒系列（有细绒的，也有粗绒的）等很多种。纯棉地毯的脚感柔软舒适，其中簇绒系列装饰效果非常突出（图 9-13），便于清洁，可以直接放入洗衣机清洗。纯棉地毯有加底的，也有无底的，加底主要起防滑作用。一般来说，客厅及卧室、书房等可选用无底的，浴室、入口、餐厅、练功房等可选用加底的，固定效果更突出。棉织地毯价格低廉，但缺乏弹性。

图 9-13　纯棉地毯

3. 丝织地毯

丝织地毯是一种高档的家居用品，价格比较昂贵（纯丝地毯的价格几乎是普通地毯的 3 倍），也是比较少见的一种地毯。它多是手工编织，做工精细，美观大方，颜色鲜明，图案清晰，显得高贵典雅（图 9-14）。真丝地毯是手工编织地毯中最为高贵的品种，如同真丝衣服一样，手感很好，适合于夏天使用，清凉的脚感能使人在燥热的天气下清凉爽快。许多丝织地毯色彩鲜艳，耐湿、耐虫蛀，可擦洗，铺在简洁的室内，相当有情调。但丝织地毯不耐磨。

图 9-14　丝织地毯

4. 草编地毯

草编地毯是以麻、草、玉米皮等植物纤维加工制成的具有乡土风格的地面装饰材料。它能让自然生态回到室内，增加幽静、宁静、舒适的田园生活气息。

（1）麻织地毯

麻织地毯是很漂亮但很难保养的地毯，因为不能水洗，但可以用清洁剂擦洗。价格较高，夏天坐在地毯上较舒服，有榻榻米席的效果。麻织地毯耐磨，使用寿命长，但质地较硬（图 9-15）。

图 9-15　剑麻地毯

（2）草编地毯

草编地毯是以灯芯草为主原料纺制的纱条织造而成的，或以灯芯草为主原料配有天然淡水植物纤维混纺编织而成的。灯芯草靠淡水生长，草体不含盐分，用灯芯草织造的地毯一经晒干不返潮，不生霉；没有任何腐蚀物渗析，对地板、地表家具没有腐蚀性。灯芯草一经织成地毯，经太阳光强烈照射后，色泽趋向一致、均匀（图 9-16）。

（3）玉米皮编地毯

玉米皮编地毯是将玉米皮进行漂白处理，再加工成玉米皮绳，然后编织成地毯。用玉米皮编织地毯以其适度的弹性、美丽的纹样，给室内创造清爽宜人的环境（图 9-17）。

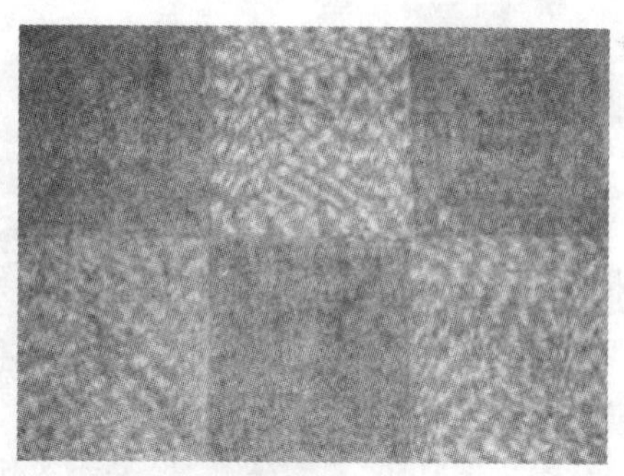

图 9-16　草编地毯

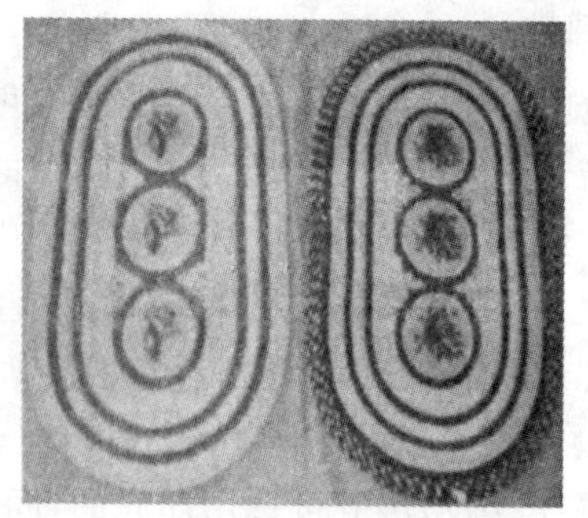

图 9-17　玉米皮编织地毯

5. 橡胶地毯

橡胶地毯是以天然或合成橡胶配以各种化工原料，热压硫化成型的卷状地毯。它具有色彩鲜艳、柔软舒适、弹性好、耐水、防滑、易清洗等特点。特别适用于卫生间、浴室、游泳池、车辆及轮船走道等特殊环境。各种绝缘等级的特制橡胶地毯还广泛用于配电室、计算机房等场合(图 9-18)。

图 9-18　橡胶地毯

橡胶地毯表面有光滑和带肋两类。带肋的橡胶地毡一般用在防滑走道上，其厚度为 4～6 mm。橡胶地毯可制成单层或双层，也可根据设计制成各类颜色和花纹。

9.3　墙面装饰壁纸

壁纸是通过运用材料、设备与工艺手法，以色彩与图纹设计组合为特征，表现力无限丰富，可满足多样性个性审美要求与时尚需求的室内墙面装饰材料。早在 14 世纪欧洲，在德国就已经有早期的壁纸出现。到了 15 世纪，出现了昂贵的皮制墙壁帷幔。到了 18 世纪，最早由英国开始制造的纸质壁纸出现在市面上。其后，壁纸开始在全球流行起来。尤其是到了近代，随着技术的发展，壁纸的花色品种、材质、性能都有了极大的提高，新型的壁纸不仅花色繁多，清洁起来也很简单，可以用湿布直接擦拭。因此，在欧美、日韩，超过 60%的家庭使用壁纸。若将室内墙面当作一个有待包装的礼盒，那么壁纸就像五彩缤纷的包装纸，在原本简单粗糙的水泥房间里，营造出多彩的生命气息。

如今，随着社会科技的进步，适合室内墙面装饰的壁纸可谓千姿百态，品种花色也琳琅满目。壁纸按其基材的不同分为纸壁纸、PVC壁纸、发泡壁纸、无纺织壁纸、织物壁纸、布基壁纸、金铂壁纸和特殊壁纸等。

9.3.1 装饰壁纸的性能要求

1. 平挺性能

装饰壁纸需平挺而有一定弹性，无缩率或缩率较小，尺寸稳定性好，边缘整齐平直，不弯曲变形，花纹拼接准确不走样。壁纸本身品质性能的优劣直接影响到裱贴施工的效果。多幅壁纸拼接粘贴于墙面后需达到平整一致“天衣无缝”的视觉效应。壁纸还应具有相当密度与适当厚度，若过于稀疏单薄，一些水溶性的黏合剂就可能渗透到壁纸表面，形成色斑。

2. 粘贴性能

壁纸必须具备较好的粘贴性，粘贴后壁纸表面平整挺括，拼缝齐整，无翘起剥离现象产生。壁纸粘贴性，除要求足够的粘敷牢度，能与墙面结合平整牢固外，还应具有重新施工时易于剥离的性能。因为壁纸使用一段时间后需更换新的花色品种，这就要求旧墙纸在剥脱时方便，易于清除。

3. 耐污、易于除尘

壁纸大面积暴露于空气中，极易积聚灰尘，易受霉变虫蛀等自然污损。为此，要求壁纸具有较好的防腐、耐污性能，能经受空气中细菌、微生物的侵蚀，不发霉，纤维有较强的抗污染能力，日常去污除尘需方便易行，一般应能以软刷子和真空吸尘器进行有效除尘。

4. 耐光性

壁纸虽然装饰于室内，但也经常受到阳光的照射，为了保持壁纸的牢度和花纹色彩的鲜艳，要求壁纸具有较好的耐光性，不易老化变质，化学稳定性好，日光照晒后不褪色。

5. 吸声、阻燃性

有些特殊的壁纸还需具备良好的吸声、阻燃性能。需要材料能吸收声波，使噪声得以衰减。同时利用壁纸材料的组织结构使表面具有凹凸效应，增强吸声性能。壁纸的阻燃防火性则根据不同的环境进行选择，尽可能选择经阻燃处理的。

9.3.2 壁纸的分类

壁纸品种繁多，有各种各样的分类方法，从而使同一种产品有几个名称。如按外观装饰效果分类，有印花壁纸、压花壁纸、浮雕壁纸等；根据基底和面层所使用的材料可分为纸面纸底、胶面纸底、泡沫胶、胶面布底、纺织品和天然材料等；从功能分有装饰性壁纸、耐水壁纸、防火壁纸等；从施工方法分有现场刷胶裱贴的和背面预涂压敏胶直接铺贴的。此外，还有防污壁纸、健康壁纸、防潮壁纸、防静电壁纸、吸声壁纸等专用壁纸，以满足不同的特殊使用要求。为简明起见，我们按壁纸所用的材料进行分类，大致可以分为如下几类：

1. 织物壁纸

织物壁纸是用丝或羊毛、棉、麻等纤维织成面层，以纱布或纸为基材，经压合而成。其特点是：天然动植物纤维或人造纤维有良好的手感和丰富的质感，色调高雅，无毒，无塑料气味，无静电，不褪色，耐磨，吸声效果好。一般用于高级房间的墙面和天花装饰。

丝织物色彩华丽，质感柔软、滑爽，格调高雅，可营造出富贵、豪华的氛围。粗毛呢料或仿毛化纤织物和麻类织物质感粗实厚重，具有温暖感，吸声性能好，还能从纹理上显示出厚实、古朴等特色，适用于高级宾馆等公共厅堂柱面的裱糊装饰。

2. 纸面纸基壁纸

纸面上可以套印成各式各样的图案或压成各种花纹(图 9-19)。以纸作基层可以使壁纸具有良好的透气性，使墙体基层中的水分能及时向外散发，不致引起壁纸变色或鼓泡。普通壁纸价格较便宜，但其耐水、耐擦性相对较差，而且施工也不方便，容易断裂。

图 9-19　纸面纸基壁纸

3. 天然材料面壁纸

天然材料面壁纸是指采用草、麻、木材、金属、树叶、竹篾等制成的壁纸。其优点是具有自然风格，朴素大方，乡村气息极为浓厚，有融入大自然的感觉。离自然环境较远的城市居民比较喜爱。

4. 塑料壁纸

以纸基与塑料薄膜复合后再经过花色加工处理而成。是发展最迅速，目前应用最为广泛的壁纸品种。这种壁纸对胶黏剂的性能要求不高，价格也比较便宜。

5. 金属壁纸

将金、银、铜、锡、铝等金属箔与纸基压合印花而成，其装饰效果像镶贴金属一样，具有不锈钢面、黄铜面等多种金属质感与光泽(图 9-20)。金属墙纸典雅，高贵华丽。不过，通常这种感受只有在酒店、餐厅或者是夜总会里才能拥有。现代家居特殊效果墙面仅小部分采用。

图 9-20　金银箔

9.3.3 织物壁纸

织物壁纸主要有纸基织物壁纸和麻草壁纸两种。

1. 纸基织物壁纸

纸基织物壁纸是由羊毛、棉、麻、丝等天然纤维及尼龙等化学纤维制成各种色泽、花色和粗细不一的纺线，然后再按一定的花式图案经特殊工艺处理和巧妙的艺术编织，黏合于纸基上而制成的。纸基织物壁纸无毒，能吸声及防止静电产生。其色泽丰富，花样繁多，有良好的手感和丰富的质感。在不同的日光、灯光环境中可以产生不同的视觉效果，显得柔和、赏心悦目，而且耐磨、耐晒，吸声效果好(图 9-21)，强度高。纸基织物壁纸为近年来国际流行的新型高级墙面装饰材料，适用于宾馆、会议室、接待室、酒吧及家庭卧室等墙面装饰。

图 9-21　纸基织物壁纸

2. 麻草壁纸

麻草壁纸又称植物纤维壁纸，是以纸作为底层，以草、麻、木材等植物纤维作表面装饰层，经复合加工在一起而成的墙面装饰材料。这种壁纸没有毒性，透气性好，能散潮气，调节室内湿度，还有吸声效果。麻草壁纸不易变形，图案自然古朴，也是国际流行的新型壁纸。适用于会议室、影剧院、接待室、舞厅、酒吧、宾馆的客房、住宅的卧室等墙面装饰，也可用于商店的橱窗设计(图 9-22)。

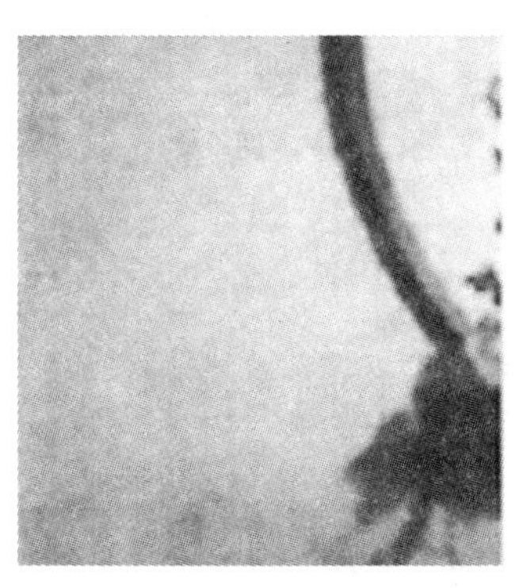

图 9-22　麻草壁纸

9.3.4 棉纺装饰墙布

以纯棉布为基材，经处理、印花、涂布耐磨树脂等工序制作而成。该墙布强度大，静电小，蠕变性小，无光，吸声，无毒、无味，对施工人员和用户均无害，花形色泽美观大方。可用于宾馆、饭店及其他公共建筑和较高级的居住建筑中的装饰。适合于水泥砂浆墙面、混凝土墙面、白灰墙面、石膏板、胶合板、纤维板、石棉水泥板等墙面基层的粘贴或浮挂。棉纺装饰墙布还常用作窗帘，夏季采用这种薄型的淡色窗帘，无论它自然下垂或双开平拉成半弧形式,均会给室内创造出清静和舒适的氛围(图 9-23)。

图 9-23　棉纺装饰墙布

9.3.5　无纺贴墙布

无纺贴墙布是采用棉、麻等天然纤维或涤纶、腈纶等合成纤维,经过无纺成型、上树脂、印花而成的一种新型贴墙材料。这种贴墙布的特点是挺括,不易折断,耐老化,富有弹性,表面光洁而又有羊绒毛感(图 9-24),色泽鲜艳,图案雅致,不易褪色,具有一定的透气性,可以擦洗,而且对皮肤无刺激作用等。无纺贴墙布适用于各种建筑物的内墙装饰。其中,涤纶棉无纺贴墙布还具有质地细腻、光滑等特点,尤其适用于高档宾馆及住宅的装修。

图 9-24　无纺贴墙布

9.3.6　化纤装饰贴墙布

化纤装饰贴墙布是以化学纤维织成的布(单纶或多纶)为基材,经一定处理后印花而成(图 9-25)。常用的化学纤维有黏胶纤维、醋酸纤维、丙纶、腈纶、锦纶、涤纶等。

化学纤维贴墙布具有色彩鲜艳、无毒、无味、透气、防潮、耐磨、不分层等特点。适用于宾馆、饭店、办公室、会议室及民用住宅的内墙面装饰。

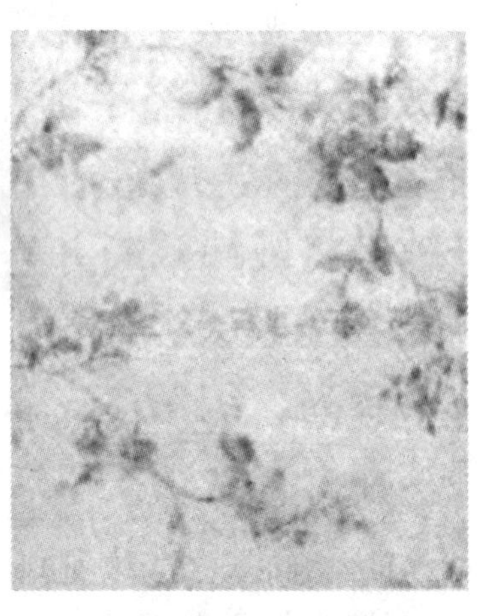

图 9-25　化纤装饰贴墙布

9.3.7　玻璃纤维印花贴墙布

玻璃纤维印花贴墙布是以中碱玻璃纤维布为基料,表面涂以耐磨树脂,印上彩色图案而制成的(图 9-26)。

图 9-26　玻璃纤维印花贴墙布

其特点是：装饰效果好，色彩鲜艳，花色多样，室内使用不褪色、不老化，防水，耐湿性强，价格低廉，施工简单，粘贴方便，抗撞击，防开裂，防虫咬，壁布具有耐洗刷、清洗方便的特点。装修完成后，还可根据个人爱好随意改变外观颜色（可多次涂刷不同颜色、质地的涂料），适合于多种墙面，如混凝土、砖墙、石膏板、木板、刨花板和瓷砖等。适用于宾馆、饭店、工厂净化车间、民用住宅等室内墙面装饰，尤其适用于室内卫生间、浴室等墙面的装贴。天然无毒，安全环保。

9.3.8　木纤维壁纸

木纤维壁纸由天然植物纤维经特殊工艺直接加工而成的。它有相当卓越的抗拉伸、抗扯裂强度（是普通壁纸的 8～10 倍），厚度也是普通壁纸的 2～3 倍。它的使用寿命比普通壁纸长，家庭一般可使用 15 年左右；在酒店、写字楼等公共场所，也可使用 8～10 年。因它具有良好的透气性能，能将墙面本身的湿气释放，不至于因湿气积压过多导致壁纸发生霉变，同时还能将屋内的污浊空气通过壁纸释放出去，使居住者免受憋气之苦。木纤维壁纸的结构中不含任何聚氯乙烯、PVC 和重金属成分，在完全燃烧时，也只产生二氧化碳和水，无挥发性有害离子析出，不会对人体造成化学侵害。还耐水，耐擦洗（图 9-27）。

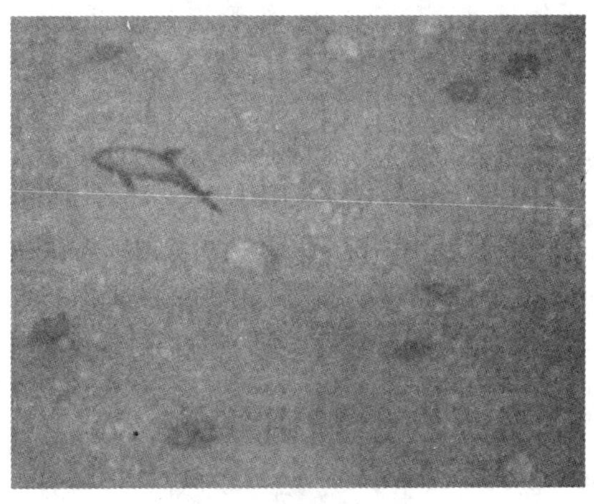

图 9-27　木纤维壁纸

9.3.9 平绒织物

采用两组经纱与一组纬纱交织成中间有连线的双层布，经割绒机从中切断连线，得到两块表面平坦均匀地分布着绒毛的织物，称为平绒。平绒织物是一种绒毛织物，属于棉织物中较高档的产品。这种织物的表面被耸立的绒毛所覆盖，绒毛高度一般为 1.2 mm 左右，形成平整的绒面，所以称为平绒。平绒表面可以印花、压花(图 9-28)。

(a)压花平绒

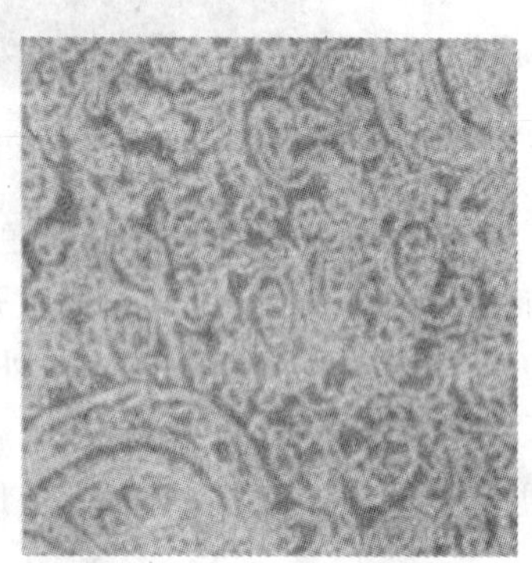

(b)印花平绒

图 9-28 平绒

平绒织物具有以下特点：

1. 耐磨性较一般织物要高 4～5 倍，因为平绒织物的表面是以纤维断面与外界接触，避免了布底产生摩擦。

2. 平绒表面密布着耸立的绒毛，故手感柔软且弹性好，光泽柔和，表面不易起皱。

3. 布身厚实，且表面绒毛能形成空气层，因而保暖性好。

平绒织物很受人们喜爱，常用于日常生活及建筑装饰等方面。

平绒织物根据绒毛的形成方法可分为经平绒和纬平绒两大类。经平绒是将织物的双层从中间割断，形成单层织物后，经刷绒等处理而成的；纬平绒是将绒纬割断并经刷绒等处理而成的。经平绒一般绒毛较长，织造工艺复杂，织疵较多，但效率较高，织绒工艺简单；纬平绒质地较薄，手感好，有光泽，但后整理加工工艺较复杂。目前国内生产的平绒织物大多数是经平绒，仅少数厂有纬平绒产品。

平绒织物用于室内装饰主要是外包墙面或柱面及家具的坐垫等部位。为了增加平绒织物的弹性及手感效果，绒布背后常衬以泡沫塑料，其目的是使绒布墙面更加丰满。在构造上，绒布墙面一般由三部分组成：基层固定 3 mm 左右厚的夹板，在夹板上固定 1 cm 厚的泡沫塑料，然后再将绒布用压条固定。为了增加墙面的装饰效果，常用铜压条或不锈钢压条，每隔 1～2 m 作竖向分割。基层的墙面要干燥，如果背面是潮气较大的房间，在夹板背面还应做防潮处理。在绒布与地面交接部位，多用木踢脚板过渡，用木踢脚板封边。

9.3.10 高级墙面装饰织物

高级墙面装饰织物是指锦缎、丝绒、呢料等织物，这些织物由于纤维材料、织造方法及处理工艺的不同，所产生的质感和装饰效果也不相同，它们均能给人以美的感受（图9-29）。锦缎也称织锦缎，是我国的一种传统丝织装饰品，其上织有绚丽多彩、古雅精致的各种图案，加上丝织品本身的质感与丝光效果，使其显得高雅华贵，具有很强的装饰作用。常用于高档室内墙面的浮挂装饰，也可用于室内高级墙面的裱糊。但因其价格昂贵，柔软易变形，施工难度大，不能擦洗，不耐脏、不耐光，易留下水渍的痕迹，易发霉，故其应用受到了很大的限制。

丝绒色彩华丽，质感厚实温暖，格调高雅，主要用作高级建筑室内窗帘、软隔断或浮挂。

羊毛纤维壁布是纯羊毛制成的底基，经过复合材料压制成凹凸花纹，更具立体感，如雕刻的墙面不含任何PVC及有害物质，比其他墙面材料更具透气性及吸声的性能。

(a)锦缎

(b)丝绒

(c)羊毛

图9-29　高级墙面装饰织物

9.3.11　壁毯

壁毯是具有装饰物和人物形象的一种织物，是供人们欣赏的室内墙挂艺术品，故又称艺术壁挂。壁毯要求图案花色精美，为此常采用纯羊毛、蚕丝、麻布等上等材料制作而成。

壁毯有着悠久的历史，最早被定为壁毯的可追溯到11世纪一种被称作圣·杰雷奥内的布，现在已被分割成多块，被欧洲各国收藏。现在有些手工艺的作坊还在生产手工编织的壁毯，但数量极其有限，其余大多使用提花织机生产。

壁毯因工艺不同可分为许多种类，每个种类都有各自的特点。

1. 高档壁毯

在高档壁毯中，皇宫手绣壁毯是壁毯中的极品。它通常以圣经故事、神话传说为题材（图9-30），以传统绘画为基础，采用精细毛纱纯手工编织。纯毛壁毯也属于高档壁毯，纯手工制作，图案较为单一，如长城、泰山、八骏图等。枪刺壁毯以纯羊毛或腈纶为原料，手工编制而成，较具代表性的有迎客松、骏马、梅花、长城、仕女图、山景等，既显档次，又极具古朴色彩，有很高的欣赏价值。

图9-30　高档壁毯

2. 中档壁毯

(1)手绘壁毯。这是近年来深受人们喜爱并被争相购买的一种壁毯。它以化纤原料为基布,在毯面上将图案的轮廓绘制、着色、片剪出来,使其具有立体感,其图案富于国画特色,有娇艳的牡丹、雄伟的长城、奔腾的骏马和报春的梅花等。

(2)普通手绣壁毯。这是一种以腈纶纱为主制作的壁毯。它以手工绣制为主,辅以机绣,毯面图案凹凸有致,色彩鲜艳。所绣图案上百种,有风景,有人物,有动物,各种图案都栩栩如生。手工绣制,色彩鲜艳,风格多样,价格适中。

(3)拼贴壁毯。其工艺比较简单,图案都是各种色块拼接粘贴而成的,非常逼真,价格较低。

(4)艺术壁毯。以羊毛纤维为原料编织而成,质地柔和,色泽艳丽,图案新颖,装饰性强。全部圈绒的艺术壁毯适宜于表现色块大、色调明快的装饰画;全部割绒的艺术壁毯适宜于表现油画和国画;以圈绒为底、割绒为图案的艺术壁毯具有很强的立体感。

9.4 窗　饰

窗帘是室内垂直悬挂面积最大的织物,可以调节室内光线,有隔声、调温和遮阳等作用。窗帘既满足私密性的要求,同时又可以美化室内,缓和室内空间的生硬感,起到柔化空间的作用。它的色彩、图案、肌理可以起到很好的室内装饰效果。它是不可或缺的装饰品。冬季,拉上幔帐式的窗帘,将室内外分隔成两个世界,给屋里增加了温馨的暖意。

现代窗帘既可以减光、遮光,以适应人对光线不同强度的需求,又可以防风、除尘、隔热、保暖、消声,改善居室气候与环境。因此,装饰性与实用性的巧妙结合,是现代窗帘的最大特色。

9.4.1 窗帘的功能

1. 保护私隐

对于一个家庭来说,谁都不喜欢自己的一举一动在别人的视野之内。不同的室内区域,对于私隐的关注程度又有不同的标准。客厅这类家庭成员公共活动区域,对于私隐的要求就较低,大部分的家庭客厅都把窗帘拉开,大部分情况下处于装饰状态。而对于卧室、洗手间等区域,需有较强的私密性。不同区域选择不同的窗帘,客厅可能会选择偏透明的一款布料,而卧室则选用较厚质的布料。

2. 利用光线

利用光线,是指在保护私隐的情况下,有效地利用光线。例如一层的居室,大家都不喜欢人家走来走去都看到室内的一举一动,但长期拉着厚厚的窗帘又影响自然采光,所以类似于纱帘一类的轻薄帘布就应运而生了。

3. 装饰墙面

窗帘对于很多普通家庭来说,是墙面的最大装饰物。尤其是对于一些简装家庭来说，除了几幅画框，可能墙面上的东西就只剩下窗帘了。所以，窗帘的选择漂亮与否，可能有着举足轻重的作用。同样，对于精装的家庭来说，合适的窗帘将使得家居更漂亮、更有个性。

4. 吸声降噪

声音的传播部分，高音是直线传播的，而窗户玻璃对于高音的反射率也是很高的。所以，有适当厚度的窗帘，将可以改善室内音响的混响效果。同样，厚窗帘也有利于吸收部分来自外面的噪声，改善室内的声音环境。

9.4.2 窗帘的种类

1. 根据材质分类

可以分为纸帘、布艺帘、纱帘、PVC 帘、金属帘。

2. 根据制作工艺和用途分类

可以分为布帘、百叶帘(其中包括木质和 PVC 材质)、卷帘、百褶帘、罗马帘、竹帘。

3. 根据其面料、工艺分类

可分为印花布、染色布、色织布、提花布等。

(1)印花布

在素色胚布上用转移或圆网的方式印上色彩、图案，称为印花布。其特点是色彩艳丽，图案丰富、细腻。

(2)染色布

在白色胚布上染上单一色泽的颜色，称为染色布。其特点是素雅、自然。

(3)色织布

根据图案需要，先把纱布分类染色，再经交织而构成色彩图案，称为色织布。其特点是色牢度强，色织纹路鲜明，立体感强。

(4)提花印布

把提花和印花两种工艺结合在一起，称为提花印布。

4. 按织物厚度分

(1)轻、薄、透明或半透明的布料，如棉、聚酯棉混纺布、玻璃纱、精细网织品、蕾丝和巴里纱等。织物轻薄飘逸，花型秀丽，若用绿、蓝等冷色调，可增加优雅、舒适之感，宜作夏季窗帘。

(2)中等厚度的不透光布料，如花式组织棉布、尼龙及其混纺布、稀松网眼布；滑面布料，如擦光印花棉布、磨光棉布、仿古缎子、真丝和波纹绸等。花型凹凸立体感强，色彩丰富，宜作春秋季窗帘。

(3)厚质不透明布料，如毛呢、丝绒、平绒、条绒。织物厚实，绒面丰满，色泽浓艳，庄重高雅，宜作冬季窗帘。窗帘保温、遮光、吸声效果好。

窗帘一般分内帘和外帘，内帘一般指在外帘内衬一层纱帘，既可保证隐秘，又可不影响光线，是比较受欢迎的窗户装饰方法。

9.4.3 几种常用窗帘及其特点

1. 布艺帘

布艺帘多年来一直是窗艺装饰的主体，将来仍是主流趋势，只是在面料和形势上有所更新。布艺帘按窗帘面料质地分为纯棉、麻、涤纶、真丝，也可由几种原料混织而成(图 9-31)。

(a)棉质　(b)麻质　(c)真丝　(d)涤纶

图 9-31　布艺帘

(1)棉质面料质地柔软，手感好，织物厚实，花形具有立体感，价格便宜，宜作春秋窗帘。

(2)麻质面料垂感好，肌理感强，易于洗涤和更换。

(3)真丝面料高贵、华丽，由 100% 天然蚕丝构成。具有自然、粗犷、飘逸、层次感强的特点。绸缎、植绒窗帘质地细腻，豪华艳丽，遮光隔声效果都不错，但价格相对较高。

(4)人造纤维窗帘较硬，易洗涤且耐用，遮阳性好。常用的涤纶面料挺括，色泽鲜明，不褪色，不缩水，网眼织花，图案鲜明，立体感强，舒适爽快，适宜作夏季窗帘，白色为佳。

窗帘的价格受织物的质地左右，精棉、亚麻、丝绸、羊毛质地的价格较高，但也最受消费者喜爱。

2. 卷帘

卷帘简洁大方，花色较多，使用方便，可遮阳、透气，使用一段时间后拿下来清洗也较方便。卷帘的最大特点是简洁，四周没有花里胡哨的装饰，窗户上边有一个卷盒，使用时往下一拉即可。比较适合安装在书房、有电脑的房间和室内面积较小的居室。喜欢安静、简洁的人适宜使用卷帘，西晒的房间用卷帘遮阳效果较好。卷帘有单色的、花色的，也有一幅帘子是一整幅图案的。

卷帘按开启方式不同包括电动卷帘、拉珠卷帘、弹簧卷帘三种类型。

(1)电动卷帘——电动收放式

电动卷帘机构是一种轻型电动化卷帘机，它的使用只需拨动电源开关，操作简便，工作安静平稳。根据帘布的尺寸重量可选用不同规格的电机，可用一个马达拖多副卷帘(图 9-32)。电动卷帘适用于大型、标志性建筑，为超高大型卷帘，其宽度可达 2.5 m，高度可达 20 m。根据帘布的使用场合可红外线遥控，也可无线电遥控，控制方式可单独控制也可以群控。

(2)拉珠卷帘——珠链拉动式

拉珠卷帘机构的控制部分是利用卷簧扭转时，能单向控制被动轴实行回转运动的机械

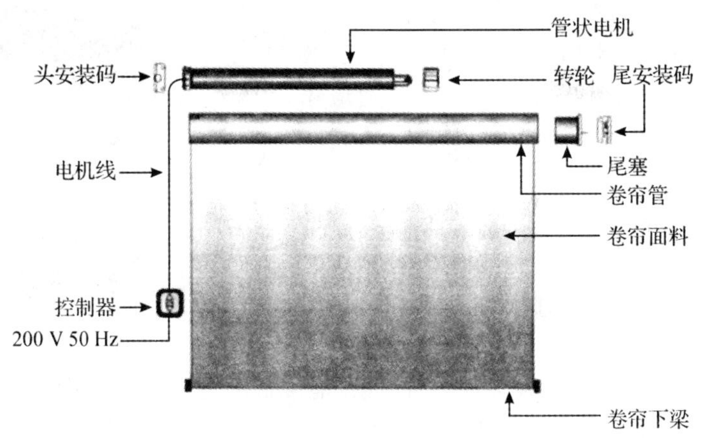

图 9-32　电动卷帘

原理而调制的一种机构。此机构只要在卷管荷重范围内，保证帘布不会因自重而下滑。人工操作拉珠传动，帘布便会上升或下降(图 9-33)。拉珠卷帘适合于一般卷帘，手拉操作，高度一般为 3～5 m。

(3)弹簧卷帘——自动收放式

弹簧卷帘机构的控制部分是一种滚珠式超越离合器，它原本也是一种单向控制器件，设计者巧妙地将传统的超越离合器中的弹簧取消，并对某些零件开状稍作修改，便成了目前的手拉式弹簧卷帘机构。弹簧卷帘的弹力可以调节面料在一定范围内升降，可以在任意位置停住。轻轻往下拉，一放手，面料能悠然自得地弹回到窗帘顶部，操作轻巧，操作时间短暂，停留位置随心所欲(图 9-34)。弹簧卷帘结构小巧紧凑，操作灵活方便，面积在 4 m^2 以下为宜。

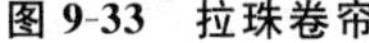
图 9-33　拉珠卷帘

图 9-34　弹簧卷帘

3. 罗马帘

罗马帘是比较适合安装在豪华家居、酒店的布艺帘。它使用的面料范围较广，一般质地的面料都可做罗马帘。这种窗帘装饰效果很好，华丽、漂亮(图 9-35)。

4. 百叶固帘

传统概念中，百叶窗只适合办公室，不适合陈设在家居中，现有不少家庭也开始对百叶窗情有独钟。百叶窗帘遮光效果好，透气强，但挡蚊蝇的效果比不上布艺纱帘。百叶窗更适宜安装在家居的厨房内，可用水洗掉油污。为了适应家居的需求，目前市场上的百叶窗颜色较多，不再是清一色的白色。

图 9-35　罗马帘

除了传统的塑料、木片和铝合金制作的百叶窗之外，清新自然的竹片、草席制作的百叶窗帘和现代感十足的粗糙毛纺布艺窗帘亦成为百叶窗家族中的新成员。竹片和草席编成的百叶窗帘色彩清雅柔和，本身的材质带有一种天然的清凉感，能降低夏日家居的温度，与中国传统朴素风格的家居也非常契合。竹片和草席窗帘材质轻盈，使用时轻巧灵活，即使风吹、雨打、日晒也不会伸缩变形。而毛纺布艺百叶窗感觉时尚，不同色彩的丝麻质布料包裹着百叶窗的叶片，摸上去虽然手感粗糙，却与百叶窗浑然一体，给简洁的空间带来一种赏心悦目之感（图 9-36）。

(a)塑料百叶

(b)布艺百叶

(c)铝合金百叶

(d)木百叶

图 9-36　百叶固帘

5. 木织帘

目前许多人都在追求一种返璞归真的感觉，木织帘成为一种时尚。木织帘又分木织、竹织、苇织、藤织几种。木织帘陈设在家居中能显出风格和品位来（图 9-37）。它基本不透光，但透气性较好，适用于纯自然风格的家居中。木织帘的用木很讲究，是由一种进口的拉敏木制作的，所以价格偏高。木织市场上有不少是仿制品，这种仿制的木织帘的材质是国产杨木，中间的木棍不太直，而且有明显的毛疵和黑毛。真正的木织帘木棍硬直，表面非常光滑。

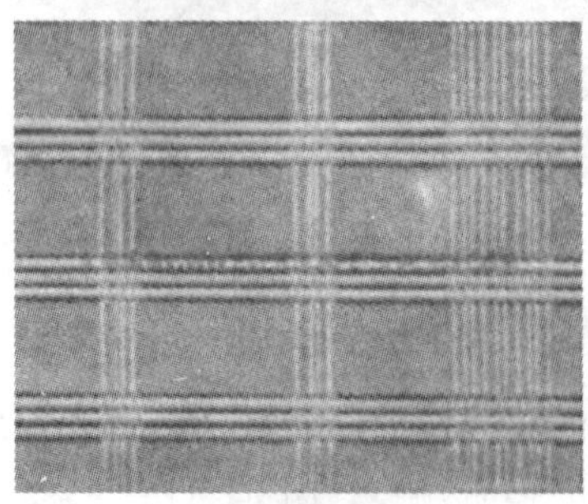

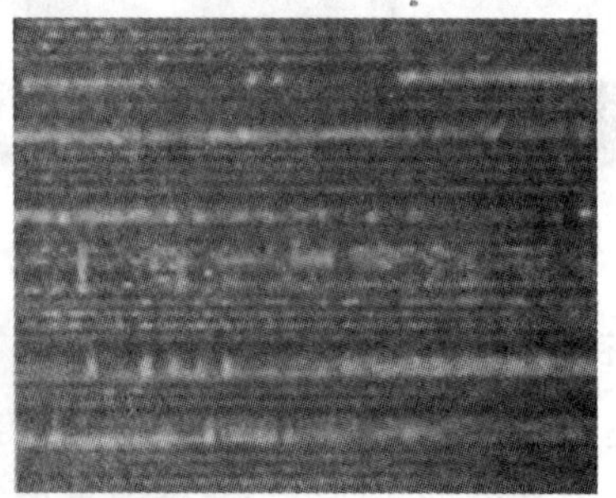

图 9-37　木织帘

6. 竹帘、苇帘、藤帘

竹帘、苇帘和藤帘装饰性极强，风吹日晒不变形，透气性很好，适合夏季使用。但作窗帘效果差一些，更适合陈设在古朴及文化味较浓的家居中，挂在一面墙上，上面陈设各种挂件（图 9-38）。注意竹帘易长霉，苇帘易生虫，所以在国外这两种帘多挂在室外；但它们价格非常便宜，如果用上一年后长霉生虫，可以换掉。一般建材城出售的竹帘和苇帘 1～1.5 m 宽。

各种木竹织帘与其说是窗帘，不如说是室内风格化的装饰物。目前窗帘流行粗犷、返璞归真风格，所以各种木织帘成为目前最时尚的饰品。但木竹织帘在晚间使用时一般遮光性较差，还须在外面加一层布艺窗帘。

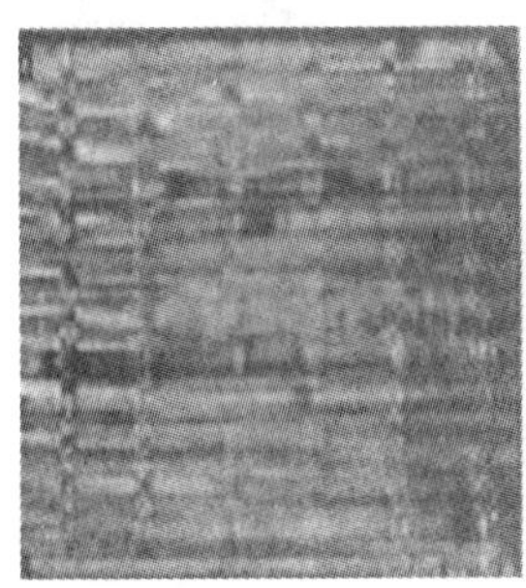
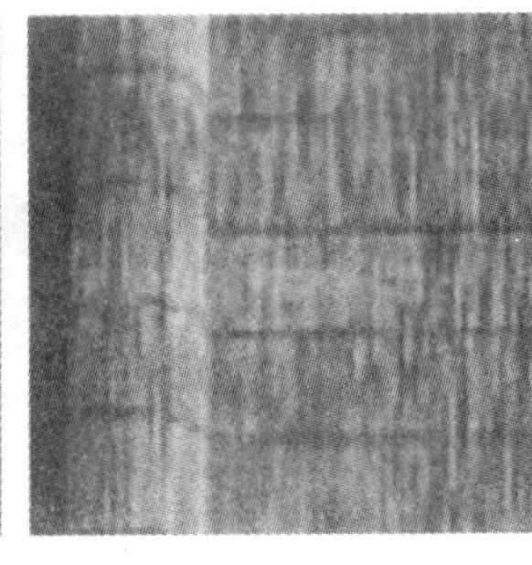

图 9-38　竹帘、苇帘、藤帘

本章小结

地毯是一种高级的地面装饰材料。地毯的品种很多，其分类方法也多种多样，如按图案类型分、按材质分、按工艺分、按规格尺寸分、按使用场所分等。常用的地毯有纯毛地毯和化纤地毯。纯毛地毯为高档地毯，按编织方法可为手工编织和机织两种。纯毛地毯具有色泽鲜艳、质地厚实、富有弹性、柔软舒适、经久耐用等特点。

化纤地毯的装饰性好，耐污染性、耐磨性好，抗倒伏性也好。但其阻燃性差，易产生静电。化纤地毯由面层、防松涂层和背衬三部分组成。化纤地毯的主要技术性能包括剥离强度、绒毛黏合力、耐磨性、抗静电、抗老化、阻燃等。

墙面装饰织物是指以纺织物和编织物为面料织成的壁纸或墙布。织物壁纸主要有纸基织物壁纸和麻草壁纸等。墙布则主要有以玻璃纤维为基料的墙布、无纺贴墙布、化纤装饰墙布、棉纺装饰墙布以及高级墙面装饰织物等。

复习思考题与习题

9.1　请指出地毯有哪些分类方法。

9.2　常见的地毯编织工艺有哪些？

9.3　如何根据不同的使用场所选择地毯？

9.4 请指出纯毛地毯的性能特点。

9.5 试述化纤地毯的优缺点。

9.6 根据化纤地毯的构造,指出它们各起什么作用。

9.7 化纤地毯的技术性能指标有哪些?

9.8 常用的织物壁纸和装饰墙布有哪些?各有何特点?

9.9 怎样铺设和清洁地毯?

9.10 楼梯怎样铺设地毯?

9.11 怎样用窗帘掩饰房间的缺陷?

9.12 怎样清洗窗帘和毛绒玩具以及被子和床罩?

第 10 章　木质装饰材料

本章要点

自古木材就是人类生存所依赖的主要原材料，迄今仍是世界公认的四大原材料(木材、钢铁、水泥、塑料)之一。本章介绍了木材的宏观、微观结构及木材的环境学特性。为了合理利用木材，较为详细地阐述了木材的优缺点、主要性质。详细讲解了主要的几种人造板、木装饰制品，如各种木质人造板、木地板、木装饰线、装饰薄木条等，应重点掌握它们的品种、性能、特点及在建筑装饰工程中的应用。

10.1　木质装饰材料的基本知识

10.1.1　木材的特点

木材是一种有机高分子生物材料，是人类最早应用于建筑以及装饰装修的材料之一。由于木材具有许多其他材料无法替代的优良特性，它至今在建筑装饰装修中仍然占有极其重要的地位。虽然其他种类的新材料不断出现，但木材仍然是家具和建筑领域不可缺少的材料。木材在结构上具有变异性、多孔性、层次性、向异性等特点。其性能上的优缺点具体可以归结如下：

1. 优点

(1)天然和环保性。木材是天然的，有独特的质地与构造，其纹理、年轮和色泽等能够给人们一种回归自然、返璞归真的感觉，深受广大人民喜爱。木材本身是绿色环保材料，不存在污染源，其散发的清香和纯真的视觉感受有益于人们的身体健康。与塑料、钢铁等材料相比，木材是可循环利用和永续利用的材料。木材具有对紫外线的吸收和对红外线的反射作用。

(2)良好的加工性。用简单的手工具就可以加工。结合形式多种多样：榫结合、钉结合、胶结、各种金属连接件，也可以蒸煮后进行弯曲、压缩等加工。

(3)优良的物理力学性能。木材的强重比比一般金属高，即木材轻而强度高。气干材是良好的热、电绝缘材料。木材有吸收能量的作用，如枕木。木材是弹塑性体，在损坏时有一定的预兆，给人以安全感。木材具有调湿性，通过干缩湿胀调节室内气候。

(4)优良的装饰性。木材具有天然的美丽花纹、光泽和颜色，能起到特殊的装饰效果。

2. 缺点

(1)干缩湿胀性。木材含水率在纤维饱和点以下变动时,其尺寸也随之变化。由于各向异性,在木材各个方向上干缩湿胀率存在着差异,可能导致木材发生开裂、翘曲等。

(2)有许多天然缺陷,如节疤、腐朽、虫蛀、裂纹等。

(3)木材易于燃烧。

(4)变异性大。不同树种、不同产地、不同气候、不同部位(心边材、早晚材、幼龄材和成熟材等)的木材均不一样。

10.1.2 木材的分类

常用的植物分类单位是界、门、亚门、纲、目、科、属、种。其中,种是最基本的分类单位,是指具有相似的形态特征,表现一定的生物学特性,要求一定的生存条件,能够产生遗传性相似的后代,并在自然界中占有一定分布区的无数个体总和。木材来源于裸子植物(针叶树)和被子植物中双子叶乔木植物(阔叶树)。

1. 按树木树叶分类

可分为针叶树材和阔叶树材两大类。

(1)针叶树材

针叶树叶子细长呈针状,大多为四季常青树。树干通直且高大,纹理顺直,材质均匀,木质较软,易于加工,故称"软木材"。其木材不具导管,故又称为"无孔材"。

针叶树是主要建筑与装饰材料,广泛用于各个构件和装饰部件。常用的树种有松、杉(图 10-1)、柏等。

(2)阔叶树材

阔叶树树叶宽大,叶脉呈网状,大多为落叶树,树干通直部分较短,材质较硬,较难加工,故称"硬木材"。其木材具导管,故又称为"有孔材"。

阔叶树木材表观密度大,干缩变形大,易翘曲或开裂,建筑上常用来制作尺寸较小的构件。常用的树种有榆木(图 10-2)、椴木、榉木、水曲柳、泡桐、柞木等。

图 10-1 云杉幼树

图 10-2 榆树

2. 按加工程度和用途分类

可分为原条、原木、板方材、枕木等。

原条是指已经修枝、剥皮但尚未加工造材的木材。

原木是指伐倒后，经修枝并截成规定长度的木材。

板方材是指按一定尺寸锯解、加工成的板材和方材。

10.2　木材的构造

10.2.1　树木的组成部分

树木由种子(或萌条、插条)萌发，经过苗期、幼树，到最后长成枝叶茂盛、根系发达的高大乔木。纵观全树，由树冠、树干和树根三大部分组成。

1. 树冠

树冠是树木最上部分生长着的枝丫、树叶、侧芽和顶芽等部分的总称。它的范围通常是由树干上部第一个大的活枝算起，至树冠的顶梢为止。侧枝上生长着稠密的叶子。树冠中的树枝把从根部吸收的养分由边材输送到树叶，再由树叶吸收二氧化碳，通过光合作用制成碳水化合物，供树木生长。树冠中的大枝可生产部分径级较小的木材，通称为枝丫材，约占树木单株木材产量的5%～25%，充分地利用这部分木材制造纤维板、刨花板和细木工板等，在提高森林资源效益上具有重要意义。

2. 树干

树干是树冠与树根之间的直立部分，是树木的主体，也是木材的主要来源，约占树木单株木材总产量的50%～90%。在活树中，树干具有输导、储存和支撑三项重要功能。木质部的生活部分(边材)把树根吸收的水分和矿物营养上行输送至树冠，再把树冠制造出来的有机养料通过树皮的韧皮部下行输送至树木全体，并储存于树干内。

3. 树根

树根是树木的地下部分，由主根、侧根和须根组成，约占立木总体积的5%～25%。主根的功能是支持树体，将强大的树冠和树干稳固地生于土壤，保证树木的正常生长；侧根和须根则主要是从土壤中吸收水分和矿物质营养，供树冠中的叶片进行光合作用。它们是树木生长并赖以生存的基础。

10.2.2　木材的宏观构造

木材的宏观构造是指用肉眼或放大镜所看到的木材组织。木材由无数不同形态、不同大小、不同排列方式的细胞组成。

1. 木材的三切面

从不同的方向锯切木材，可以得到不同的切面。利用各切面上细胞及组织所表现出来的特征，可识别木材，研究木材的性质、用途。要全面、正确地了解木材的细胞或组织所形成的各种构造特征，就必须通过木材的三个切面来观察。树干的三切面是横切面、径切面和弦切面(图 10-3)。

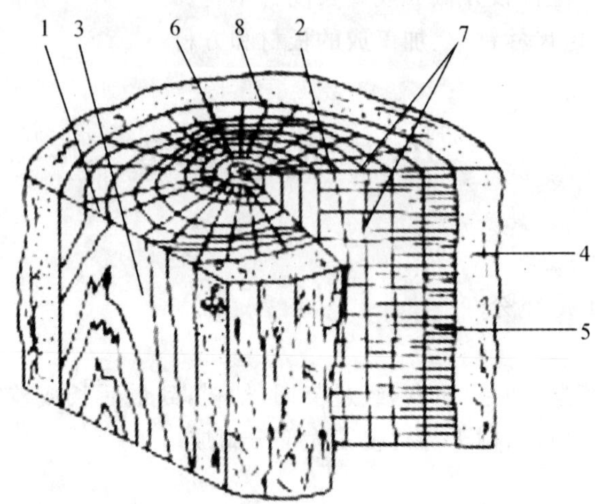

1—横切面;2—径切面;3—弦切面;4—树皮;5—木质部;6—髓心;7—髓线;8—生长轮(年轮)

图 10-3 树干三个不同的切面

(1)横切面(端面)

与树干主轴或木材纹理垂直的切面,即树干的端面或横端面。在这个切面上,木材中的各种纵向细胞或组织的横断面形态及分布规律都能反映出来,较全面地反映了细胞间的相互联系,是识别木材最重要的切面。在原木特征中所谓的树干断面,实际上就是木质部(木材)的横切面。从横切面可以看出,木材由树皮、形成层、木质部和髓四个部分组成(图 10-4)。

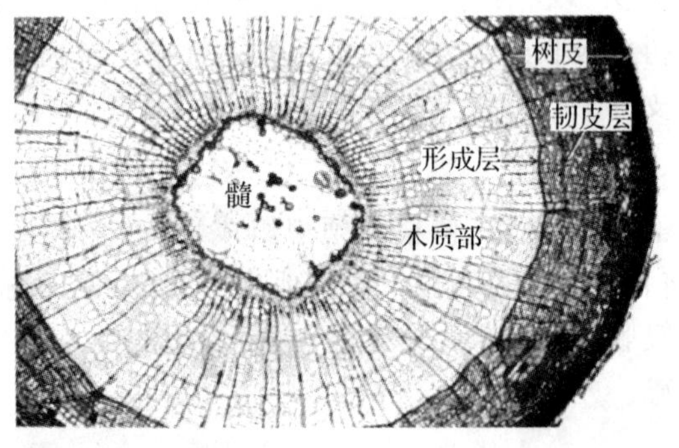

图 10-4 横切面(椴木)

(2)径切面(径面)

与树干主轴或木材纹理方向(通过髓心)相平行的切面。在该切面上,能显露纵向细胞(导管)的长度和宽度及横向组织(木射线)的长度和高度。径切面上的生长层呈条纹状直纹理,基本相互平行。

(3)弦切面(弦面)

与树干主轴或木材纹理方向(不通过髓心)平行并与木射线垂直的切面。在该切面上,能显露纵向细胞(导管)的长度和宽度及横向细胞或组织(木射线)的高度和宽度。弦切面上的生长层呈 V 字形花纹，较美观。

径切面和弦切面由于都是沿纹理方向的切面，所以这两个切面被笼统地称为纵切面。在三个切面中，就肉眼观察来讲，以横切面为重要。

在木材加工中通常所说的径切板和弦切板与上述的径切面和弦切面是有区别的。在木材生产和流通中，借助横切面，将板宽面与生长轮之间的夹角为 45°～90°的板材称为径切板；将板宽面与生长轮之间的夹角为 0°～45°的板材称为弦切板(图 10-5)。

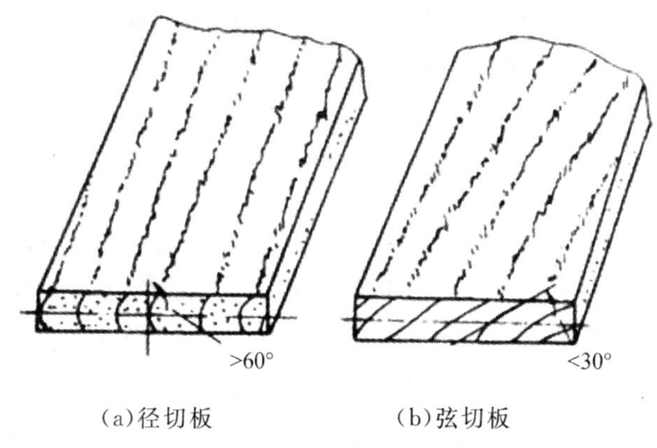

(a)径切板　　(b)弦切板

图 10-5　径切板和弦切板

温带和寒带生长的树木每年生长季开始时生长旺盛，形成层分生出来的细胞比较大，木材的材色浅，组织松软，称其为早材(春材)；此后分生出来的细胞壁厚，腔小，材色深，组织致密，称为晚材(夏材)。

一般来说，相同树种，同一地带，夏材所占比例越大，强度就越高，年轮密而均匀，材质好。

2. 心材、边材和熟材

从木材外表颜色来看，横切面和径切面上木材颜色有深有浅，有些树种材的颜色深浅均匀一致。一些树种树干的外围部位，水分较多，细胞仍然生活，颜色较浅的木材称为边材(图 10-6)。而一些树种的树干中心部位，水分较少，细胞已死亡，颜色比较深的木材称为心材。一部分树种，如冷杉、水青冈等，树干中心部分与外围部分的材色无区别，但含水量不同，中心水分较少的部分，称为熟材。

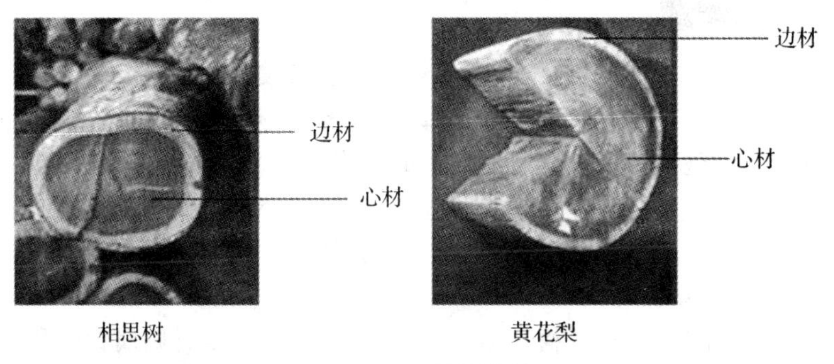

相思树　　黄花梨

图 10-6　心材和边材

树干的中心和外围既无材色差别，含水量也没有明显差异的树种称为边材树种。边材树种大都是阔叶树，如杨树、桦木、椴木、鹅耳枥和椴木等。心材和边材区别明显的树种，如油松、落叶松、马尾松、柏木、黄波罗、核桃楸、水曲柳、紫檀等，称为心材树种。具有熟材的树种(隐心材树种)，如冷杉、椴木、山杨和水青冈等，称为熟材树种。

3. 生长轮、早材和晚材

年轮是温带树木在(直径)生长过程中，由于气候交替的明显变化而形成的轮状结构，亦是形成层向内分生的一层次生木质部，围绕着髓心构成的同心圆。

树木在一个生长周期内生长一层木材称为生长轮。温带、寒带地区树木一年内生长的一层木材称为年轮。热带或南亚热带地区，树木生长季节仅与雨季和旱季的交替有关，一年内会形成几圈木质层，所以称为生长轮。实质上年轮也就是生长轮，但生长轮不能等同于年轮。

每一年轮由两部分木材组成。树干中靠近髓心一侧，树木每年生长季节早期形成的一部分木材称为早材(春材)；而靠近树皮一侧，树木每年生长后期形成的一部分木材称为晚材(秋材)。对于温带、寒带和亚热带生长的树木来说，每年春季雨水较多，气温高，水分、养分较充足，形成层细胞分裂速度快，细胞壁薄，形体较大，材质较疏松，颜色较浅，这就是早材材性的特征。而在温带、寒带的秋季和亚热带的秋季，雨水少，树木营养物质流动缓慢，形成层细胞的活动逐渐减弱，细胞分裂速度缓慢，而后逐渐停止，形成的细胞腔小而壁厚，木材组织致密，材质硬，材色深。

10.2.3 木材的微观构造

木材的微观构造是指用显微镜所能观察到的木材组织。木材细胞按其功能不同而不同。

针叶材主要细胞有管胞、木射线、轴向薄壁组织、树脂道等，其中正常树脂道只存在于松、云杉、落叶松、黄杉、银杉、油杉松科中的6个属。管胞是主要为纵向排列的厚壁细胞，约占总体积的90%。

阔叶材主要细胞有导管、阔叶材管胞、木纤维、轴向薄壁组织、木射线等。导管是壁薄而腔大的细胞，约占总体积的20%。木纤维是一种厚壁细胞，占50%以上。木射线发达而明显。

在显微镜下观察木材的切片，木材是由无数管状细胞结合而成的，它们大部分纵向排列，少数横向排列(如射线细胞)。

细胞是构成木材的基本形态单位。木材细胞在生长发育过程中经历分生、扩大和胞壁加厚等阶段而达到成熟。成熟的木材细胞多数为空腔的厚壁细胞，每个细胞都由细胞壁和细胞腔两部分组成，细胞壁由细纤维组成。组成细胞壁的纤维之间存在有极小的空隙，能吸附和渗透水分。木材的细胞壁越厚，细胞腔越小，木材越密实，其表观密度和强度也越大，但胀缩变形也大。所以，无论是木材树种识别与利用，还是木材物理力学性质的各向异性，都与木材细胞有密切的关系。

识别木材的程序一般为：先从横切面上管孔有无开始，把木材归属针叶树或阔叶树。在阔叶树中，再按它的大小、多少、排列、组合再往下分，按材质、材色、纹理识别出树种，然后再与标准定名的木材标本核对。如无正确定名标本时，可查阅木材文献，还不能确定时，把木材做成切片，借助显微镜，进一步观察确定所识别木材的树种。

10.3　木材的性质

10.3.1　木材的化学性质

木材是一种天然生长的有机高分子材料，组成木材的基本元素和平均含量分别是：碳 49.5%～50%，氢 6.3%～6.4%，氧 42.6%～44%，氮 0.1%～0.2%。此外，还有少量无机物即灰分，总含量为 0.2%～1.7%，主要是钾、钠、钙、磷、镁、铁、锰等元素。

木材细胞壁主要由纤维素、半纤维素和木质素三种成分构成。纤维素以分子链聚集成束和排列有序的微纤丝状态存在于细胞壁中，起着骨架作用，故称为骨架物质，相当于钢筋水泥构件中的钢筋。半纤维素以无定形状态渗透在骨架物质之中，起着基体黏结作用，故称为基体物质，相当于钢筋水泥构件中的绑捆钢筋的细铁丝。木质素在细胞分化的最后阶段木质化过程中形成，它渗透在细胞壁的骨架物质和基体物质之中，可使细胞壁坚硬，所以称为结壳物质或硬固物质，相当于钢筋水泥构件中的水泥。

纤维素是由 *D*-葡萄糖基构成的直链状高分子化合物，包含结晶区和非结晶区。纤维素分子链排列有序、紧密，具有完全的规整性，靠侧面的氢键缔合构成一定的结晶格子，呈现清晰 X 射线衍射图的为结晶区；纤维素分子链排列松散，不呈定向有序，规则性不强的为非结晶区（无定形区）。结晶区性质稳定，水分子难以进入；非结晶区分子链排列松散，水分子能进入，发生润胀。

半纤维素属于非均一聚糖，是由两种或两种以上糖基所组成分子量较小的高分子化合物。其结构型为支链型，常带有各种短的侧链，仅含有 150～200 个半纤维素糖基，与部分纤维素分子链形成非结晶区。水分子和其他溶剂容易进入非结晶区，所以半纤维素比纤维素容易发生化学反应。

木质素属于无定形物质，是由苯基丙烷基本结构组成属于芳香族的高聚物，化学成分和化学结构都比较复杂。木素的软化塑化、分离和溶解等性质与制浆造纸工艺密切相关。

木质素基本结构单元是含有苯基丙烷基本结构的愈疮木基型、紫丁香基型和对羟苯基型结构（图 10-7）。

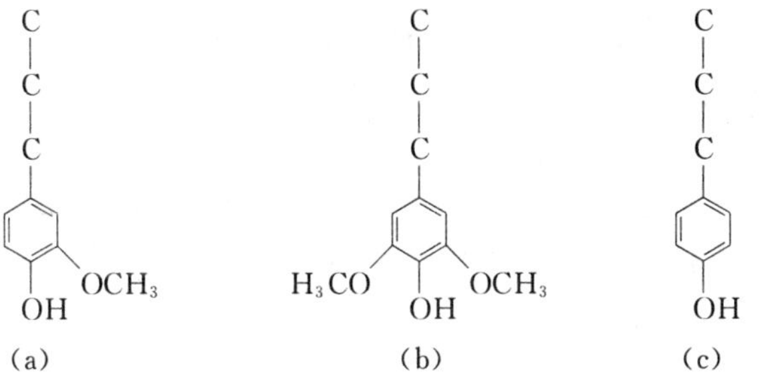

C—C—C　　C—C—C　　C—C—C
OCH_3　OH　　H_3CO　OH　OCH_3　　OH

(a)　　(b)　　(c)

(a)愈疮木基丙烷　(b)紫丁香基丙烷　(c)对羟苯基丙烷

图 10-7　木素的基本结构单元

木材的抽提物是指木材中除构成细胞壁的纤维素、半纤维素和木质素以外，经中性溶剂如水、酒精、苯、乙醚或氯仿、水蒸气，或用稀碱稀酸溶液抽提出来的物质（如树脂、树胶、单宁、挥发油、色素等）的总称。大量木材抽提物是在边材转变为心材的过程中形成的。心材形成时，小分子的抽提物浸入细胞壁并沉积在微毛细管中。一般心材含量高于边材，而心材外层又高于心材内层。一般说来，木材中抽提物的存在使木材的渗透性减小，影响油漆和胶黏性能。

10.3.2 木材的物理性质

1. 木材的水分

(1)木材中的水分存在的状态

木材中的水分按其存在的状态可分为自由水（毛细管水）、吸着水和化合水三类。

①自由水。自由水是指以游离态存在于木材细胞的胞腔、细胞间隙和纹孔腔这类大毛细管中的水分，包括液态水和细胞腔内水蒸气两部分。自由水多少主要由木材孔隙体积（孔隙度）决定，它影响到木材重量、燃烧性、渗透性和耐久性，对木材体积稳定性、力学、电学等性质无影响。

②吸着水。吸着水是指以吸附状态存在于细胞壁中微毛细管的水，即细胞壁微纤丝之间的水分。吸着水多少对木材物理力学性质和木材加工利用有着重要的影响。

③化合水。化合水是指与木材细胞壁物质组成呈牢固化学结合状态的水。这部分水分含量极少，而且相对稳定，是木材的组成成分之一。

(2)木材含水率

木材中所含水分的多少，通常用含水率来表示。木材中水分的重量和木材自身重量之百分比称为木材的含水率。木材含水率分为绝对含水率和相对含水率两种。以全干木材的重量为基准计算的含水率称为绝对含水率，以湿木材的重量为基准计算的含水率称为相对含水率。在木材科学和工业生产中，木材含水率通常以绝对含水率来表示。木材含水率的测定方法有干燥法、蒸馏法及导电法三种，以烘干法和导电法应用最为广泛。在木材工业中，一般采用根据导电法原理制造的含水率测定仪进行测定。

为了更好地合理加工利用木材，生产加工企业对含水量状态不同的木材有不同的称谓，如生材、湿材、气干材、炉干材（窑干材、室干材）和绝干材等。

①生材。树木新伐倒的木材称为生材，含水率多在50%以上。

②湿材。长期浸泡在水中的木材。湿材含水率高于生材。

③气干材。生材或湿材放置于大气中，水分逐渐蒸出，最后与大气湿度平衡时的木材称为气干材。含水率一般为12%～15%。

④炉干材（窑干材）。经过人工干燥的木材称窑干材。含水率为4%～12%。

⑤绝干材。绝干材系将木材放在(103±2)℃的温度下干燥，几乎可以逐出木材的全部水分，使木材含水率接近于零。

(3)纤维饱和点

纤维饱和点指木材胞壁含水率处于饱和状态而胞腔无自由水时的含水率。它具有非常重要的理论意义和实用价值。纤维饱和点的含水率因树种、温度以及测定方法的不同而存在差异，其变异范围为23%～33%，但多种木材的纤维饱和点的含水率平均为30%。因此，通常以 30%作为各个树种纤维饱和点含水率的平均值。

纤维饱和点是木材多种材性的转折点，就大多数木材力学性质而言，如含水率在纤维饱和点以上，随含水率发生变化其强度近于一常数，为木材的最小强度；当木材干燥含水率减低至纤维饱和点以下时，其强度随含水率之减低而增加，含水率与强度成反比。对于木材体积而言，随含水率的变化：在纤维饱和点以上时，自由水的蒸发和吸收木材的外形尺寸并不发生变化；在纤维饱和点以下时，随着吸着水的蒸发，胞壁物质就渐紧密，胞壁变薄，单个细胞变小，木材外形就发生收缩，至绝干时，收缩至最小尺寸，倘若此时再吸湿，木材又湿胀。对于木材导电性而言：在纤维饱和点以上时，含水率的增减木材导电性相对变化不大，从纤维饱和点到最大含水率电导率仅增加几十倍；在纤维饱和点以下时，绝干材的导电率为最小，随吸着水的增加而增加，至纤维饱和点时要增加几百万倍。

(4)木材的吸湿性与木材的平衡含水率

木材的吸湿和解吸统称为木材的吸湿性。

当空气中的蒸汽压力大于木材表面水分的蒸汽压力时，木材自外吸收水分，这种现象叫吸湿；当空气中的蒸汽压力小于木材表面水分的蒸汽压力时，木材向外蒸发水分，这种现象叫解吸。

当木材在一定的相对湿度和温度的空气中，吸收水分和散失水分的速度相等，即吸湿速度等于解吸速度，这时的含水率称为木材的平衡含水率。木材平衡含水率与空气湿度和温度有很大的关系。当温度一定而相对湿度不同时，木材的平衡含水率随着空气湿度的升高而增大；当相对湿度一定而温度不同时，木材的平衡含水率则随着温度的升高而减小。

不同地区空气的温度和湿度差异很大，地区间木材平衡含水率差异也很大。我国北方地区木材平衡含水率明显小于南方，东部沿海大于西部内陆高原(表 10-1)。我国北方地区木材平衡含水率为 12%左右，南方多数为 15%左右。

表 10-1　我国部分城市木材平衡含水率估计值

地名	木材平衡含水率/%	地名	木材平衡含水率/%	地名	木材平衡含水率/%
克山	14.3	太原	11.7	长沙	16.5
齐齐哈尔	12.9	济南	11.7	衡阳	16.9
佳木斯	13.7	青岛	14.4	九江	15.8
哈尔滨	13.6	徐州	13.9	南昌	16.0
牡丹江	13.9	南京	14.9	桂林	14.4
长春	13.3	上海	16.0	南宁	15.4
四平	13.2	芜湖	15.8	广州	15.1
沈阳	13.4	杭州	16.5	海口	17.3
旅大	13.0	温州	17.3	昌都	10.3
乌兰浩特	11.2	崇安	15.0	成都	16.0
包头	10.7	南平	16.1	雅安	15.7
乌鲁木齐	12.1	福州	15.6	重庆	15.9
银川	11.8	永安	16.3	康定	13.9

续表

地名	木材平衡含水率/%	地名	木材平衡含水率/%	地名	木材平衡含水率/%
兰州	11.3	厦门	15.2	宜宾	16.3
西宁	11.5	郑州	12.4	昆明	13.5
西安	14.3	洛阳	12.7	贵阳	15.4
北京	11.4	宜昌	15.1	拉萨	8.6
天津	12.1	武汉	15.4		

木材平衡含水率在木材加工利用上具有重要指导意义。木材吸湿时会导致木材物理力学性质变化，严重时会导致板面翘曲变形。木材加工木制品前，必须干燥到与所在地区或使用地区空气温、湿度相适应的木材平衡含水率。这样才可避免因受使用地区温、湿度的影响而发生木材含水率变化，也就不会引起木材尺寸或形状的变化，可以保证木制品的质量。木材产品板材、方材调运时，也应将其干燥到使用地区的平衡含水率。

(5)木材的干缩与湿胀

湿材因干燥而缩减其尺寸的现象称为干缩；干材因吸收水分而增加其尺寸与体积的现象称为湿胀。

木材具有很显著的湿胀干缩性，其规律是：当木材含水率在纤维饱和点以下时，随着含水率的增大，木材体积产生膨胀，随着含水率减小，木材体积收缩；而当木材含水率在纤维饱和点以上，只是自由水增减变化时，木材的体积不发生变化。纤维饱和点是木材发生湿胀干缩的转折点。由于木材为非匀质构造，故其胀缩变形各向不同，其中以弦向最大，径向次之，纵向(即顺纤维方向)最小。因此，湿材干燥后，其截面尺寸和形状会发生明显的变化，干缩会使木材翘曲、开裂、接榫松动、接缝不严，湿胀可造成表面鼓凸。所以木材在使用前应预先进行干燥。

干缩与湿胀对木材利用有很大的影响。干缩对木材利用的影响主要是引起木制品尺寸收缩而产生缝隙、翘曲变形与开裂；湿胀不仅增大木制品的尺寸发生地板隆起，门与窗关不上，而且还会降低木材的力学性质，唯对木桶、木盆及船等浸润胀紧有利。

2. 木材的密度

木材的密度平均约为 1.55 g/cm^3，表观密度(气干材密度)平均为 0.50 g/cm^3。表观密度大小与树种、年轮宽度与晚材率、树干不同的部位、栽培环境、含水率等有关，通常以含水率为 12%(标准含水率)时的表观密度为准。

有关木材密度的几种定义：

(1)生材密度：树木刚伐倒时的新鲜材的密度。

(2)气干材密度：指木材经自然干燥，含水率达到 12%左右时木材的密度。

(3)全干材密度：木材经人工干燥，使含水率为零时木材的密度。

(4)基本密度：木材试样绝干重与试样饱和水分时体积的比值。

木材密度大小反映出木材细胞壁中物质含量的多少，是木材性质的一个重要指标。木材密度与强度成正比，即在含水率相同的情况下，木材密度大则木材强度大。密度是判断木材强度的最佳指标。生产中，不同用途选择树种木材时就要考虑到木材重量。木材密度大小对木材合理加工工艺的确定、林木材性育种与遗传改良及营林培育有着重要的指导意义。

任一含水率状态下的木材，测出其重量和体积，就可计算出它的密度。由于木材重量易于测定，且比较准确，因此关键在于精确测定木材试样的体积。目前，木材密度的测定用以下四种方法：

(1)直接量测法；

(2)水银容器测法；

(3)排水法；

(4)快速测定法。

10.3.3　木材的力学性质

1. 木材的强度

(1)木材的抗拉强度

外力作用于木材，使其发生拉伸变形，这种抵抗拉伸变形的最大能力，称为抗拉强度。根据外力作用于木材纹理的方向，木材抗拉强度分为顺纹抗拉强度和横纹抗拉强度。

木材的横纹抗拉强度约为顺纹抗拉强度的 1/40～1/10。

①横纹抗拉强度

木材的横纹抗拉强度是指垂直于木材纹理方向承受拉力荷载的最大能力。木材的横纹拉力比顺纹拉力低得多，一般只有顺纹拉力的 1/40～1/30。木射线能增加径向横拉强度。早晚材明显和晚材率的增加，均能增加径向横拉强度。

②顺纹抗拉强度

木材的顺纹抗拉强度是指木材沿纹理方向承受拉力荷载的最大能力。木材的顺纹抗拉强度较大，各种木材平均为 117.7～147.1 MPa，为顺纹抗压强度的 2～3 倍。木材在使用中很少出现因被拉断而破坏。

木材顺拉强度取决于木材纤维的强度、长度、纹理方向和木材密度等，而纤维长度是左右木材顺拉强度的主要因子。纤维长度与微纤维倾角间有一定关系，即纤维越长，微纤丝倾角越小，顺拉强度就越大。此外，木材密度大，顺拉强度也大。

(2)木材的抗压强度

①横纹抗压强度

木材的横纹抗压强度是指垂直于木材纹理方向承受压力荷载，在比例极限时的纤维应力。木材横纹抗压只测定比例极限时的压缩应力，难以测定出最大压缩荷载。木材横向与纵向构造有着显著的差异，其最大压缩荷载不可能在试样破坏时瞬间测得，主要与木材管状细胞的排列结构有关。

②顺纹抗压强度

木材顺纹抗压强度是指木材沿纹理方向承受压力荷载的最大能力，主要用于诱导结构材和建筑材的榫接合类似用途容许工作应力的计算和柱材的选择等，如木结构支柱、矿柱和家具中腿构件所承受的压力。

木材顺纹抗压强度是重要的力学性质指标之一。它比较单纯而稳定，并且容易测定，常用以研究不同条件和处理对木材强度的影响。根据试样长度与直径之比值，木柱有长柱与短柱之分。当长度与最小断面直径之比小于或等于11时为短柱，大于11时为长柱，长柱亦称欧拉柱。长柱以材料刚度为主要因素，受压不稳定，其破坏不是单纯的压力所致，而是纵向上会发生弯曲，产生扭矩，最后导致破坏。它已不属于顺纹抗压的范畴。

(3)木材的抗弯强度

木材抗弯强度是指木材承受逐渐施加弯曲荷载的最大能力，可以用曲率半径的大小来度量。它与树种、树龄、部位、含水率和温度等有关。

木材的抗弯强度值介于顺拉和顺压强度之间，各树种平均值约为90 MPa左右。径向和弦向抗弯强度间的差异主要表现在针叶树材上，弦向比径向高出10%～12%，阔叶树材两个方向上的差异一般不明显。

(4)木材的抗剪强度

木材抵抗剪切应力的最大能力，称为抗剪强度。

木材抗剪强度视外力作用于木材纹理的方向，分为顺纹抗剪强度和横纹抗剪强度。在实际应用中发生横纹剪切的现象不仅罕见，而且横纹剪切总是要横向压坏纤维产生拉伸作用而非单纯的横纹剪切，因此通常不作为材性指标进行测定。木材的横纹抗剪强度为顺纹抗剪强度的3～4倍。

(5)冲击韧性

木材的冲击韧性是指木材受冲击力而弯曲折断时，试样单位面积所吸收的能量。吸收的能量越大，表明木材的韧性越高而脆性越低，因此，冲击韧性是检验木材的韧性或脆性的指标。它不测定破坏试样所需要的力，而是用破坏试样所消耗的功来表示。冲击破坏消耗的功愈大，木材韧性愈大，亦即脆性愈小。破坏形式为采用中央施加冲击荷载，使试样产生弯曲破坏的试验形式。

(6)木材的硬度和耐磨性

①硬度

木材的硬度是指木材抵抗其他刚体压入的能力。木材的硬度与木材的密度密切相关：密度大，硬度就高，反之则低。

木材端面硬度高于侧面。大多数树种的弦面和径面硬度相近，但木射线发达的麻栎、青冈栎等树种的木材硬度，弦面可高出径面5%～10%。

②耐磨性

木材的耐磨性是木材抵抗磨损的能力。木材磨损是在其表面受摩擦、挤压、冲击和剥蚀等，以及这些因子综合作用时，所产生的表面化过程。其特点为磨损部分只有表面形状和体积等物理状况的变化，而化学性质不发生改变。变化的大小以磨损部分所损失的重量或体积来衡定。它与树种、密度、方向、硬度、含水率等有关。这一性质对评价木质地板和耐磨木构件有一定作用。作木地板的国产阔叶材树种中以荔枝叶红豆耐磨性最大，南方的泡桐树耐磨性最小。

木材各强度之间的关系可见表10-2。

表 10-2　木材各种强度的关系

抗压强度/MPa		抗拉强度/MPa	
顺纹	横纹	顺纹	横纹
100	10～20	200～300	6～20
抗弯强度/MPa		抗剪强度/MPa	
		顺纹	横纹
150～200		15～20	50～100

2. 影响木材强度的主要因素

(1)含水率

当木材含水率在纤维饱和点以下时，强度随含水率增加而降低；当木材含水率在纤维饱和点以上时，木材的强度等性能稳定。含水率对木材的顺纹抗压及抗弯强度影响最大，而对顺纹抗拉强度几乎无影响。

(2)负荷时间、温度及木材缺陷

木材对长期荷载的抵抗能力与对暂时荷载不同，木材在外力作用下，只有当其应力远低于强度极限的某一定范围时，才可避免木材因长期负荷而破坏。

10.4　木材的干燥、缺陷与防火

10.4.1　木材的干燥

对木材进行干燥是为了预防木材腐朽变质，延长木材的使用寿命；防止木材变形和开裂，保证产品的加工质量；提高木材的力学强度，改善木材的物理性能；改善木材的环境学特性；减轻木材重量，降低运输费用。

木材的干燥方法总体分为自然干燥(大气干燥)、人工干燥(窑干)。根据木材的加热方式可分为对流干燥、电介质干燥、辐射干燥、接触干燥。

1. 自然干燥

木材自然干燥的基本原则是：让空气流过整个材堆，使木材均匀干燥，并消除木材变形和开裂等缺陷。自然干燥工艺技术简单，成本低，但干燥状况受外界因素的支配，不易控制。

2. 人工干燥

通常指窑干或称炉干，即在特制的建筑物或金属容器内，人为地控制干燥介质的温度、湿度和气流速度，利用气体介质的对流传热，对木材进行干燥处理的方法。与气干相比较，窑干干燥设备和干燥工艺均较复杂，投资大，成本高。但是，窑干的干燥时间比气干短很多，干燥条件可以灵活调节，可以干燥到比气干程度低的任何最终含水率，而且，干燥质量较好，装卸和运输作业集中，便于实行机械化和自动化。在设备完善的干燥窑中干燥木材时，若干燥工艺确定得当，则可以收到比自然干燥好得多的效果。

10.4.2 木材的缺陷

《原木缺陷》和《锯材缺陷》国家标准将木材缺陷分为10大类：节子、变色、腐朽、虫害、裂纹、树干形状缺陷、木材构造缺陷、伤疤（损伤）、木材加工缺陷和变形。

1. 天然缺陷

采伐前产生的缺陷是生长过程中由于生长和环境等原因在木材内部产生的缺陷，如节子、裂纹、伤疤（损伤）等。

树木生长期间，生长在树干内部的枝条或枯死枝条的基部，在用材中称节子。按节子与周围木材的连续程度分活节、死节、漏节。活节是指节子与周围木材有机地连续，构造正常，质地坚硬；死节是指节子与周围木材全部或部分脱离，是枯死枝条埋藏在树干的部分；漏节是指节子本身构造已大部分破坏，呈筛孔状、粉末状或空洞，并已延伸到木材内部与内腐相连。

2. 生物危害缺陷

是由于生物对活立木、伐倒木或成材的危害而产生的缺陷，如变色、腐朽、虫害等。

(1)变色。分为四类：化学性变色、初期腐朽变色、霉菌变色、变色菌变色。

(2)腐朽。由于木腐菌引起的侵入，改变木材颜色和结构，并引起其破坏。分木腐菌（白腐菌、褐腐菌）和着色菌。白腐指白腐菌破坏胞壁中的木素，改变木素的性质，也称筛孔状或腐蚀性腐朽；褐腐由褐腐菌破坏胞壁的碳水化合物而形成，也称粉末状或破坏性腐朽；着色菌发生于木材表面，仅使表面变色，只改变材色，对物理力学性质影响不大。

真菌生长的四个必要条件：适宜的温度，有一定的氧气供应，有足够的水分，有适宜于真菌生长的养料。当木材含水率为15%～50%，温度为25～30 ℃，又有足够空气时，最适宜腐朽菌繁殖。

尽管木材本身具有一定程度的天然耐腐性和抗蛀性，但木材不同，这种天然耐久性差异很大。为了扩大木材的应用范围，延长木材的使用寿命，从而减少森林资源的消耗，就需要对木材进行防腐处理。

将木材置于通风、干燥处或浸没在水中或深埋于地下，或表面涂油漆、注化学有毒药剂（如氟化钠、杂酚油等）可切断真菌的生长条件，达到保护木材、防腐的目的。

对木材进行防腐处理的方法很多，主要有涂刷或喷涂法、压力渗透法、常压浸渍法、冷热槽浸透法等。

3. 加工缺陷

指木材在加工、干燥不当时产生的缺陷，如木材加工缺陷和变形等。

10.4.3 木材的防火

木材的防火，是指将木材经过具有阻燃性能的化学物质处理后，变成难燃的材料，以达到遇小火能自熄，遇大火能延缓或阻止燃烧蔓延，从而赢得扑救时间。

要阻止和延缓木材燃烧，可采取以下几种措施：

(1)抑制木材在高温下的热分解；

(2)阻止热传递；

(3)增加隔氧作用。

木材防火处理方法有：

(1)表面涂敷法。即在木材表面涂敷防火涂料，既防火又具防腐和装饰作用。

(2)溶液浸注法。分常压浸注和加压浸注两种。浸注处理前，要求木材必须达到充分气干，并经初步加工成型，以免防火处理后进行大量锯、刨等加工，使木料中浸有阻燃剂的部分被去除。

10.5　木材的环境学性质

自古以来人们就珍爱木材所具有的香、色、质、纹等特性，并广泛应用于建筑、家具等工作和生活环境之中。有木材(或木材制品)存在的空间会使人们感到舒适和温馨，从而能够提高工作效率、学习兴趣和生活乐趣，改善人们的生活质量。木材的环境学性质有木材的视觉特性、触觉特性、润湿特性和空间声学特性。

10.5.1　木材的视觉特性

1. 木材的反射特性

当一束光照射到木材、塑料等非金属物表面之后，反射光有一部分是在空气与物体的界面上反射，这部分称为表面反射；还有一部分光会通过界面进入到内层，在内部微细粒子间形成漫反射，最后再经过界面层形成反射光，这部分称为内层反射。

2. 木材的视感特性

(1)木材颜色

材色是木材视觉特性中的一个重要特征。但一般材色的表征是凭借主观的视觉判断，用词汇描述。这很难确切，应该定量用数值表示。

国际照明委员会(CIE)先后提出标准色度系统，为颜色的定量测量提供了科学依据和可行的方法。我国木材科学已开始木材材色定量表征的研究。

(2)透明涂饰

透明涂饰可提高光泽度，使光滑感增强，但同时也会引起其他方面的变化。

(3)木纹图案和节子

木纹是天然生成的图案，人们对其有一种自然的爱好。这有多方面的原因，有两点非常重要：第一，木纹是由一些大体平行但又不交叉的纹理构成的图案，给人以流畅、井然、轻松、自如的感觉；第二，木纹图案由于受生长量、年代、气候、立地条件等因素的影响，在不同部位有不同的变化，这种有“涨落”周期性变化的图案，给人以多变、起伏、运动、生命的感觉。木纹图案充分体了造型规律中变化与统一的规律，统一中有变化，变化中求统一，可以说木纹是自然界奉献给人类的美好图案。

(4)木材对紫外线的吸收性与对红外线的反射性。

10.5.2 木材的触觉特性

指以木材作为建筑室内装饰材料以及由其制造的文具、器具和日常用具等，长期置于人类居住和生活环境之中，人们常用手接触它们的某种感觉，包括冷暖感、粗滑感、软硬感、干湿感、轻重感、舒适与不适感等。这些感觉特性发生在木材表面，反映了木树表面的非常重要的物理性质。木材的这些特性使其成为人们非常喜爱的特殊材料。木树的触觉特性与木材的组织构造，特别是与表面组织构造的表现方式密切相关，因此不同树种的木材，其触觉特性也不相同。

1. 木材表面的冷暖感

用手触摸材料表面时，界面间温度的变化会刺激人的感觉器官，使人感到温暖或凉冷。

2. 木材表面的粗滑感

(1)木材表面的粗糙度与粗糙感。木材表面的粗糙度一般用触针法测定。

(2)木材表面的光滑性与摩擦阻力。用手触摸材料表面时，摩擦阻力的大小及变化是影响表面粗糙度的主要因子。

3. 木材表面的软硬感

木材表面具有一定的硬度，其值因树种而异。通常针叶树材的硬度小于阔叶树材。当木材的硬度较高时，漆膜的相对硬度也会提高。

4. 木材触觉特性的综合分析

人们接触到某一物体时，在感觉上会对物体产生某种印象，这些印象往往以冷暖感(W)、软硬感(H)、粗滑感(R)三种感觉的综合指标反映在人的大脑中。如以 W、H、R 分别代表这三种感觉特性的心理量，则可形成一个三维的直角坐标空间(简称 WHR 空间)。可以认为在 WHR 空间位置上越接近的材料，其触觉特性越相似。

10.5.3 木材的调湿特性

木材的调湿特性是木材具备的独特性能之一，也是其作为室内装饰材料、家具材料的优点所在。所谓材料的调湿特性就是靠材料自身的吸湿及解吸作用，直接缓和室内空间的湿度变化。

人们居住的室内空间，不希望湿度有过大的变化，应稳定在一定的范围之内，这对于人身健康及物体的保存都是非常有利的。木材及其他一些室内装修、装饰材料，在某种程度上能起到稳定湿度的作用，这也是人们为什么喜欢用木材作室内装饰材料及用木制品贮存物品的重要原因之一。

1. 湿度与居住性

人类居住环境的相对湿度保持在 60%左右较为适宜。

2. 木材厚度与调湿效果

木材的调湿原理是：当周围环境湿度发生变化时，木材为获得平衡含水率能够吸收或放出水分，起到调节室内湿度的作用。

3. 木材量与调湿能力

当室内木材量（指地板、天花板、壁板及木制家具等）少时，温度升高，尽管木材可解湿，但木材解湿放出的水蒸气的量比由于温度升高而使空间水蒸气减少的量少，所以室内湿度总体还是降低的。相反，当室内的木材量多时，木材解湿的量可以与空气湿度减少的量相当，使其湿度几乎保持不变。当湿度降低时，室内湿度相应升高，此时，木材可以吸收水蒸气，木材量足够时，仍保持室内的湿度不变；而当木材量太少时，则吸湿能力低，调湿效果不明显。

10.6　新型木材与人造板

10.6.1　新型木材

1. 压缩木

木材是一种具有黏弹性的生物材料，在一定条件下可以不破坏木材细胞壁的结构，通过压缩木材而制成质地坚硬、高密度、高强度的材料。目前，对于杉木、杨木这一类密度较小、强度较低的速生树种的木材进行适当的热压并对压缩变形进行固定，是提高这些木材的强度和表面性能（如表面硬度、表面耐磨性）的有效方法。

目前，木材的压缩方法有木材的整体压缩、木材表层压密、原木整形压缩、单板层积压密等，压缩木材的永久固定处理方法主要有四种，分别是热处理、水蒸气处理、酚醛树脂等树脂处理，以及用甲醛等进行交联化处理。

压缩木主要用于飞机的天线杆、螺旋桨等军用部件。后来这样的产品被逐渐用于民用器具，如用于纺织木梭、纱管及各种工具的手柄，以及一些模子等。我国在 20 世纪 50 年代后期在北京林业大学申宗圻教授的带领下也开始研制生产压缩木材，用以代替珍贵的硬质木材，作为生产炸药球磨机中的磨球、纺织工业中的木梭、煤矿工业中的锚杆等。

2. 木塑复合材料

木塑复合材料是将液态的不饱和烯烃类单体或低聚物、预聚物浸注入木材内部后，利用射线照射或催化加热手段，使其在木材内聚合，与木材形成一种复合材料，即称为木塑复合材料。

木塑复合材料具有优异的性质，力学性质比素材高得多，尤其是硬度、耐磨性、抗压强度、抗剪强度。其硬度、耐磨性可与大理石相比；木材的尺寸稳定性也得到大大提高；表面光泽强，经过着色可得到高级的色调；耐腐、耐候性比普通木材的大大提高；但加工性相对较差，内部树脂软化后易粘在刀具上，胶合性也稍有下降。木塑复合材料的用途主要是建材（如地板）、工业材料（纺织木梭、线轴、枕木等）、家具和工艺材料、文体用品（乐器用材、枪托、高尔夫球棒）。如木塑复合材料地板硬度很高，耐磨性特强，地板上的香烟灼烧痕迹可经打磨除去而又明亮如新。地板色泽鲜艳，外观华丽（华丽木），不需油漆，有阻燃功能。特别适用于人流密集的公共场所，如机场、地铁、商业大厦、舞厅等，其寿命为素材地板的8～10倍。

3. 树脂浸渍木材

树脂浸渍木材即让木材先在水溶性低分子量树脂的溶液中浸渍，使树脂进入木材细胞壁，经过干燥后，使树脂加热固化而生成不溶于水的聚合物。

就浸渍木材的性质来说，其尺寸稳定性比木材大大提高，尺寸稳定效果更好；另外，电绝缘性、耐腐性、阻燃性都得到提高。力学性能中，只有冲击韧性有可能下降，但可通过施加一些添加剂来改进。浸渍木材可作为汽车模具等各种壳体模压用模具、建筑用材等。

4. 金属木材

金属木材即采用低熔点合金以熔融状态注入木材细胞腔中，金属固化后与木材共同构成的材料。金属木材(含3%润滑油)在德国用作船舶螺旋桨轴承，以代替愈疮木(世界上最致密材)。另外，因为金属木材含有铅，具有吸收X射线的性能，因此这类木材可用于有辐射的空间，作为壁板、棚板、地板等，有益于保护环境和人体。

5. 科技木

科技木是以普通木材(速生材)为原料，利用仿生学原理，通过对普通木材、速生材进行各种改性物化处理生产的性能更加优越的全木质新型装饰材料。与天然材相比，几乎不弯曲，不开裂，不扭曲。其密度可人为控制，产品稳定性能良好，在加工过程中，不存在天然木材加工时的浪费和价值损失，可把木材综合利用率提高到85%以上。

(1)色彩丰富，纹理多样。科技木产品经电脑设计，可产生天然木材不具备的颜色及纹理，色泽更鲜亮，纹理立体感更强，图案更具动感及活力。

(2)产品性能更优越。科技木的密度及静曲强度等物理性能均优于其原材料天然木材，且防腐、防蛀，耐潮又易于加工。同时，还可以根据不同的需求加工成不同的幅面尺寸，克服了天然木径级的局限性。

(3)成品利用率高，装修更节省。科技木没有虫孔、节疤、色变等天然木材固有的自然缺陷，是一种几乎没有任何缺憾的装饰材料。同时，其纹理与色泽均具有一定的规律性，因而在装饰过程中很好地避免了天然木产品因纹理、色泽差异而产生的难以拼接的烦恼，可使消费者充分利用所购买的每一寸材料。

(4)引导“绿色消费”新潮流，是真正的绿色环保产品。

科技木可广泛用于家具、装饰、地板、贴面板、门窗、体育用材、木艺雕刻、工艺品等领域。其中，销量最大的产品是作为装饰用材的科技木装饰单板，以其无可阻挡的魅力受到越来越多的家具、装饰、音箱、门窗等领域生产商的青睐。这些厂家已将科技木装饰单板作为主要原料，以替代天然木材。另外，色彩艳丽的科技木在木线、工艺品和特色木鞋、体育用品生产等领域也得到很好的应用。

10.6.2 人造板

1. 胶合板

胶合板是由原木旋切成单板或木方刨切成薄木，再用胶黏剂胶合而成的三层或三层以上的薄板材。通常用奇数层单板，并使相邻层单板的纤维方向互相垂直排列胶合而成。因此有三合、五合、七合等奇数层胶合板(图 10-8)。

图 10-8　胶合板

胶合板制造遵循的结构三原则为对称原则、奇数原则、层厚原则。从结构上看，胶合板的最外层单板称为表板，正面的表板称为面板，它是质量最好的单板材；反面的表板称为背板，为质量次之的单板材；而内层的单板材称为芯板或中板，由质量最差的单板材组成。

(1)胶合板的生产工艺

胶合板的生产工艺流程主要为：原木→截断→水热处理→剥皮→定中心旋切→单板剪切与干燥→单板拼接与修补→芯板涂胶→组坯→冷预压→热压→合板齐边→砂光→检验→成品。

(2)胶合板的分类

一类胶合板为耐气候、耐沸水胶合板，有耐久、耐高温、能蒸汽处理的优点。

二类胶合板为耐水胶合板，能在冷水中浸渍和短时间热水浸渍。

三类胶合板为耐潮胶合板，能在冷水中短时间浸渍，适于室内常温下使用，用于家具和一般建筑用途。

四类胶合板为不耐潮胶合板，在室内常态下使用。用材有椴木、水曲柳、桦木、榆木、杨木等。

胶合板能提高木材利用率，是节约木材的一个主要途径。亦可作飞机、船舶、火车、汽车、建筑和包装箱等用材。

(3)胶合板的甲醛释放限量

根据《胶合板》(GB/T9846-2004)国家标准的规定，胶合板的甲醛释放限量见表 10-3。

表 10-3　胶合板的甲醛释放限量

级别标志	限量值/(mg/L)	备注
E0	≤0.5	可直接用于室内
E1	≤1.5	可直接用于室内
E2	≤5.0	必须进行饰面处理后才能用于室内

(4)胶合板尺寸规格

胶合板的厚度为 2.7 mm、3 mm、3.5 mm、4.5 mm、5.5 mm、6 mm。自 6 mm 起，按 1 mm 递增。厚度 2.7～4 mm 的为薄胶合板，其中 3 mm、3.5 mm、4 mm 厚的胶合板为常用规格。幅面尺寸见表 10-4。

表 10-4　普通胶合板的幅面尺寸

宽度/mm	长度/mm				
915	915	1 220	1 830	2 135	—
1 220	—	1 220	1 830	2 135	2 440

(5)胶合板的特点与应用

胶合板既有天然木材的一切优点，如容重轻、强度高、纹理美观、绝缘等，又可弥补天然木材自然产生的一些缺陷，如节子、幅面小、变形、纵横力学差异性大等。

胶合板生产能对原木进行合理利用。因它没有锯屑，每 2.2～2.5 m^3 原木可以生产 1 m^3 胶合板，可代替约 5 m^3 原木锯成板材使用，而每生产 1 m^3 胶合板产品，还可产生剩余物 1.2～1.5 m^3，这是生产中密度纤维板和刨花板比较好的原料。

胶合板具有幅面大、厚度小、尺寸稳定性好、不易翘曲变形、轻巧坚固、易于加工等优良特性，主要用作家具制造、室内装修及住宅建筑用各种板材，也可用于造船、车厢制造、各种军工、轻工产品以及包装等工业部门。

2. 纤维板

纤维板是以木质纤维或其他植物纤维材料为主要原料，经破碎、浸泡、研磨成木浆，再加入一定的胶料，经热压成型、干燥等工序制成的一种人造板材(图 10-9)。

(1)纤维板的生产工艺

纤维板的生产工艺流程主要为：原料准备→削片→(水洗)→筛选→蒸煮软化→纤维热磨与分离→纤维干燥→(施胶)→铺装→预压→热压→冷却→裁边→堆放砂光→检验→成品。

图 10-9　纤维板

(2)纤维板的分类

按生产方法分为湿法纤维板、干法纤维板、半干法纤维板。

按密度分为硬质纤维板、中密度纤维板、软质纤维板。

按原料分为木质纤维板、非木质纤维板。

按结构分为单层结构纤维板、三层结构纤维板、渐变结构纤维板、定向结构纤维板。

按用途分为建筑纤维板、普通纤维板、防火纤维板、防腐纤维板、模压纤维板、浮雕纤维板、表面印刷纤维板、贴面装饰纤维板等。

按纤维板的体积密度不同可分为硬质纤维板、中密度纤维板、软质纤维板三种。

硬质纤维板的密度为 0.8 g/cm^3 以上，常为一面光。硬质纤维板的强度高，耐磨，不易变形，可用于墙壁、门板、地面、家具等。

中密度纤维板的密度为 0.65～0.80 g/cm^3，广泛用于建筑和家具生产等行业，亦可用作包装材料。

软质纤维板的密度在 0.4 g/cm^3 以下。软质纤维板的结构松散，故强度低，但吸音性和保温性好。主要用于高级建筑(如剧院等)的吸音结构、吊顶等。

(3)中密度纤维板

①中密度纤维板的分类

根据《中密度纤维板》(GB/T1178-2009)国家标准，可分为：

A. 普通型中密度纤维板：通常在不承重场合使用及非家具用，如展览会用的临时展板、隔墙板等。

B. 家具型中密度纤维板：作为家具或装饰装修用。通常要进行二次加工处理，如家具制造、橱柜制作、装饰装修件、细木工制品等。

C. 承重型中密度纤维板：通常用于小型结构部件，或承重状态下使用，如室内地面铺设、棚架、室内普通建筑部件等。

按外观质量可分为优等品、合格品。

②中密度纤维板的甲醛释放限量

根据《中密度纤维板》(GB/T1178-2009)国家标准的规定，胶合板的甲醛释放限量见表10-5。

表 10-5 中密度纤维板甲醛释放限量

方法	气候箱法	小型容器法	气体分析法	干燥器法	穿孔法
单位	mg/m^3	mg/m^3	mg/(m^3 · h)	mg/L	mg/100 g
限量值	0.124	—	3.5	—	8

甲醛释放量应符合气候箱法、气体分析法或穿孔法中的任一项限量值，由供需双方协商选择。

如果小型容器法或干燥器法应用于生产控制检验，则应确定其与气候箱法之间的有效相关性，即相当于气候箱法对应的限量值。

③中密度纤维板尺寸规格

中密度纤维板的厚度不小于 1.5 mm，1.8～45 mm 厚为常用规格。幅面尺寸见表10-6。

表 10-6 中密度纤维板的幅面尺寸

宽度/mm	长度/mm		
915	1 830	2 135	2 440
1 220	1 830	2 135	2 440

特殊幅面尺寸由供需双方确定。

④中密度纤维板的物理性能指标包括外观质量、幅面尺寸、密度与密度偏差、含水率等，力学性能指标包括静曲强度、弹性模量、表面结合强度、握螺钉力等，均应符合《中密度纤维板》(GB/T1178-2009)的相关规定。

⑤中密度纤维板的特点与应用

中密度纤维板幅面大，尺寸稳定性好，厚度可在较大范围内变动；板材内部结构均匀，尺寸稳定性好，变形小；静曲强度、内结合强度、板边和板边握钉力等物理力学性能均优于刨花板；表面平整光滑，便于二次加工；机械加工性能好，锯截、钻孔、开榫、砂光等加工性能类似木材；可在生产过程中加入防水剂、防火剂、防腐剂等化学药剂，制成特殊的中密度纤维板。

可用于家具、建筑制品、室内装修、车船隔板以及音响器材等。

3. 刨花板

刨花板是由木材碎料(木刨花、锯末或类似材料)或非木材植物碎料(亚麻屑、甘蔗渣、麦秸、稻草或类似材料)与胶黏剂一起热压而成的板材(图 10-10)。

(1)刨花板的生产工艺

不同刨花板产品、不同设备，形成了多种多样的刨花板生产工艺流程，概括起来，刨花板生产工艺流程主要为：原料准备→刨花制备→湿刨花料仓→刨花干燥→刨花筛选→干刨花料仓→拌胶→铺装→预压→热压→冷却→裁边→砂光→检验→成品。

图 10-10　刨花板

(2)刨花板的分类

《刨花板》(GB/T4897.1～4897.7-2003)国家标准推荐，按原料分为木材刨花板、甘蔗渣刨花板、亚麻屑刨花板、棉秆刨花板、竹材刨花板、水泥刨花板、石膏刨花板；按表面形状分为平压板和模压板；按表面状态分为未砂光板、砂光板、涂饰板、装饰材料饰面板；按用途分为在干燥状态下使用的普通用板、在干燥状态下使用的家具及室内装饰用板、在干燥状态下使用的结构用板、在潮湿状态下使用的结构用板、在干燥状态下使用的增强结构用板和在潮湿状态下使用的增强结构用板等；按板的结构分为单层结构刨花板、三层结构刨花板、多层刨花板和渐变刨花板；按刨花尺寸和形状分为刨花板和定向刨花板。

家具及室内装饰用板必须砂光，砂光后的板面外观质量、理化性能指标、握钉力及刨花板出厂时的共同指标等技术要求应符合《刨花板》(GB/T4897.1～4897.7-2003)的相关规定。

(3)刨花板尺寸规格

刨花板的公称厚度为 4 mm、6 mm、8 mm、10 mm、12 mm、14 mm、16 mm、19 mm、22 mm、25 mm、30 mm 等。幅面尺寸一般为 1 220 mm×2 440 mm，其他幅面尺寸见表 10-7。经供需双方协议，可生产其他幅面尺寸的刨花板。

表 10-7　刨花板的幅面尺寸

宽度/mm	长度/mm			
915	—	1 830	—	—
1 000	—	—	2 000	—
1 220	1 220	—	—	2 440

(4)刨花板的特点与应用

刨花板属于中低档装饰材料，强度较低，可加工成相应的厚度及大幅面的板材。表面平整，结构均匀，隔音隔热性能好，易于加工。

刨花板一般主要用作绝热、吸声材料，主要用于建筑装修(吊顶、隔墙、地板的基层实铺)、音箱设备、家具制作(橱柜、写字台、桌子)等。

4. 细木工板

细木工板是一种特殊的胶合板。具有实木芯板的胶合板为细木工板。《细木工板》(GB-T5849-2006)将板心分为实体和方格两种。木条在长度和宽度上拼接或不拼接而成的板状材料为实体板心(图 10-11)，而用木条组成的方格子板心为方格板心。

(1)细木工板的生产工艺

芯条→木芯板(板单)→组坯→胶压→锯边→砂光→成品。

芯条占细木工板体积 60%以上，与细木工板的质量有很大关系。

图 10-11　细木工板

制造芯条的树种最好采用材质较软，木材结构均匀，变形小，干缩率小，而且木材弦向和径向干缩率差异较小的树种，易加工，芯条的尺寸、形状较精确，则成品板面平整性好，板材不易变形，重量较轻，有利于使用。

一般芯条含水率 8%～12%，北方空气干燥可为 6%～12%，南方地区空气湿度大，但不得超过 15%。

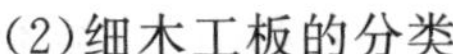

(2)细木工板的分类

①按板心结构分为实心细木工板(具有实体板心)、空心细木工板(以方格板心制作成的)。习惯上说的细木工板是指实心细木工板，即木芯板；空心细木工板是空心板之一。

②按板心拼接状况分为胶拼细木工板、不胶拼细木工板。

③按表面加工状况分为单面砂光细木工板、双面砂光细木工板、不砂光细木工板。

④按使用环境分为室内用细木工板、室外用细木工板。

⑤按层数分为三层细木工板、五层细木工板、多层细木工板。

⑥按用途分为普通用细木工板、建筑用细木工板。

⑦按产品命名，以面板树种和板心是否胶拼进行命名。如面板为水曲柳单板，板心不胶拼的细木工板称为水曲柳不胶拼细木工板。

(2)室内用细木工板的甲醛释放限量

按《细木工板》(GB/T5849-2006)的规定，室内用细木工板的甲醛释放限量见表 10-8。

表 10-8　细木工板的甲醛释放限量

级别标志	限量值/(mg/L)	使用范围
E0	≤0.5	可直接用于室内
E1	≤1.5	可直接用于室内
E2	≤5.0	经饰面处理后达到 E1 才能用于室内

(4)细木工板尺寸规格

细木工板的厚度为 12 mm、14 mm、16 mm、19 mm、22 mm、25 mm 等，幅面尺寸见表 10-9。经供需双方协议，可生产其他幅面尺寸的细木工板。细木工板的长度和宽度公差为正 5 mm，不允许有负公差。

表 10-9　细木工板的幅面尺寸

宽度/mm	长度/mm				
915	915	—	1 830	2 135	—
1 220	—	1 220	1 830	2 135	2 440

(5)细木工板的特点与应用

细木工板结构稳定，不易变形，强度高，握螺钉力好，板面美丽，具有质坚、吸声、绝热等特点，而且含水率不高，在10%～13%之间，加工简便，用途广泛。

细木工板广泛应用于车厢、船舶装修的壁板、缝纫机的台板、家具、门窗及门窗套、隔断、假墙、暖气罩、窗帘盒等。

10.7 竹 材

竹材(图 10-12)和木材一样，是天然的生物材料，具有天然的质感和色泽，不仅便于加工，而且可以割成皮条编织。竹材属于禾本科竹亚科植物，世界竹类植物有70多属，1 200多种，中国为世界上种类资源最丰富的国家，有约48属，近500余种。竹材是指竹类木质化茎秆部分，有时泛指竹的茎、枝和地下茎的木质化部分。

图 10-12 竹材

10.7.1 竹材构造

竹材的解剖构造由竹皮系统(表皮、皮下层、皮层)、基本系统(基本薄壁组织、髓腔外围组织)及维管系统(初生木质部、初韧皮部以及竹纤维)三部分组成。

竹子的外部形态可分为三部分：

(1)地下茎。又称竹鞭，它横生于地下。

(2)秆茎。俗称主秆，直立于地上，即一般可用竹材，也就是竹地板原料。

(3)枝叶。

竹秆是主体，它又分为三部分：秆柄、秆基、秆茎。

(1)秆柄是竹秆的最下部分，是竹子地上和地下系统连接输导的枢纽。

(2)秆茎是竹秆的地上部分，端正通直，一般为圆形，中空而有节。

(3)秆基是竹秆的最下部分。

竹秆是竹类植物的主干，多为圆形的有节壳体，节间长的可达10 cm以上，短的10 cm以下，节间多数中空，周围的竹材称竹壁。竹壁分为竹青、竹肉、竹黄三部分，厚薄不一致，一般在根部最厚。

(1)竹青是竹壁的外侧部分,由表层与皮层两部分组成,组织紧密,质地坚韧,表面光滑,外表常附有一层蜡质,表层细胞含有叶绿素。

(2)竹肉为竹壁的中部,即在竹青与竹黄之间,由基本组织与维管束组成,愈近竹青,维管束分布愈密,基本组织愈少,故其质地致密,力学强度较大。愈近竹黄,维管束愈稀,基本组织多,其力学强度也低。竹肉占竹壁厚度的绝大部分,是竹材物理力学性质的主要体现者,同时也是生产竹材人造板可供利用的最好和最多的部分。在竹黄的内侧有一层薄膜,称竹衣。

(3)竹黄为竹壁的内层,即竹腔壁。它由数层至数十层高度木质化的石细胞组成,厚度为0.3～1.0 mm。石细胞呈短方柱形,大小及形状一致,排列整齐紧密,硬度大,组织疏松,质地脆弱,一般呈黄色。

10.7.2　竹材材性

1. 密度

竹材的实质密度约为1.481～1.514 g/cm^3,平均1.500 g/cm^3。竹材的绝干密度平均为0.79～0.83 g/cm^3。竹材的基本密度为0.4～0.8 g/cm^3,并随竹种、年龄、胸径、竹秆部位、立地条件和竹种变化。通常,竹秆上部密度大于竹秆下部密度,竹材秆壁外侧密度大于竹材秤壁内侧密度,节部密度大于节间密度。

2. 含水率

竹材中水分重量与绝对干竹材重量之比称为竹材含水率。一般与竹龄、部位和季节有关,新鲜竹材为80%～100%。嫩竹比老竹高,所以前者较后者容易收缩变形,竹青的含水率高于竹黄,下部含水率高于上部。

3. 干缩率

干缩率与木材类似,在不同的方向有显著的差别,当含水率低于25%时,干缩率变异较大,高于25%时则变异较小。弦向干缩率最大,径向次之,纵向最小。干燥时失水快而不匀,容易径裂。气干竹材吸水性强。

4. 力学强度

竹材在外力作用下的抵抗力称为竹材的力学强度。一般来说,在同一根竹材上,上部比下部的力学强度大,竹壁外侧比竹壁内侧大,竹节的抗拉强度比竹节间小1/4左右。竹龄对于力学强度的影响也很大,幼竹最低,一至五年逐步升高,五至八年稳定在较高水平,九至十年以上略有降低,因此竹地板用材需选用五至八年者为佳。竹材的平面与侧面的抗压强度悬殊,前者是后者的十倍。

顺纹抗拉强度较高,平均约为木材的2倍,单位重量的抗拉强度约为钢材的3～4倍;顺纹抗剪强度低于木材。强度从竹秆基部向上逐渐提高,并因竹种、年龄和立地条件而异。

竹材为非匀质结构。竹子无形成层,生长期间不能横向增大。竹材无髓心,没有横向的木射线。各类细胞均与竹秆纵向平行排列。竹材维管束分布于基本组织之间,故竹材易于纵向劈裂。

5. 耐久性

竹材的年龄、砍伐季节、加工和使用情况，对竹材的耐久性影响很大。一般来说，幼竹耐久性低，老竹则高；冬季砍伐的竹材不易遭虫蛀，其耐久性也比其他季节砍伐的高。竹材若曝晒雨淋，干湿剧变，则菌、虫易于侵蚀遭破坏。如果保存和处理得当则保持长久。

10.7.3 竹材应用

竹材的利用有原竹利用和加工利用两类。原竹利用时，把大竹用作建筑材料、运输竹筏、输液管道，中、小竹材制作文具、乐器、农具、竹编等。加工利用有多种用途，如竹材层压板可制造机械耐磨零件等，竹木复合板曾制成第一架竹材单翼高级教练机。竹材人造板可作工程材料。此外，竹黄还可制成多种工艺美术品。竹材也是造纸、制纤维板和醋酸纤维、硝化纤维的重要原料。竹炭表面硬度高于木炭，可用于冶炼工业及制取活性炭。

10.8 木装饰品

10.8.1 木地板

木地板是指用木材制成的地板。我国生产的木地板主要分为实木地板、实木复合地板、强化木地板、竹材地板和软木类地板五大类。

1. 实木地板

实木地板是用天然木材经锯解、干燥后直接加工成不同几何单元的地板。其特点是断面结构为单层，充分保留了木材的天然性质。它具有树的自然花纹，是热的不良导体，冬暖夏凉，脚感舒适，使用安全，是卧室、客厅、书房等地面装修的理想材料。实木的装饰风格返璞归真，质感自然，在森林覆盖率下降，大力提倡环保的今天，实木地板则更显珍贵。实木地板的用材一般是气干密度不低于 0.32 g/cm^3 的针叶树材和气干密度不低于 0.50 g/cm^3 的阔叶树材，常见的有红松、落叶松、铁杉、云杉、油杉、水杉等针叶树种和榉木、柞木、楠木、水青冈、水曲柳、麻栎等阔叶树材。

根据《实木地板》(GB/T15036-2009)，实木地板的分类如下：

按形状分为榫接实木地板（企口实木地板）、平接实木地板、仿古实木地板。

按表面有无涂饰分为涂饰实木地板、未涂饰实木地板（俗称素板）。

按表面涂饰类型分为漆饰实木地板、油饰实木地板。

涂饰实木地板分为淋漆和滚涂板，即地板的表面已经涂刷了地板漆，可以直接安装后使用；未涂饰实木接板是素板，即木地板表面没有进行淋漆处理，在铺装后必须经过涂刷地板漆后才能使用。由于素板在安装后，经打磨、刷地板漆处理后表面平整，漆膜是一个整体，因此，无论是装修效果还是质量都优于漆板。

(1)实木地板的规格要求

根据《实木地板》(GB/T15036-2009)要求，实木地板的尺寸、尺寸偏差及形状位置偏差应分别符合表 10-10、表 10-11、表 10-12 的要求。

表 10-10　实木地板的尺寸　　单位：mm

长度	宽度	厚度	榫舌宽度
≥250	≥40	≥8	≥3.0

其他尺寸的实木地板可按供需双方的协议执行，根据安装需要可在销售的实木地板中配比面积不超过 5%的宽厚相同，长度小于公称尺寸的实木地板。凹凸不平的仿古实木地板公称厚度是指实木地板的最大厚度。

表 10-11　实木地板的尺寸偏差　　单位：mm

名称	偏差
长度	长度与每个测量值之差绝对值≤1
宽度	长度与每个测量值之差绝对值≤0.30，宽度最大值与最小值之差≤0.30
厚度	公称长度与每个测量值之差绝对值≤0.30，宽度最大值与最小值之差≤0.40
槽最大高度和榫最大厚度之差	0.1～0.4

实木地板长度和宽度是指不包括榫舌的长度和宽度。表面凹凸不平的仿古实木地板的厚度差不作要求。

表 10-12　实木地板的形状位置偏差

名称	偏差
翘曲度	宽度方向凸翘曲度≤0.20%，宽度方凹翘曲度≤0.15%
	长度方向凸翘曲度≤1.00%，长度方凹翘曲度≤0.50%
拼装离缝	最大值≤0.4 mm
拼装高度差	最大值≤0.3 mm

仿古实木地板拼装高度差不作要求。

根据实木地板的外观质量、物理性能，分为优等品、一等品和合格品。节子、裂纹等外观质量要求和漆膜附着力、漆膜硬度等物理性能指标应符合《实木地板》(GB/T15036-2009)的相关规定。

(2)常见实木地板

常见实木地板如图 10-13、图 10-14 所示。

①平口实木地板

六面均为平直的长方体及六面体或工艺形多面体木地板。

主要规格有 155 mm×22.5 mm×8 mm、250 mm×50 mm×10 mm、300 mm×60 mm×10 mm。

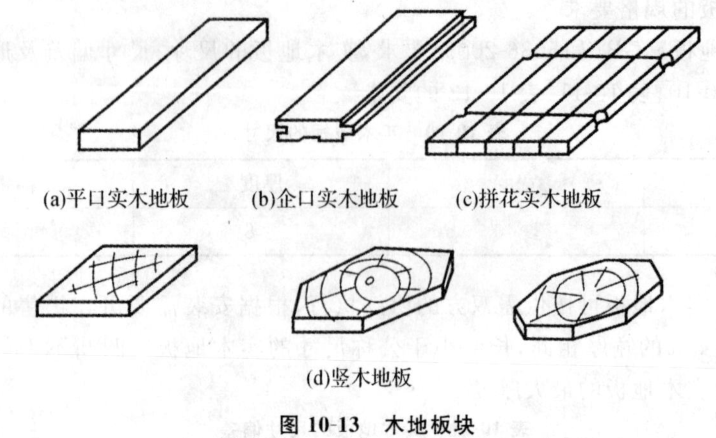

(a)平口实木地板　(b)企口实木地板　(c)拼花实木地板

(d)竖木地板

图 10-13　木地板块

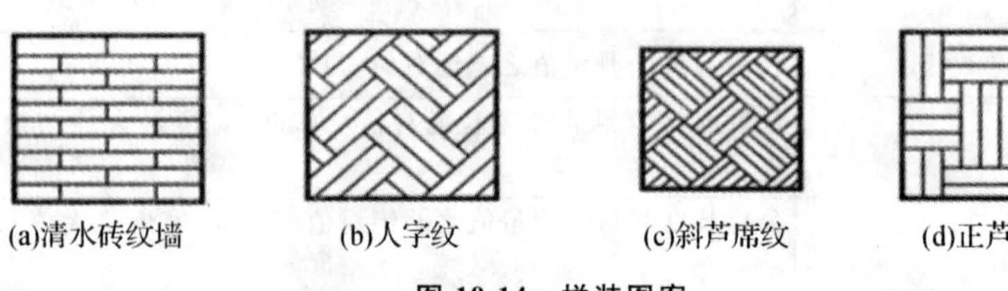

(a)清水砖纹墙　(b)人字纹　(c)斜芦席纹　(d)正芦席纹

图 10-14　拼装图案

平口实木地板除可作地板外，也可作拼花板、墙裙装饰以及天花板吊顶等室内装饰。

②企口实木地板（又称榫接地板或龙冈地板）

板面呈长方形，其中一侧为榫，另一侧有槽，其背面有抗变形槽。由于铺设时榫和槽必须结合紧密，因而生产技术要求较多，木质也要求要好，不易变形。

实木长条企口地板被公认为是良好的室内地面装饰材料，适用于办公室、会议室、会客室、休息室、旅馆客房、住宅起居室、卧室、幼儿园及仪器室等场所。

③拼方、拼花实木地板

由多块条状小木板以一定的艺术性和规律性的图案拼接成方形。

拼花木地板的木块尺寸一般为长 250～300 mm，宽 40～60 mm，板厚 20～25 mm。有平头接缝地板和企口拼接地板两种。适用于高级楼宇、宾馆、别墅、会议室、展览室、体育馆和住宅等的地面装饰。

④竖木地板

以木材的横切面为板面，呈矩形、正方形，正五、六、八边形等正多面体或圆柱体拼成的木地板称为竖实木地板，简称竖木地板。

目前，竖木地板一般采用整张化工序。

不仅可作木地板，还可作天花板、墙裙装饰材料，用于宾馆、饭店、招待所、影剧院、体育场、办公室和家庭住宅等场所。

⑤指接地板

由宽度相等、长度不等的小木板条黏结而成的木地板。不易变形并开有榫和槽，与企口实木地板的结构基本相同。

实木指接企口地板常见规格为(1 830～4 000)mm×(40～75)mm×(12～18)mm。

⑥集成地板(又称拼接地板、横拼地板)

由宽度相等的小木板条指接起来,再将多片指接体横向拼接而成的木地板。该木地板幅面大,性能稳定,不易变形,给人一种天然的美感。

集成企口实木地板规格为(1 830～4 000)mm×(150～200)mm×(12～18)mm,常见规格为 1 830 mm×150 mm×15 mm。

2. 实木复合地板

实木复合地板是以实木拼板或单板为面层、实木条为芯层、单板为底层制成的企口地板和以单板为面层、胶合板为基材制成的企口地板。

(1)实木复合地板的分类

按面层材料分为实木拼板作为面层的实木复合地板、单板作为面层的实木复合地板。

按结构分为三层结构实木复合地板、以胶合板为基材的实木复合地板。

按表面有无涂饰分为涂饰实木复合地板、未涂饰实木复合地板。

按甲醛释放量分为 A 类实木复合地板(甲醛释放量≤9 mg/100 g)、B 类实木复合地板(甲醛释放量为 9～40 mg/100 g)。

(2)实木复合地板的分等

根据产品的外观质量、理化性能,分为优等品、一等品和合格品。

(3)实木复合地板各层的技术要求

①三层结构实木复合地板的技术要求

面层常用树种有水曲柳、桦木、山毛榉、栎木、榉木、枫木、楸木、樱桃木等,同一块地板表层树种应一致。面层由板条组成,板条常见规格:宽度为 50 mm、60 mm、70 mm,厚度为 3.5 mm、4.0 mm。芯层常用树种有杨木、松木、泡桐、杉木、桦木等。

芯层由板条组成,板条常见厚度为 8～9 mm。同一块地板心层用相同树种或材性相近的树种。芯层条之间的缝隙不能大于 5mm。

底层单板树种通常为杨木、松木、桦木等。底层单板常见厚度规格为 2.0 mm。

②以胶合板为基材的实木复合地板的技术要求

面层通常为装饰单板。树种通常为水曲柳、桦木、山毛榉、栎木、榉木、枫木、楸木、樱桃木等。常见厚度规格为 0.3 mm、1.0 mm、1.2 mm。

基材胶合板应不低于 GB/T9846.1～9846.12 和 GB/T13009 中二等品的技术要求。基材要进行严格挑选和必要的加工,不能留有影响饰面质量的缺陷。底层单板和面层的外观质量、理化性能应符合《实木复合地板》(GB/T18103-2000)的相关要求。

③规格尺寸

除经供需双方协议可生产其他幅面尺寸的产品外,三层结构实木复合地板的幅面尺寸和以胶合板为基材的实木复合地板的幅面尺寸分别见表 10-13、表 10-14。

表 10-13　三层结构实木复合地板的幅面尺寸　　单位:mm

长度	宽度		
2 100	180	189	205
2 200	180	189	205

表 10-14 以胶合板为基材的实木复合地板的幅面尺寸 单位:mm

长度	宽度			
2 200	—	189	225	—
1 818	180	—	225	303

除经供需双方协议可生产其他厚度的实木复合地板外，三层结构实木复合地板的厚度为 14 mm、15 mm，以胶合板为基材的实木复合地板的厚度为 8 mm、12 mm、15 mm。实木复合地板的尺寸偏差、外观质量和理化性能指标应符合《实木复合地板》(GB/T18103-2000)的相关要求。

(4)实木复合地板的特点

其优点为：规格尺寸大，不易变形，不易翘曲，板面具有较好的尺寸稳定性，整体效果好，铺设工艺简单方便，阻燃，绝缘，隔潮，耐腐蚀等。

实木复合地板也存在缺点：胶黏剂中含有一定的甲醛，必须严格控制甲醛释放量，严禁超标。实木复合地板结构不对称，生产工艺复杂，成本较高。

3. 强化木地板

强化木地板也叫浸渍纸层压木质地板，是以一层或多层专用纸浸渍热固性氨基树脂，铺装在刨花板、中密度纤维板、高密度纤维板等人造板基材表面，背面加平衡层，正面加耐磨层，经热压而成的地板。

(1)强化木地板的结构

强化木地板是由耐磨层、装饰层、芯层、防潮层胶合而成的木地板，如图 10-15 所示。

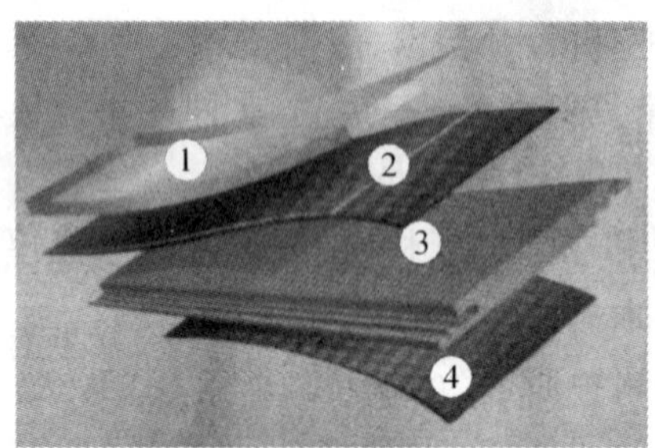

①耐磨层；②装饰层；③芯层；④防潮层

图 10-15 强化木地板的结构

耐磨层采用含有 Al_2O_3 或碳化硅等高耐磨材料覆盖在装饰纸上。地板的耐磨性主要取决于这层透明的耐磨纸。Al_2O_3 或碳化硅含量的高低与耐磨性成正比。但耐磨材料含量不能过高，一般不大于 75 g/m^2，否则由于其遮盖作用会影响下层装饰纸的清晰性。同时，对刀具的硬度和耐磨性要求也相应提高。

装饰层实际上是电脑仿真制作的印刷装饰纸，一般印有仿珍贵树种的木纹或其他图案。纸张由精制木、棉浆加工而成，要求白度 90 以上，吸水率 25 mm/10 min，有一定的遮盖力以盖住深色的缓冲层纸的色泽并防止下层的树脂透到表面上来。一般使用含 5%～20%钛白粉、定量为 100 g/m^2 左右的钛白纸。

芯层，也称基材层，多采用高密度纤维板(HDF)、中密度纤维板(MDF)或特殊形态的优质刨花板，前两者居多。由于与其他装饰装修材料相比，地板使用条件相对恶劣，故对基材的耐潮性、变形性、抗压性等要求较高，基材的优劣在很大程度上决定了地板质量的高低。

防潮层也叫底层或平衡层，是为了使板材在结构上对称以避免变形而采用的与表面装饰层平衡的纸张。在安装后也起到一定的防潮作用。平衡纸为漂泊或不漂泊的牛皮纸，具有一定的厚度和机械强度。平衡纸浸渍酚醛树脂，含量一般为80%以上，具有较高的防湿防潮能力。

(2)强化木地板的分等

根据产品的外观质量、理化性能，分为优等品、一等品和合格品。

(3)强化木地板的特点与技术要求

强化木地板的优点：耐磨耗，花色品种多，色彩典雅大方，规格尺寸大，稳定性好，强度高，抗静电，耐污染，耐腐蚀，耐香烟灼烧等。强化木地板的尺寸偏差、外观质量和理化性能指标应符合《浸渍纸层压木质地板》(GB/T18102-2007)的相关要求。

国家标准《室内装饰装修材料人造板及其制品中甲醛释放量》(GB/T18580-2001)规定，甲醛释放量必须小于或等于1.5 mg/L。

除经供需双方协议可生产其他规格产品外，强化木地板常见的尺寸规格为(1 120～1 400)mm×(180～200)mm×(6～10)mm，榫面宽度不小于3 mm。

4. 竹材地板

竹材地板经选料粗加工、炭化、蒸煮漂白、粗材胶合、板材成型等工艺过程而制成。

竹地板具有色泽清新自然、平整光滑、强度大、韧性好、耐磨损等特点，现已广泛应用于室内装修。产品分为优等品、一等品、合格品三个等级。

(1)分类

按结构分为多层胶合竹地板、单层侧拼竹地板(图10-16)。

按表面有无涂饰分为涂饰竹地板(包括有光竹地板和柔光竹地板)、未涂饰竹地板。

按表面颜色分为本色竹地板、漂白竹地板、深色竹地板(俗称炭化竹地板)。

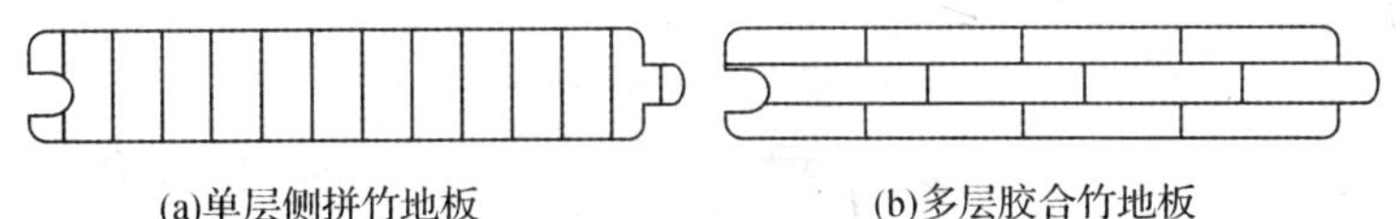

(a)单层侧拼竹地板　　(b)多层胶合竹地板

图10-16　竹材地板

(2)技术要求

采用无虫孔、霉变、腐朽等缺陷的竹材；竹材应纹理通直，无明显弯曲；竹材应经防虫、防霉、干燥处理。

竹地板规格尺寸除经供需双方协议可生产其他规格产品外，其长度、宽度、厚度一般为450(或610、760、900、915)mm×75(或90、100)mm×9(或12、15、18)mm。

硬度≥55.0 MPa。表面漆膜耐磨性用磨耗转数和磨耗值表示：磨耗转数即磨100转后表面留有漆膜；磨耗值≤0.08 g/100r。

甲醛释放量：A类品(优等品)的甲醛释放量值在9 mg/100 g以内；B类品(合格品)9～40 mg/100 g，达到B级可以用。其他理化性能、外观质量及尺寸偏差应符合《竹地板》(GB/T20240-2006)的要求。

(3)竹地板的特点与应用

地板无毒,牢固稳定,不开胶,不变形。经过脱去糖分、脂肪、淀粉、蛋白质等特殊无害处理后的竹材,具有超强的防虫蛀功能。地板六面用优质进口耐磨漆密封,阻燃,耐磨,防霉变。地板表面光洁柔和,几何尺寸好,品质稳定。是住宅、宾馆和写字间等的高级装潢材料。

具体来说,竹材地板较为适宜的场所有:

①家庭装修。这是竹材地板被普遍采用的主要部分,特别是卧室、书房、健身房、日本和式房等。

②高级写字楼,包括办公室、会议室、接待室、产品展示厅等。

③宾馆、酒店,包括宾馆套房、健康中心、娱乐中心、会议中心等。

④高级商厦,包括营业大厅、专卖柜台等。

竹材地板还可用于墙面装修。

一般不适宜使用竹材地板的地方有:防潮处理不好的楼房底层及地下室、经常接触水的地面、大型室内公共场所、公共通道等。

5. 软木类地板

软木是橡树的保护层,即树皮,俗称栓皮栎。软木的厚度一般为 4～5 cm,优质的软木可达 8～9 cm。每隔 9 年采剥一次,每棵树总共可采剥 10～12 次。

软木类地板是用栓皮栎或类似树种的树皮经加工并施加胶黏剂制成的地板(图 10-17),包括软木地板、软木复合地板等。

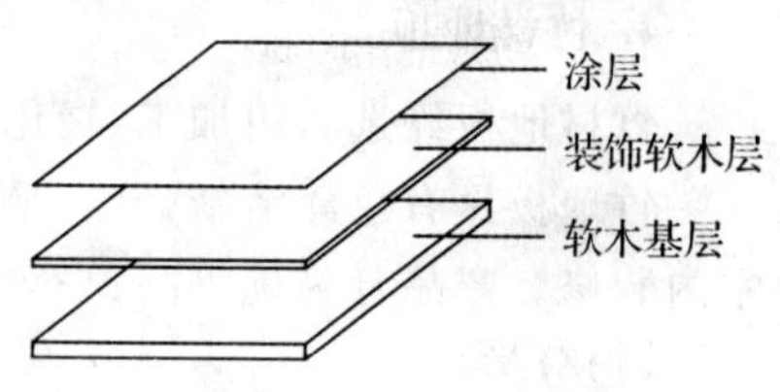

图 10-17 软木地板结构

软木复合地板在软木地板的软木基层和平衡底层间增加地板基材用纤维板或胶合板,纤维板或胶合板开有企口,拼装后直接放在地面或龙骨等地板基材表面(图 10-18)。

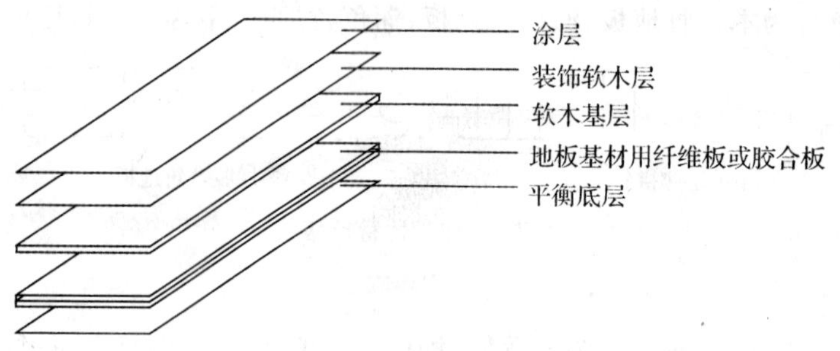

图 10-18 软木复合地板结构

软木除了用来制造地板外,还可以用来制造墙面装饰材料。软木贴面装饰板就是采用软木,通过精密加工(先是软木片生产,后是软木片贴面装饰生产)而成的非常薄的装饰面板。

(1)软木类地板的分类

①软木地板的分类

按铺装方式分为粘贴式软木地板、悬浮式软木地板。

按表面装饰层分为未涂饰软木类地板、涂饰软木类地板、PVC 软木类地板、石蜡软木类地板、装饰单板软木类地板。

按软木基材密度(ρ)分为Ⅰ类软木地板($\rho>500$ kg/m³)、Ⅱ类软木地板($450<\rho\leqslant500$ kg/m³)、Ⅲ类软木地板($400\leqslant\rho\leqslant450$ kg/m³)。

②软木复合地板分类

按表面装饰层分为未涂饰软木复合地板、涂饰软木复合地板、PVC 软木复合地板、石蜡软木复合地板、装饰单板软木复合地板。

软木类地板的外观质量、理化性能、尺寸规格应符合《软木类地板》(LY/T 1657-2006)的相关规定。

(2)软木类地板的铺设

在与其他材料衔接处,软木地板和软木复合地板宜采用合理间隔措施,其中软木地板设置不小于 4 mm 的伸缩缝,软木复合地板设置不小于 8 mm 的伸缩缝,并用扣条过渡,扣条应安装稳固。铺装软木复合地板,铺装长度或宽度≥8 m 时,宜采用合理间隔措施,设置伸缩缝并用扣条过渡。靠近门口处,宜设置伸缩缝,并用扣条过渡,门扇底部与扣条间隙不小于 3 mm,门扇应开闭自如。地板表面应洁净、平整。地板外观质量要符合相应产品标准要求。地板铺设应牢固、不松动,踩踏无明显异响。

(3)软木地板的特点与应用

除了安装步骤繁琐,对地面的平整度要求比较高外,软木地板自然,弹性好,脚感舒适,防滑,耐磨,变形小;耐腐,耐虫蛀;吸音,隔音,吸振,绝缘;防潮、保温性能好;铺装方便,维护简便,经久耐用。软木本身属于稀有资源,文化气息浓厚,地板工艺流程讲究,品味高雅,近年来成为装修领域一个新的消费趋势。

软木地板一般应用于居家装修,如小孩、老人房间,高档住宅、别墅,酒店、KTV、图书馆、幼儿园等。

10.8.2　木装饰线条

1. 木装饰线条的形状和种类

木装饰线条简称木线,是选用质硬、结构细密、材质较好的木材,经过干燥处理后,再机械或手工加工而成。木装饰线条品种较多,各种木线的外形及规格见图 10-19。

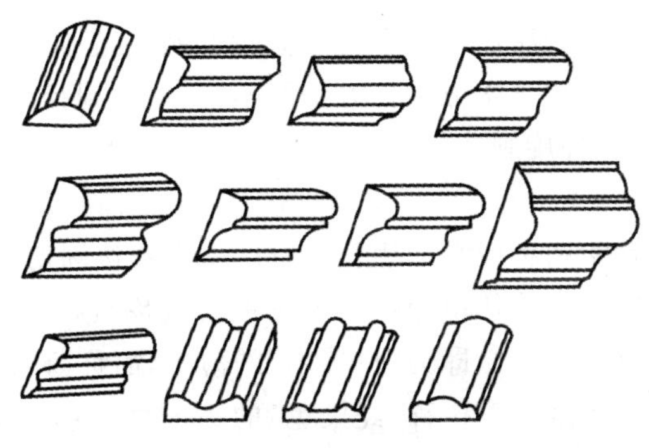

图 10-19　木装饰角线

按材质不同可分为白元木线、水曲柳木线、山樟木线、核桃木线、柚木线等。

按功能可分为压边线、柱角线、压角线、墙角线、墙腰线、上楣线、覆盖线、封边线、镜框线等。

按外形可分为半圆线、直角线、斜角线、指甲线等。

按款式可分为外凸式、内凹式、凸凹结合式、嵌槽式等。

木线条的外观质量要求及检验方法：

①木装饰线条宜选用质硬、木质细、木质好的木材，光洁，手感顺滑，无毛刺。

②木线色泽一致，无节子、开裂、腐蚀、虫眼等缺陷。

③木线图案应清晰，不劈裂，加工深度应一致。

④已经上漆的木线，既要检查正面油漆光洁度、色差，也要从背面查看木质。

2. 木装饰线条的特点与应用

木角线具有表面光滑，棱角、棱边、弧面弧线垂直，轮廓分明，耐磨、耐腐蚀，不劈裂，上色性好，黏结性好等特点，在室内装饰中应用广泛，主要用于天花线和天花角线。木边线条主要用作建筑物室内墙面的腰饰线、墙面洞口装饰线、护壁和勒脚的压条饰线、门框装饰线、顶棚装饰角线、栏杆扶手镶边、门窗及家具的镶边等。在室内装饰中主要起着固定、连接、加强装饰饰面的作用。

10.8.3 装饰薄木

1. 装饰薄木的种类

薄木，俗称“木皮”，是一种具有珍贵树种特色的木质片状薄型饰面或贴面材料。

(1)按制造方法分

①锯制薄木：采用锯片或锯条将木方或木板锯解成的片状薄板(根据板方纹理和锯解方向的不同，又有径向薄木和弦向薄木之分)。

②刨切薄木：将原木剖成木方并进行蒸煮软化处理后再在刨切机上刨切成的片状薄木(根据木方剖制纹理和刨切方向的不同，又有径向薄木和弦向薄木之分)。

③旋切薄木：将原木进行蒸煮软化处理后在精密旋切机上旋切成的连续带状薄木(弦向薄木)。

④半圆旋切薄木：在普通精密旋切机上将木方偏心装夹旋切或在专用半圆旋切机上将木方进行旋切成的片状薄木(根据木方夹持方法的不同，可得到径向薄木或弦向薄木)，是介于刨切法与旋切法之间的一种旋制薄木。

(2)按薄木形态分

①天然薄木：由天然珍贵树种或自然生长木材的木方直接刨切制得的薄木。

②人造薄木：由一般树种的旋切单板仿照天然木材或珍贵树种的色调染色后再按纤维方向胶合成木方后制成的刨切薄木，即为“科技木”的薄木，简称“科技薄木”。

③集成薄木：由珍贵树种或一般树种(经染色)的小方材或单板按薄木的纹理图案先拼成集成木方后再刨切成的整张拼花薄木。

(3)按薄木厚度分

①厚薄木：厚度≥0.5 mm，一般指 0.5～3 mm 厚的普通薄木。

②薄型薄木：厚度大于等于 0.2 mm 且小于 0.5 mm，一般指 0.2～0.5 mm 厚的薄木。

③微薄木：厚度<0.2 mm，一般指 0.05～0.2 mm 且背面黏合特种纸或无纺布的连续卷状薄木或成卷薄木。

(4)按薄木花纹分

①径切纹薄木：由木材早晚材构成的相互大致平行的条纹薄木。

②弦切纹薄木：由木材早晚材构成的大致呈山峰状的花纹薄木。

③波状纹薄木：由波状或扭曲纹理产生的花纹薄木，又称琴背花纹、影纹，常出现在槭木(枫木)、桦木等树种。

④鸟眼纹薄木：由纤维局部扭曲而形成的似鸟眼状的花纹，常出现在槭木(枫木)、桦木、水曲柳等树种。

⑤树瘤纹薄木：由树瘤等引起的局部纤维方向极不规则而形成的花纹，常出现在核桃木、槭木(枫木)、法桐、栎木等树种。

⑥虎皮纹薄木：由密集的木射线在径切面上形成的片状泛银光的类似虎皮的花纹，木射线在弦切面上呈纺锤形，常出现在栎木、山毛榉等木射线丰富的树种。

(5)按薄木树种分

①阔叶材薄木：由阔叶树材或模拟阔叶树材制成的薄木，如水曲柳、桦木、榉木、樱桃木、核桃木、泡桐等。

②针叶材薄木：由针叶树材或模拟针叶树材制成的薄木，如云杉、红松、花旗松、马尾松、落叶松等。

2. 装饰薄木的质量要求与应用

装饰薄木的质量主要从外观质量、单板胶层的耐水性、薄木的保色性、薄木与基材的胶合性等方面来进行判定。外观质量主要要求人造薄木或集成薄木的色调与被模仿树种的色调吻合，染色均匀，薄木表面光滑平整，厚度均匀，无腐朽、虫眼、变色等缺陷。

单板之间的胶层耐水性及薄木与基材胶合后的胶层耐水性可通过浸渍试验来鉴定。取 75 mm×75 mm 的试件放中(60±3) ℃温水中浸泡 3 h，然后放在(60±3)℃烘箱中干燥 3 h，观察每条或每边胶缝脱开长度，不应超过 25 mm。保色性主要检验保木染色的牢度，可取 150 mm×75 mm 的试件与 400 W 的水银灯源相距 300 mm 照射 24 h，无明显褪色即可。

天然薄木和人造薄木目前大量用作刨花板、中密度纤维板、胶合板等人造板材的贴面材料，也用于家具部件、门窗、楼梯扶手、柱、墙地面等的现场饰面和封边。后者的应用往往要将薄木进行剪切和拼花，是家具和室内常见的装饰手法。

集成薄木实际上是一种工业化的薄木拼花，设计考究，制作精细，一般幅面不大。主要用于桌面、座椅、门窗、墙面、吊顶等的局部装饰。

本章小结

竹木材料是人类最早应用于建筑以及装饰装修的材料之一。由于竹木材具有许多不能由其他材料替代的优良特性，它们至今在建筑装饰装修中仍然占有极其重要的地位。

木材分为针叶材和阔叶材两类。针叶材又称“软材”或“无孔材”，阔叶材又称“硬材”或“有孔材”。木材的三切面包括横切面、径切面和弦切面。按与髓心和树皮的相对位置可分为心材和边材。树木在一个生长周期内生长一层木材，称为生长轮，若一个生长周期为一年则可称为年轮。每一年轮中早期形成的木材叫早材，后期形成的木材叫晚材。从材性上看，一般心材优于边材，晚材优于早材。针叶材主要细胞有管胞、木射线、轴向薄壁组织、树脂道等，阔叶材主要细胞有导管、阔叶材管胞、木纤维、轴向薄壁组织、木射线等。

木材细胞壁由各种细胞构成。化学构成上，木材细胞壁主要是由纤维素、半纤维素、木质素及抽提物等组成，纤维素为骨架物质，半纤维素为基体物质，木质素为结壳物质。

木材的物理性质主要包括木材中的水分、木材的密度、木材的强度等。

木材中的水分有自由水、吸着水和化合水三类。吸附水的变化是影响木材强度和胀缩变性的主要因素。纤维饱和点通常为30%，是木材材性的转折点，含水率在纤维饱和点以上变化时，木材材性近于一常数；当木材干燥含水率低至纤维饱和点以下时，其材性随含水率的变化而显著变化。木材的平衡含水率一般为12%～15%。木材加工木制品前，必须干燥到与所在地区或使用地区相适应的木材平衡含水率。当木材的含水率在纤维饱和点以下时，随着含水率的增大，木材体积产生膨胀；随着含水率减小，木材体积收缩。这就是木材的干缩湿胀性。

木材的密度平均约为1.55 g/cm^3，表观密度(气干材密度)平均为0.50 g/cm^3。

根据外力的作用，木材的强度主要有抗压强度、抗拉强度、抗弯强度和抗剪强度。一般每一类强度根据施力方向不同又有顺纹强度与横纹强度之分。木材的顺纹强度和横纹强度差别很大。当木材的含水率在纤维饱和点以下变化时，随木材含水率增加，强度下降。木材受热时，细胞壁胶结物质会软化，强度降低。一般木材强度中理论上以顺纹抗拉强度最大，其次是抗弯和顺纹抗压强度，横纹抗拉强度最小。

木材的干燥方法有自然干燥、人工干燥。木材中的腐朽菌生长的条件是一定的水分、充足的空气与适宜的温度三个条件，破坏其中的任何一个因素，就能对木材起到防腐作用。木材的环境学性质主要有视觉特性、触觉特性和调湿特性。新型木材主要有压缩木、木塑复合材料、树脂浸渍木材、金属木材、科技木等。人造板主要有胶合板、纤维板、刨花板、细木工板等。

工业生产上把竹材结构分为竹青、竹肉、竹黄三部分。密度、含水率、强度等性能，竹青优于竹肉和竹黄。

木地板是指用木材制成的地板。我国生产的木地板主要分为实木地板、实木复合地板、强化木地板、竹材地板和软木类地板五大类。

木装饰线条简称木线，主要用作天花线和天花角线及各种镶边等。装饰薄木厚度从0.2 mm到3 mm，满足不同条件下使用。

复习思考题与习题

10.1　木材的三切面是什么？各有何特点？

10.2　分别阐述早材和晚材、心材和边材区别。

10.3　木材中含有几种水分？各对木材性质有何影响？

10.4　什么是木材的纤维饱和点？为什么说纤维饱和点是木材材性的转折点？

10.5　什么是木材的平衡含水率？平衡含水率对木制品的加工有何影响？

10.6　木材的缺陷分为哪几类？什么是木材的腐朽？如何防止？

10.7　简述胶合板的生产工艺流程、特点和应用。

10.8　简述刨花板的生产工艺流程、特点和应用。

10.9　简述纤维板的生产工艺流程、特点和应用。

10.10　简述细木工板的生产工艺流程、特点和应用。

10.11　试述竹材的构造，对比竹青、竹肉和竹黄的性能特点。

10.12　简述木地板的分类。

10.13　什么是实木复合地板？试述其特点。

10.14　什么是强化木地板？试述其构成及各层的作用。

10.15　简述软木地板的特点与应用。

10.16　装饰薄木的种类有哪些？简述装饰薄木的质量要求与应用。

第11章 建筑装饰陶瓷

本章要点

本章是建筑装饰材料课程的重点之一。较详细地介绍了陶瓷原料的种类、工艺性能以及在陶瓷中的作用，陶瓷砖的生产工艺流程，陶瓷装饰的种类及特点。以干压陶瓷砖的最新标准为依据，介绍了陶瓷砖的技术要求。应重点掌握釉面砖和墙地砖的种类、性能与特点，以及它们在建筑装饰工程中的应用。此外，还简要介绍了陶瓷锦砖、琉璃制品、陶瓷壁画的特点与应用。

陶瓷，或称烧土制品，是指以黏土为主要原料，经成型、焙烧而成的材料。陶瓷强度高，耐火、耐久、耐酸碱腐蚀、耐水、耐磨，易于清洗，加之生产简单，价格适宜，故而用途极为广泛，几乎可应用于从家庭到航天的各个领域。

在装饰工程中，陶瓷是最古老的装饰材料之一。陶瓷艺术是火与土凝结的艺术，如中国皇宫建筑和九龙壁已是千古之作，北京故宫博物院更堪称琉璃博物馆。随着现在科学技术的发展，陶瓷在花色、品种、性能等方面发生了巨大的变化，为现代建筑装饰装修工程带来了越来越多兼具实用性、装饰性的材料。

在现代建筑装饰中，使用的陶瓷制品主要有釉面砖、地砖、锦砖、卫生陶瓷、园林陶瓷、琉璃制品等，它们的品种和色彩多达数百种，而且还在不断涌现新的品种。

11.1 陶瓷的基本知识

11.1.1 陶瓷的概念

陶瓷是一种在人类生产和生活中不可或缺的材料及其制品的通称，它在人类历史上已有数千年的历史。传统上，陶瓷的概念是指以黏土及其天然矿物为原料，经过粉碎混炼、成型、焙烧等工艺过程所制得的各种制品，亦称为“普通陶瓷”，例如日用陶瓷制品、建筑卫生陶瓷、电瓷等。由于它们的主要原料是取之于自然界的硅酸盐矿物（如黏土、长石、石英等），制品中主要矿物为硅酸盐，所以陶瓷也属于硅酸盐类材料及制品。

随着近代科学技术的发展，需要充分利用陶瓷材料的物理和化学性质，近百年来出现了许多新的陶瓷品种，如氧化物陶瓷、压电陶瓷、碳化物陶瓷、金属陶瓷等各种高温结构陶瓷和功能陶瓷，它们统称为新型陶瓷或特种陶瓷、精密陶瓷。它们的生产过程虽然基本上还是原料处理→成型→煅烧这种传统的陶瓷生产方法，但采用的原料已不再或很少使用黏土等传统陶瓷原料，而已扩大到化工原料和人工合成矿物原料，其组成范围也已从传统的硅酸盐领域拓展到无机非金属材料，并且在原料处理、成型、烧成等工艺过程中，出现了许多新工艺、新技术。因此，广义的陶瓷概念是用陶瓷生产方法制造的无机非金属固体材料和制品的统称。

11.1.2　陶瓷的分类及制品

陶瓷制品品种繁多，目前尚无统一规定，陶瓷学者根据不同的着眼点提出了不同的分类方法。为了便于掌握各种制品的特征，本章主要介绍最常采用的两种分类法。

1. 按陶瓷的概念和用途来分类

陶瓷制品分为两大类，即普通陶瓷（传统陶瓷）和特种陶瓷（新型陶瓷）。

普通陶瓷是人们日常生活中最常见的陶瓷制品，根据其用途不同，又可分为日用陶瓷（包括盆、罐、茶具、餐具和艺术陈设陶瓷等）、建筑卫生陶瓷、化工陶瓷、化学陶瓷、电瓷及其他工业用陶瓷。这类陶瓷制品所用原料基本相同，生产工艺技术亦相近，是典型的传统陶瓷生产工艺。

现代建筑装饰工程中应用的建筑卫生陶瓷主要包括陶瓷墙地砖、卫生陶瓷、园林陶瓷、琉璃陶瓷制品等，其中以陶瓷墙砖和陶瓷地砖的用量最大。

特种陶瓷是用于各种现代工业和尖端科学技术所需的陶瓷制品，通常具有较高的附加值，其所用的原料和所需的生产工艺技术已与普通陶瓷有较大的不同和发展。根据其性能用途不同，特种陶瓷又可分为结构陶瓷和功能陶瓷两大类。结构陶瓷主要利用其机械和热性能，包括高强度、高硬度、高韧性、高刚性、耐磨性、耐热、耐热冲击、隔热、导热、低热膨胀性能等。功能陶瓷则主要利用其电性能、磁性能、半导体性能、光性能、生物—化学性能及核材料应用性能等。

由此可以看出，上述的分类方法只考虑到陶瓷品种的发展和应用不同，并没有考虑到陶瓷之间的界限。

2. 按坯体的物理性质和特征分类

根据陶瓷的颜色和吸水率大小不同，普通陶瓷又可分为陶器、炻器、瓷器，详见表 11-1。

表 11-1　陶瓷制品的分类

名称		特点		主要制品
		颜色	吸水率/%	
粗陶器		带色	＞10	日用缸器、砖、瓦
精陶器	石灰质	白色	18～22	日用器皿、彩陶
	长石质	白色	9～12	日用器皿、卫生陶瓷、装饰釉面砖
炻器	粗炻器	带色	4～8	缸器、建筑外墙砖、锦砖、地砖
	细炻器	白或带色	＜1	日用器皿、化工及电器工业用品、瓷质砖
瓷器	长石瓷	白色	＜0.5	日用餐茶具、陈设瓷、高低压电瓷
	绢云母瓷	白色	＜0.5	日用餐茶具、美术用品
	滑石瓷	白色	＜0.5	日用餐茶具、美术用品
	骨灰瓷	白色	＜0.5	日用餐茶具、美术用品

续表

名称		特点		主要制品
		颜色	吸水率/%	
特种瓷	高铝质瓷	耐高频、高强度、耐高温		硅线石瓷、刚玉瓷等
	镁质瓷	耐高频、高强度、低介电损失		滑石瓷
	锆质瓷	高强度、高介电损失		锆英石瓷
	钛质瓷	高电容率、铁电性、压电性		钛酸钡瓷、钛酸锶瓷、金红石瓷
	磁性瓷	高电阻率、高磁致伸缩系数		铁淦氧瓷、镍锌磁性瓷
	电子陶瓷	有导电性、电光性		电子元器件等
	金属陶瓷	高强度、高熔点、高韧性、抗氧化		铁、镍、钴金属陶瓷,如火箭喷嘴
	其他			氧化物、碳化物、硅化物瓷等

11.1.3 陶瓷砖的概念及分类

1. 陶瓷砖的概念

陶瓷砖是指由黏土或其他无机非金属原料制造的用于覆盖墙面和地面的薄板制品。陶瓷砖是在室温下通过挤压或干压或其他方法成型、干燥后,在满足性能要求的温度下烧制而成的。分为有釉(GL)或无釉(UGL)的,而且是不可燃、不怕光的。

2. 陶瓷砖的分类

陶瓷砖品种繁多,分类各异。根据国家标准《陶瓷砖》(GB/T4100-2006),陶瓷砖有以下几种分类方法。

(1)按吸水率不同可分为五大类,见表 11-2。

表 11-2 陶瓷砖的分类

吸水率/%	$E \leqslant 0.5$	$0.5 < E \leqslant 3$	$3 < E \leqslant 6$	$6 < E \leqslant 10$	$E > 10$
陶瓷砖名称	瓷质砖	炻瓷砖	细炻砖	炻质砖	陶瓷砖,正面施釉也可称釉面砖

(2)按成型方法可分为挤压砖、干压砖和其他成型方法的砖。

(3)按使用部位不同可分为内墙砖、外墙砖、室内地砖、室外地砖、广场地砖和配件砖。其定义见表 11-3。

表 11-3 各部位陶瓷砖的定义

名称	定义
内墙砖	用于装饰与保护建筑物内墙的陶瓷砖
外墙砖	用于装饰与保护建筑物外墙的陶瓷砖
室内地砖	用于装饰与保护建筑物内部地面的陶瓷砖
室外地砖	用于装饰与保护建筑物外部地面的陶瓷砖
广场地砖	用于铺砌广场及道路的陶瓷砖
配件砖	用于铺砌建筑物墙脚、拐角等特殊装修部位的陶瓷砖

(4)按其表面是否施釉可分为有釉砖和无釉砖。

(5)按其表面形状可分为平面装饰砖和立体装饰砖。其中，平面装饰砖是指正面为平面的陶瓷砖，立体装饰砖是指正面呈凹凸纹样的陶瓷砖。

11.1.4　陶瓷的原料

陶瓷工业中使用的原材料品种繁多。从其来源来说，一种是天然矿物原料，一种是通过化学方法加工处理的化工原料。天然矿物原料通常可分为可塑性物料、瘠性物料、助熔物料、有机物料等。

1. 可塑性物料——黏土

黏土是由多种矿物组成的混合物。黏土具有可塑性，是陶瓷坯体生产的主要原料。黏土由天然岩石经长期风化而形成，是多种微细矿物的混合体，其中主要是含水的铝硅酸盐矿物。另外，黏土中还含有石英、铁矿物、碱等多种杂质。杂质的种类和含量，对黏土的可塑性、焙烧温度以及制品的性能等有一定的影响，因此，可以根据黏土的组成初步判断制品的质量。如黏土中石英含量较大时，其可塑性差，但收缩性相对较小；黏土中氧化铁、氧化钛含量会影响烧制产品的颜色，而且细而分散的铁化合物还会降低黏土的烧结温度，超过一定数量以后，会使坯体在煅烧过程中容易起泡等。

按习惯分类黏土有四种，并具有如下一些性质：

(1)高岭土。是最纯的黏土，可塑性低，烧后颜色从灰到白色。

(2)黏性土。为次生黏土，颗粒较细，可塑性好，含杂质较多。

(3)瘠性黏土。较坚硬，遇水不松散，可塑性小，不易成可塑泥团。

(4)页岩。性质与瘠性黏土相仿，但杂质较多，烧后呈灰、黄、棕、红等色。

黏土含有的其他物质还有：

(1)石英。石英的主要成分为 SiO_2。石英在高温时发生晶型转变并产生体积膨胀，可以部分抵消坯体烧成时产生的收缩；同时，石英可提高釉面的耐磨性、硬度、透明度及化学稳定性。

(2)长石。长石在陶瓷生产中可作助熔剂，以降低陶瓷制品的烧成温度。它与石英等一起在高温熔化后形成的玻璃态物质是釉彩层的主要成分。

(3)滑石。滑石的加入可改善釉层的弹性、热稳定性，加宽熔融的范围，也可使坯体中形成含镁玻璃，这种玻璃湿膨胀小，能防止后期龟裂。

(4)硅灰石。硅灰石在陶瓷中使用较广，加入制品后，能明显地改善坯体收缩性，提高坯体强度，降低烧结温度。此外，它还可使釉面不会因气体析出而产生釉泡和气孔。

2. 瘠性物料

瘠性物料是指硅酸盐原料中与水混合后没有黏性而起瘠化作用的物料。用在陶瓷和耐火材料生产中，可降低配合料的可塑性及减少坯体在干燥和烧成时的收缩，起骨架作用。石英、长石、煅烧过的黏土(熟料)和耐火材料的碎块都可用作瘠性物料。

3. 助熔物料

助熔物料又称助熔剂，在焙烧过程中能降低可塑性物料的烧结温度，同时增加制品的密实性和强度，但也会降低制品的耐火度、体积稳定性和高温下抵抗变形的能力。

陶瓷工业中常用的助熔剂有长石类的自熔性熔剂和铁化物、碳类等化合性助熔剂。

4. 有机物料

有机物料主要包括天然腐殖质或由人工加入的锯末、糠皮、煤粉等，它们能提高物料的可塑性。

11.1.5 陶瓷的生产制作

一般来说，陶瓷生产过程包括坯料制备、坯体成型、瓷器烧结三个基本阶段。同时陶瓷生产过程的组成可按生产各阶段的不同作用，分为生产技术准备过程、基本生产过程、辅助生产过程和生产服务过程。各种陶瓷制品的生产过程大致相同，但原料的调整、上釉、烧制等各个过程的细节有所不同。生产过程大致如下：

1. 配料与配浆

按坯料要求的配比，将粉碎精制的原料加水细磨，淘选除去杂质和粗粒，精制成泥浆。

2. 成型与干燥

根据坯料含水量多少，成型方法有干法、半干法和湿法；如按工艺划分，有脱模法、挤出法、压制法、旋坯法。

脱模法是采用模具，将泥浆置于其中，硬化后脱模成型。挤出法是将可塑性坯料从挤出机的定型孔中挤出，按一定尺寸切断。压制法是将挤出的坯料再用模型压制。旋坯法是用辘轳机旋转切割制成型状对称的坯料。坯体要干燥到一定含水率之后才能装窑，干燥的好坏会影响制品的质量。干燥有人工干燥和自然干燥两种方法。前者一般用烧成窑的余热烘干，后者先阴干再晒干。

3. 烧成与上釉

干燥好的坯体可着手烧成，按预热→烧成→冷却过程进行。有的制品在坯体成型、干燥后即上釉，烧成后即为制品；有的制品则在坯体成型、干燥后先素烧，然后上釉再烧成。

11.1.6 陶瓷的表面装饰

陶瓷的表面装饰是对陶瓷制品表面进行艺术加工的重要手段。它一般通过对陶瓷坯体颜色等的改变或在坯体表面上施袖来实现。前者是在坯料中加入适当的着色氧化物，使之以一定的分散方式(如均匀分布或非均匀分布)存在于坯料中，从而使烧成后的陶瓷制品的内部、表面均具有所需的各种颜色或色斑。此种方法用于无釉陶瓷制品，如陶瓷锦砖、无釉地砖等。施釉是最常用的表面装饰方法，它能大大地提高制品的外观效果，而且对陶瓷制品本身起到一定的保护作用，从而有效地把制品的实用性和装饰性有机地结合起来。

陶瓷坯体表面粗糙，易沾污，装饰效果差。除紫砂地砖等产品外，大多数陶瓷制品都要表面装饰加工。最常见的陶瓷表面装饰工艺是施釉面层、彩绘、饰金等。

1. 施釉

(1)釉的作用

所谓釉是指附着于陶瓷坯体表面的连续玻璃质层，是施涂在坯体表面的适当成分的釉料在高温下熔融，在陶瓷制品表面上形成的一层很薄的均匀层。它具有细腻光滑、与玻璃相类似的某种物理与化学性质。

陶瓷施釉的目的在于改善坯体的表面性能并提高力学强度。通常疏松多孔的陶瓷坯表面仍然粗糙，即使坯体烧结，孔隙接近于零，但由于其玻璃相中包含晶体，所以坯体表面仍然粗糙无光，易于沾污和吸湿，影响美观、卫生以及力学和电学性能。施釉的表面平滑，光亮，不吸湿，不透气；同时在釉下装饰中，釉层还具有保护釉下装饰图案，掩盖坯体的不良颜色和某些缺陷，防止彩料中有毒元素溶出，提高陶瓷制品的机械强度、抗渗性、耐腐蚀性、抗污染性、易洁性等作用，还能增加产品的艺术性，扩大陶瓷的使用范围。

(2)釉的种类

釉的种类繁多，组成也很复杂。常用的几种釉及分类方法见表 11-4。

表 11-4　常用的几种釉的分类

分类方法	种类
按坯体种类	瓷器釉、陶器釉、炻器釉
按化学组成	长石釉、石灰釉、滑石釉、混合釉、硼釉、铅硼釉、食盐釉、土釉
按烧成温度	易熔釉(1 100 ℃以下)、中温釉(1 100～1 250 ℃)、高温釉(1 250 ℃以上)
按制备方法	生料釉、熔块釉
按外表特征	透明釉、乳浊釉、有色釉、光亮釉、无光釉、结晶釉、砂金釉、碎纹釉、珠光釉

施釉的方法有涂釉、浇釉、浸釉、喷釉、筛釉等。

2. 常用装饰釉

(1)釉下彩绘

在陶瓷坯体或素烧釉坯表面进行彩绘(图 11-1)，然后覆盖一层透明釉，烧制而成的即为釉下彩。其优点在于画面不会因陶瓷经常使用而被损坏，而且画面显得清秀光亮。彩料受到表面透明釉层的隔离保护，使彩绘图案不会磨损，彩料中对人体有害的金属盐类也不会溶出。然而釉下彩绘的画面与色调远远不如釉上彩绘那样丰富多彩，同时难以机械化生产，因而目前难以广泛采用。现在国内商品釉下彩料的颜色种类有限，基本上用手工彩画，限制了它在陶瓷制品中的广泛应用。

青花、釉旦红及釉下五彩是我国名贵的釉下彩绘制品。

(2)釉上彩绘

釉上彩绘是在烧好的陶瓷釉上用低温彩料绘制图案花纹，然后在较低温度(600～900 ℃)下二次烧成的。由于彩烧温度低，故使用颜料比釉下彩绘多(图 11-2)，色调极其丰富。同时，釉上彩绘在高强度陶瓷体上进行，因此除手工绘画外，还可以用贴花、喷花、刷花等方法绘制，生产效率高，成本低廉，能工业化大批量生产。但釉上彩易磨损，表面有彩绘凸出感觉，光滑性差，且彩料中的铅易被酸溶出而引起铅中毒。

(3)结晶釉

结晶釉是高温颜色釉品种之一。它是指利用高温下釉料中金属的饱和溶液在缓冷过程中析出的晶体密集的形态，因而得名。结晶釉的釉层中晶体呈星形、冰花、晶簇、晶球、扇形、

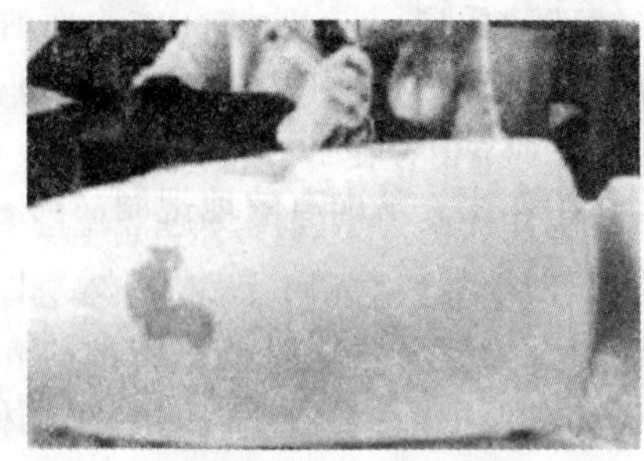

图 11-1　釉下彩绘

图 11-2　釉上彩绘

松针形、蕾花性、花条、花网或纤维状等，它们自然、优雅，具有很高的装饰性(图 11-3)。

图 11-3　结晶釉

(4)砂金釉

砂金釉也称金星釉，是釉内氧化铁微晶呈现金子光泽的一种特殊釉，因其形似自然界中的砂金石而得名(图 11-4)。微晶的颜色视其粒度而异，最细者为黄色，最粗者为红色。微结晶体的铁砂金釉的晶粒粗大，微结晶体的铬砂金釉的晶粒细小，细者又称金星釉，粗者又称猫眼釉。

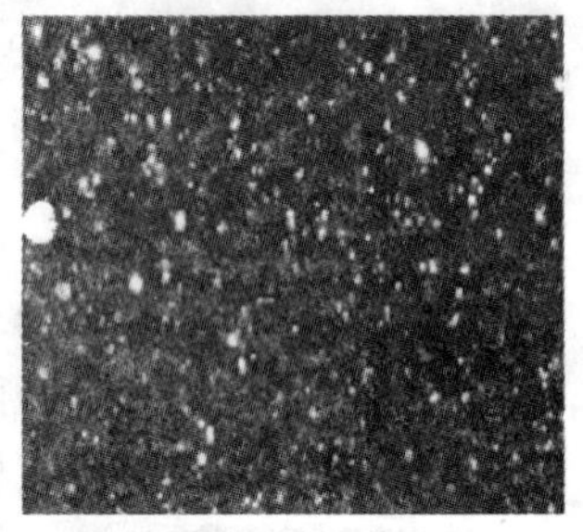

图 11-4　砂金釉

该釉的特征是在彩色透明玻璃釉中悬浮着金色板状晶体或金属粉粒，在光线照射下闪烁异彩。采用色彩金星釉的瓷砖主要用于装饰豪华客厅，使室内环境形成金碧辉煌的艺术氛围。

(5)裂纹釉

裂纹釉是陶瓷表面采用比其坯体热膨胀系数大的釉，在烧后迅速冷却的过程中使釉面产生网状裂纹，以此获得装饰效果。釉面裂纹的形态有鱼子纹、蟹爪纹、牛毛纹、鳝鱼纹等(图 11-5)。裂纹釉按其颜色的呈现技术方法，分为夹层裂纹釉与镶嵌裂纹釉。

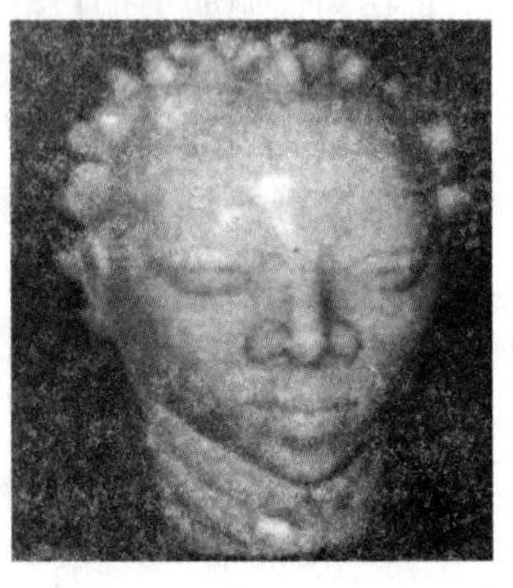

图 11-5　裂纹釉

(6)无光釉

一般在透明釉中加入 20%的高岭土即可变成无光釉。将陶瓷在釉烧温度下烧成后经冷却，可使表面显示丝状、绒状或玉石状的光泽，而不出现对光的强烈反射(图 11-6)。它是一种特殊效果的艺术釉。

(7)流动釉

流动釉采用易熔釉料施于陶瓷表面,在烧成温度下故意将其过烧,以使釉沿着坯体的斜面向下流动(图11-7),形成一种自然活泼条纹的艺术釉饰。

(8)贵金属装饰

用金、银、铂或钯等贵金属装饰在陶瓷表面釉上(图11-8),这种方法仅限于一些高级精细制品。饰金较为常见,其他贵金属装饰较少。金装饰陶瓷有亮金、磨光金和腐蚀金等。亮金装饰金膜厚度只有0.5 μm,这种金膜容易磨损。磨光金的厚度远大于亮金装饰,比较耐用。腐蚀金装饰是在釉面用稀氢氟酸溶液涂刷无柏油的釉面部分,使之表面釉层腐蚀。表面涂一层磨光金彩料,烧制后抛光,腐蚀面无光,未腐蚀面光亮,形成亮暗不一的金色图案花纹。陶瓷产品采用金色文饰、图案及边线等,不仅能够表现出产品的华贵感,也使环境形成金碧辉煌的氛围,富有现代的气息。目前,金饰材料的装饰方法已经形成手工彩绘、刻绘花、喷墨印花、转移印花、超高速印花等各种工艺技术方法。

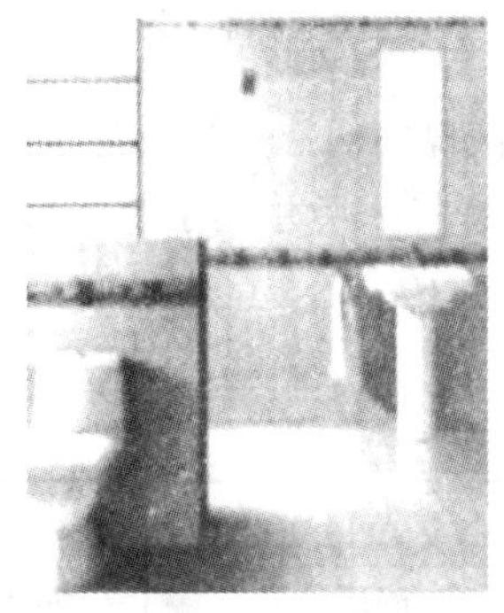

图11-6 无光釉

图11-7 流动釉

图11-8 饰金脸盆

11.2 陶瓷装饰面砖

陶瓷装饰面砖是建筑装饰最常用的材料之一,陶瓷砖因其施工方便、强度高、使用寿命长、耐水性好、易打理、价格适宜等特点而得到广泛采用。陶瓷面砖的背面有各种凹凸条纹,用以增强与砂浆的结合力。装饰面砖的种类很多,分类的方法也有多种。常用的装饰面砖类型有:

1. 按适用装饰面分为外墙砖、内墙砖、腰线砖、地砖、梯沿砖、踢脚线砖等。其中内墙砖有彩色釉面砖、浮雕艺术砖、闪光釉面砖、普通釉面砖、腰线砖等多种。

2. 按功能分为有普通砖、花砖、腰带砖、拼花砖、阴阳角线砖等。

3. 按配料和制作工艺的不同,分为平面、麻面、毛面、磨光面、抛光面、纹点面、仿天然石材表面、仿木纹面、压花浮雕表面、无光釉面、金属光泽面、防滑面、耐磨面等,以及丝网印、套色图案、单色、多色等多种制品。

4. 按表面施釉情况分为无釉砖和彩色釉面砖,也可以称为无光面砖和彩釉砖。

5. 按装饰性能分为普通砖、艺术砖、仿古砖、文化石等。

11.2.1 釉面内墙砖

釉面内墙砖是用于建筑物内墙装饰的薄板状精陶制品，是对建筑物内部墙面起保护及装饰作用的有釉面的砖，俗称釉面砖，又称为墙面砖。它是建筑装饰工程中最常用、最重要的饰面材料之一，由优质陶瓷等烧制而成，属精陶制品。

1. 釉面砖的形状、规格

按釉面颜色分为单色（含白色）、花色和图案砖。

按釉面形状分为正方形砖、长方形砖和异形配件砖。

常用的规格是：108 mm×108 mm、152 mm×152 mm、200 mm×200 mm、200 mm×300 mm、300 mm×300 mm 等，厚度为 5～10 mm。

2. 装饰釉面砖的技术要求

(1)尺寸偏差

釉面砖主要规格尺寸分为模数化和非模数化两类。模数化规格的特点是考虑了灰缝间隔后的装配尺寸符合模数化，便于与建筑模数相匹配，因此产品实际尺寸小于装配尺寸；而非模数化规格的特点是砖的实际尺寸即为产品尺寸，两者是一致的。

①长度、宽度和厚度允许偏差应符合表 11-5 的规定。

表 11-5 长度、宽度和厚度允许偏差

<table>
<tr><th colspan="2" rowspan="2">尺寸允许偏差</th><th colspan="2">类别</th></tr>
<tr><th>无间隔凸缘</th><th>有间隔凸缘</th></tr>
<tr><td rowspan="2">长宽度</td><td>每块砖(2 或 4 条边)的平均尺寸相对于工作尺寸的允许偏差/%</td><td>$L\leqslant$12 cm 时为±0.75
$L>$12 cm 时为±0.50</td><td>+0.60
−0.30</td></tr>
<tr><td>每块砖(2 或 4 条边)的平均尺寸相对于 10 块试样(20 或 40 条边)平均尺寸的允许偏差/%</td><td>$L\leqslant$12 cm 时为±0.50
$L>$12 cm 时为±0.30</td><td>±0.25</td></tr>
<tr><td>厚度</td><td>每块砖厚度的平均值相对于工作尺寸厚度的最大允许偏差/%</td><td>±10.0</td><td>±10.0</td></tr>
</table>

注：特殊要求尺寸偏差可由供需双方协商。

L—每块砖(2 或 4 条边)的平均尺寸。

②模数砖名义尺寸连接宽度为 1.5～5 mm，非模数砖工作尺寸与名义尺寸之间偏差不大于±2 mm。

③边直度、直角度和表面平整度应符合表 11-6 的规定。

表 11-6 边直度、直角度和表面平整度偏差

尺寸允许偏差	类别	
	无间隔凸缘	有间隔凸缘
边直度[①]（相对于工作尺寸的最大允许偏差/%）	±0.30	±0.30
直直度[①]（相对于工作尺寸的最大允许偏差/%）	±0.50	±0.30

续表

尺寸允许偏差		类别	
		无间隔凸缘	有间隔凸缘
表面平整度(相对于工作尺寸的最大允许偏差/%)	1. 相对于由工作尺寸计算的对角线的中心弯曲度	+0.50 −0.30	+0.50 −0.30
	2. 相对于由工作边计算的弯曲度	+0.50 −0.30	+0.50 −0.30
	3. 相对于由工作尺寸计算的对角线的翘曲度	±0.50	±0.50

注:①以非公制尺寸为基础的习惯用法也可用在同类型砖的连接密度上。不适用有弯曲形状的砖。

(2)表面质量

至少 95%的砖主要区域无明显缺陷。

(3)物理性质

①吸水率。陶瓷砖的吸水率平均值 E>10%,单个最小值应大于 9%。当平均值 E>20%时,制造商应说明。

②破坏强度和断裂模数

A. 破坏强度

a. 厚度≥7.5 mm,破坏强度平均值不小于 600 N;

b. 厚度<7.5 mm,破坏强度平均值不小于 350 N。

B. 断裂模数(不适用于破坏强度≥3 000 N 的砖):陶质砖的断裂模数平均值不小于 15 MPa,单个最小值不小于 12 MPa。

③抗热震性。经 10 次热震试验不出现炸裂或裂纹。

④抗釉裂性。有釉陶质砖经抗釉裂试验后,釉面应无裂纹或剥落。

⑤耐磨性。用于铺地的有釉砖表面耐磨性报告磨损级别和转数。

⑥抗冲击性。经抗冲击性试验后报告陶质砖的平均恢复系数。

⑦线性热膨胀系数(从室温到 100 ℃)。经检验后报告陶质砖的线性热膨胀系数。

⑧湿膨胀(用 mm/m 表示)。经试验后报告陶质砖的湿膨胀平均值。

⑨色差。经检验后报告陶质砖的色差值。

⑩地砖的摩擦系数。用于铺地的陶质砖经检验后报告陶质地砖的摩擦系数。

釉面内墙砖具有颜色丰富,柔和典雅,朴素大方,表面光滑,并且具有耐急冷热、防火、耐腐蚀、防潮、不透水、抗污染、易清洁、装饰美观等特性。釉面内墙主要用于厨房、浴室、卫生间、实验室、手术室、精密仪器车间等室内墙面。近年来,国内外的釉面砖产品正向大而薄的方向发展,并大力发展彩色图案砖。

3. 常用装饰釉面砖种类

(1)白色釉面砖

色纯白,釉面光亮,粘贴于墙面清洁大方。常用于厨房、卫生间、洁净车间以及医院等各类洁净房间(图 11-9)。

(2)彩色釉面砖

有光泽、彩色的釉面砖，釉面光亮晶莹，色彩丰富雅致(图 11-10)。

图 11-9　白色釉面砖

图 11-10　彩色釉面砖

(3)亚光彩色釉面砖

釉面半无光，不晃眼，色泽一致，色调柔和，镶于内墙之上，优美清新(图 11-11)。

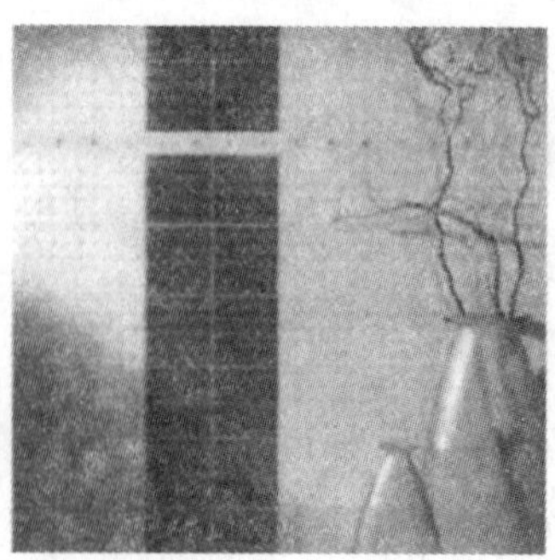

图 11-11　亚光彩色釉面砖

(4)仿大理石釉砖

具有天然大理石花纹，颜色丰富，美观大方(图 11-12)。

(5)彩色图案砖

在有光或光彩色釉面砖上，装饰各种图案，经高温烧成，产生浮雕、缎光、绒毛、彩漆等效果，作内墙饰面，别具风格(图 11-13)。

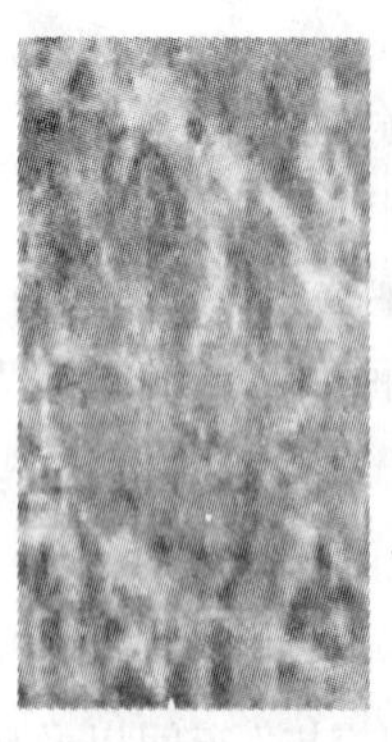

图 11-12　仿大理石釉砖

图 11-13　彩色图案砖

(6)斑纹釉面砖

瓷砖表面压成各种斑纹，上釉后形成斑纹釉面，其花纹形似浮雕，丰富多彩，立体感强（图 11-14）。

图 11-14　斑纹釉面砖

11.2.2　彩色釉面墙地砖

彩色釉面墙地砖又称彩釉砖，是以陶土为主要原料，配料制浆后，经半干压成型、施釉、高温焙烧制成，吸水率在 0.5%～10%的饰面陶瓷砖。这类砖表面施有美观艳丽的釉色和图案，多用于外墙与室内地面的装饰。由于目前这类砖均为炻质面砖，有的可墙地两用，故称为墙地砖。彩色釉面墙地砖的色彩图案丰富多彩，表面光滑。墙地砖的表面质感可以通过配料和制作工艺制成多种品种，如平面、麻面、毛面、磨面、抛光面、纹点面、仿花岗石面、压花浮雕面、无光釉面、金属光泽面、防滑面和耐磨面等，且均可通过着色颜料制成各种色彩（图 11-15）。它具有良好的装饰性。此外，彩色釉面墙地砖还具有坚固耐磨、易清洗、防水和耐腐蚀等优点。彩色釉面墙地砖可用于各类建筑的室内外墙面及地面装饰。用于地面时应考虑彩色釉面砖的耐磨类别，用于寒冷地区时，应选用吸水率较小（如<3%）的彩色釉面砖。

图 11-15　彩色釉面墙地砖

1. 麻面砖

麻面砖是采用仿天然岩石色彩的配料，压制成表面凹凸不平的麻面坯体后，经一次烧成的炻质面砖。砖的表面酷似经人工修凿过的天然岩石面（图 11-16），纹理自然，粗犷质朴，有白、黄、红、灰、黑等多种色调。主要规格有 200 mm×100 mm、200 mm×75 mm 和 100 mm×100 mm 等。麻面砖吸水率小于 1%，抗折强度大于 20 MPa，防滑耐磨。薄型砖适用于建筑物外墙装饰，厚型砖适用于广场、停车场、码头、人行道等地面铺设。

2. 仿古砖

仿古砖是仿造以往的样式做旧，用带着古典的独特韵味吸引人们的目光，为体现岁月的

图 11-16　麻面砖

沧桑、历史的厚重，仿古砖通过样式、颜色、图案，营造出怀旧的氛围。这种砖表面具有仿古效果，很像是在自然中经历了日久天长的风化磨损而产生的。仿古砖是釉面砖，即由胚体和釉面两个部分构成，是在瓷砖胚体的表面施釉经过高温高压烧制而成的。仿古砖本质上是一种釉面装饰砖。其表面一般采用亚光釉或无光釉，主要以亚光仿古砖为主。产品不磨边，砖面采用凹凸模具。

仿古砖的生产流程与普通釉面砖相似，只是在施釉线上增加了一些设备。其生产流程如下：

坯料制粉→压机成型→干燥→喷水→甩釉柜甩敷釉→甩面釉→甩釉柜甩摩擦釉→磨釉机磨面→丝网印花或胶辊印花→多色（或单色）喷釉机→喷水柜（固定剂）→洒干粒机→烧成。

其坯体有两种：一种直接采用瓷质砖坯体原料，烧成后的吸水率在 3%左右，即瓷质仿古砖；另一种吸水率在 8%左右，类似一次烧成水晶地板砖，即炻质仿古砖。在烧制仿古砖过程中，技术含量要求相对较高，数千吨液压机压制后，再经 1 000 ℃以上高温烧结，使仿古砖强度高，具有极强的耐磨性。经过精心研制的仿古砖兼具了防水、防滑、耐腐蚀的特性。

古朴典雅的仿古墙地砖逐渐成为新时尚。仿古地砖表面不像其他地砖光滑平整，视觉效果有凹凸不平感，有很好的防滑性。仿古墙地砖的规格大多是 305 mm×305 mm。它适用于各类公共建筑室内外地面和墙面及现代住宅的室内地面和墙面的装饰。仿古砖在进入家庭前，多用在咖啡厅、酒吧中，古朴的风格与幽雅的环境相结合，独特的装饰效果深受年轻人喜爱(图 11-17)。

3. 渗花砖

利用呈色较强的可溶性无机化工原料，经过适当的工艺处理，采用丝网印刷方法将预先设计好的图案印刷到瓷质砖坯体上，依靠坯体对渗花釉的吸附和助溶剂对坯体的润湿作用，渗入到坯体 2 mm 以上，经过高温烧成后，这些可溶性无机盐与坯体发生化学反应而着色，抛光后可呈现清晰的彩色图案(图 11-18)。

渗花砖不同于坯体表面上釉的陶瓷砖，它的着色原料从坯体表面进入坯体内，使陶瓷砖的表面呈现出不同的彩点或图案，最后经抛光或磨光表面而成。渗花砖属于瓷质坯体，因而其硬度和耐磨性高于釉层。渗花砖具有硬度大、耐磨、抗折强度高、耐酸碱腐蚀、吸水率低、抗冻性高、不褪色等特点，并具有多种色彩。

渗花砖的主要规格有 300 mm×300 mm、350 mm×350 mm、400 mm×400 mm、450 mm×450 mm、500 mm×500 mm、600 mm×600 mm、800 mm×800 mm 等。

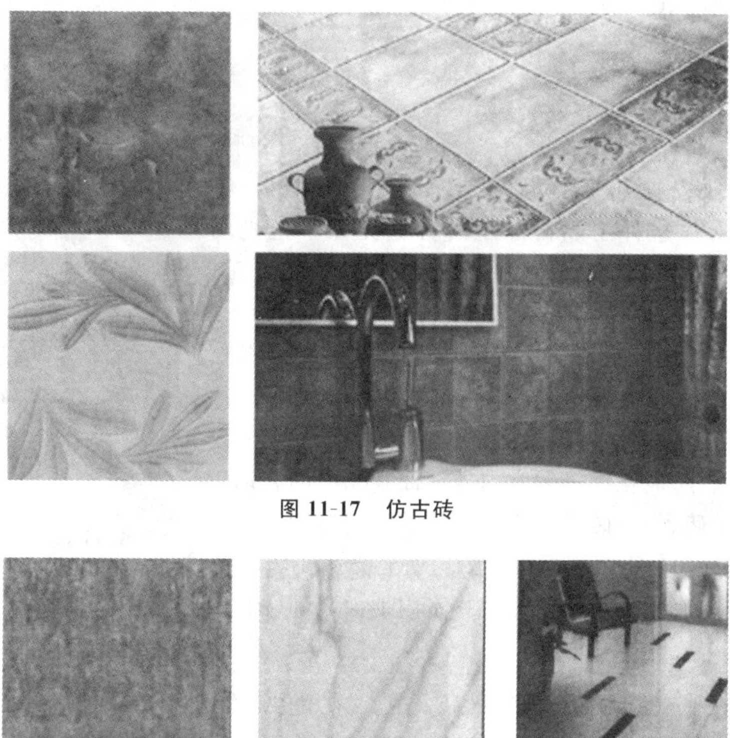

图 11-17　仿古砖

图 11-18　渗花砖

渗花砖属于高档装饰材料，主要用于写字楼、酒店、饭店、娱乐场所、广场、停车场等的室内外地面、外墙面等的装饰。

4. 金属光泽釉面砖

金光釉面砖系选用优质白色釉面砖为基材，使用热喷涂生产工艺，将含有铁、钛、钴、铬、镍、钒等着色金属盐类溶液喷涂在釉面砖表面，将釉面砖表面处理成金黄、银白、蓝、黑等多种色彩，光泽灿烂辉煌，从而使釉面砖表面形成金属光泽的外观，给人以坚固豪华的感觉。这种瓷砖制成后在闪射金属光彩的同时，可以耐酸碱侵蚀，防紫外线照射，抗风化，长期使用不变色。

金属光泽釉面砖是一种高级墙体饰面材料，可给人以清新绚丽、金碧辉煌的特殊效果（图 11-19）。适用于高级宾馆、饭店以及酒吧、咖啡厅等娱乐场所的内墙饰面。

图 11-19　金属光泽釉面砖

11.2.3 无釉墙地砖

无釉墙地砖简称无釉砖(图 11-20)。无釉砖包括了所有吸水率小于 10%的不施釉的陶瓷砖，品种有各类瓷质砖(包括抛光砖)、红地砖、广场砖、不施釉的劈离砖等。这种制品再加工后分抛光和不抛光两种。无釉砖吸水率较低，常分为无釉瓷质砖、无釉炻瓷砖、无釉细炻砖。

图 11-20 无釉墙地砖

无釉瓷质砖抛光砖是以优质瓷土为主要原料的基料喷雾料加一种或数种着色喷雾料(单色细颗粒)，经混匀、冲压、烧成所得的制品。它富丽堂皇，适用于商场、宾馆、饭店、游乐场、会议厅、展览馆等的室内外地面和墙面的装饰。

无釉的细炻砖、炻质砖是专用于铺地的耐磨砖。

无釉外墙贴面砖又称墙面砖，是作为建筑物外墙装饰的一类建筑材料，有时也可用于建筑物室内地面装饰(图 11-20)。

1. 彩胎砖

彩胎砖是一种本色无釉瓷质饰面砖。它是采用仿天然岩石的彩色颗粒原料混合配料，压制成多彩坯体后，经高温一次烧成的陶瓷制品。表面呈多彩细花纹，富有天然花岗石的纹点，有红、绿、黄、蓝、灰、棕等多种基色，多为浅色调，纹点细腻，色调柔和莹润，质朴高雅(图 11-21)。主要规格有 200 mm×200 mm、300 mm×300 mm、400 mm×400 mm、500 mm×500 mm、600 mm×600 mm 等，最小尺寸为 95 mm×95 mm，最大尺寸为 600 mm×900 mm。

彩胎砖表面有平面型和浮雕型两种(图 11-21)，又有无光与磨光、抛光之分。其吸水率小于 1%，抗折强度大于 27 MPa。其耐磨性很好，特别适用于人流大的商场、剧院、宾馆、酒楼等公共场所地面的铺贴，也可用于住宅的墙地面装修，均可获得甚佳的美观和耐用效果。

(a)平面型

(b)浮雕型

图 11-21 彩胎砖

2. 大颗粒瓷质砖

大颗粒瓷质砖是在瓷质抛光砖的基础上，受天然花岗石启迪创新而成的又一装饰材料。

这种砖是将喷雾过的粉料与具有不同色彩、尺寸较大的颗粒(使用专用造粒机,将色料加工成大颗粒,也叫色底料。与花岗石或斑点砖相似,因而从整体效果来看像混凝土用的骨料)进行混合布于表面制成的,与天然石很相似(图 11-22)。

图 11-22 大颗粒瓷质砖

它除具有花岗石一样的质感外,还具备了色彩斑斓、色差少、光泽度高、无细裂石纹、无有害辐射等花岗石无可媲美的优点,是一种可以替代花岗石的饰面材料。

11.2.4 劈离砖

劈离砖又名劈裂砖、双合砖,是将一定配比的原料,经粉碎、炼泥、真空挤压成型、干燥、高温烧结而成的。由于成型时双砖背联坯体,烧成后再劈离成两块砖,故称劈离砖。劈离砖首先在原联邦德国兴起与发展,不久后在欧洲各国引起重视,继而在世界各地被竞相仿效。

劈离砖种类很多,色彩丰富(有红、红褐、橙红、黄、深黄、咖啡、灰白、黑、金、米、灰等十多种颜色),颜色自然柔和,不褪不变。表面质感变幻多样,细质的清秀,粗质的浑厚。表面上釉的,光泽晶莹,富丽堂皇;表面无釉的,质朴而典雅大方,无反射眩光。劈离砖坯体密实,强度高,其抗折强度大于 30 MPa;吸水率小,表面硬度大,耐磨防滑,耐腐抗冻,耐急冷急热。背面凹槽纹与黏结砂浆形成楔形结合,可保证铺贴砖时黏结牢固(图 11-23)。

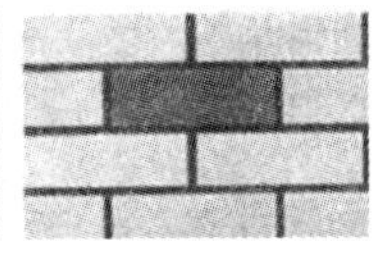
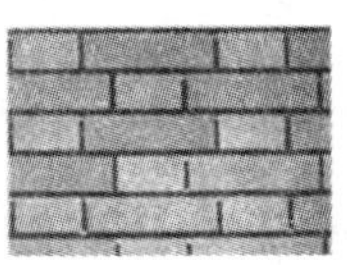

图 11-23 劈离砖

劈离砖主要规格有 240 mm×52 mm×11 mm、240 mm×115 mm×11 mm、194 mm×94 mm×11 mm、190 mm×109 mm×13 mm、240 mm×115 mm×13 mm、194 mm×94 mm×13 mm、194 mm×52 mm×13 mm 等。

劈离砖适用于各类建筑物的外墙装饰,也适用于楼堂馆所、车站候车室、餐厅等室内地面铺设。厚砖适用于广场、公园、停车场、走廊、人行道等露天地面铺设,也可用作游泳池、浴池池底和池岸的贴面材料。例如北京亚运村国际会议中心和国际文化交流中心共 50 000 m^2 的外墙饰面及 5 000 m^2 的地坪,均采用了劈离砖装修,其装饰效果很好。

11.2.5 玻化砖

玻化砖又称全瓷玻化砖、玻化瓷砖，采用优质瓷土经高温焙烧而成。玻化砖经过机械研磨、抛光，表面呈镜面光泽。玻化砖的烧结程度很高，“玻化”的意思就是烧透的瓷砖。表面不上釉，其坯体属于高度致密的瓷质坯体。玻化砖具有天然石材的质感，而且具有高光度、高硬度、高耐磨、吸水率低、色差小以及规格多样化和色彩丰富等优点。它的结构致密，质地坚硬，莫氏硬度为 6～7，耐磨性很高，同时还具有抗折强度高(可达 46 MPa)、吸水率低(＜0.5％)、抗冻性高、抗风化性强、耐酸碱性高、色彩多样、不褪色、易清洗、洗后不留污渍、防滑等优良特性。这种高强度、高密度的大规格瓷质玻璃砖，除外观上有多种多样的变化外，装饰在建筑物外墙壁上能起到隔声、隔热的作用，而且比大理石轻便，质地均匀致密，强度高，化学性能稳定。其优良的物理化学性能来源于它的微观结构。瓷质砖是多晶材料，主要由无数微粒级的石英晶粒和莫来石晶粒构成网架结构，这些晶体和玻璃体都有很高的强度和硬度，晶粒和玻璃体之间具有相当高的结合强度。由现代工艺制作的瓷质玻化砖，其色彩、图案、光泽等都可以人为控制，如改变其着色原材料的品种、比例及工艺，可使玻化砖具有不同的纹理、斑纹或斑点，或使玻化砖获得酷似天然大理石、花岗石的质感与效果(图 11-24)。

图 11-24 玻化砖

玻化砖按照表面的抛光情况可以分为抛光和亚光两种，目前最为常见的是抛光的。主要规格为 300 mm×300 mm、350 mm×350 mm、400 mm×400 mm、450 mm×450 mm、500 mm×500 mm、600 mm×600 mm、800 mm×800 mm 等。此外，还有踢脚板玻化砖和带有防滑沟槽的玻化砖等。

玻化砖属于高档装饰材料，适用于写字楼、酒店、饭店、娱乐场所、广场、停车场等的室内外地面、外墙面等的装饰。

11.2.6 陶瓷锦砖

陶瓷锦砖俗称陶瓷马赛克，是以优质瓷土烧制成的小块瓷砖。按表面性质分为有釉和无釉两种，目前各地的产品多无釉。产品边长小于 40 mm。又因其有多种颜色和多种形状，拼成的图案似织锦，故称作锦砖。锦砖按一定图案反贴在牛皮纸上，每张约 300 mm 见方，称为一联，面积约为 0.09 m^2。施工时将每张纸面向外，贴在半凝固的水泥砂浆面上，用木板压面，使之贴平实，待砂浆硬化后洗去纸。陶瓷锦砖质地坚实，经久耐用，色泽多样，美观，通常为单色或带有色斑点(图 11-25)，并且具有抗腐蚀、耐磨、耐火、吸水率小、强度高、易清洗、不滑、不易碎裂、不褪色等特点。可用于工业与民用建筑的清洁车间、门厅、走廊、卫生间、餐厅、盥洗室、工作间、化验室、居室的内墙和地面装修，并可用来装饰外墙面或横竖线条等处。施工时可用不同花纹和不同色彩拼成多种美丽的图案。

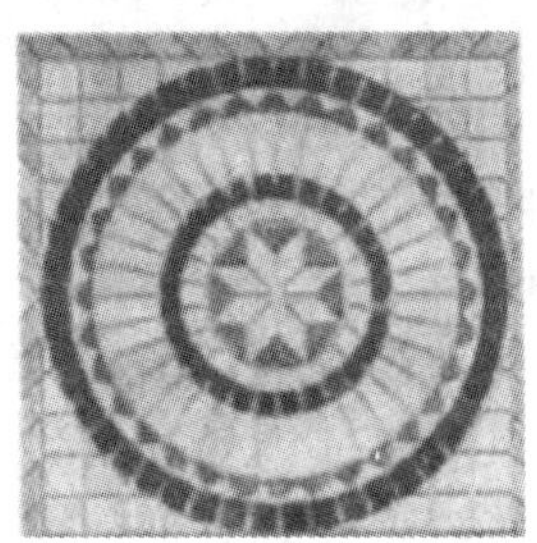
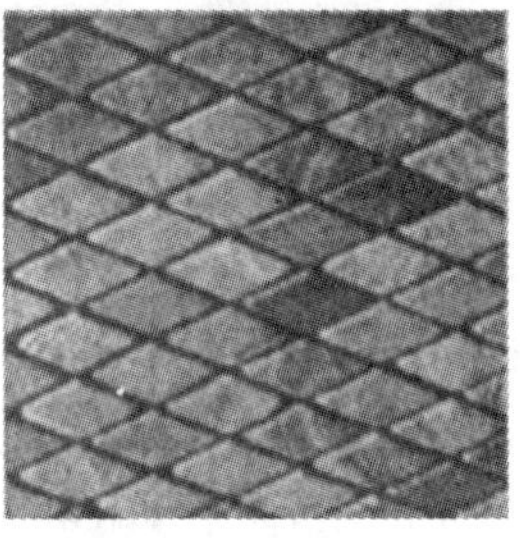

图 11-25　陶瓷锦砖

锦砖除了可以制成各种形状和色彩的品种外，还可以利用现有的品种进行各种拼花图案和壁画的设计和生产。通过对绘画原稿进行再创作，经过放大、制版、刻画、配釉、施釉和焙烧等一系列工序，采用漫、点、涂、喷和填等多种工艺，可以使制品具有神形兼备的艺术效果。

11.2.7　微晶玻璃陶瓷复合板

微晶玻璃陶瓷复合板是将一层 2～4 mm 厚的微晶玻璃熔块平铺于普通瓷质砖基板上，一起进行烧成处理，制备出表层为微晶玻璃、基底为普通陶瓷的复合材料。微晶玻璃陶瓷复合板结合了玻化砖和微晶玻璃板材的优点，方便清洁维护，避免了天然石材的放射性危害。

微晶玻璃陶瓷复合板生产工艺精细，可用加热方法，制成顾客所需的各种弧形、曲面板产品。它具有强度高、防污、防碱等优点，适用于高级公共建筑的墙面和地面装饰材料。

由于微晶玻璃陶瓷复合板集玻璃、陶瓷、石材的优点于一体，其坚硬耐磨，表面硬度、抗折强度、耐酸碱度、抗腐蚀性等均优于花岗石和大理石。它色泽自然，晶莹通透，永不褪色；结构致密，晶体均匀，纹理清晰，具有玉质般的感觉(图 11-26)，因而广泛应用于宾馆饭店、礼堂、高级写字楼等公共场所。其装饰效果典雅，豪华气派。

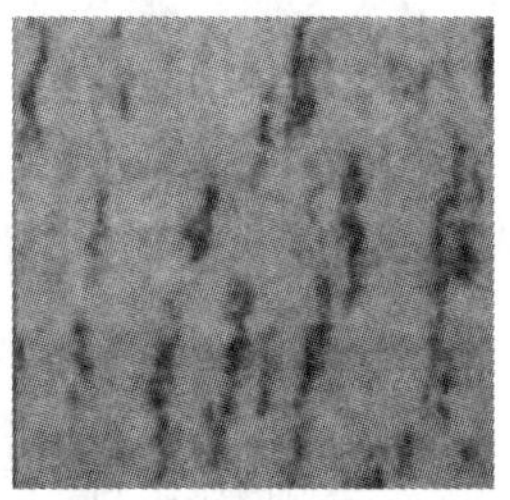

图 11-26　微晶玻璃陶瓷复合板

11.3 其他陶瓷饰面材料

11.3.1 陶瓷壁画

壁画作为一门独特的视觉艺术，在人类建筑史上有着不可磨灭的贡献。陶瓷是最古老、最原始的人工材料，早在明清时期陶瓷壁画即已盛行，著名的故宫九龙壁就是以低温三彩釉烧制的浮雕型壁画，历经数百年，饱经风雨侵蚀仍然鲜艳如初，所以陶瓷壁画被誉为“纪念碑艺术”。陶瓷可抗压，防腐，耐磨，耐冷热，并具有极强的可塑性，丰富了艺术表现力。陶瓷壁画可与各种釉面砖拼成各种瓷砖画，也可根据已有画稿烧制成陶瓷壁画、陶瓷壁雕。

陶瓷壁画种类很多，但主要分釉上和釉下两大类，还有釉上釉下综合类。釉上彩以陶瓷新彩颜料为主绘制，经过 800 ℃高温烧烤而成。其特色是色彩丰富，表面形式多样，如国画形式、油画形式、装饰画形式等，可充分发挥作者的创作能力和表现形式，是陶瓷画的主流。另一种釉下彩壁画有两类，一种是低温釉(1 100 ℃左右)的陶板壁画，如典型的唐三彩壁画；还有一类是高温釉壁画(1 300 ℃以上)，一般有色釉壁画(图 11-27)和青花壁画。

从材质上分，壁画大体分为陶质和瓷质两种形式。釉下彩高温釉壁画材质为瓷质，坚硬，色彩千年不变。陶质大多表现粗狂，具有古朴、凝重的感觉，以浮雕形式为主。当代浮雕陶艺壁画制作中，风格多以现代陶艺的艺术语言和技巧方法形式相结合。其追求材质、肌理、造型与现代建筑协调的装饰手法，以求突显艺术壁画的艺术特性、工艺特性。

陶瓷壁画除以上几种外，还有浮雕壁画和马赛克壁画等(图 11-27)。进行壁画拼凑的锦砖的尺寸愈小，壁画失真的程度也愈小，而且有利于壁画画面的控制。陶瓷壁画适应性强，不怕潮湿和高低温，室内外皆宜。陶瓷壁画色彩长期不变，如沾上灰尘污物，擦洗干净又能光彩如新。它可大可小，大至 2 000 m^2 以上，小到单块为壁饰，随人意安排。它主要用作大型公共建筑物的外墙、内墙、地面、墙裙、廊厅、立柱等饰面材料，近些年住宅装饰也将其用于厨房、卫生间等处。这种壁画有特殊的艺术效果与感染力，给人以美的享受。

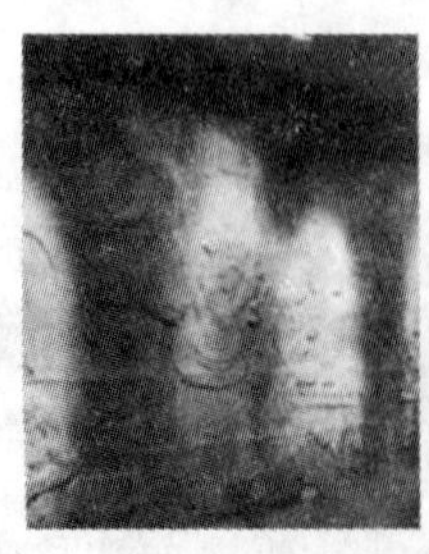
(a)陶质壁画

(b)瓷砖壁画

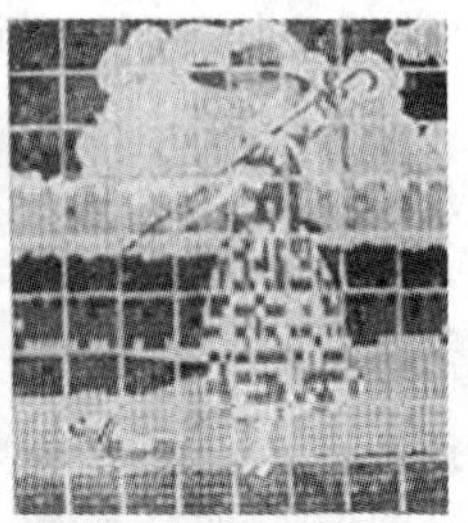
(c)马赛克壁画

图 11-27 陶瓷壁画

11.3.2 装饰琉璃制品

装饰琉璃制品是一种低温彩釉建筑陶瓷制品。琉璃制品是以难熔黏土为原料，经配料、成型、干燥、素烧，表面涂以琉璃釉后，再经烧制而成。一般是施铅釉烧成，并用作建筑及艺术装饰的带色陶瓷。

琉璃制品主要有琉璃瓦、琉璃砖、琉璃兽，以及琉璃花窗、栏杆等各种装饰制品（图 11-28），还有琉璃壁画（图 11-29 是北京北海公园内琉璃壁画）、陈设用的建筑工艺，如琉璃桌、绣墩、鱼缸、花盆、花瓶等。其中琉璃瓦是建筑的一种高级屋面材料，采用琉璃瓦屋盖的建筑显得格外具有东方民族特色，富丽堂皇，光辉夺目。琉璃瓦品种繁多，造型各异，主要有板瓦（低瓦）、筒瓦（盖瓦）、滴水、沟头等，另外还制有飞禽走兽等形象，用作檐头和屋脊的装饰物。琉璃瓦色彩艳丽多样，常用的有金黄、翠绿、宝蓝等色。

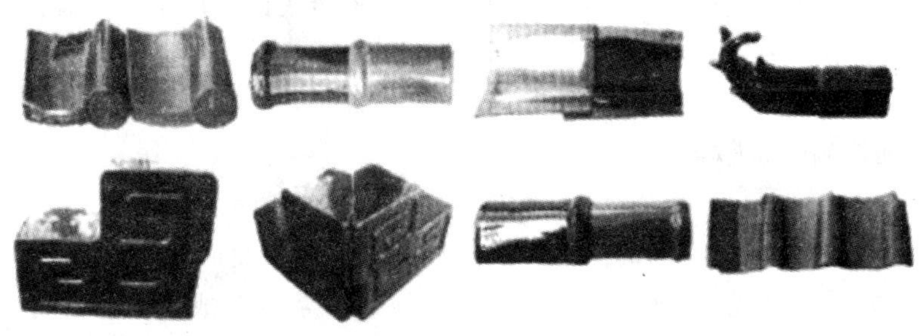

图 11-28 琉璃制品

建筑琉璃制品是一种具有中华民族文化特色和风格的传统建筑装饰材料，不仅适用于传统建筑物，也适用于具有民族风格的现代建筑物。

图 11-29 琉璃壁画

建筑琉璃制品的特点是质地致密，表面光滑，不易沾污，坚实耐久，色彩绚丽，造型古朴，富有我国传统的民族特色。常用颜色有金黄、翠绿、宝蓝、青、黑、紫色。主要用于具有民族特色的宫殿式建筑以及少数纪念性建筑物上，也用于建造园林的亭、台、楼阁、围墙等。

11.4 装饰陶瓷的新产品

近 20 年来，建筑装饰陶瓷的应用范围扩大，用量迅速增加，从厨房、卫生间的小规模使用，到大面积的室内外装修，建筑陶瓷已成为一种重要的建筑装饰材料。陶瓷装饰材料品种多样，色彩丰富，图案新颖，备受人们的青睐。同时新型的装饰陶瓷制品还在不断出现，使得陶瓷制品从形式上到功能上都得到了改变和提升。

11.4.1 双色立体感瓷砖

是用双色釉料形成具有凹凸版花纹图案釉面装饰的釉面砖。主要是在釉料中添加纤维素，组合配制底釉彩料，并通过移印或丝网装置，把色彩图案施印在面砖素坯上，再浇面釉，一次烧成双色立体釉面装饰砖。该品种的瓷砖外观釉层凸起或凹下，形如菠萝，其凸起的部分为白色釉层，凹下的部分则呈网络状釉面。它能够制成双色、三色以至多色，釉面立体感强，花纹图案清晰，釉色亮泽，不仅具有防火、抗腐蚀、易冲洗等优点，还具有壁画装饰效果。装饰墙面后的效果呈现较强立体感与空间感，令人感觉新颖别致。

11.4.2 光泽彩瓷砖

采用光泽彩(亦称茶金水)颜料附着于瓷砖上，使瓷砖表面形成柔晕的装饰效果，从而使瓷砖绚丽多彩(图 11-30)。

11.4.3 色釉浮雕地毯砖

色釉浮雕地毯砖由四种不同的浮雕图案纹饰的砖块拼对而成。其生产工艺为先设计好图案纹饰厚胎，然后再制成相应的模具，采用半干压或注浆方法成型。先进行一次素烧，然后再上色釉二次烧成。二次烧成的方法主要是为了使色彩更加鲜艳。装修施工时，将单块浮雕图案纹饰瓷砖组合成整体图案纹饰，形成类似地毯的格式(图 11-31)。色釉浮雕地毯瓷砖铺贴地面，可形成较大的图案纹饰，装饰性强。它是一种新型、适应当前装饰趋势的地面装饰材料，既可用于室内，亦可用于室外广场、公园地面的装修。

11.4.4 黑瓷装饰板

黑瓷装饰板为我国研制生产的钒钛黑瓷板，属于绿色陶瓷制品。它是采用冶金工业废弃的废钒尾渣，经过配料加工，挤压成型后再进行高温烧成。由于属烧结型瓷砖，经测试，其主要力学性能比目前已知的国内外石质和陶质装饰材料更为优良。这种瓷板具有比黑色花岗石更黑、更硬、更亮的特点(图 11-32)，其色泽纯正，质地致密，并兼具防火、阻燃的功能，其使用性能、外表、质感均可与天然花岗石媲美。可用于宾馆、饭店、餐厅、会议室、招待所等内、外墙装饰以及单位铭牌、地面装饰和仪器平台等。

图 11-30 光泽彩瓷砖

图 11-31 色釉浮雕地毯砖

图 11-32 黑瓷装饰板

11.4.5　荧光瓷砖

荧光瓷砖是在瓷砖素坯上喷涂一种特殊的荧光釉料，经高温烧成后，具有发光效果。荧光瓷砖经光线照射后，能在黑暗中保持长达 5 h 以上的发光时间。该瓷砖品种坯釉结合牢固，釉面硬度高，发光性能稳定、持久，耐酸碱，耐急冷急热，无放射性。主要用于道路标志、警示牌显示及需要夜间指示的场所(图 11-33)。

11.4.6　浮雕面砖

是以普通工艺经粗磨或密实成型工艺，再经锯解后的半成品水磨石为原料，通过化学反应加工制造成型的。其表面粗糙，图案自然，石渣凹陷，具有浮雕效果。其特征是以用碳酸盐类岩石为石渣，应用普通工艺，再经粗磨或密实成型工艺经锯解后的半成品水磨石为原料，将其浸入盐酸或硝酸或盐酸与硝酸的混合溶液中进行腐蚀处理，由于产品表面石渣部分比水泥部分容易被腐蚀而明显下陷，呈浮雕状(图 11-34)。

图 11-33　荧光瓷砖

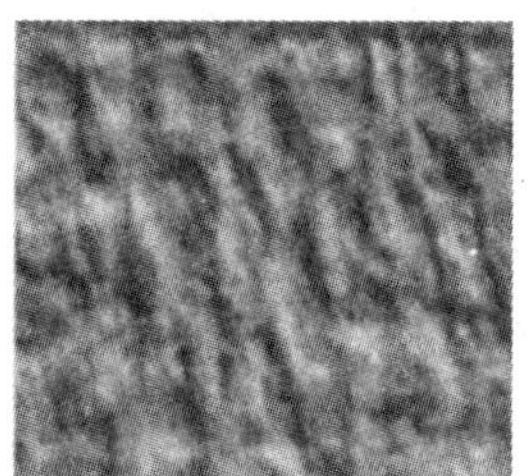

图 11-34　浮雕面砖

11.4.7　调湿功能砖

硅藻变质泥岩粉碎后，与黏土、石膏混合成型，再以 800 ℃的温度低温烧制而成。此种瓷砖具备较强的调湿功能，可解决特殊工作条件下气密性与绝热性高的建筑物容易出现的结露、霉变等问题。

11.4.8　耐酸防滑瓷砖

配料以硅质原料为主，高温烧成后，在耐酸性、吸水率、抗弯强度及耐急冷急热等方面有很高的物理化学性能。该类瓷砖主要用于化工、机械等行业地面耐酸、耐滑、耐压等特殊需要，便于安全生产操作。

11.4.9　抛晶砖

又称抛釉砖、釉面抛光砖，是在坯体表面施一层烧后约 1.5 mm 厚的耐磨透明釉，经烧成、抛光而成的。它既具有彩釉砖装饰丰富和瓷质吸水率低、材质性能好的特点，又克服了彩釉砖釉上装饰不耐磨、抗化学腐蚀的性能差和瓷质砖装饰方法简单的弊端。抛晶砖采用釉下装饰，高温烧成，釉面细腻，高贵华丽，属高档产品(图 11-35)。

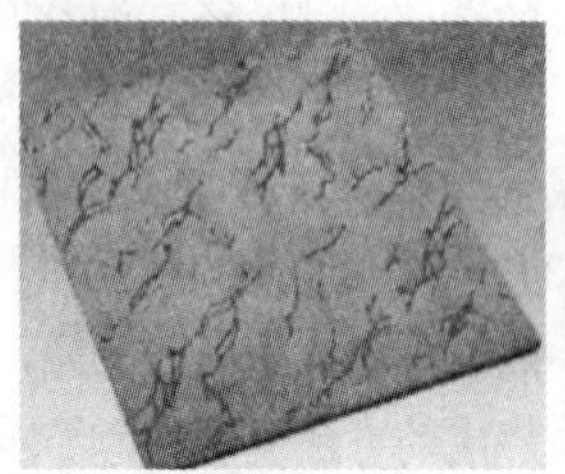

图 11-35 抛晶砖

11.4.10 功能墙地砖

1. 多孔性陶瓷

坯体通过使用高温下能分解大量气体的原料和加入适量的化学发泡剂，制成体积密度只有 0.6～1.0 g/cm^3，甚至更低的多孔性陶瓷坯体。这种比水还轻的陶瓷材料有多种用途。

(1)保温节能砖

坯体表面施釉，具有保温节能效果，也便于清洗。不施釉的保温节能砖表面粗糙，具有古朴典雅、返璞归真的效果。

(2)吸声砖

坯体孔隙率高达 40%～50%，能起到减声效果，并有防火、保温作用。在室内音响设计中，利用吸音砖可获得最佳残音效果。图 11-36 是两种波形吸声瓷砖，它能有效地处理室内声学效果，适用于录音室、法庭、听力室、礼堂和家庭剧院等环境中。

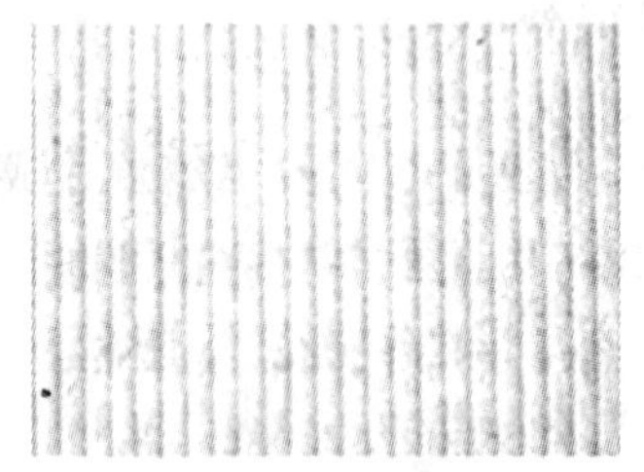

图 11-36 吸声砖

(3)轻质屋瓦

制成屋面用瓦，可减轻房屋承重。

(4)渗水路面砖

在砖内形成多孔连贯的气孔结构，能将地面水渗透到地下，既有普通广场砖的风格，又有透水、保水、防滑功能，是目前广场砖的替代品。

2. 抗静电瓷砖

人们日常工作活动中会产生静电。在安放精密仪器的机房内，或存放易燃、易爆物品的仓库内,静电是非常有害的。为此,设计制造了抗静电瓷砖。抗静电瓷砖通常是在釉或坯中加入具有半导体性能的金属氧化物,使瓷砖具有半导体性能,避免静电积累,达到抗静电的目的(图 11-37)。

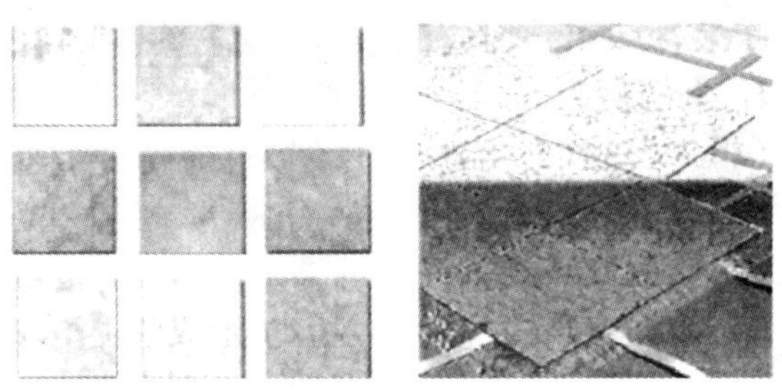

图 11-37　抗静电瓷砖

11.5　卫生陶瓷制品

卫生陶瓷制品是千家万户必不可少的装饰实用品。卫生陶瓷是以磨细的石英粉、长石粉和黏土为主要原料,注浆成型后一次烧制,然后表面施乳浊釉的卫生洁具。它具有结构致密、气孔率小、强度大、吸水率小、抗无机酸腐蚀(氢氟酸除外)、热稳定性好等特点。现代卫生陶瓷制品新颖别致,有较好的装饰效果,可分为洗面器、大便器、小便器、洗涤器、水箱、返水弯和小型零件等。产品有白色和彩色两种,可用于厨房、卫生间、实验室等。卫生陶瓷品种繁多,按其功能可划分为以下几大类。

11.5.1　洗面器

洗面器通常分为壁挂式、托架式、立柱式、台式、柜式等几种(图 11-38)。

图 11-38　洗面器

1. 壁挂式

一边靠墙悬挂安装。

2. 托架式

安装在托架上。

3. 立柱式

墙面下部为立柱(陶瓷)支承安装的洗面器,整体效果较好。

4. 台式

将洗面器镶嵌于大理石台板上或陈设在化妆台的台面下。

5. 柜式

上面是洗面器,下面是储藏柜。空间利用性较好,装饰性强。

11.5.2 小便器

1. 壁挂式

安装在墙壁上[图 11-39(a)]。

2. 落地式

大型,直立于地面[图 11-39(b)]。

3. 斗式

形状似斗,安装在墙壁上[图 11-39(c)]。

(a)壁挂式

(b)落地式

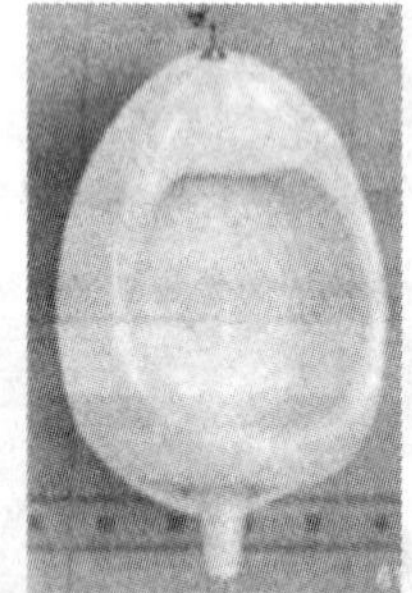
(c)斗式

图 11-39 小便器

11.5.3 大便器

大便器分坐式和蹲式两种。坐便器有冲落式和虹吸式两大类。其中喷射虹吸式和旋涡吸式两种新型坐便器排污性能好,消声节水。从外形上分为水箱与便器合在一起的连体式和水箱与便器分开的分离式两种。目前从外形看较好的是水箱与马桶连体式的坐便器,使用起来很方便,免去了水管漏水带来的维修麻烦(图 11-40)。在色彩上打破了单一的白色,有蓝色、粉红色、浅绿色、红色等多种颜色，突出了装饰效果，但应注意与环境色彩的协调性。

1. 坐便器

(1)冲落式：借冲洗水的冲力直接将污物排出器外。

(2)虹吸式：借冲洗在排水道所形成的虹吸作用将污物排出器外。虹吸式坐便器又可分为：

①喷射虹吸式坐便器：在水封下设有喷射道，借喷射水流加速排污的虹吸式坐便器。

②旋涡虹吸式坐便器：利用冲洗水流形成的旋涡将污物排出器外的虹吸式坐便器。

2. 蹲便器

分有挡和无挡两种(图 11-41)。

图 11-40　坐便器

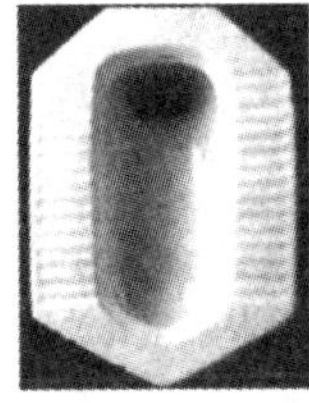

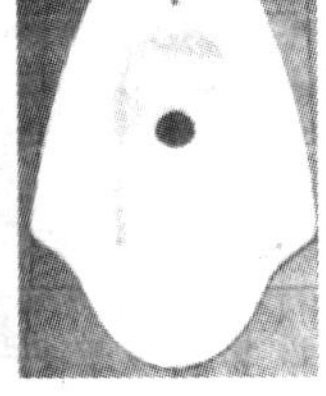

图 11-41　蹲便器

11.5.4　洗涤器(净身器、妇洗器)

洗涤器为带有喷水和排水系统，洗涤人体排泄器官的有釉陶瓷质卫生设备(图 11-42)。按喷水方向可分为以下两种。

1. 斜喷式

喷水方向为斜向的洗涤器。

2. 真喷式

喷水方向为直向上的洗涤器。

图 11-42　洗涤器

11.5.5　水槽

水槽主要有洗涤槽和化验槽两种(图 11-43)。

1. 洗涤槽

厨房用的陶瓷盆、拖把池。

2. 化验槽

化验室用的陶瓷盆。

11.5.6 水箱

1. 高位水箱

与蹲便器配套使用的水箱(图 11-44)。

图 11-43 水槽

图 11-44 水箱

2. 低位水箱

与坐便器配套使用的带盖水箱。根据安装方式分为以下两种：

(1)挂式：挂在墙壁上的低位水箱。

(2)坐式：坐在便器上的低位水箱。

11.5.7 浴缸

目前较为新颖的是带裙边浴缸，底部防滑，有的还外加保温盖，设有扶手等。还有以水和空气混合后，定向喷入，能对人体起按摩作用的旋涡浴缸，又称按摩浴缸或冲浪浴缸(图 11-45)。

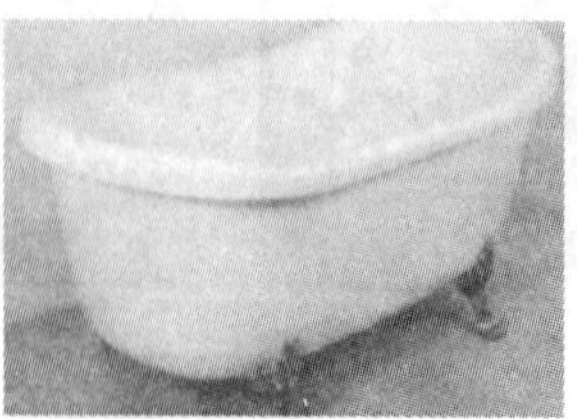

图 11-45 浴缸

11.5.8　配件卫生陶瓷

配件卫生陶瓷如肥皂盒、手指盒、化妆板、衣帽钩、毛巾托架等(图 11-46)。

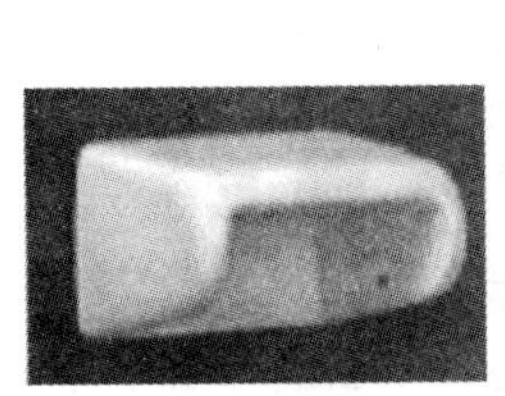

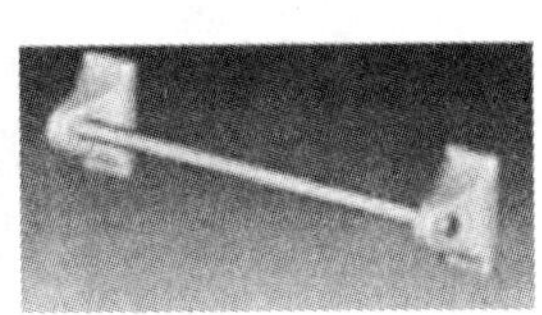
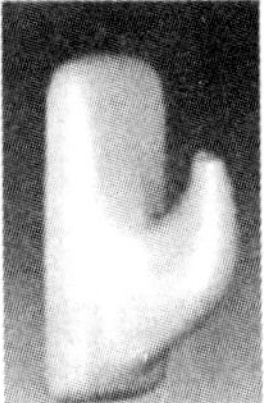

图 11-46　配件卫生陶瓷

本章小结

本章应重点掌握釉面砖、墙地砖的品种、性能和应用范围以及陶瓷砖的技术要求。

通过介绍陶瓷的概念,全面了解陶瓷的概况。通过对原料工艺性能的了解,认识原料在陶瓷中的作用,理解釉面砖和墙地砖的生产。

陶瓷装饰材料、装饰技术对于最终的产品质量、档次的高低与优劣起到关键性的作用,因此,要使我国的陶瓷产品档次提高,走向世界,必须不断提高装饰手法与装饰材料的水平。

本章重点介绍了陶瓷的装饰技术和墙地砖的新品种:渗花砖、仿古砖、大颗粒瓷质砖、微晶玻璃陶瓷复合板、金属光泽釉面砖。

根据吸水率不同,陶瓷砖可分为瓷质砖、炻瓷砖、细炻砖、炻质砖。

复习思考题与习题

11.1　什么是建筑陶瓷? 陶瓷如何分类? 各类的性能特点是什么?

11.2　陶瓷的主要原料是如何分类的? 各种原料的作用是什么?

11.3　画出黏土的吸水率与焙烧温度间的关系曲线,指出烧结范围和耐火度,并给予简单解释。

11.4　什么是釉? 其作用是什么? 釉与玻璃有什么异同点? 陶瓷制品对釉有什么基本要求?

11.5　建筑陶瓷常用的品种有哪些? 说明各自的特点、主要技术性能和用途。

11.6　釉面内墙砖为什么不能用于室外?

11.7　什么是干压陶瓷砖? 如何分类?

11.8　各种干压陶瓷砖的技术要求有哪些?

11.9　简述各种新型墙地砖的特点。

11.10　怎样辨别抛光砖和玻化砖?

11.11　怎样保养仿古砖？
11.12　地砖有辐射吗？
11.13　怎样重新铺设地面砖材？
11.14　怎样修补瓷砖上的破损痕迹？如何修补破损、开裂的瓷砖？
11.15　怎样清除地砖缝隙里和瓷砖上的污垢？
11.16　墙面砖能铺在地面上吗？贴墙面砖是水泥好还是瓷砖胶好？
11.17　什么样的面盆比较好？怎样保养面盆？
11.18　怎样保养坐便器？蹲便器堵塞怎么办？
11.19　用浴缸好还是用淋浴房好？怎样保养浴缸和淋浴房？
11.20　怎样保养陶瓷制品？怎样保养唐三彩工艺品？怎样修补瓷器上的划痕？

第 12 章　建筑装饰玻璃

本章要点

本章主要介绍了玻璃的基本知识，包括玻璃的组成和性质，平板玻璃的原料和生产及产品检验和应用，建筑装饰节能玻璃、玻璃马赛克和其他装饰玻璃的性能及应用。

玻璃作为采光材料，已有 4 000 多年的历史。早在古罗马时代，人们就制作出了平板玻璃，2 000 多年前，就有了彩色玻璃，那时候的带色玻璃碎片被人们嵌入厚重的石材或石膏中。铅条玻璃起源于中世纪，那时玻璃被嵌入有延展性的铅框中。玻璃是构成现代建筑的主要材料之一。随着现代建筑的发展，玻璃正在向多品种、多功能方向发展。例如，玻璃及其制品已由单纯的采光和装饰，逐渐向着能控制光线、调节热量、节约能源、控制噪声、降低建筑物自重、改善建筑环境等智能方向发展，同时可用着色、磨光、刻花等方法提高玻璃的装饰效果。具有高度装饰性和多种适用性的玻璃新品种不断出现，为装饰装修提供了更多的选择。

12.1　玻璃的基本知识

玻璃是一种坚硬、易碎的透明或半透明材料，是以石英砂、纯碱、石灰石等无机氧化物为主要原料，与某些辅助性原料经高温熔融，成型后经过冷却而成的固体。熔化时玻璃可以吹大、拉长、弯曲、挤压或浇制成许多不同的形状，还能制成玻璃纤维等。与陶瓷不同的是，玻璃是无定形非结晶体的均质同向性材料。

12.1.1　玻璃的分类

玻璃的品种很多，可以按化学组成、制品结构与性能等来分类。

1. 按玻璃的化学组成分类

(1)钠玻璃

钠玻璃主要由二氧化硅、氧化钠、氧化钙组成，又名钠钙玻璃或普通玻璃，含有铁杂质，制品带有浅绿色。钠玻璃的力学性质、热性质、光学性质及热稳定性较差，用于制造普通玻璃和日用玻璃制品。

(2)钾玻璃

钾玻璃是以氧化钾代替钠玻璃中的部分氧化钠，并适当提高玻璃中二氧化硅含量制成的。它硬度较大，光泽好，又称作硬玻璃。钾玻璃多用于制造化学仪器、用具和高级玻璃制品。

(3)铝镁玻璃

铝镁玻璃是以部分氧化镁和氧化铝代替钠玻璃中的部分碱金属氧化物、碱土金属氧化物及氧化硅制成的。它的力学性质、光学性质和化学稳定性都有所改善,用来制造高级建筑玻璃。

(4)铅玻璃

铅玻璃又称铅钾玻璃、重玻璃或晶质玻璃。它由氧化铅、氧化钾和少量氧化硅组成。这种玻璃透明性好,质软,易加工,光折射率和反射率较高,化学稳定性好,用于制造光学仪器、高级器皿和装饰品等。

(5)硼硅玻璃

硼硅玻璃又称耐热玻璃,由氧化硼、氧化硅及少量氧化镁组成。它有较好的光泽和透明性,力学性能较强,耐热性、绝缘性和化学稳定性好,用来制造高级化学仪器和绝缘材料。

(6)石英玻璃

石英玻璃由纯净的二氧化硅制成,具有很强的力学性质、热性质、光学性质。同时,其化学稳定性也很好,并能透过紫外线,用来制造高温仪器灯具、杀菌灯等特殊制品。

2. 按制品结构与性能分类

(1)平板玻璃

①普通平板玻璃:包括普通平板玻璃和浮法玻璃。

②钢化玻璃:将玻璃经过钢化而成的玻璃。

③表面加工平板玻璃:包括磨光玻璃、磨砂玻璃、喷砂玻璃、磨花玻璃、压花玻璃、冰花玻璃、蚀刻玻璃等。

④掺入特殊成分的平板玻璃:包括彩色玻璃、吸热玻璃、光致变色玻璃、太阳能玻璃等。

⑤夹物平板玻璃:包括夹丝玻璃、夹层玻璃、电热玻璃等。

⑥复层平板玻璃:普通镜面玻璃、镀膜热反射玻璃、镭射玻璃、釉面玻璃、涂层玻璃、覆膜(覆玻璃贴膜)玻璃等。

(2)玻璃制品

①平板玻璃制品:包括中空玻璃、玻璃磨花、雕花、彩绘、弯制等制品及幕墙、门窗制品。

②不透明玻璃制品和异形玻璃制品:包括玻璃锦砖(马赛克)、玻璃实心砖、玻璃空心砖、水晶玻璃制品、玻璃微珠制品、玻璃雕塑等。

③功能性玻璃制品:包括玻璃绝热、隔声材料,如泡沫玻璃和玻璃纤维制品等。

3. 按装饰用途分类

(1)装饰玻璃:玻璃隔墙、玻璃台面、玻璃墙面、玻璃地板、玻璃饰品等。

(2)卫浴玻璃:玻璃洗手盆、淋浴房、浴室镜等。

(3)家居玻璃:玻璃家具、玻璃用具,如酒杯、花瓶等。

4. 按玻璃的性能分类

(1)普通玻璃:普通门窗玻璃、各种装饰玻璃。

(2)节能玻璃:吸热玻璃、热反射玻璃、中空玻璃等。

(3)安全玻璃:钢化玻璃、夹丝玻璃等。

12.1.2　玻璃的生产

1. 玻璃的原料

玻璃的原料比较复杂，但按其作用可分为主要原料与辅助原料。主要原料构成玻璃的主体，并确定了玻璃的主要物理化学性质；辅助原料赋予玻璃特殊性质，并给制作工艺带来方便。

(1)玻璃的主要原料

①硅砂或硼砂：硅砂或硼砂带给玻璃的主要成分是氧化硅或氧化硼，它们在煅烧中能单独熔融成玻璃主体，相应地称为硅酸盐玻璃或硼酸盐玻璃。

②苏打或芒硝：苏打和芒硝带给玻璃的主要成分是氧化钠，它们在煅烧中能与硅砂等酸性氧化物形成易熔的复盐，起了助熔作用，使玻璃易于成型。但如含量过多，将使玻璃热膨胀率增大，抗拉强度下降。

③石灰石、白云石、长石等：石灰石带给玻璃的主要成分是氧化钙，可增强玻璃化学稳定性和机械强度，但含量过多会使玻璃折晶，降低耐热性。

白云石作为引入氧化镁的原料，能提高玻璃的透明度，减少热膨胀及提高耐水性。长石作为引入氧化铝的原料，可以控制熔化温度，也可提高耐久性。此外，长石还可提供氧化钾成分，提高玻璃的热膨胀性能。

④碎玻璃：一般来说，制造玻璃时不是全部用新原料，而是掺入 15%～30%的碎玻璃。

(2)玻璃的辅助原料

①脱色剂：原料中的杂质如铁的氧化物会给玻璃带来色泽，常用纯碱、碳酸钠、氧化钴、氧化镍等作脱色剂，它们在玻璃中呈现原来颜色的补色，使玻璃变成无色。此外，还有与着色杂质能形成浅色化合物的减色剂，如碳酸钠能将氧化铁氧化成三氧化二铁，使玻璃由绿色变黄色。

②着色剂：某些金属氧化物能直接溶于玻璃溶液中使玻璃着色。如氧化铁使玻璃呈现黄色或绿色，氧化锰能呈现紫色，氧化钴能呈现蓝色，氧化镍能呈现棕色，氧化铜和氧化铬能呈现绿色等。

③澄清剂：澄清剂能降低玻璃熔液的黏度，使化学反应所产生的气泡易于溢出而澄清。常用的澄清剂有白砒、硫酸钠、硝酸钠、铵盐、二氧化锰等。

④乳浊剂：乳浊剂能使玻璃变成乳白色半透明体。常用乳浊剂有冰晶石、氟硅酸钠、磷化锡等。它们能形成 0.1～1.0 μm 的颗粒，悬浮于玻璃中，使玻璃乳浊化。

2. 玻璃的制造工艺

玻璃的制造工艺因制品种类不同而有所不同，但基本上均需将各种原料混合后在高温下熔融，然后用不同的成型方法将玻璃液体冷凝成不同形状的固体。制造方法大致如下：

(1)计量与配料

根据所生产的玻璃种类要求，将主要原料及其他辅助原料按比例配合后搅拌均匀。

(2)熔融

混合好的原料在 1 400～1 600 ℃的高温窑内进行熔融，窑的一端不断供料，熔融的玻璃液连续从另一端流出。

(3)澄清

玻璃原料熔化后，结晶即遭破坏。同时，硫酸盐、碳酸盐分解产生二氧化硫、三氧化硫、二氧化碳等气体，产生气泡，必须加入澄清剂清除气泡。采用澄清剂，产生的大气泡在上升过程中将小气泡吸收排除，使玻璃液得以澄清。

(4)成型

熔融玻璃达到成型温度后慢慢冷却，根据用途，可成型为需要的形状。平板玻璃的成型方法有延压法、垂直引上法、水平拉引法、浮法等。

①压延法

延压法是将熔融的玻璃液流到铁板上之后，利用一对水平冷金属压辊将玻璃展延成玻璃带。由于玻璃处于可塑状态下压延成型，因此会留下压延的痕迹。压延法常用于生产压花玻璃、波形玻璃和夹丝玻璃。

②垂直引上法

垂直引上法是用引上机将熔融的玻璃液垂直向上拉引成型。分为有槽法和无槽法(图12-1)。

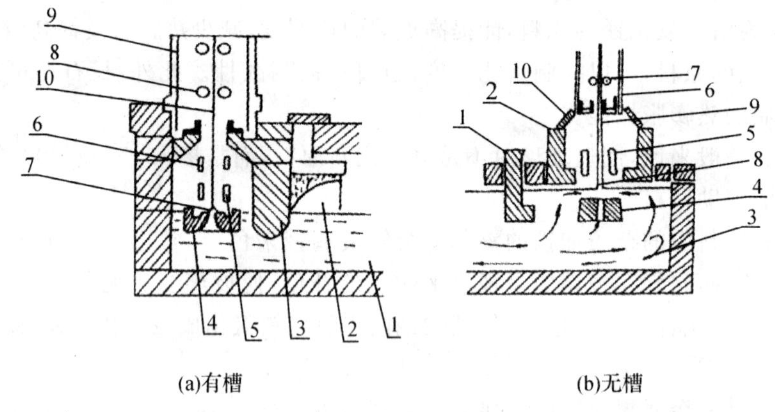

(a)有槽　　(b)无槽

1—通路；2—小眼；3—大梁；4—槽子砖；5—主水包；6—辅助水包；7—板根；8—石棉辊；9—引上机；10—原板

1—大梁；2—L型砖；3—玻璃液；4—引砖；5—冷却水包；6—引上机；7—石棉辊；8—板根；9—原板；10—八字水包

图12-1　引上法成型

③水平拉引法

水平拉引法是将熔融玻璃液向上拉引70 cm后绕经转向辊再沿水平方向引出成型。这一方法便于控制拉引速度，可以生产特厚和特薄的玻璃及波形玻璃。

④浮法

浮法玻璃是使熔融的玻璃液流入锡槽，在干净的锡液表面上自由平摊、成型后逐渐降温退火，获得表面平整、光洁，且无波筋、波纹，光学性质优良的平板玻璃。浮法是目前最先进的玻璃生产方法(图12-2)。该玻璃具有平整度高和厚度调节范围大等特点，其光学性能：折射率约为1.52，透光率82%～87%。浮法玻璃按厚度分为3 mm、4 mm、5 mm、6 mm、8 mm、10 mm、12 mm、25 mm等几类。浮法生产的玻璃经过深加工后可制成各种特种玻璃。目前浮法玻璃主要用作汽车、火车、船舶的门窗挡风玻璃，建筑物的门窗玻璃，制镜玻璃以及玻璃深加工原片。

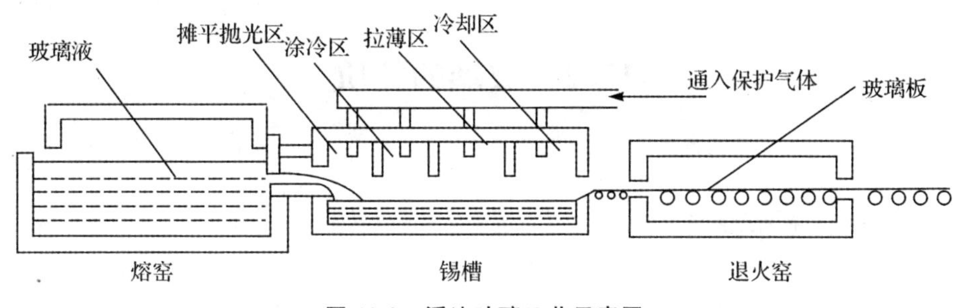

图 12-2　浮法玻璃工艺示意图

12.1.3　玻璃制品的加工和装饰

成型后的玻璃制品一般不能满足装饰性或适用性，需要进行加工，以得到不同要求的制品。经加工后的玻璃不仅外观与表面性质得到改善，同时也提高了装饰性。

建筑玻璃的加工与装饰方法主要有以下几种：

1. 研磨与抛光

为了使制品具有需要的尺寸和形状或平整光滑的表面，可采用不同磨料进行研磨，开始用粗磨料研磨，然后根据需要逐级使用细磨料，直至玻璃表面变得较细微。需要时，再用抛光材料进行抛光，使表面变得光滑、透明，并具有光泽。经研磨、抛光后的玻璃称为磨光玻璃。常用的研磨材料是金刚石、刚玉、碳化硅、碳化硼、石英砂等。抛光材料有氧化铁、氧化铬、氧化铯等金属氧化物。抛光盘一般用毛毡、呢绒、马兰草根等制作。

2. 钢化、夹层、中空

钢化玻璃是在炉内将平板玻璃均匀加热到 600～650 ℃之后，喷射压缩空气使其表面迅速冷却制成的。制品具有很高的物理力学性能。

将两块或两块以上的平板玻璃用塑料薄膜或其他材料夹于其中，在热压条件下使其组成一体即成夹层玻璃。

中空玻璃是将两块玻璃之间的空气抽出后充入干燥空气，用密封材料将其周边封固。

3. 表面处理

表面处理是玻璃生产中十分重要的工序。其目的与方法大致如下：

(1)化学蚀剂

目的是改变玻璃表面质地，形成光滑面和散光面。用氢氟酸类溶液进行侵蚀，使玻璃表面呈现凹凸形或去掉凹凸形。

(2)表面着色

在高温或电浮条件下，金属离子会向玻璃表面层扩散，使玻璃表面呈现颜色，因此可将着色离子的金属、熔盐、盐类的糊膏涂覆在玻璃表面，在高温或电浮条件下使玻璃表面着色。

(3)表面金属涂层

玻璃表面可以镀上一层金属薄膜以获得新的功能，方法有化学法和真空沉积法及加热喷涂法等。

12.2 玻璃的性质

12.2.1 玻璃的力学性质

玻璃的理论抗拉强度极限为12 000 MPa,实际抗拉强度只有理论抗拉强度的1/300～1/200,一般为30～60 MPa;玻璃的抗压强度约为700～1 000 MPa。玻璃中的各种缺陷造成了应力集中或薄弱环节,试件尺寸越大则缺陷越多。缺陷对抗拉强度的影响非常显著,对抗压强度的影响较小。工艺上造成的外来杂质和波筋(化学不均匀部分)对玻璃的强度有明显影响。在－50 ℃～＋70 ℃范围内玻璃的强度基本不变。

脆性是玻璃的主要缺点。玻璃的脆性指标(E)为1 300～1 500(橡胶为0.4～0.6,钢为400～460,混凝土为4 200～9 350)。E越大说明脆性越大。玻璃的脆性也可以根据冲击试验来确定。

在实际应用中玻璃制品经常受到弯曲、拉伸和冲击应力,较少受到压缩应力。玻璃的力学性质主要指标是抗拉强度和脆性指标。

12.2.2 玻璃的光学性质

光学性质是玻璃最重要的物理性质。光线照射到玻璃表面可以产生透射、反射和吸收三种情况。光线透过玻璃称为透射;光线被玻璃阻挡,按一定角度反射出来称为反射;光线通过玻璃后,一部分光能量损失在玻璃内部称为吸收。

玻璃中光的透射随玻璃厚度增加而减少。玻璃中光的反射对光的波长没有选择性,而光的吸收对光的波长却有选择性。可以在玻璃中加入少量着色剂,使其选择吸收某些波长的光,但玻璃的透光性会降低。还可以改变玻璃的化学组成,以对可见光、紫外线、红外线、X射线和γ射线进行选择吸收。

12.2.3 玻璃的热工性质

玻璃的比热容与其化学组成有关,在室温范围内其比热容的范围为$(0.33 \sim 1.05)\times 10^3$ J/(kg·K)。普通玻璃的导热系数在室温下约为0.75 W/(m·K)。玻璃的导热系数约为铜的1/400,是导热系数较小的材料。当发生温度变化时,玻璃产生的热应力很高。在温度剧烈变化时,玻璃会产生碎裂。玻璃的急热稳定性比急冷稳定性要强一些。

12.2.4 玻璃的化学性质

玻璃具有较高的化学稳定性,它可以抵抗除氢氟酸以外所有酸类的侵蚀,硅酸盐玻璃一般不耐碱。玻璃遭受侵蚀性介质腐蚀，也能导致变质和破坏。

大气对玻璃侵蚀作用实质上是水汽、二氧化碳、二氧化硫等作用的总和。实践证明，水汽比水溶液具有更大的侵蚀性。普通窗玻璃长期使用后表面光泽消失，或表面晦暗，甚至出现斑点和油脂状薄膜等，就是由于玻璃中的碱性氧化物在潮湿空气中与二氧化碳反应生成碳酸盐造成的，这一现象称为玻璃发霉。可用酸浸泡发霉的玻璃表面，并加热至400～450℃，可除去表面的斑点或薄膜。

通过改变玻璃的化学成分，或对玻璃进行热处理及表面处理，可以提高玻璃的化学稳定性。

12.2.5　玻璃的装饰性

玻璃是建筑装饰中常用的装饰材料之一。玻璃具有功能分割明确的特点，能达到空间隔离的效果。如在安静却不算很私密的书房，用上玻璃作为隔断则改变了原来的墙体结构，开阔了视野，使视觉空间延伸，不会显得太拥堵；另一方面，玻璃隔断也是一个点缀，成为书房的一道景观，提升了整个房间装饰的品位。在卫生间里用玻璃隔断可以有效地隔离水蒸气。工艺玻璃可以作为房间内的装饰，彩色的玻璃适于欧式的家装风格，装饰效果很好。

随着新技术和新设计的应用，玻璃以其独有的晶莹剔透和易塑性承载起无穷的想象力。利用现代工艺和设计，玻璃把实用性和艺术性完美地结合起来，被广泛应用于宾馆、酒店、茶楼、娱乐场所，家居装饰的门窗、隔断、玄关、墙壁、地面、天花、浴室、家具等装饰，为人们的室内环境创造了色泽斑斓的装饰效果，已经成为高档、时尚的装饰材料。

12.3　节能型装饰玻璃

传统的玻璃应用在建筑物上主要是为了采光，随着建筑物门窗尺寸的加大，人们对门窗的保温隔热要求也相应地提高了，节能型装饰玻璃就是能够满足这种要求，集节能性和装饰性于一体的玻璃。节能型装饰玻璃通常具有令人赏心悦目的外观色彩，而且还具有特殊的对光和热的吸收、透射和反射能力。它能透过太阳的可见光，增加立面的装饰效果，改善和营造较为舒适的温度环境，降低建筑能耗。现已被广泛地应用于各种高级建筑物上。建筑上常用的节能装饰玻璃有吸热玻璃、热反射玻璃和中空玻璃等。

12.3.1　吸热玻璃

吸热玻璃是既能吸收大量红外线辐射，又能保持良好可见光透过率的平板玻璃。吸热玻璃的生产是在普通钠—钙硅酸盐玻璃中，加入有着色作用的氧化物，如氧化铁、氧化镍、氧化钴以及氧化硒等，或在玻璃表面喷涂氧化锡、氧化钴、氧化铁等有色氧化物薄膜，使玻璃带色，并具有较高的吸热性能。

吸热玻璃按颜色分为灰色、茶色、绿色、古铜色、金色、棕色和蓝色等；按成分分为硅酸盐吸热玻璃、磷酸盐吸热玻璃、光致变色玻璃和镀膜玻璃等。

吸热玻璃具有以下特性：

(1)吸收太阳光辐射。吸热玻璃对太阳能的辐射有较强的吸收能力，当太阳光照射在吸热玻璃上时，相当一部分的太阳能被玻璃吸收，被吸收的热量大部分可再向室外散发。加之其投射的辐射热比普通玻璃小，故其总热阻比普通玻璃大。因此，吸热玻璃能隔热。吸热玻璃的颜色和厚度不同，对太阳能辐射吸收程度也不同(图 12-3)。

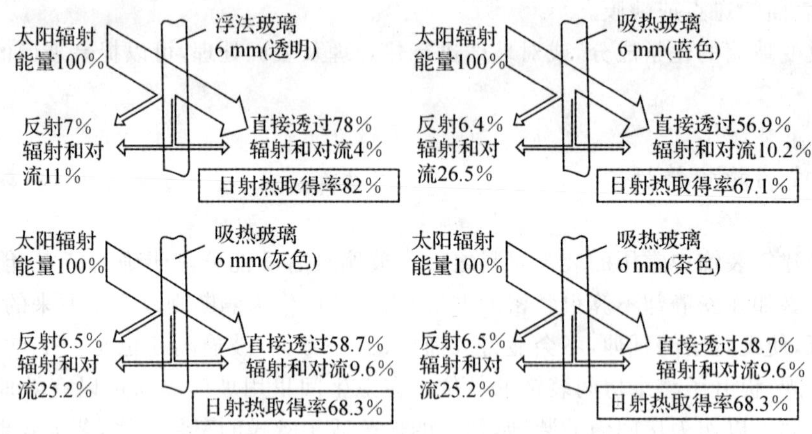

图 12-3　浮法玻璃和吸热玻璃的日射热通过率

6 mm 蓝色吸热玻璃能挡住 50%左右的太阳辐射能。普通玻璃及蓝色吸热玻璃的太阳能透热率见表 12-1。

表 12-1　普通玻璃及吸热玻璃的热工性能比较

品种	透过热值/(W/m²)	透热率/%
空气(暴露空间)	879	100
普通玻璃(3 mm)	726	82.56
普通玻璃(6 mm)	663	75.53
蓝色吸热玻璃(3 mm)	551	62.70
蓝色吸热玻璃(6 mm)	423	49.20

(2)吸收可见光。吸热玻璃也能吸收太阳的可见光，如 6 mm 普通玻璃可见光透过率为 78%，同样厚度的古铜色玻璃仅为 26%。吸热玻璃能使刺目的阳光变得柔和，起到反眩作用。特别是在炎热的夏天，能有效地改善室内光照，使人感到舒适凉爽。

(3)吸收太阳光紫外线。吸热玻璃能有效减轻紫外线对人体和室内物品的损害。特别是有机材料，如塑料和家具油漆等，在紫外线作用下易老化及褪色。

(4)具有透明度。吸热玻璃具有一定的透明度，能清晰地观察室外的景物。

(5)玻璃色泽经久不变。综上所述，吸热玻璃已广泛用于建筑工程的门窗或外墙以及车船的挡风玻璃等，起到采光、隔热、防眩作用。吸热玻璃还可按不同的用途进行加工，制成磨光玻璃、钢化玻璃、夹层玻璃、镜面玻璃及中空玻璃等玻璃深加工制品。无色磷酸盐吸热玻璃能大量吸收红外线辐射热，可用于电影拷贝以及彩色印刷等。

12.3.2　热反射玻璃

热反射玻璃又称镀膜玻璃或镜面玻璃。热反射玻璃是在平板玻璃表面涂覆金属或金属氧化物薄膜制成的。薄膜包括金、银、铜、铝、铬、镍、铁等金属及其氧化物。镀膜方法有热解法、真空溅射法、化学浸渍法、气相沉积法、电浮法等。镀膜玻璃既具有较高的热反射能力，又保持了平板玻璃的透光性，具有良好的遮光性和隔热性能。它用于建筑的门窗及隔墙等处。

用镀膜玻璃作建筑的幕墙或门窗，可使整个建筑变成一座闪闪发光的玻璃宫殿，映出周围景物的变幻，可谓千姿百态，美妙非凡。为提高装饰效果，在镀镜之前可对原片玻璃进行彩绘、磨刻、喷砂、化学蚀刻等加工，形成具有各种花纹图案或精美字画的镜面玻璃。

常用的镜面玻璃有明镜、墨镜（也称黑镜）、彩绘镜和雕刻镜等多种。在装饰工程中常利用镜子的反射和折射来增加空间感和距离感，或改变光照效果。

热反射的玻璃具有以下特性：

(1)对太阳辐射能的反射能力较强。热反射玻璃对太阳辐射的反射率高，普通平板玻璃的太阳能辐射反射率为 7%～10%，而热反射玻璃高达 25%～40%。因此，热反射玻璃在日晒时能保证室内温度的稳定。

(2)遮阳系数小。热反射玻璃能有效阻止热辐射，有一定的隔热保温的效果。不同品种玻璃的遮阳系数见表 12-2。

表 12-2　不同品种玻璃的遮阳系数

品种	厚度/mm	遮阳系数
透明浮法玻璃	8	0.99
茶色吸热玻璃	8	0.77
热反射玻璃	8	0.60～0.75
热反射双层中空玻璃		0.24～0.49
双面青铜色热反射玻璃	8	0.58

(3)单向透视性。单向透视性是指热反射玻璃在迎光的一面具有镜子的特性，而在背光的一面则具有普通玻璃的透明效果。白天，人们从室内透过热反射玻璃幕墙可以看到外面车水马龙的热闹街景，但室外却看不见室内的景物。晚间的情况正好相反，室内的人看不到外面，给人以不受外界干扰的舒适感，而室外却可清晰地看到室内。这对商店等艺术装饰的部位很有意义，但对不宜公开的场所应用窗帘等加以遮蔽（图 12-4）。

图 12-4　热反射玻璃

(4)可见光透过率低。6 mm 厚热反射玻璃的可见光透过率比相同厚度的浮法玻璃减少75%以上，比吸热玻璃也减少60%。热反射玻璃在应用时应注意以下几点：一是安装施工中要防止损伤膜层，电焊火花不得落到薄膜表面；二是要防止玻璃变形，以免引起影像的“畸变”；三是注意消除玻璃反光可能造成的不良后果。

12.3.3 中空玻璃

中空玻璃中由两层或两层以上的平板玻璃原片构成，四周用高强度气密性复合胶黏剂将玻璃及铝合金框和橡皮条、玻璃条黏结、密封，中间充入干燥空气或其他气体，还可以涂上各种颜色或不同性能的薄膜，框内充以干燥剂，以保证玻璃原片间空气的干燥度(图12-5)。

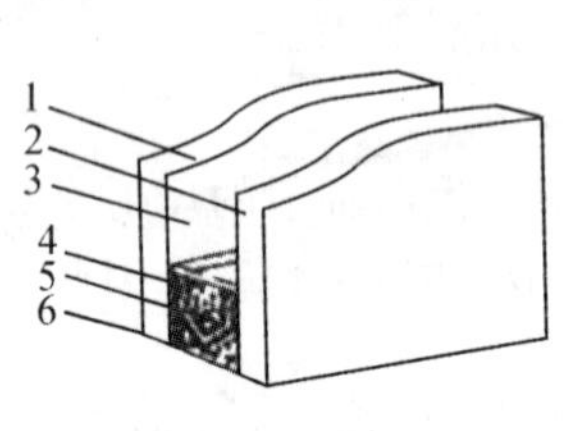

1，2—玻璃；3—干燥空气；4—隔垫；5—干燥剂；6—密封材料

图12-5 双层中空玻璃

玻璃原片可以采用普通平板玻璃、钢化玻璃、压花玻璃、热反射玻璃、吸热玻璃和夹丝玻璃等。其加工方法分为胶接法、焊接法和熔接法。中空玻璃不能切割，需按厂家规格进行选用，或按要求尺寸进行定制。

中空玻璃的种类按颜色分有无色、绿色、黄色、金色、蓝色、灰色、茶色等，按玻璃层数分有双层和多层等。

中空玻璃的主要功能是隔热、隔声，所以又称为绝缘玻璃。优质的中空玻璃寿命可达25年之久。

中空玻璃有以下特性：

(1)隔热保温。中空玻璃空气层的导热系数小，所以中空玻璃具有良好的隔热保温性能。普通中空玻璃(3+A6+3)的隔热性能已相当于100 mm厚的混凝土墙，而三层中空玻璃(3+A6+3+A6+3)的隔热能力已接近370 mm厚的砖墙。

(2)隔声性。中空玻璃具有较好的隔声性能，其隔声的效果通常与玻璃的厚度、层数、空气间层的间距有关，还与噪声的种类、声强有关。一般可使噪声降低30～40 dB，对交通噪声可降低31～33 dB，即能将街道汽车噪声降低到学校教室的安静程度。

(3)防结露。中空玻璃广泛应用于高级住宅、饭店、宾馆、办公楼、学校、医院、商店等需要室内空调的场合，也可以用于汽车、火车、轮船的门窗等处。

国外中空玻璃的应用较为普通。在1990年，美国就有90%的住宅使用了中空玻璃。一些欧洲国家还规定所有建筑物必须全部采用中空玻璃，禁止普通玻璃作为窗玻璃。近年来，随着人们对建筑节能重要性认识的提高，中空玻璃的应用在我国也越来越普遍。

12.3.4　电热玻璃

电热玻璃有导电网电热玻璃和导电膜电热玻璃两种。导电网电热玻璃是将两块浇筑的型材，中间夹有几乎难以看到的极细电热丝，经热压而成的；导电膜电热玻璃是将喷有导电膜玻璃的厚玻璃经热压而成的。

电热玻璃的使用电压为 190～230 V，玻璃表面最高温度可达 60 ℃，透光率为 80%。这种玻璃具有抗冲击性能，并且充电加热时玻璃表面不会结雾、结冰霜。电热玻璃常用于陈列窗、橱窗、严寒地区建筑门窗、办公桌台板等。

12.4　安全型玻璃

普通玻璃的最大弱点是性脆易碎，破碎后的玻璃具有尖锐的棱角，容易伤人。安全玻璃是指与普通玻璃相比，具有力学强度高、抗冲击能力强的玻璃。安全玻璃被击碎时，其碎片不会伤人，并兼具有防盗、防火的功能。目前常用的安全玻璃有钢化玻璃、夹层玻璃、夹丝玻璃、防火玻璃等。

12.4.1　钢化玻璃

钢化玻璃又称强化玻璃。它是用物理的或化学的方法，在玻璃表面上形成一个压应力层，玻璃本身具有较高的抗压强度，不会造成破坏。当玻璃受到外力作用时，这个压力层可将部分拉应力抵消，避免玻璃的碎裂。虽然钢化玻璃内部处于较大的拉应力状态，但玻璃的内部无缺陷存在，不会造成破坏，从而达到提高玻璃强度的目的。

1. 钢化玻璃的分类

钢化玻璃按生产方法分为物理钢化玻璃和化学钢化玻璃两种；按钢化范围分为全钢化玻璃、半钢化玻璃、区域钢化玻璃等；按形状分为平面钢化玻璃和曲面钢化玻璃；按碎片状态分为Ⅰ、Ⅱ、Ⅲ三类。

2. 钢化玻璃的制作

钢化玻璃是平板玻璃的二次加工产品。钢化玻璃的加工方法可分为物理钢化法和化学钢化法。

(1)物理钢化玻璃

物理钢化玻璃又称为淬火钢化玻璃。它是将普通平板玻璃在加热炉中加热到接近玻璃的软化温度(600 ℃)时，通过自身的形变消除内部应力，然后将玻璃移出加热炉，再用多头喷嘴将高压冷空气吹向玻璃的两面，使其迅速且均匀地冷却至室温，即可制得钢化玻璃。这种玻璃处于内部受拉、外部受压的应力状态，一旦局部发生破损，便会发生应力释放。钢化玻璃破碎时出现网状裂纹或破碎成无数小块，这些小的碎片没有尖锐棱角，不易伤人(图 12-6)。

(2)化学钢化玻璃

化学钢化玻璃通过改变玻璃表面的化学组成来提高玻璃的强度，一般应用离子交换法进行钢化。其方法是将含有碱金属离子的硅酸盐玻璃浸入熔融状态的锂(Li^+)盐中，使玻璃表层的 Na^+ 或 K^+ 与 Li^+ 发生交换，表面形成 Li^+ 交换层，由于 Li^+ 的膨胀系数小于 Na^+、K^+，从而在冷却过程中造成外层收缩较小而内层收缩较大，当冷却到常温后，玻璃便同样处于内层受拉、外层受压的状态，其效果类似于物理钢化玻璃。

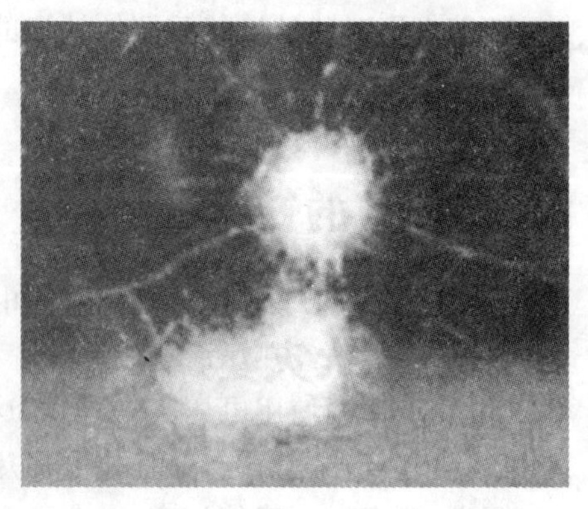

图 12-6 钢化玻璃

3. 钢化玻璃的性质

(1)强度高。钢化玻璃的抗压强度可达 125 MPa 以上，比普通玻璃大 4～5 倍，抗冲击强度也很高。

(2)弹性好。钢化玻璃的弹性比普通玻璃大得多，一块 1 200 mm×350 mm×6 mm 的钢化玻璃，受力后可发生达 100 mm 的弯曲挠度，当外力撤除后，仍能恢复原状，而普通玻璃弯曲变形只能有几毫米。

(3)热稳定性好。钢化玻璃在受急冷急热时，不易发生炸裂。这是因为钢化玻璃的压应力可抵消一部分因急冷急热产生的拉应力之故。钢化玻璃耐热冲击，最大安全工作温度为 288 ℃，能承受 204 ℃的温差变化。

4. 钢化玻璃的应用

由于钢化玻璃具有较好的力学性能和热稳定性，所以在建筑工程、交通工具及其他领域内得到广泛的应用。平板钢化玻璃常用作建筑物的门窗、隔墙、幕墙，及橱窗、家具、阳台楼梯栏板等，还适用于餐桌、浴室玻璃房等急冷急热的部位，以及制作防弹玻璃。曲面玻璃常用于汽车、火车及飞机等。半钢化玻璃主要用作暖房、温室及隔墙等的玻璃窗。区域钢化玻璃主要用作汽车的挡风玻璃。

使用时应注意的是钢化玻璃不能切割、磨削，边角不能碰击挤压，需按现成的尺寸规格选用或提供设计图纸进行加工定制。用于大面积的玻璃幕墙的玻璃在钢化上要予以控制，选择半钢化玻璃，即其应力不能过大，以避免受风荷载引起震动而自爆。此外，钢化玻璃在使用过程中严禁溅上火花。否则，当其再经受风压或振动时，伤痕将会逐渐扩展，导致破碎。有防火要求的门窗玻璃和可能受到碰撞的部位不宜使用钢化玻璃。

根据所用的玻璃原片不同，可制成普通钢化玻璃、吸热钢化玻璃、彩色钢化玻璃、钢化中空玻璃等。

12.4.2 夹层玻璃

夹层玻璃系两片或多片平板玻璃之间嵌夹透明塑料薄片(图 12-7)，经加热、加压、黏合而成的平面或弯曲的复合玻璃制品。夹层玻璃具有较高的强度，其抗冲击性比普通平板玻璃高出几倍。玻璃受到破坏时不裂成碎块，仅产生辐射状裂纹或同心圆形裂纹，碎片不易脱落，且不影响透明度，不产生折光现象。而且碎片仍粘贴在膜片上，不致伤人。因此，夹层玻璃也属于安全玻璃。夹层玻璃的透光性好，如(2+2) mm 厚玻璃的透光率为 82%。夹层玻璃还具有耐久、耐热、耐湿、耐寒等性质。

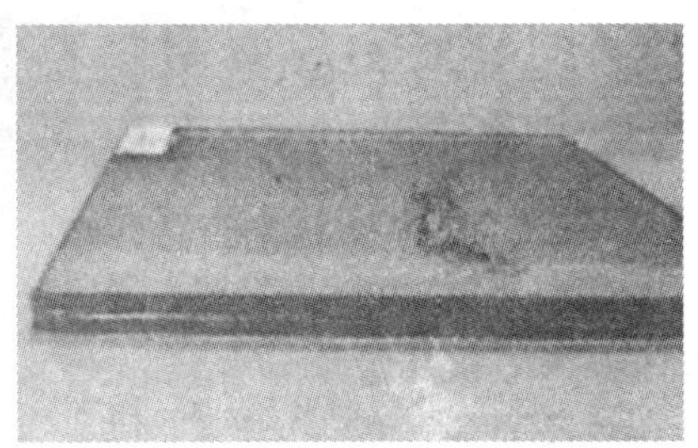

图 12-7　夹层玻璃

生产夹层玻璃常用的热塑性塑料有赛璐珞塑料和聚乙烯醇缩丁醛树脂两种。其玻璃原片可用普通平板玻璃、浮法玻璃、钢化玻璃、彩色玻璃、吸热玻璃和热反射玻璃等。常用的热塑性塑料的是聚乙烯醇缩丁醛(PV)。

夹层玻璃的品种很多，有减薄夹层玻璃、遮阳夹层玻璃、电热夹层玻璃、防弹夹层玻璃、玻璃纤维增强夹层玻璃、报警夹层玻璃、防紫外线夹层玻璃、隔声夹层玻璃等。

夹层玻璃主要用作汽车和飞机的挡风玻璃、防弹玻璃、陈列架、橱柜、水池玻璃，以及有特殊安全要求的建筑物的门窗、隔墙、顶棚、工业厂房的天窗和某些水下工程。

12.4.3　夹丝玻璃

夹丝玻璃也称防碎玻璃或钢丝玻璃。它是将普通平板玻璃加热到红热软化状态，再将预热处理直径 0.4 mm 以上的铁丝网压入玻璃中间而制成的(图 12-8)。与普通玻璃相比，夹丝玻璃不仅增加了强度，而且由于铁丝网的骨架作用，在玻璃遭受冲击或温度剧变时，破而不缺，裂而不散，避免棱角的小块飞出伤人。当火灾蔓延，夹丝玻璃受热炸裂时，仍能保持完整，起到隔绝火焰的作用，故又称防火玻璃。

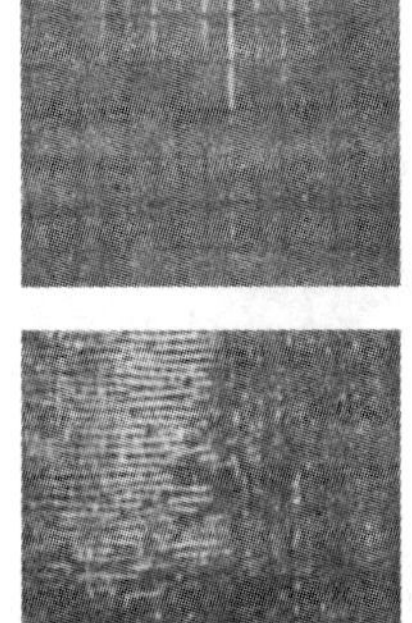

图 12-8　夹丝玻璃

夹丝玻璃主要用于天窗、顶棚、阳台、楼梯、电梯井和易受震动的门窗及防火门窗等处。

以彩色玻璃原片制成的彩色夹丝玻璃，其色彩与内部隐隐出现的金属丝网相配，具有较好的装饰效果。

12.4.4 钛化玻璃

钛化玻璃也称永不碎铁甲箔膜玻璃。是将钛金箔膜紧贴在任意一种玻璃基材之上，使之结合成一体的新型玻璃(图 12-9)。钛化玻璃具有高抗碎能力、高防热及防紫外线等功能。不同的基材玻璃与不同的钛金箔膜可组合成不同色泽、不同性能、不同规格的钛化玻璃。钛化玻璃常见的颜色有无色透明、茶色、茶色反光、铜色反光等。

图 12-9 钛化玻璃

12.4.5 防火玻璃

建筑用防火玻璃按结构可分为复合防火玻璃(FFB)和单片防火玻璃(DFB)。

复合防火玻璃(或称防火夹层玻璃)是将两片或两片以上的单层平板玻璃用膨胀阻燃胶结剂黏结复合在一起而制成的。其中灌注型防火玻璃是在两片或两片以上的单层平板玻璃的四周先用边框条密封好，然后由灌注口灌入防火液，经胶结、封口而制成。在室温下和火灾发生初期，复合防火玻璃和普通平板玻璃一样具有透光性能和装饰性能；发生火灾后，随着火势的蔓延扩大，火灾温度升高，复合防火玻璃防火夹层受热膨胀发泡，形成很厚的防火隔热层，起到防火隔热和防火分隔作用。

单片防火玻璃采用物理与化学方法对普通玻璃进行处理，使其表面改性，改善玻璃的抗热应力性能，从而保证在火焰冲击下或高温下不破裂，达到阻止火焰穿透防火玻璃及阻止火灾传播的目的(图 12-10)。

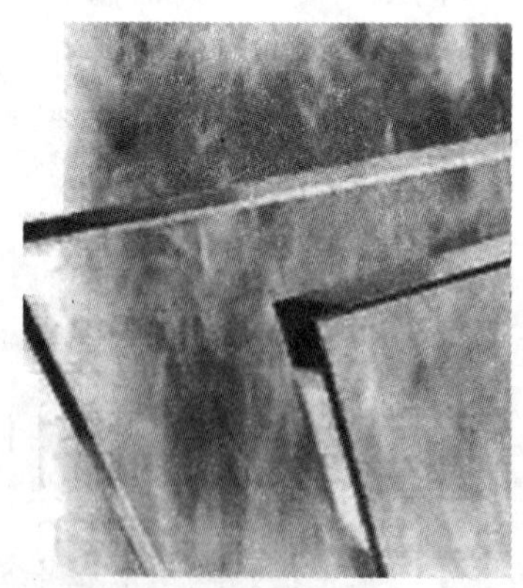

图 12-10 防火玻璃

防火玻璃按结构型式又可分为防火夹层玻璃、薄涂型防火玻璃、单片防火玻璃和防火夹丝玻璃。其中防火夹层玻璃按生产工艺特点又可分为复合型防火玻璃和灌注型防火玻璃。

建筑用防火玻璃按其耐火性能分为 A 类(同时满足耐火完整性、耐火隔热性要求的防火玻璃)、B 类(同时满足耐火完整性、热辐射强度要求的防火玻璃)和 C 类(满足耐火完整性要求的防火玻璃)。这三类防火玻璃都可按耐火等级分为Ⅰ级(≥90 min)、Ⅱ级(≥60 min)、Ⅲ级(≥45 min)、Ⅳ级(≥30 min)。

12.5　智能型玻璃

12.5.1　光致变色玻璃

在通常条件下,玻璃是透明的。光致变色玻璃在紫外线或者可见光的照射下,可产生可见光区域的光吸收,使玻璃透光度降低或者产生颜色变化,并且在光照停止后又能自动恢复到原来的透明状态。

一般是在普通的玻璃成分中引入光敏剂生产光致变色玻璃。常用的普通玻璃有铝硼硅酸盐玻璃、硼硅酸盐玻璃、硼酸盐玻璃、磷酸盐玻璃等,常用的光敏剂包括卤化银、卤化铜等。通常光敏剂以微晶状态均匀地分散在玻璃中,在日光照射下分解,降低玻璃的透光度。当玻璃在暗处时,光敏剂再度化合,恢复透明度。玻璃的着色和退色是可逆和永久的。

光致变色玻璃的装饰特性是玻璃的颜色和透光度随日照强度自动变化。日照强度高,玻璃的颜色深,透光度低;反之,日照强度低,玻璃的颜色浅,透光度高。用光致变色玻璃装饰建筑,既能使得室内光线柔和,色彩多变,又能使得建筑色彩斑斓,变幻莫测,与建筑的日照环境协调一致。一般用于建筑物门窗、幕墙等。

12.5.2　智能调光玻璃

智能调光玻璃是在两层玻璃之间夹有液晶材料,在电场的控制下,发生液晶的排列方向变化,达到调节玻璃透明与不透明的目的。通常生产这种玻璃的方法是在两片玻璃表面上涂覆导电膜,形成两个平行导电板,在中间灌注液晶材料,然后封边,接上电极。

这种玻璃可以通过控制电流变化来控制玻璃颜色深浅程度及调节阳光照入室内的强度,使室内光线柔和,舒适怡人,又不失透光的作用。玻璃断电时模糊,通电时清晰,由模糊到彻底清晰的响应速度根据需要可以达到千分之一秒级。智能调光玻璃在建筑物门窗上使用,不仅具有透光率变换自如的功能,而且用于建筑物的窗玻璃相当于有电控装置的窗帘一样方便自如。

在高级宾馆、单位及家庭的淋浴房中采用智能调光玻璃时,可以根据用户需要,自如地使其透明或者不透明,既可以保证个人私密性,又增添更多的生活情趣。医疗机构应用智能调光玻璃时,可取代窗帘,起到屏蔽与隔断作用,坚实安全,隔声消杂,更有环保清洁不易污染的好处。它既具有良好的采光功能和视线遮蔽功能,又具有一定的节能性和色彩缤纷、绚丽的装饰效果。因此,可以用于高档宾馆、别墅、写字楼、办公室、浴室门窗、喷淋房、厨房门窗、玻璃幕墙、温室、医院等。

12.5.3 温控玻璃

这种智能玻璃是在双层透明玻璃中间填充高分子物质而制成的。高分子物质的体积随温度变化，体积的改变能使穿透双层透明玻璃的光线途径发生变化。这样智能玻璃就会根据室外温度的变化而改变其自身的光线、红外线透过率，从而达到调节室内温度的效果。当室外温度升高到高于室内温度时，玻璃自身的红外线透过率开始下降，这样玻璃就会增强对外界光线中使室内温度升高的红外线的“过滤功能”，有效阻止太阳热辐射进入室内，在保证屋内亮度的前提下，尽量让室内温度不随着外界温度升高而升高；而当室外温度下降时，玻璃的红外线透过率升高，更多的红外线透过玻璃照射室内，从而保持屋内温度不会变化很大。

一项统计显示，在使用空调器的办公大楼当中，约有15%的热量来自从窗户射进来的阳光，而如果办公楼中使用了这种“智能”玻璃，就可以过滤掉一半以上来自阳光的热量，从而大量节约宝贵的能源。

12.5.4 呼吸玻璃

呼吸玻璃同生物一样具有呼吸作用，用来排除人们在房间内的不舒适感。日本吉田工业公司应用德国专利稍加改进后，已研制成功一种能消除不舒适感的呼吸窗户，命名为IFJ窗户。经测定，装有呼吸玻璃房间内的温差仅有0.5 ℃左右，特别适合人们的感官。不仅如此，呼吸玻璃还具有很高的节能效果。按常规，其空调负荷系数为80，装上呼吸窗户后，下降为51.9(系数愈小节能性愈好)。据报道，这种呼吸窗户框架以特制铝型材料制成，外部采用隔热材料，而窗户玻璃则采用反射红外线的双层玻璃，在双层玻璃中间留下12 mm的空隙充入惰性气体氩，靠近房间内侧的玻璃涂有一层金属膜。

12.6 建筑装饰玻璃

12.6.1 磨光玻璃

磨光玻璃又称镜面玻璃或白片玻璃，是用平板玻璃经过机械研磨和抛光后制得的平整光滑的平板玻璃(图12-11)。磨光玻璃分单面磨光和双面磨光两种。多采用单面研磨与抛光，常用压延玻璃为毛坯，硅砂作研磨材料，氧化铁或氧化铈作抛光材料。经机械研磨和抛光的磨光玻璃具有表面平整光滑且带有光泽，物像透过玻璃不变形，透光率大于84%等特点。磨光的目的是消除由于表面不平而引起的波筋、波纹等缺陷，使从任何方向透视或反射物像均不出现光学畸变现象。它的厚度一般为5～6 mm，尺寸大小可按需要定制。磨光玻璃表面平整光滑。作为装饰材料，磨光玻璃适用于光面装饰，常用作大型高级门窗、橱窗及制作镜子。缺点是加工费时且不经济，近年来随着浮法玻璃的出现，其用量已大为减少。

12.6.2　彩色玻璃

彩色玻璃又称饰面玻璃。分透明、不透明和半透明三种。彩色玻璃的颜色有乳白色、茶色、海蓝色、宝石蓝色和翡翠绿等(图 12-12)。

图 12-11　磨光玻璃

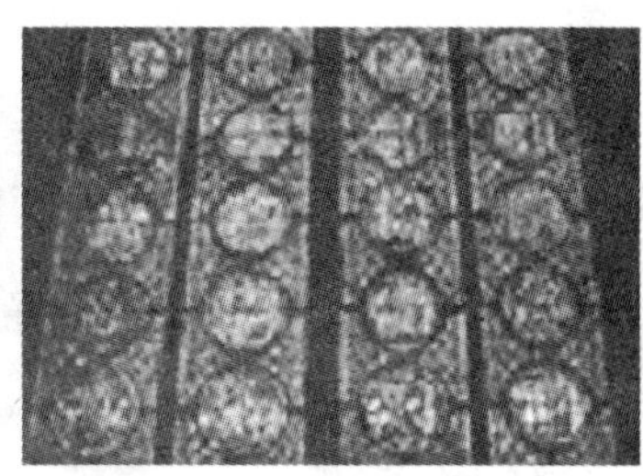

图 12-12　彩色玻璃

透明和半透明的彩色玻璃是在玻璃原料中加入一定量的金属氧化物而制成的。常用于建筑内外墙、隔断、门窗及对光线有特殊要求的部位。也可以加工成中空玻璃、夹层玻璃、压花玻璃及钢化玻璃等，使其更具装饰性和使用功能。

不透明彩色玻璃是经过退火处理的一种饰面玻璃，可以切割，但经过钢化处理的不能再进行切割加工。不透明彩色玻璃主要用于建筑内外墙的装饰，可拼成不同的图案，表面光洁、明亮或漫反射无光，具有独特的装饰效果，也可以加工成钢化玻璃。

彩色玻璃的尺寸一般不大于 1 000 mm×1 500 mm，厚度为 5～6 mm。

12.6.3　釉面玻璃

釉面玻璃又称不透明饰面玻璃，是在按一定尺寸裁切好的玻璃基体上涂敷一层彩色易熔的釉料，然后加热到彩釉的熔融温度，经退火或钢化等热处理，使釉层与玻璃牢固结合而制成的具有美丽色彩或图案的玻璃制品。玻璃基片可用普通平板玻璃、钢化玻璃、磨光玻璃或玻璃砖等。目前生产的釉面玻璃最大规格为 3.2 m×1.2 m，厚度为 5～15 mm。

釉面玻璃的特点是耐酸、耐碱、耐磨和耐水，图案精美(图 12-13)，不褪色，不掉色，可按用户的要求或艺术设计图案制作。釉面玻璃具有良好的化学稳定性和装饰性，可用作食品工业、化学工业、商业、公共食堂等的室内饰面层，以及一般建筑物房间、门厅、楼梯间的饰面层和建筑物外饰面层，特别适用于防腐、防污要求较高部位的表面装饰。

12.6.4　压花玻璃

压花玻璃又称滚花玻璃。采用压延法，在双辊压延机的辊面上雕刻所需要的花纹，当玻璃带经过压辊时即被压延成压花玻璃。压花玻璃分普通压花玻璃、真空冷膜压花玻璃和彩色膜压花玻璃三种，一般规格为 800 mm×700 mm×3 mm。按照压花面可将其划分成单面压花玻璃和双面压花玻璃；按照颜色可将其划分为白色、黄色、蓝色、红色、橄榄色等；按照花纹图案可将其划分为植物图案(如梅花、菊花、葵花、松花、海棠、葡萄、芙蓉、竹叶等)和装饰图案(如夜空、银河、条纹、布纹等)。

压延法生产的压花玻璃表面凹凸不平,当光线通过时产生漫反射而失去透明性,即压花玻璃透光不透明,物像模糊不清(图 12-14)。由于花纹的作用,减低了透光度,一般压花玻璃的透光度在 60%~70%之间。压花玻璃的装饰特性是图案、花纹繁多,颜色丰富,透光而不透视,室内光线柔和而朦胧,所以具有强烈的装饰效果,广泛应用于宾馆、办公楼、会议室、浴室、厕所以及公共场所分离室的门窗和隔断等处。使用压花玻璃时,应将花纹朝向室内。

图 12-13 釉面玻璃

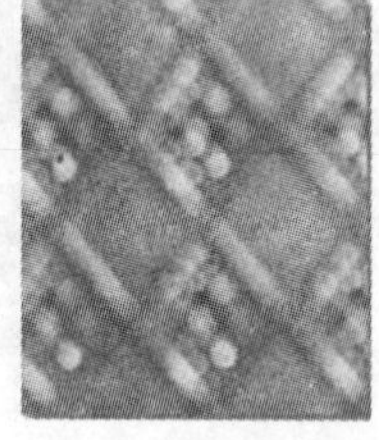
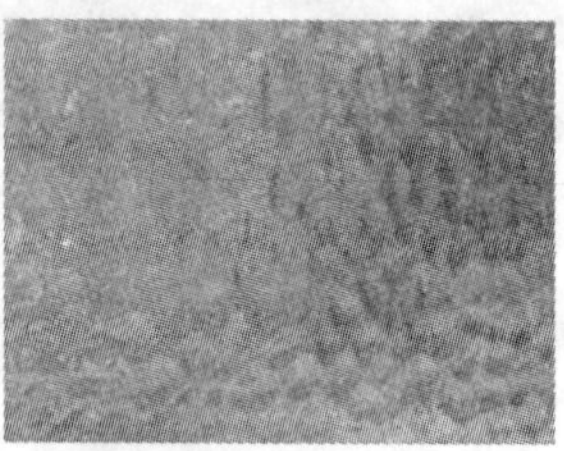

图 12-14 压花玻璃

在压花玻璃有花纹的一面,用气溶胶法对表面进行喷涂处理,玻璃可呈浅黄色、浅蓝色等。经过喷涂处理的压花玻璃,可提高强度 50%~70%。压花玻璃有一般压花玻璃、真空镀膜压花玻璃、彩色膜压花玻璃等。

12.6.5 磨(喷)砂玻璃

磨(喷)砂玻璃又称为毛玻璃、漫反射玻璃。通常是指磨砂平板玻璃,可以用机械喷砂、手工研磨或者氢氟酸溶液等物理或化学方法将玻璃的单面或双面加工成均匀的粗糙表面(图 12-15)。研磨材料可用硅砂、金刚砂、石榴石粉等,研磨介质为水。

这类玻璃易产生漫反射,只有透光性而不透视,作为门窗玻璃可使室内光线柔和,没有刺目之感。一般用于浴室、办公室等需要隐秘和不受干扰的房间,也可用于室内隔断和作为灯箱透光片使用,还可用作照相屏板、灯罩和黑板等。

图 12-15 磨(喷)砂玻璃

12.6.6 异形玻璃

异形玻璃是用硅酸盐玻璃制成的大型长条形构件。异形玻璃一般采用压延法、浇筑法和辊压法生产。异形玻璃的品种主要有槽形、箱形、肋形、三角形等品种(图 12-16)。异形玻璃有无色的和彩色的、配筋的和不配筋的、表面带花纹的和表面不带花纹的、夹丝的和不夹丝的等。

图 12-16　异形玻璃

异形玻璃具有采光性好、隔热保温、隔声防噪、力学强度高、防老化、耐光照等特点，并有独特的装饰效果。而且安装方便，综合造价低，与普通平板玻璃结构相比，可降低成本 20%～40%，减少作业量 30%～50%，并节省玻璃与金属耗用量。异形玻璃可用于商场、餐厅、展览馆、体操房等外部竖向非承重结构和营业大厅、办公大楼、建筑物的内外墙，暖房、月台、游泳池、外廊等的透光屋顶，以及大面积采光窗口、天窗、厅门、阳台围护栏板等。

12.6.7 金星玻璃

金星玻璃是在玻璃上增加一些金属氧化物晶体，在阳光下或灯光下闪烁诱人的美丽星光，强光下犹如无数颗宝石闪闪发光，呈现出异彩纷呈和艳丽迷人的美感；弱光下又宛如繁星点点，随光线变化闪光点位置移动，在不同角度都可看到闪烁的亮点。金星玻璃具有对光波的高折射率，能起到锦上添花的作用，并具有黏结强度高、耐水性和耐候性好等特点。目前建筑装饰中主要采用铬金属玻璃，可做成马赛克、工艺美术制品和闪光装饰艺术制品，用于卡拉 OK 厅、歌舞厅和楼堂馆所等建筑物内部的墙面、吊顶装饰(图 12-17)。

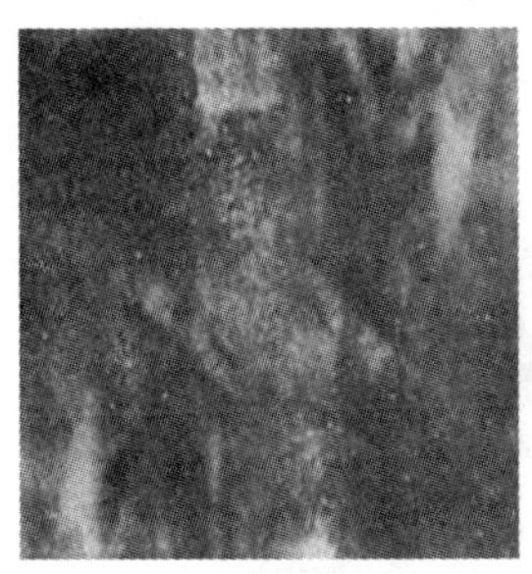
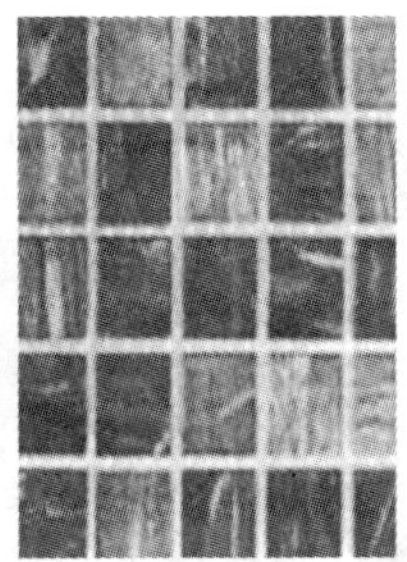

图 12-17　金星玻璃

12.6.8 冰花玻璃

冰花玻璃是一种利用平板玻璃经特殊处理形成不自然冰花纹理的玻璃。冰花玻璃对通过的光线有漫反射作用,如作门窗玻璃,犹如蒙上一层纱帘,看不清室内的景物,却有着良好的透光性能,具有良好的装饰效果。

冰花玻璃可用无色平板玻璃制造,也可用茶色、蓝色、绿色等彩色玻璃制造。其装饰效果优于压花玻璃,给人以清新之感,是一种新型的装饰玻璃。可用于宾馆、酒楼等场所的门窗、隔断、屏风和家庭装饰(图 12-18)。目前最大规格尺寸为 2 400 mm×1 800 mm。

图 12-18 冰花玻璃

12.6.9 镭射玻璃

镭射(英文 Laser 的译音)玻璃是国际上十分流行的一种新型建筑装饰材料。它以平板玻璃为基材,采用高稳定性的结构材料,经特殊工艺处理,从而构成全息光栅或其他图形的几何光栅。在同一块玻璃上可形成上百种图案(图 12-19)。

镭射玻璃的特点在于,当它处于任何光源照射下时,都将因衍射作用而产生色彩的变化。而且,对于同一受光点或受光面而言,随着入射光角度及人视角的不同,所产生的光的色彩及图案也将不同。五光十色的变幻给人以神奇、华贵和迷人的感受。其装饰效果是其他材料无法比拟的。

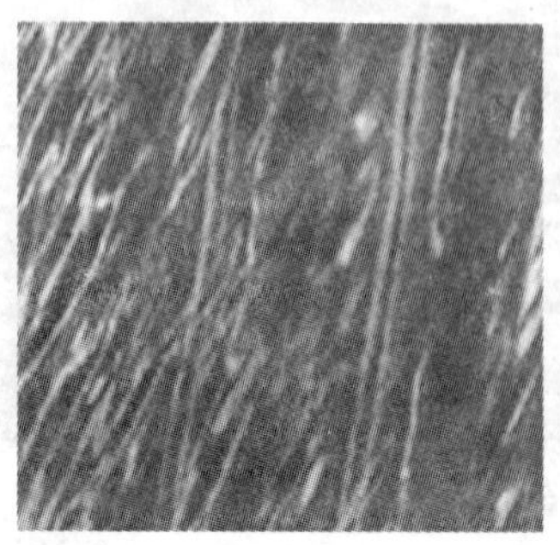

图 12-19 镭射玻璃

镭射玻璃大体上可分为两类:一类是以普通平板玻璃为基材制成的,主要用于墙面、窗户和顶棚等部位的装饰;另一类是以钢化玻璃为基材制成的,主要用于地面装饰。此外,还有专门用于柱面装饰的曲面镭射玻璃,专门用于大面积幕墙的夹层镭射玻璃以及镭射玻璃砖等。

镭射玻璃的技术性质十分优良。镭射钢化玻璃地砖的抗冲击、耐磨、硬度等性能均优于大理石,与花岗石相近。在正常使用情况下,其寿命大于 50 年。镭射玻璃的反射率可在10%~90%的范围内任意调整,因此可最大限度地满足使用要求。镭射玻璃的颜色有银白、蓝、灰、紫、红等多种。按其结构有单层和夹层之分。目前国内生产的镭射玻璃的最大尺寸为 1 000 mm×2 000 mm,在此范围内有多种规格的产品可供选择。它适用于酒店、宾馆及各种商业、文化、娱乐设施的装饰,也适用于民用住宅的顶棚、地面、墙面及封闭阳台等的装饰。此外,还可用于制作家具、灯饰及其他装饰物品。

12.6.10 喷雕玻璃

喷雕玻璃也称喷砂玻璃、喷花玻璃,是在平板玻璃表面贴以图案,抹以保护层,经喷砂处理,从而形成透明与不透明相间的图面。喷雕玻璃给人以高雅、朦胧的美感(图12-20)。

图 12-20 喷雕玻璃

喷雕玻璃厚度一般为 6 mm,最大加工尺寸为 2 200 mm×1 000 mm。在居室的装修中,喷雕玻璃可用于表现界定区域却互不封闭的地方,如在餐厅和客厅之间的门窗、隔断。

12.6.11 彩绘玻璃

彩绘玻璃是目前家居装修中运用得较多的一种装饰玻璃。在制作中,先用一种特制的胶绘制出各种图案,然后用铅油描摹出分隔线,最后再用特制的胶状颜料在图案上着色。彩绘玻璃图案丰富亮丽,居室中彩绘玻璃的恰当运用,能较自如地创造出一种赏心悦目的和谐氛围,增添浪漫迷人的现代情调,如推拉门、隔断等(图 12-21)。

12.6.12 雕刻玻璃

雕刻玻璃分为人工雕刻和电脑雕刻两种。其中人工雕刻利用娴熟刀法的深浅和转折配合,更能表现出玻璃的质感,图案的立体感非常强,似浮雕一般(图 12-22),在室内灯光的照射下,更是熠熠生辉。雕刻玻璃是家居装修中很有品位的一种装饰玻璃,所绘图案一般都具有个性"创意",反映着居室主人的情趣和追求。雕刻玻璃主要用于高档场所的室内隔断或屏风。

图 12-21 彩绘玻璃

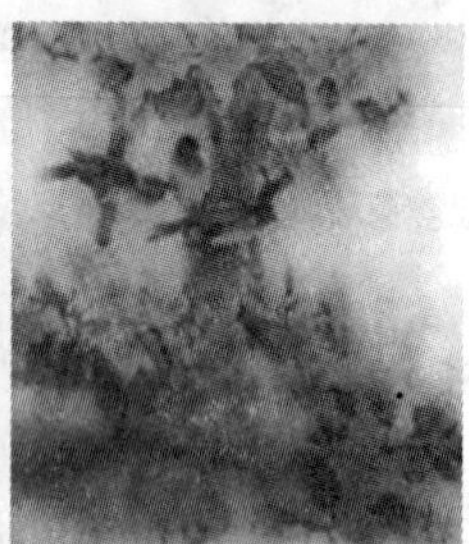

图 12-22 雕刻玻璃

12.6.13 热熔玻璃

热熔玻璃又称水晶立体艺术玻璃,是目前装饰行业中出现的新家族。热熔玻璃源于西方国家。它采用特制热熔炉,以平板玻璃和无机色料等作为主要原料,设定特定的加热程序和退火曲线,加热到玻璃软化点以上,经特制成型模模压成型后退火而成,再按照需要进行雕刻、钻孔、修裁等后道工序加工。

热熔玻璃以其独特的装饰效果成为设计单位、玻璃加工业主、装饰装潢业主关注的焦点。热熔玻璃跨越现有的玻璃形态,把现代或古典的艺术形态融入玻璃之中,使平板玻璃加工出各种凹凸有致、色彩各异的艺术效果(图 12-23)。热熔玻璃产品种类较多,目前已经有热熔玻璃砖、门窗用热熔玻璃、大型墙体嵌入玻璃、隔断玻璃、一体式卫浴玻璃洗脸盆、成品镜边框、玻璃艺术品等,应用范围因其独特的玻璃材质和艺术效果而十分广泛。

12.6.14 彩晶玻璃

彩晶玻璃是一种高档艺术装饰品。它可用浮法透明玻璃,也可用喷砂玻璃和压花玻璃制作。在玻璃上按图案绘画线条,线条干燥后填注颜料,填色料为无色透明体,在涂好色的玻璃上,趁颜料未干时均匀撒上闪光粉,即得到灿烂无比的效果(图 12-24)。它不同于传统的雕刻玻璃、磨砂玻璃,也不同于镭射玻璃和彩绘玻璃等各种装饰玻璃。其图案有的金碧辉煌,光彩亮丽,银光闪烁;有的清秀高雅,风格独特。花鸟人物、山水风光无不栩栩如生,形态逼真,有极强的镶嵌效果,图案亮丽、明洁。可制作成色彩斑斓的艺术壁画,也可制作成色泽柔和、淡雅的艺术品，还可制作成色彩夸张、图案活泼的卡通人物以及屏风、隔断、大型室内壁画、天花板、吊顶和旅游工艺品。其具有极强的仿镶效果（仿景泰蓝），立体感强，特别适用于天花板、门窗镶嵌玻璃、仿古艺术壁画、山水画制作。适合用作宾馆、商场、写字楼、家庭、舞厅、夜总会等公共场所的玻璃门窗、吊顶、隔断、地板、家具工艺品装饰。

图 12-23　热熔玻璃

图 12-24　彩晶玻璃

12.7　其他玻璃装饰制品

12.7.1　玻璃锦砖

玻璃锦砖又称玻璃马赛克（其名称源于拉丁文，英文为 mosaic。历史上，马赛克泛指镶嵌艺术作品，后来指不同色彩的小块镶嵌而成的平面装饰）。它是以玻璃为基料并含有未熔解的微小晶体（主要是石英）的呈乳浊状制品，内含少量气泡和未熔颗粒，是一种小规格的彩色饰面玻璃。它与陶瓷锦砖的主要区别是：玻璃质结构，单块产品断面呈楔形，正面光滑，背面有锯齿状或阶梯状的沟纹，以便粘贴牢固。单块马赛克的规格一般为 20～50 mm 见方，厚度为 4～6 mm，其成联、粘贴及施工与陶瓷锦砖基本相同。玻璃锦砖有透明、半透明和不透明三种。

玻璃马赛克的特点是色泽绚丽多彩，“赤橙黄绿青蓝紫”诸色彩兼备，色调柔和、朴实、典雅，美观大方（图 12-25），用户可根据不同的需要进行选择。特别是金星玻璃马赛克产品，除了具有普通马赛克的特点外，还能随外界光线的变化映出不同的色彩，恰似金星闪烁，璀璨耀眼。不同色彩图案的马赛克可以组合拼装成各色壁画，装饰效果十分理想。玻璃马赛克质地坚硬，性能稳定，具有化学稳定性、冷热稳定性、耐热、耐寒、耐候、耐酸碱等性能。

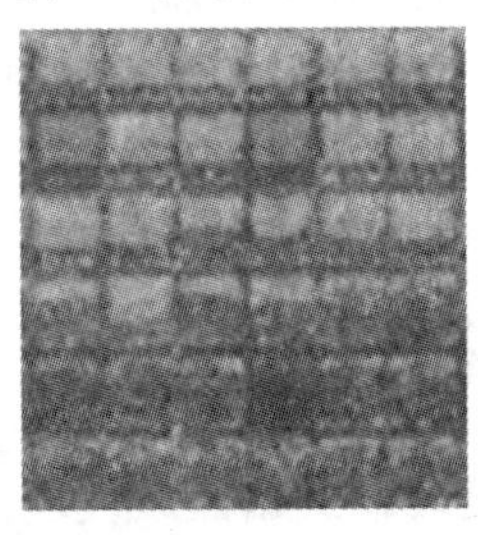
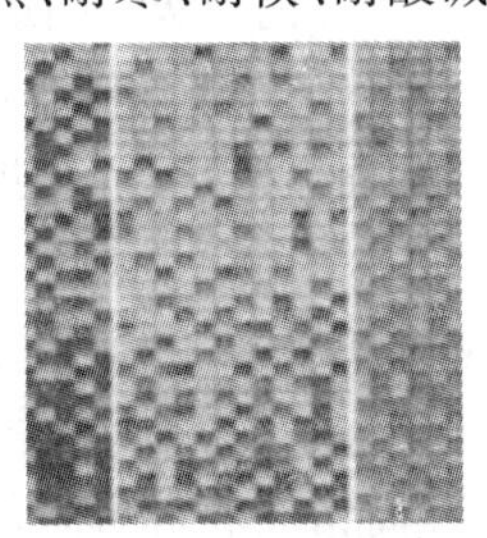

图 12-25　玻璃马赛克

由于玻璃马赛克的断面比普通陶瓷有所改进，吃灰深，黏结较好，不易脱落，耐久性较好，因而不积尘，天雨自涤，经久常新，施工方便。玻璃马赛克适用于宾馆、医院、办公楼、礼堂、住宅室内局部、阳台外侧等建筑的外墙装饰。

12.7.2 热弯玻璃

热弯玻璃也称为弧弯玻璃，是由平板玻璃加热软化在模具中成型，再经退火制成的曲面玻璃。热弯玻璃需要预定，没有现货。按弯曲程度又分为浅弯和深弯。浅弯多用于建筑装饰，汽车、船舶挡风玻璃及玻璃家具装饰系列（电视柜、酒柜、茶几）等；而深弯可广泛用于卧式冷柜、陈列柜台、观光电梯走廊、玻璃顶棚、观赏水族箱等（图 12-26）。热弯玻璃的规格可以分为 90°直角弯片、同向单曲面弯片、双向单曲面弯片、半圆形弯片、反向单曲面弯片、球面等。如果在热弯的同时进行钢化处理，就是热弯钢化玻璃，玻璃锅盖属于此类。现在一些弧形玻璃幕墙为了保证其安全性，多采用热弯钢化玻璃。

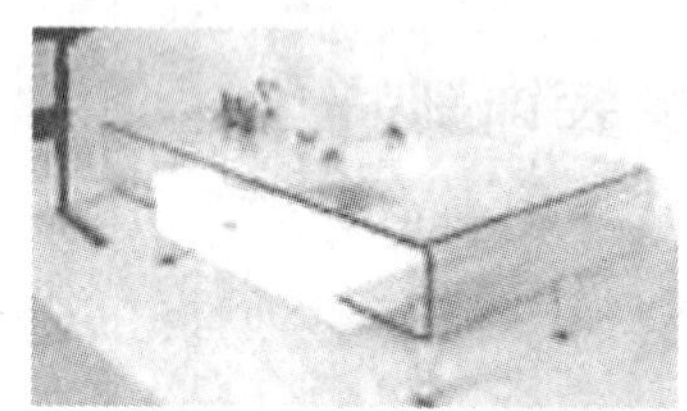

图 12-26　热弯玻璃

12.7.3 玻璃砖

玻璃砖又称特厚玻璃，分为实心砖和空心砖两种。实心玻璃砖是用熔融玻璃采用机械模压制成的矩形块状制品。空心玻璃砖是由箱式模具压成凹形半块玻璃砖，然后将两块凹形砖熔结或粘接而成的方形或矩形整体空心制品。砖内外可以压铸出各种条纹。空心砖按内部结构可分为单空腔和双空腔两类，后者在空腔中间有一道玻璃肋。玻璃空心砖有 115 mm、145 mm、240 mm、300 mm 等规格。可以用彩色玻璃制作，也可以在其内腔用透明涂料涂饰。玻璃空心砖的表观密度较小（800 kg/m^3），导热系数较小[0.46 W/(m・K)]，有足够的透光率（50%～60%）和散射率（25%）。其内腔制成的不同花纹可以使外来光线扩散或使其向指定方向折射，具有特殊的光学特性。

玻璃砖具有良好的耐火性、防火性和隔声效果，是一种隔声、隔热、防水、节能、透光良好的非承重装饰材料。玻璃砖装饰效果高贵典雅，富丽堂皇。可用于建造透光隔墙、淋浴隔断、楼梯间、门厅、通道等，及需要控制透光、眩光和阳光直射的场合（图 12-27）。

12.7.4 水晶玻璃

水晶玻璃即高铅玻璃，也称石英玻璃或铅晶质玻璃。它是在普通玻璃中加入 24%的氧化铅（PbO），在耐火材料模具中制成的一种装饰材料。氧化铅的含量国际标准为 24%，这

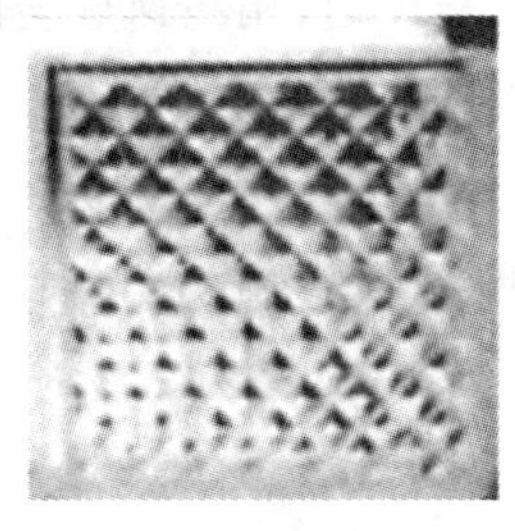

图 12-27　玻璃砖

时的水晶物理化学性能最好。与普通玻璃相比，其特点主要为密度大(手感沉重)，折射率大(能透射出光谱的五颜六色)，硬度高(耐磨)。含 24%氧化铅的铅玻璃通过提炼、除杂质、手工吹制、打磨抛光、精细雕刻，可以制成高档优质铅玻璃艺术品(图 12-28)。光线通过雕刻的刻面可以折射出五颜六色。在熔炼高铅玻璃时加入不同的稀有贵重金属，水晶的颜色则呈现多种多样。如在水晶原料中添加锰(Mn)，则得到紫色水晶；添加钴(Co)，则得到蓝色水晶；添加铬(Cr)，则为绿色水晶；添加硒(Se)，则为红色水晶；添加液态金，则为金质红宝石色水晶；添加铒(Er)，则为玫瑰色水晶等。其中，金质红宝石色水晶为最难得最宝贵的颜色。

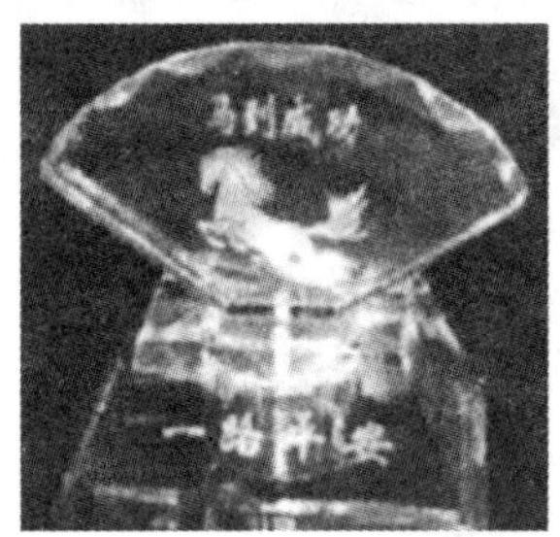

图 12-28　水晶玻璃

水晶玻璃的外表层是光滑的，并带有各种形式的细丝网状或仿天然石料的不重复的点缀花纹，具有良好的装饰效果。机械强度高，化学稳定性和耐大气腐蚀性较强。水晶饰面玻璃的反面较粗糙。对于同一受光点或受光面而言，随着入射光角度及人视角的不同，所产生的光的色彩及图案也将不同。五光十色的变幻给人以神奇、华贵和迷人的感受。当然，价格很昂贵。

12.7.5　装饰玻璃纤维制品

1. 玻璃纤维分类

玻璃纤维一般指用制造玻璃的原料，经高温熔化后，用特殊机具拉制或用压缩空气、高压蒸汽喷吹、离心成型等方法制成的玻璃态纤维或丝状物。

玻璃纤维的品种不同，其化学成分、生产方法、形态、性能与用途也各不相同，因此也就有不同的分类法，但根据纤维形态和长度大体可分为以下三大类：

(1)连续玻璃纤维或称纺织玻璃纤维

其生产方法主要是熔融玻璃液经耐高温材料制作的漏板流出，用高速旋转的辊筒拉制多根纤维束而成。经纺织加工后，可制成玻璃纱、布、带、绳和无捻粗纱等制品。图 12-29 是玻璃纤维编织带和玻璃纤维纱窗。

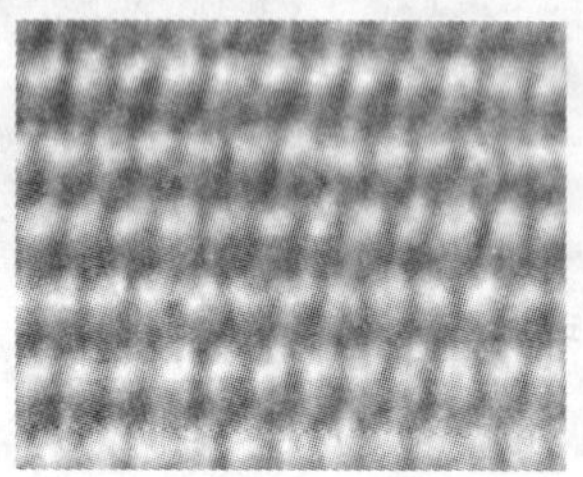
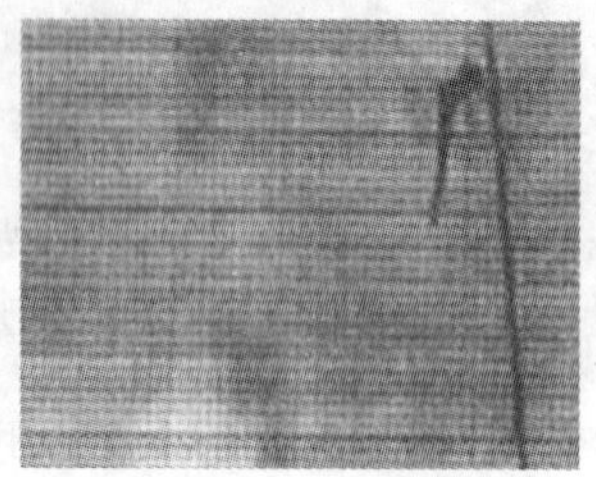

图 12-29 玻璃纤维编织带和玻璃纤维纱窗

(2)定长玻璃纤维或称玻璃长棉

它是一根根杂乱的单纤维，可制成毡片或毛纱，毛纱也可制成布、带。定长玻璃纤维是采用高速气流喷吹或将熔融玻璃液体拉制成纤维后再经切制而成的。

(3)玻璃棉

玻璃棉是一种纤维长度较短的玻璃纤维，在形态上组织蓬松，类似棉絮(图 12-30)，也称为玻璃短棉。玻璃短棉是经蒸汽喷吹、离心法、离心喷吹及火焰喷吹等方法加工而成的。

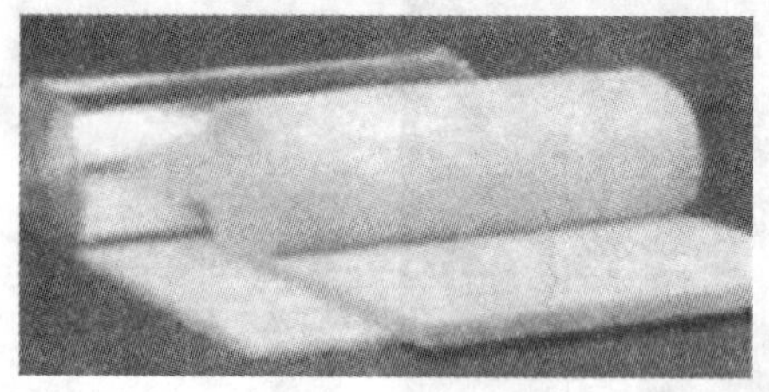

图 12-30 玻璃棉

玻璃纤维具有表观密度小、导热系数小、吸声性好、过滤效率高、不燃烧、耐腐蚀等优良性能，用其长纤维可织成玻璃纤维贴墙布。玻璃纤维布经树脂黏结热压后，可制成玻璃钢装饰板。玻璃棉经热压后，可加工制成玻璃棉装饰板。

2. 玻璃纤维贴墙布

玻璃纤维贴墙布是以中碱玻璃纤维布为基材，表面涂以耐磨树脂，印以彩色图案而成的。其色彩鲜艳，花样繁多，是一种优良饰面材料。在室内使用时，具有不褪色、不老化、耐腐蚀、不燃烧、不吸湿等优良特性，而且易于施工，可刷洗，适用于建筑、车船等室内的墙面、顶棚、梁柱等贴面装饰。

贴墙布粘贴于墙面上，室温 15 ℃、相对湿度 9%时，经 24 h，其吸湿率不大于 0.5%。在 1%的肥皂水中煮沸不褪色。水泥墙、石灰墙、油漆墙、乳胶漆墙、石膏板墙及层压板墙上均可直接粘贴。

3. 玻璃棉装饰吸声板

玻璃棉装饰吸声板是以玻璃棉为主要原料，加入适量的胶黏剂、防潮剂、防腐剂等，经热压成型加工而成的板材(图 12-31)。

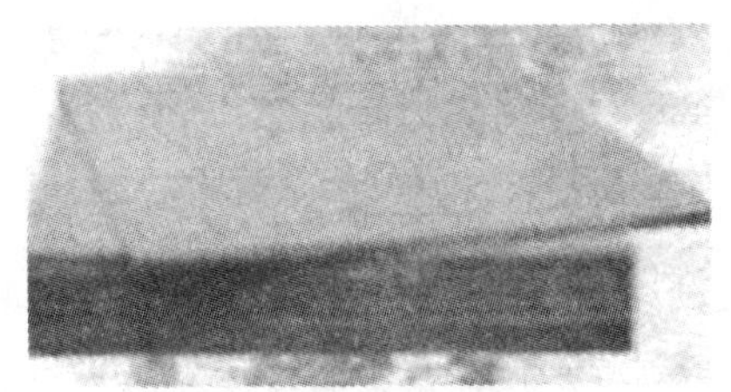

图 12-31　玻璃棉装饰吸声板

玻璃棉装饰吸声板具有质轻、吸声、防火、隔热、保温、美观大方、施工方便等特点，用于影剧院、会堂、音乐厅、播音室、录音室等可以控制和调整室内的混响时间，消除回声，改善室内音质，提高语音清晰度；用于旅馆、医院、办公室、会议室、商场以及吵闹场所，如工厂车间、仪表控制间、机房等，可以降低室内噪声级，改善生活环境与劳动条件。在此同时它也起到了装饰的作用。

4. 玻璃钢装饰板

玻璃钢是玻璃纤维增强塑料的俗称，是以玻璃纤维及其制品为增强材料，以合成树脂为黏结剂，在固化剂、催化剂的作用下经一定的成型方法制作而成的一种装饰材料。它集中了玻璃纤维及合成树脂的优点，具有质量轻、强度高、热性能好、电性能优良、耐腐蚀、抗磁、成型制造方便等优良特性。又因它质量轻，强度接近钢材，因此，人们常把它称为玻璃钢。

玻璃钢装饰板色彩多样，美观大方，漆膜光亮，硬度高，耐磨、耐酸碱、耐高温，是一种优良的装饰材料。其适用于粘贴在各种基层、板材表面上作建筑装饰和家具用(图 12-32)。

  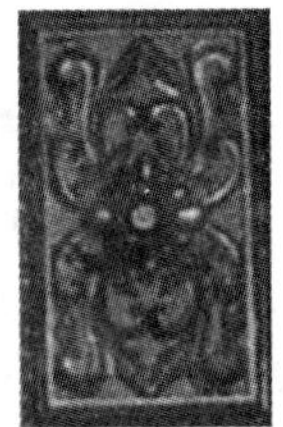

图 12-32　玻璃钢装饰板

本章小结

了解玻璃的组成和性质，以及它们之间的关系。了解玻璃的分类。

了解玻璃的原料、生产过程、生产方法，掌握平板玻璃的技术标准和制品的应用。

掌握吸热玻璃、热反射玻璃、低辐射膜玻璃，尤其是中空玻璃的概念、性能、用途及选择。

掌握三种安全玻璃(钢化玻璃、夹层玻璃、夹丝玻璃)的特点和应用。了解微晶玻璃、花纹玻璃、空心玻璃砖等其他玻璃制品的特点及应用。

掌握玻璃马赛克的规格和应用，了解它的生产过程。

复习思考题与习题

12.1　试述平板玻璃的性能、分类和用途。

12.2　安全玻璃的安全性指什么？在建筑的什么部位上应选用安全玻璃？

12.3　安全玻璃主要有哪几种？各有何特点？

12.4　吸热玻璃和热反射玻璃在性能和用途上有什么区别？

12.5　中空玻璃的最大特点是什么？适合于什么环境下使用？

12.6　玻璃马赛克的特点和用途是什么？

12.7　节能玻璃有哪几种？各有何特点？

12.8　怎样制作玻璃隔墙？玻璃隔板好还是木板隔板好？

12.9　楼梯台阶上能用玻璃吗？怎样避免钢化玻璃立体踏面磨损？柜门是装无框玻璃好还是装轻质移门好？

12.10　怎样保养卫浴间的玻璃镜？怎样保养玻璃家具？怎样防止浴室镜面起雾？

12.11　怎样安全、快捷地擦玻璃？怎样清洁磨砂玻璃？怎样清除玻璃上的油漆？

第 13 章　建筑室内灯饰

本章要点

灯饰在建筑物中的主要作用在于丰富室内内容，装饰室内的艺术空间，渲染室内气氛及陶冶情操。本章主要介绍了建筑照明的方式和方法，室内装饰的主要电光源，以及常用的室内灯饰等内容。

13.1　建筑室内灯饰的基本知识

随着社会的进步，人民生活水平不断提高，建筑装饰设计逐渐发展成为一门重要的学科，同时也促使建筑装饰材料迅速发展。而灯饰作为一种特殊的装饰材料，已成为现代装饰中不可缺少的一个组成部分。建筑室内灯饰是室内生活和工作环境中照明使用灯具的统称。这类灯具既有装饰作用，又有照明功能。设计师常巧妙合理地运用灯具和光源来渲染空间气氛，丰富空间内容，装饰空间艺术，使灯光与建筑物有机地融为一体。灯光直接影响物体的视觉大小、形状、质感和色彩，因此可以说照明灯光艺术的功能性和装饰性已成为现代建筑的重要组成部分。

13.1.1　建筑照明的方式和方法

1. 光线的分类

光线是一种电磁波。从总体上，光线可分成自然光和人工光两大类。由于光线的强弱不同、照射景物时的方向不同等，光线又可以从不同的方面进行更详细的分类。从光线的性质上分类，不论是自然光还是人工光，光源发出的光线可分为直射光、反射光、漫射光和透射光。

2. 照明的方式

根据灯具的照明散光方式，照明方式可分为以下几类：

(1)间接照明

将光源遮蔽而产生间接照明。这种照明把 90%～100%的光射向顶棚、穹窿或其他表面，然后从这些表面再反射至室内。间接照明紧靠顶棚时，几乎可以造成无阴影，是最理想的整体照明。从顶棚和墙上端反射下来的间接光，会造成天棚升高的错觉。但单独使用间接光，会使室内平淡无趣。

上射照明是间接照明的另一种形式，筒形的上射灯可以用于多种场合，如在房角地上、沙发的两端、沙发底部和植物背后等处。上射照明还能对准一个雕塑或植物，在墙上或天棚上形成有趣的影子。

(2)半间接照明

半间接照明是将60％～90％的光向顶棚或墙上部照射，把顶棚作为主要的反射光源，而将10％～40％的光直接照于工作面。从顶棚来的反射光，趋向于软化阴影和改善亮度比，由于光线直接向下，照明装置的亮度和顶棚亮度接近相等。具有漫射的半间接照明灯具对阅读和学习更可取。

(3)直接间接照明

就是直接间接照明装置，对地面和顶棚提供近于相同的照度，即均为40％～60％，而周围光线只有很少一点，这样必然在直接眩光区的亮度是低的。这是一种同时具有内部和外部反射灯泡的装置，如某些台灯和落地灯能产生直接间接光和漫射光。

(4)漫射照明

这样的照明装置对所有方向的照明几乎都一样。为了控制眩光，漫射装置圈要大，灯的瓦数要低。

上述四种照明方式，为了避免顶棚过亮，下吊的照明装置的上沿至少低于顶棚30.5～46 cm。

(5)半直接照明

就是在半直接照明灯具装置中，有60％～90％的光向下直射到工作面上，而其余10％～40％光则向上照射，由下射照明软化阴影的光的百分率很小。

(6)宽光束的直接照明

具有强烈的明暗对比，并可造成有趣生动的阴影。由于其光线直射于目的物，如不用反射灯泡，会产生强的眩光。鹅颈灯和导轨式照明属于这一类。

(7)高集光束的下射直接照明

因高度集中的光束而形成光焦点，可用于突出光的效果和强调重点。它可提供在墙上或其他垂直面上充足的照度，但应防止过高的亮度比。

13.1.2 灯饰的作用

当夜幕降临的时候，无论何处都离不开人工照明，也都需要用人工照明的艺术魅力来充实和丰富生活的内容。无论是公共场所还是家庭，灯饰的作用影响到每一个人。室内设计师常常利用灯光，去创造所需要的光的环境。通过照明充分发挥其艺术作用，大概表现在以下四个方面：

1. 灯光可创造室内气氛

灯光的亮度和色彩能影响人的情绪，如适度愉悦的灯光能激发和鼓舞人心，而柔和的光能令人轻松而心旷神怡。光的亮度也会对人的心理产生影响，有人认为对于私密性的谈话区，照明可以将亮度减少到功能强度的1/5。光线弱的灯和位置布置得较低的灯能使周围造成较暗的阴影。天棚显得较低，房间似乎更亲切。

室内的气氛也由于不同的光色而变化，如暖色光使人的皮肤、面容显得更健康、美丽动人；加强光色，相应减弱光的相对亮度，会使空间感觉亲切。许多餐厅、咖啡馆和娱乐场所常常加重暖色如粉红色、橘红色、浅紫色，使整个空间具有温暖、欢乐、活跃的气氛。家庭的卧室也常常因采用暖色光而显得更加温暖和睦。冷色光使人感觉凉爽，在夏季的冷饮店常用青、蓝、绿色，使人感觉清凉、安宁(图 13-1)。强烈的多彩照明，如霓虹灯、各色聚光灯，可以把室内的气氛活跃生动起来，增加繁华热闹的节日气氛。

(a)暖色

(b)冷色

图 13-1 不同的光色

2. 灯光可改善空间感

通过照明方式、光照强弱的变化，可以非常明显地改变室内的空间感。实验证明，室内空间的开敞性与光的亮度成正比，亮的房间感觉要大一点，暗的房间感觉要小一点。充满房间的无形的漫射光，使空间有无限的感觉；直接照明可使空间比较紧凑，能加强物体的阴影。光影相对比，能加强空间的立体感，而间接照明则易使空间显得开阔。

灯光还能创造一个心理区域。虽然处在一个大的空间中，但照明方式和灯具选择的不同，可使空间中各区域各成一体(图 13-2)。利用灯光的作用，还可加强希望注意的地方或削弱不希望被注意的次要地方，从而进一步使空间得到完善和净化。如许多商店为了突出新产品，在那里用亮度较高的重点照明(图 13-3)，而相应地削弱次要的部位，获得良好的照明艺术效果。照明也可以使空间变得实和虚(图 13-4)，许多台阶照明及家具的底部照明，使物体和地面“脱离”，形成悬浮的效果，而使空间显得窄透、轻盈。

图 13-2 酒吧灯光

图 13-3 商店照明

图 13-4 灯光形成的虚拟空间

3. 灯光能表现材料质感

在室内装饰中，局部以较小的入射角掠过材料表面的光束，可以较好地表现出装饰材料的质感，如粗糙感、细腻感等；而高反射的材料在灯光下产生强烈光泽，不仅很好地体现出这些材料的质地，也有助于产生光影效果。

13.1.3 装饰灯具的分类

灯具是室内装饰工程非常重要的材料，也是室内装修中大量使用的装饰材料。灯具主要由光源、控制器、装饰件等几部分组成。灯具的种类繁多，功能各不相同，造型千变万化。常有如下分类方式：

1. 按发光的光源不同，可分为白炽灯、荧光灯、卤钨灯、高压钠灯等。
2. 按使用地点的不同，可分为室内灯与室外灯两类。
3. 按安装方式不同，可分为嵌入灯、吸顶灯、吊灯、壁灯、可移式灯和轨道灯等。
4. 按安装位置不同，可分为顶灯、壁灯、地灯、台灯等。
5. 按功能和装饰用途不同，可分为反射灯、定向灯、双向灯、装饰艺术灯、指示灯等。
6. 按制作灯饰的材料不同，可分为金属灯、陶瓷灯、石材灯、玻璃灯、塑料灯、竹木及纸张灯等。

13.2 室内灯饰的主要电光源

目前应用于人工照明的电光源有白炽灯、荧光灯、卤钨灯、高压汞灯、钠灯、金属卤化灯及 LED 灯等。

13.2.1 白炽灯

白炽灯是将灯丝通电加热到白炽状态，利用热辐射发出可见光的电光源。白炽灯是电流把灯丝加热到白炽状态而发光的。它只有 7%～8%的电能变成可见光，90%以上的电能转化成了热，白白浪费。白炽灯光效虽低，但光色和集光性能好，易于大量生产，成本低，使用方便，所以被广泛采用。

13.2.2 荧光灯

荧光灯发光的基本原理是灯丝导电加热，阴极发射出电子，与(灯管内充装的)惰性气体碰撞而电离，汞液化为汞蒸气，在电子撞击和两端电场作用下，汞离子大量电离，正负离子运动形成气体放电，即弧光放电，同时释放出能量并产生紫外线，玻璃管内壁上的荧光粉吸收紫外线的能量后，被激发而放出可见光，故荧光灯全称为低压汞(水银)蒸气荧光放电灯(属于气体放电灯的一种)。荧光粉不同，发出光线也不同，这就是荧光灯可做成白色和各种彩色的缘由。由于荧光灯所消耗的电能大部分用于产生紫外线，因此，荧光灯的发光效率远比白炽灯高，是目前最节能的电光源。目前常见的荧光灯如下：

1. 直管形荧光灯

这种荧光灯属双端荧光灯。

2. 彩色直管形荧光灯

彩色直管形荧光灯常见标称功率有 20 W、30 W、40 W。彩色荧光灯的光通量较低，适用于商店橱窗、广告或类似场所的装饰和色彩显示(图 13-5)。

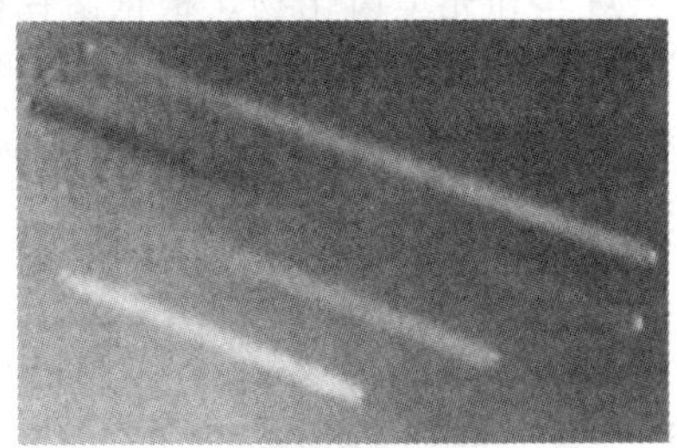

图 13-5　彩色直管形荧光灯

3. 环形荧光灯

除形状外，环形荧光灯与直管形荧光灯没有多大差别。常见标称功率有 22 W、32 W、40 W。主要提供给吸顶灯、吊灯等作配套光源，供家庭、商场等照明用(图 13-6)。

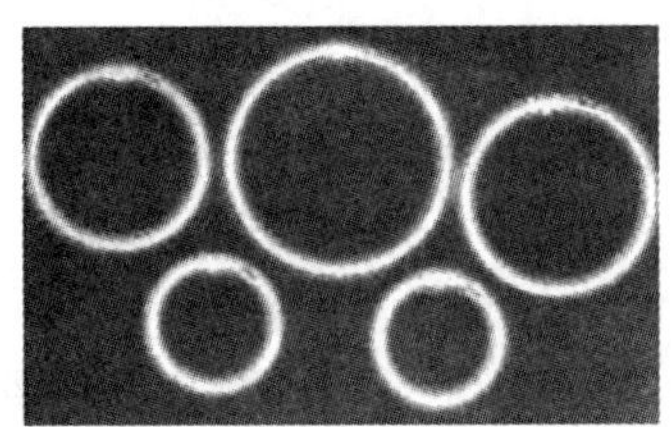

图 13-6　环形荧光灯

4. 单端紧凑型节能荧光灯

这种荧光灯的灯管、镇流器和灯头紧密地连成一体(镇流器放在灯头内)，除了破坏性打击，无法把它们拆卸，故被称为紧凑型荧光灯。由于无须外加镇流器，驱动电路也在镇流器内，故这种荧光灯也是自镇流荧光灯和内启动荧光灯。整个灯通过灯头直接与供电网连接，这样可方便地直接取代白炽灯(图 13-7)。

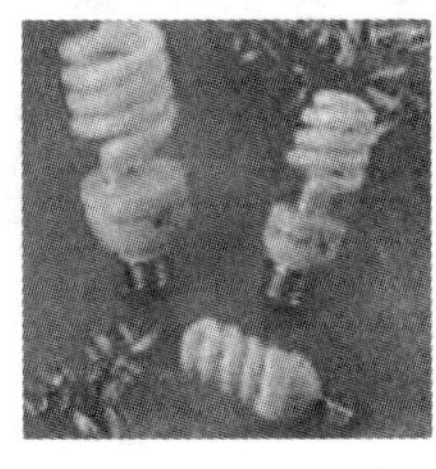

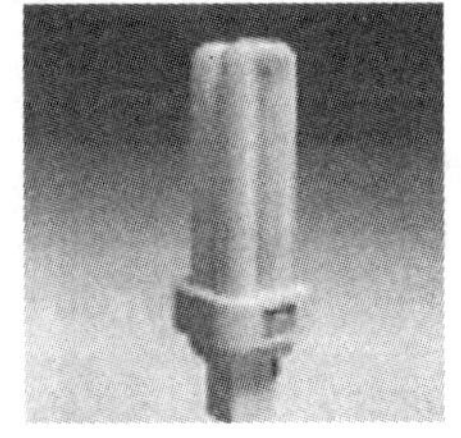

图 13-7　单端紧凑型节能荧光灯

13.2.3　卤钨灯

卤钨灯是在白炽灯的充填惰性气体中加入微量的卤素或卤化物而制成的电光源。卤钨灯是利用卤钨再生循环原理工作的。在一定的温度范围内，从灯丝上蒸发出的钨在灯壳内壁附近与卤素反应生成气态的卤化钨，再通过对流和扩散到达灯丝的高温区，分解成钨和卤素，钨沉积在灯丝表面，而卤素则被打散到温度较低的灯壳内壁附近，再继续与蒸发的钨化合。这一过程称为卤钨再生循环。

卤钨灯的主要部件是玻壳、灯丝和充填卤化物。根据卤钨循环原理，卤钨灯灯壳的温度在200～800 ℃时，才能形成充分的卤钨再生循环。为此，玻壳须选用耐高温的石英玻璃、高硅氧玻璃或低碱硬质玻璃。卤钨灯的体积小，效率高，易于控制配光。适于用作投光灯，作为体育馆的体育照明，见图13-8。

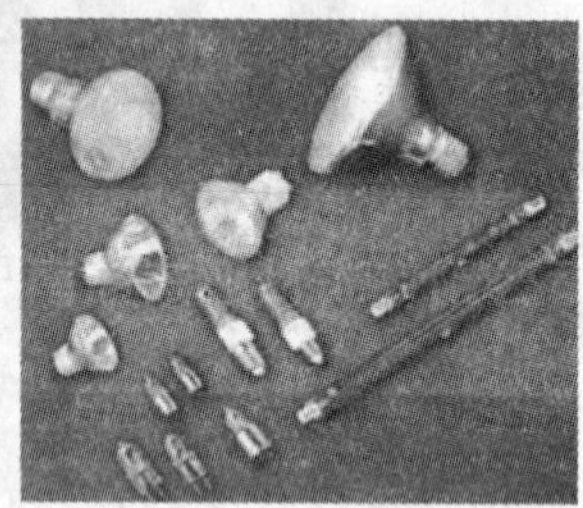

图13-8　卤钨灯

13.2.4　高压汞灯

高压汞灯是指利用汞放电时产生的高压(0.2～1 MPa)汞蒸气，从而获得可见光的电光源。高压汞灯是一种效率高、寿命长的电光源。它由荧光泡壳和放电管两部分组成。放电管又细又短，只有人的手指大小，内装高压水银蒸气，放电管外面有一棉球形的荧光泡壳。通电后放电管产生很强的可见光和紫外线，紫外线照射在荧光泡壳上，发出大量可见光。高压汞灯发出的光中不含红色光，照射下的物体发青，适用于环境温度为－20 ℃～40 ℃的街道、广场、高大建筑物、交通运输等场所，作为室内外照明光源(图13-9)。

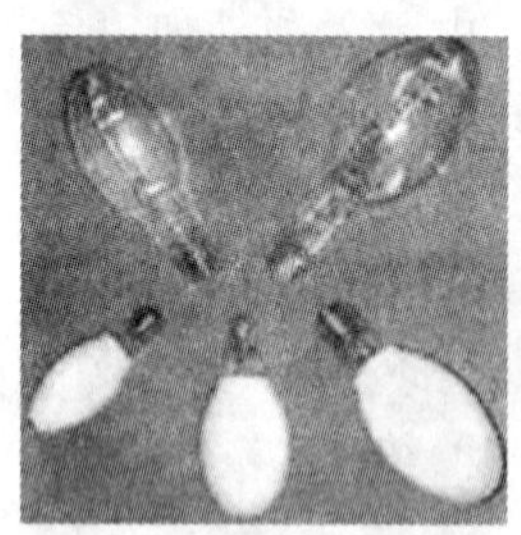
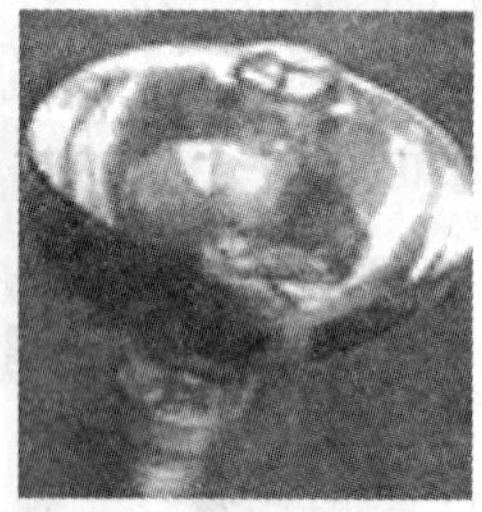

图13-9　高压汞灯

13.2.5　钠灯

钠灯是利用钠蒸气放电产生可见光的电光源。灯管用防钠腐蚀的玻璃制成，两端装有电极，抽去空气，加入一定量的金属钠，通电后钠蒸发，受电子激发而发出强烈的黄光。钠灯分为低压钠灯和高压钠灯，低压钠灯的工作蒸气压力不超过几个帕，显色性差，发光效率极高，适用于道路照明；高压钠灯的工作蒸气压力大于0.01 MPa，显色性高，适用于道路、公共场所、厂房等照明。高压钠灯外形与高压汞灯相似。

13.2.6　金属卤化灯

金属卤化灯属于气体放电灯。其灯管中含有镓、铁等金属的卤化物。点燃前，灯丝首先被加热，使金属卤化物形成一定量的气体，在灯管两端强电场的作用下，自由电子被加速，撞击气体或金属蒸气的原子，从气体放电过渡到金属卤化物蒸气的自持放电。金属卤化灯所产生的光比其他光源更接近自然光。其显色性好，体积小，发光效率高，使用寿命长(是白炽灯的 20 倍)。其外形与高压汞灯相似。

金属卤化灯一般需要镇流器和启辉器配合(就像日光灯一样)，启辉前镇流器起增强灯管两端电压的作用，启辉后镇流器则起分压与限流的作用。

13.2.7　LED 灯

LED 是英文 Light Emitting Diode(发光二极管)的缩写，它的基本结构是一块电致发光的半导体材料，置于一个有引线的架子上(图 13-10)，然后四周用环氧树脂密封，起到保护内部芯线的作用，所以 LED 的抗震性能好。

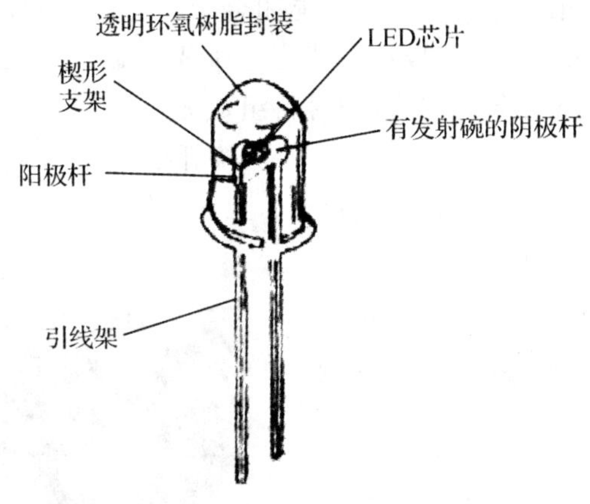

图 13-10　LED 结构组成

发光二极管的核心部分是由 P 型半导体和 N 型半导体组成的晶片，在 P 型半导体和 N 型半导体之间有一个过渡层，称为 PN 结。在某些半导体材料的 PN 结中，注入的少数载流子与多数载流子复合时，会把多余的能量以光的形式释放出来，从而把电能直接转换为光能。PN 结加反向电压，少数载流子难以注入，故不发光。这种利用注入式电致发光原理制作的二极管叫发光二极管，通称 LED。当它处于正向工作状态时(即两端加上正向电压)，电流从 LED 阳极流向阴极，半导体晶体就发出从紫外到红外不同颜色的光线，光的强弱与电流有关，改变电流可以变色。发光二极管可方便地通过化学修饰方法，调整材料的能带结构和带隙，实现红、黄、绿、蓝、橙多色发光。如小电流时则为红色的 LED，随着电流的增加，可以依次变为橙色、黄色，最后为蓝、绿色。

LED灯体积可以很小，每个单元LED小片是3～5 mm的正方形，所以可以制备成各种形状的器件(图13-11)，并且适合于易变的环境，如用于喷泉、瀑布水下照明，假山、桥梁等投光照明。目前在娱乐、建筑物室内外、城市美化、景观照明中的应用也越来越广泛。LED使用低压电源，供电电压在6～24 V之间，非常安全、节能(消耗能量较同光效的白炽灯减少80%)，其寿命是普通节能灯的6倍，白炽灯的30倍，寿命长达30 000 h以上，并且无有害金属汞，被誉为21世纪绿色照明产品，人们甚至预言未来它会大部分取代传统的光源。

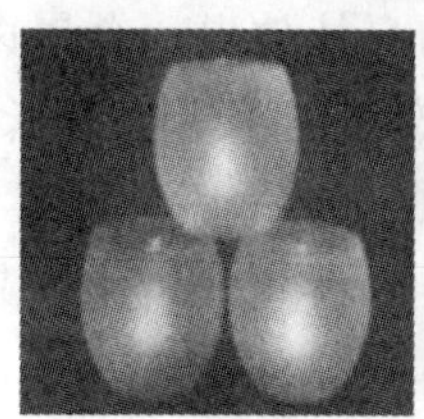

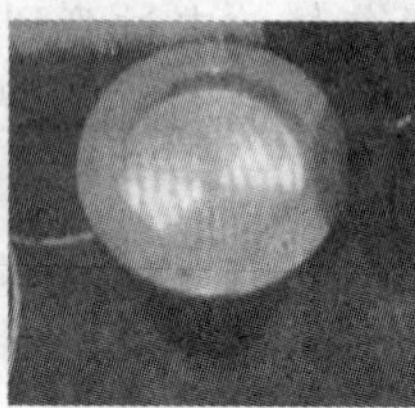
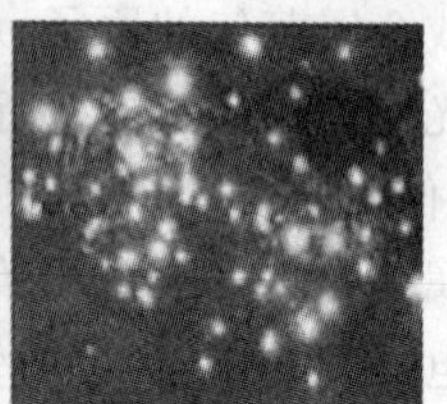

图13-11 LED灯

13.2.8 光导纤维灯

光导纤维又称导光纤维、光学纤维，是一种把光能闭合在纤维中而产生导光作用的纤维。光导纤维是由两种或两种以上折射率不同的透明材料通过特殊复合技术制成的复合纤维。它由实际起着导光作用的芯材和能将光能闭合于芯材之中的皮层构成(图13-12)。它能将光的明暗、光点的明灭变化等信号从一端传送到另一端。光导纤维一般以束、缆、板、管等形式使用。光导纤维有各种分类方法：按材料组成分可分为玻璃、石英和塑料光导纤维；按形状和柔性可分为可挠性和不可挠性光导纤维；按纤维结构可分为皮芯型和自聚集型(又称梯度型)光导纤维；按传递性可分为传光和传像光导纤维；按传递光的波长可分为可见光、红外线、紫外线、激光光导纤维等。

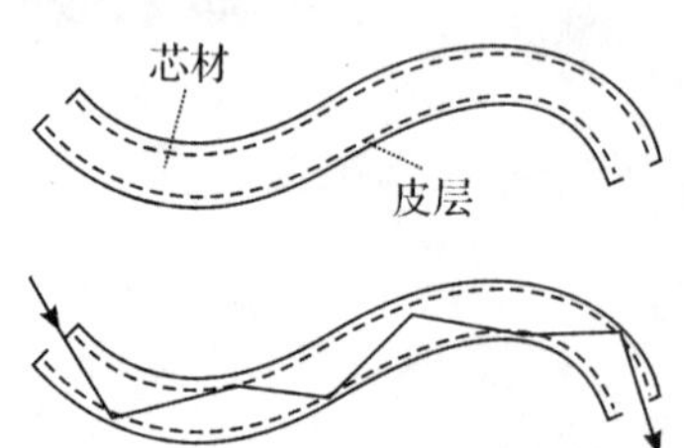

图13-12 光导纤维

在照明和光能传送方面，利用光导纤维在短距离可以实现一个光源多点照明，如在一座大楼内，可以用一盏灯作为光源，构成灯室，然后由灯室引出数根光缆，分别通到楼中各层，然后又分成支缆，这些支缆的端点可以把灯室的光线传送过来，成为楼道里幽静的灯光，全楼道的照明一盏灯就解决了。可利用塑料光纤光缆传输太阳光作为水下、地下照明。由于光导纤维柔软、易弯曲变形，可做成任何形状，并且耗电少，光质稳定，光泽柔和，色彩广泛，是未来的最佳灯具，如与太阳能的利用结合起来，将成为最经济实用的光源。今后的高层建筑、礼堂、宾馆、医院、娱乐场所甚至家庭起居都可直接使用由光导纤维制成的天花板或墙壁，以及彩织光导纤维字画等。也可用于道路、公共设施的路灯及广场的照明、商店橱窗的广告等。此外，还可用于易燃、易爆、潮湿和腐蚀性强的环境中不宜架设输电线及电气照明的地方，作为安全光源。

光导纤维灯是在透明的灯罩中，放置一簇白色塑料光导纤维，其一端集束研磨，另一端设计成各种字样或花草鸟兽等装饰图案。灯座下端装有一只灯泡，灯泡和光导纤维之间有一个自动变色转盘，转盘上安装薄膜滤色片。当转盘移动时，滤色片使灯光变色，通过光导纤维传送，丰富的色彩便映现出来了。光导纤维灯不仅是理想的局部照明灯具，也是一种精制的工艺品(图 13-13)。

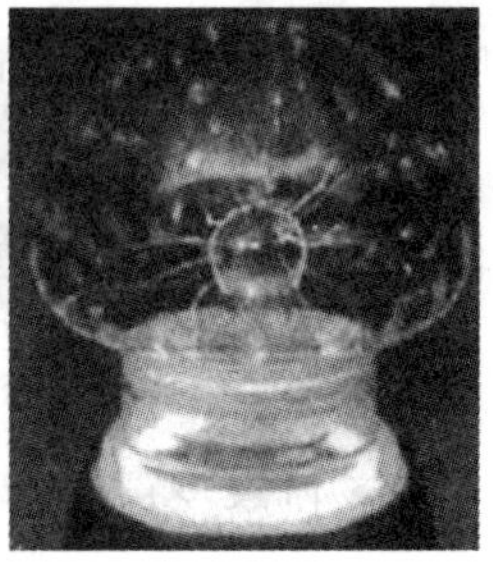

图 13-13　光导纤维灯

13.3　常用的室内灯饰

室内照明一般有整体照明、局部照明和混合照明三种方式。整体照明是指对整个室内空间进行照明的一种方式，又称主体照明。局部照明是指只对局部需特别表现的部位进行照明的方式。混合照明是指既有整体照明又有局部照明的方式。各种照明方式可通过不同的灯具和不同的灯具布置方式来实现。

室内常用的灯具，根据功能及布设可分为以下几种类型。

13.3.1　吊灯

吊灯是悬吊在室内显眼处即天花板上的一类有装饰功能的灯具。吊灯有多头吊灯和单头吊灯，前者常用于客厅，后者常用于卧室或餐厅。有的将灯泡装在乳白灯罩内，使光线散射柔和；有的罩口朝下；还有一种罩口朝上，灯光照到天花板上，然后反射下来，以求光线扩散均匀，光度稍弱，柔和悦目。多头吊灯有多种花卉造型的磨砂玻璃罩灯，有一层和多层之分，颜色有无色、纯白、粉红、浅蓝、淡绿、金黄、奶白以及水晶灯等。单头吊灯多为奶白色球形吊灯，或花盆形吊灯。还有一种蛇形管可调升降的吊灯，有一只大灯罩，由玻璃或塑料两种材料制成，灯泡置于罩内，灯罩造型各异，色彩多样，常装于餐桌上方的屋顶。

根据发光情况，吊灯大体上可分为全部漫射、直接—间接、向下照明和光源显露四种类型。

1. 全部漫射型

它向四周发出光线，有照明与装饰双重功能。为达到好的装饰效果，常用彩色透光灯罩和调光器控制光源亮度。

2. 直接—间接型

有许多向上和向下的光线，水平方向的光线很少。常装在接近视线的高度上，用于餐桌、快餐店等处的照明。其中有些悬挂高度可调的灯具，拉下来时用作加强照明，推上去时用作一般照明。

3. 向下照明型

罩口朝下，灯光直接照射室内，显得光灿明亮。发出的光线会产生较强的影子。用于大厅、过道或楼梯等处作加强照明。用于房间中通常还应配有一般照明。

4. 光源显露型

它用高亮度的发光体，得到闪烁和兴奋感，着重于装饰。一般使用裸露的小功率光源，装在高于视线的空间中。挂得低时，需使用低亮度的光源或用调光器减低光源亮度，并在灯后面用淡色墙面。

吊灯由于造型美观、典雅、风格多样而在大厅、家庭的客厅、餐厅、书房、卧室等处被广泛使用。

13.3.2 嵌入灯

嵌入灯是嵌装在天花板里面，只发出向下光线的一般照明灯具。在它的出光口面上装有漫射罩、棱镜罩或格栅等各种减少眩光和扩展光线的光学部件(图 13-14)。如办公室自动化照明中用到的 OA(Office Anywhere)照明灯是一类严格控制出光口面宽度(接近水平角度方向的出光亮度)的嵌入灯。它使灯具在计算机的荧光屏上的影像很淡，从而减少对屏幕上显示内容的干扰。绝大部分嵌入灯都具有对称的光分布，只有少量照明墙壁或某一垂直面的灯具装在邻近的天花板上，发出不对称的光分布。

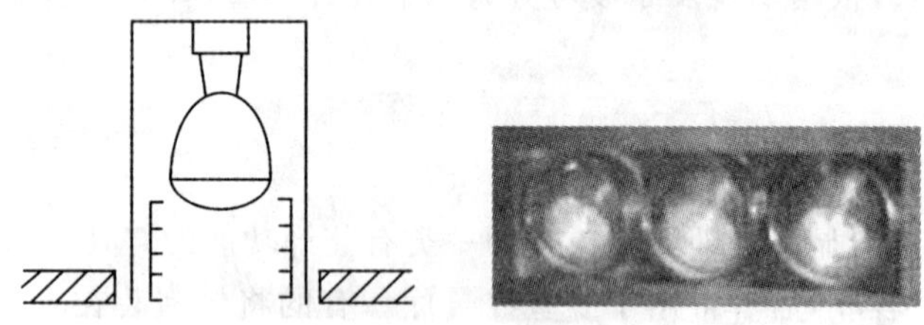

图 13-14 嵌入灯

嵌入灯可以用于各种房间，尤其适用于浴室，因为它的外层密封表面可以和周围的天花板表面齐平，防止灯具的电气部分受潮，同时嵌入设计还可以避免灯泡受到意外碰撞。可以投射较宽光束的嵌入灯在浴室和厨房应用得最为广泛，这种嵌入灯可以给周围提供良好的照明条件，而不必再使用其他吊灯。这种灯在天花板较低的房间尤其实用。

13.3.3 吸顶灯

指灯具安装面与建筑物天花板紧贴、露出全部外形的一类灯具，也称天花灯。吸顶灯具用于提供室内的环境照明。室内灯具可以使用的光源有普通白炽灯泡、荧光灯、高强度气体放电灯、卤钨灯等。不同光源的吸顶灯具适用的场所各不相同，使用荧光灯和白炽灯的吸顶灯具主要用于居家、教室、办公楼等空间层高为 3 m 左右场所的照明；功率和光源体积较大的高强度气体放电灯主要用于体育场馆、大商场和厂房等楼层高度 4～9 m 场所的照明。为了在节能的同时能在工作面取得足够的亮度，家居、学校、商店和办公室照明的首选产品是荧光吸顶灯具。

目前，常见的荧光吸顶灯有 22 W、32 W、40 W 等。吸顶灯主要由光源、面罩、底盘、镇流器及附件组成。在这儿部分中，镇流器尤为重要，镇流器的好坏直接影响吸顶灯的寿命。

吸顶灯根据发光情况分为全部漫射、向下漫射、向上透射和向下投射四种类型。

1. 全部漫射型

它使用漫射或表面压有棱镜的透明材料灯罩向四周空间发光。工作时看不见灯罩内的光源，向上发出的光线照明墙壁和天花板。因此，室内使用淡色的天花板，可将照明在天花板上的光线尽量多地反射出来(图 13-15)。

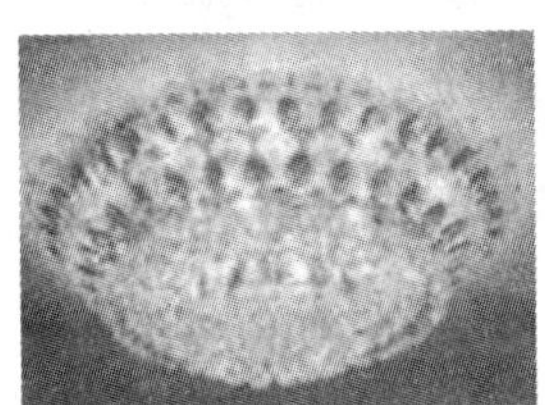
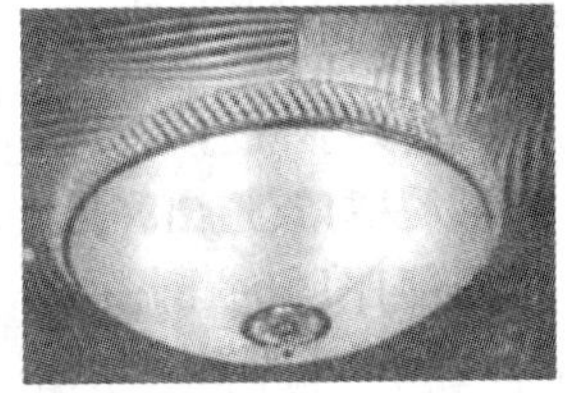

图 13-15　全部漫射型吸顶灯

2. 向下漫射型

指灯罩的边用不透明或部分不透明的材料做成，光从下面半透明的灯罩中透射出来的一般照明用灯具。很少有光线照明天花板(图 13-16)。

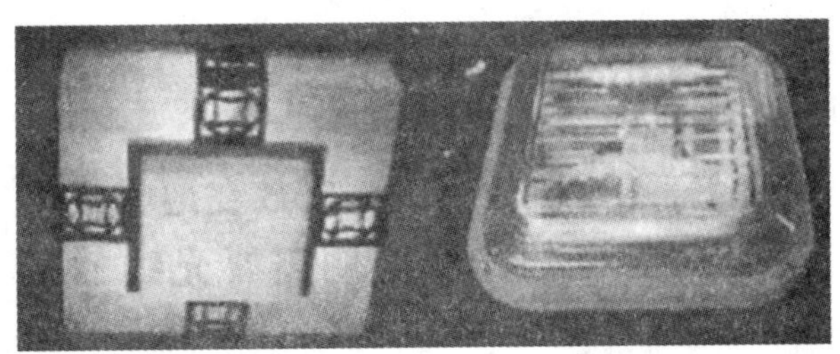

图 13-16　向下漫射型吸顶灯

3. 向上透射型

指灯罩的下边用不透明或部分不透明的材料做成，灯光从灯罩上面透射出来的照明用灯具。光线主要照明天花板(图 13-17)。

4. 向下投射型

指用于加强照明或补充的一类光束角度不大的灯具。装在天花板上，为视觉作业提高足够的光线(图 13-18)。

目前市场上的吸顶灯有玻璃、塑料、木制、金属等多种材质，并有罩式、垂帘式等多种款

图 13-17　向上透射型吸顶灯

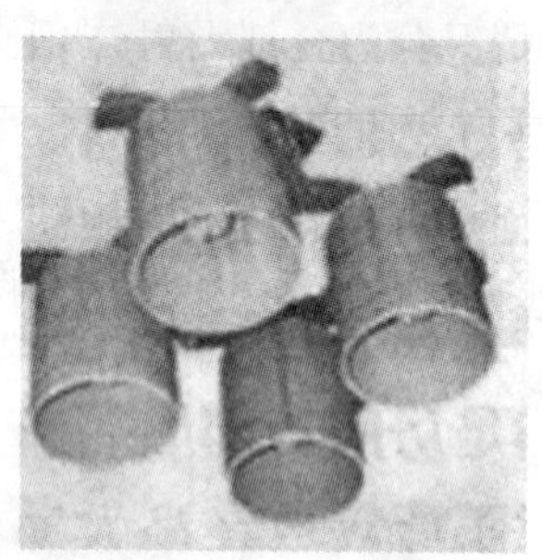

图 13-18　向下投射型吸顶灯

式。吸顶灯广泛用于门厅、客厅、过道、厨房、浴厕、阳台等处。吸顶灯适用于中低档次、普通型装饰配套。灯罩有玻璃和PS板两种，分乳白和冰花等式样，外形有方形、长形、圆形、球形、圆柱形等。其光度柔和、均匀，造型平实、大方。吸顶灯的特点是可使顶棚较亮，构成全房间的明亮感；缺点是易产生眩光。

13.3.4　壁灯

壁灯是安装在墙壁、建筑支柱和其他立面上的灯具，是室内装饰及补充型照明的灯具。由于距地面不高，一般都用低瓦数灯泡。灯具本身的高度，大型的为 450～800 mm，小型的为 275～450 mm；灯罩的直径大型的为 150～250 mm，小型的为 110～130 mm。灯具离开墙壁面的距离大体上是 95～400 mm。壁灯常用的光源功率，大型的使用 100 W、150 W 的白炽灯泡，小型的使用 40 W、60 W 白炽灯泡。也可直接用紧凑型荧光灯替代白炽灯泡。

壁灯安装高度接近于水平视线，因此，需要严格控制发光面亮度。根据发光情况可分为光源显露、漫射、条状和定向照明四种类型(图 13-19)。

1. 光源显露型

常用作装饰[图 13-19(a)]。有的还装有透明、外形美观的灯罩。

2. 漫射型

使用体积较小的半透明灯罩，表面亮度较低[图 13-19(b)]。常成对安装在走道、门廊和镜子两边。

3. 条状型

使用荧光灯或一个以上并列的白炽灯作光源，外形狭长。既可用作照明工作面的局部照明，也可作一般照明[图 13-19(c)]。装在镜子上方、过道和门厅等处。

4. 定向照明型

有较强的向上或向下光线。光线向上照明多用作一般照明[图 13-19(d)]，向下时作加强照明。

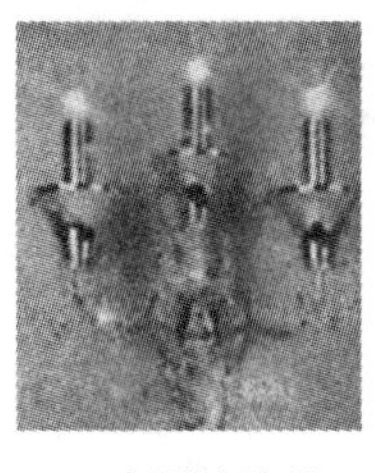

(a)光源显露型

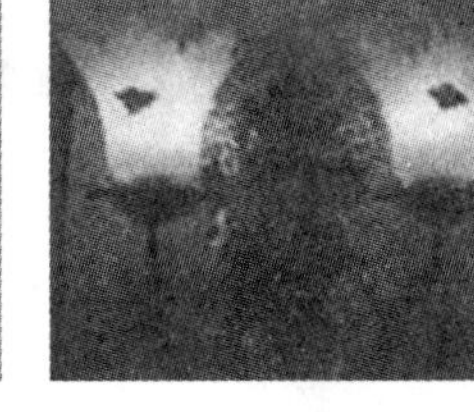

(b)漫射型

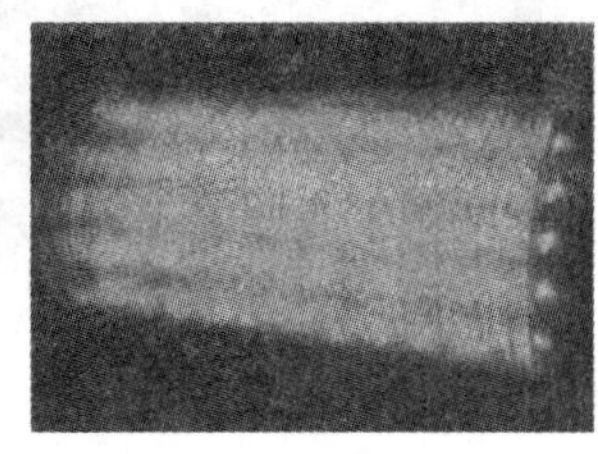

(c)条状型

(d)定向照明型

图 13-19　壁灯

13.3.5　可移式灯

可移式灯是可以随需要自由放置的灯具。一般桌面上的台灯、地板上的落地灯都属于这种灯具。是一种最具有弹性的灯型。它们都有一个稳固的基座、一根支柱和一个包围光源起照明作用的灯罩。

1. 落地灯

落地灯外形比较高大，安放在地板或茶几上。从灯罩透出和从上方发出的光线起一般照明作用，从下方发出的光线照明需要光线的工作面，起局部照明的作用。大型落地灯总高度为 1 520～1 850 mm，灯罩直径 400～500 mm，使用 100 W 的白炽灯泡；小型的落地灯总高度为 1 080～1 400 mm 或 1 380～1 520 mm，灯罩直径 250～450 mm，使用 60 W、75 W 或 100 W 的白炽灯泡；中型的落地灯高为 1 400～1 700 mm。

落地灯的罩子以筒式罩子较为流行，华灯形、灯笼形也较多用。落地灯的支架多以金属、旋木或利用自然形态的材料制成。

落地灯的功能非常多。由于这种灯不固定在一个地方，所以可以放置在房间内任何位置。落地灯一般布置在客厅和休息区域里，与沙发、茶几配合使用，以满足房间局部照明和点缀装饰家庭环境的需求。但要注意不能置放在高大家具旁或妨碍活动的区域里。

墙角灯也属落地灯之类，它像一只加大尺寸的台灯，只不过是增加了一个高低座。从功能上讲，墙角灯与落地灯相同；从造型上看，似乎更稳重典雅。它常常以瓶式、圆柱式的座身，配以伞形或筒形罩子，用于沙发或家具转角处，十分美观(图 13-20)。

2. 台灯

台灯外形较小，放在桌子上起局部照明作用。其中有一类专供读书写字用的书写台灯，它的灯罩亮度、灯罩遮挡发光体的角度、照明面积和照度都有利于减轻视疲劳，保护视力。大型的台灯总高度为 500～700 mm，灯罩直径 350～450 mm，使用白炽灯时一般用 60 W、75 W 或 100 W 的灯泡；小型台灯总高度为 250～400 mm，灯罩直径 200～350 mm，使用白炽灯时一般用 25 W 或 40 W 的灯泡；中型台灯的总高度为 400～550 mm。

图 13-20　落地灯

台灯用于卧室床头柜、矮柜或书房写字台，造型色彩千变万化。通常分为两种类型：工艺台灯和书写台灯。工艺台灯有玻璃磨花、陶瓷彩釉、景泰蓝及塑料喷涂制品等，强调艺术造型和装饰效果。书写台灯有金属蛇皮管工作台灯、夹式弹簧摇臂悬吊台灯、座式可调光全塑台灯、座式可调光搪瓷台灯、铜座古典台柱槽形单瓷罩台灯、槽形双瓷罩台灯、古典烛台式台灯、古典煤油灯式台灯、双灯头子母式玻璃台灯等，功能是用于阅读、书写。灯罩多不透光或半透光，以使光亮集中。应尽量使用白炽灯泡光源，不宜用低瓦数荧光管灯，否则对人的眼睛会有不利的影响(图 13-21)。

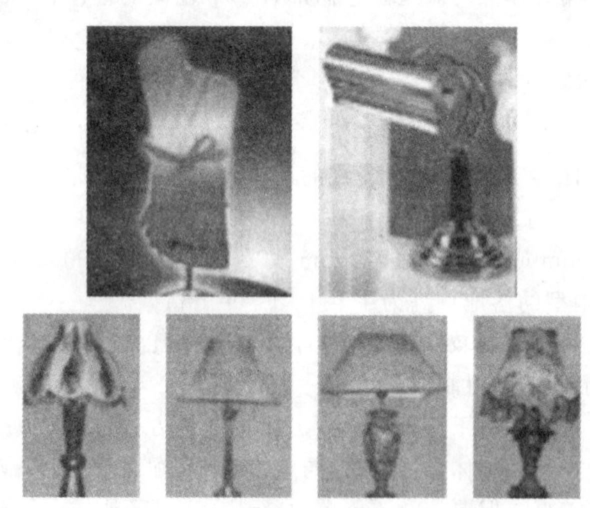

图 13-21　台灯

13.3.6　轨道灯

轨道灯是装在一根嵌有带电导线的轨道上的可移动式灯具(图 13-22)。轨道装在天花板或墙上。有投射光线功能的灯具插入轨道，可根据被照物位置和照明要求移动，调节照明方向。轨道灯作为室内的主灯，与吊灯不同的是它可任意调整角度，照亮角落。它能产生很好的光效果，用于展览、橱窗等场合的照明。

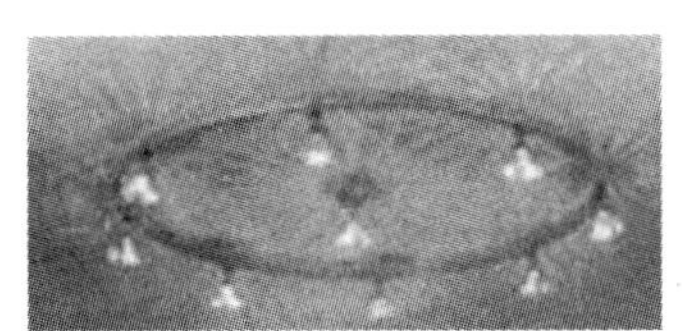
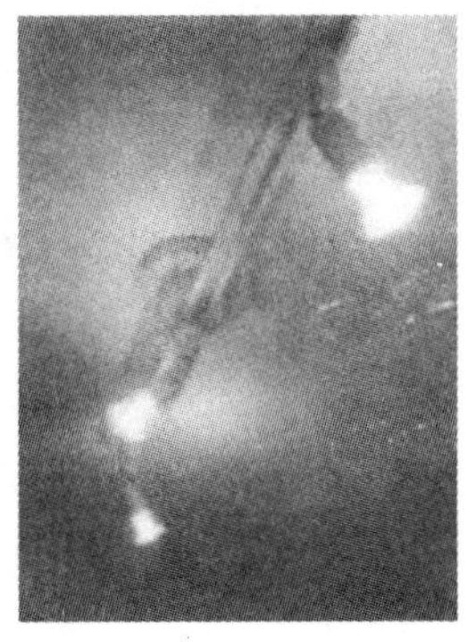

图 13-22　轨道灯

13.3.7　射灯

射灯是一种高度聚光的灯具，它的光线照射是具有可指定特定目标的。射灯既能作主体照明，又能作辅助光源。它主要用于特殊照明，比如强调某个很有味道或者很有新意的地方。一般家用的射灯用的是石英灯泡或灯珠，而大型的射灯不一定用石英灯泡(石英灯泡只有黄光)，可用金属卤化物灯、LED 灯等。

一般的射灯的光源方向可自由调节。射灯可以分为轨道式、点挂式和内嵌式等多种。射灯一般带有变压器，但也有不带变压器的。内嵌式的射灯可以装在天花板内。

射灯主要用于需要强调或表现的地方，如住宅中的电视墙、挂画、饰品等。公共建筑中常用于室内装饰点缀及娱乐场所、橱窗展示处、商场柜台商品展示处、舞台，或用于水底特殊照明，咖啡厅、餐饮酒吧等室内情调装饰灯光渲染照明，照片和书画展示、艺术品展示、博物馆古文物展示等局部特写照明，特别适用于视觉质感强的首饰珠宝、时装展示照明(图13-23)。

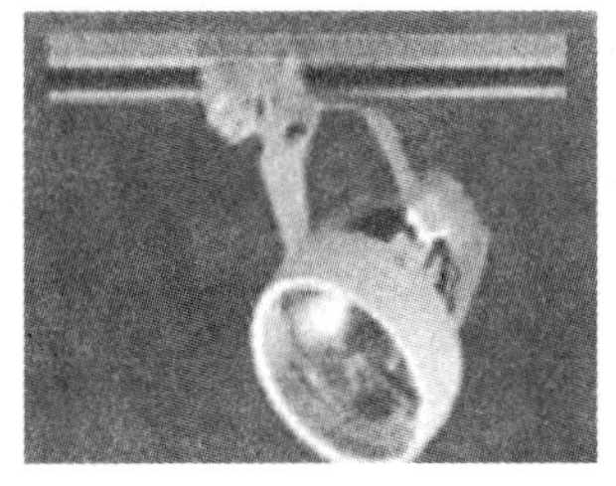

图 13-23　射灯

本章小结

现代灯饰的良好装饰效果往往能反映出建筑物的风格、等级，增添艺术的美感。灯饰不仅可以渲染气氛，更能显示高级建筑物的豪华气派。不同功能的建筑物，建筑物内不同的使用空间，所设计的灯饰不尽相同，光色各异。因此，合理选择灯饰将对建筑物具有画龙点睛之功。

复习思考题与习题

13.1 怎样布置室内照明灯饰？
13.2 怎样在吊顶上安装灯具？
13.3 怎样延长日光灯的使用寿命？
13.4 怎样消除室内的光线污染？
13.5 怎样清洁灯罩？
13.6 怎样清洁灯泡上的油污？
13.7 怎样加装台阶灯？
13.8 照明方式按灯具的散光方式可分为哪几类？
13.9 灯饰在建筑物中的主要作用是什么？
13.10 室内照明一般有哪三种方式？
13.11 目前应用于人工照明的电光源有哪些？

第 14 章　建筑与装饰材料试验

14.1　天然饰面石材外观性能试验

14.1.1　天然花岗石建筑板材

1. 主要检测仪器设备

(1)刻度值为 1 mm 的钢直尺。

(2)游标卡尺(分度值 0.1 mm)及钢平尺(直线度公差为 0.1 mm)。

(3)内角垂直度公差为 0.13 mm,内角边长为 450 mm×400 mm 的 90°钢角尺。

2. 具体检测步骤

(1)规格尺寸

用刻度值为 1 mm 的钢直尺检测板材的长度和宽度,用刻度值为 0.1 mm 的游标卡尺检测板材的厚度。

长度和宽度分别检测 3 条直线,见图 14-1。厚度检测 4 条边的中点,见图 14-2。分别用偏差的最大值和最小值表示长度、宽度和厚度的尺寸偏差。用同块板材上厚度偏差的最大值和最小值之间的差值表示同块板材上厚度极差。读数准确到 0.2 mm。

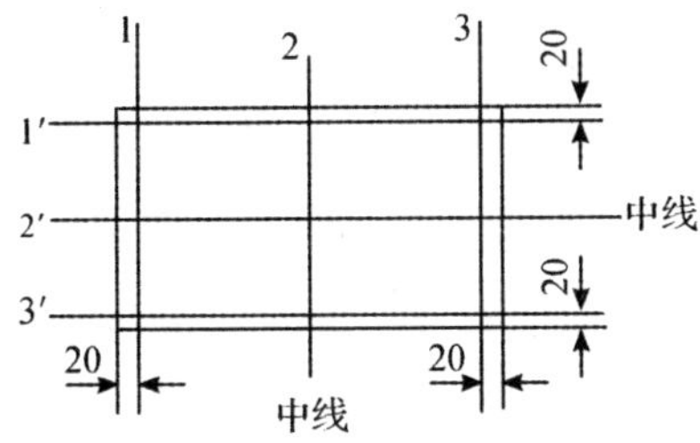

1,2,3—宽度测量线;
1′,2′,3′—长度测量线

图 14-1　板材规格尺寸测量位置

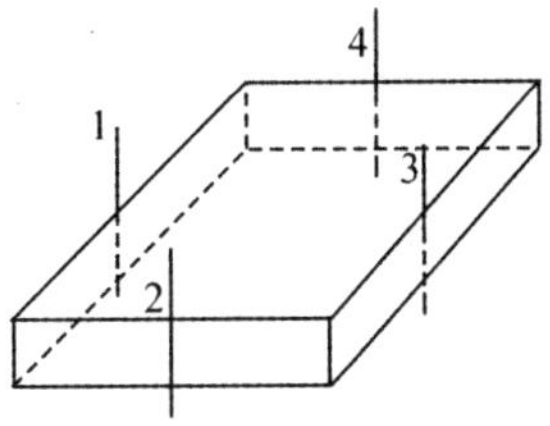

1,2,3,4—厚度测量点

图 14-2　板材厚度测量位置

(2)平面度

将直线度公差为 0.1 mm 的钢平尺贴放在被检平面的两条对角线上,用塞尺测量尺面与板面间的间隙。被检面对角线长度大于 1 000 mm 时,用长度为 1 000 mm 的钢平尺沿对角线分段检测。

以最大间隙的塞尺片读数表示板材的平面度极限公差。读数准确至 0.05 mm。

(3)角度

用内角垂直度公差为 0.13 mm，内角边长为 450 mm×400 mm 的 90°钢角尺，将角尺长边紧贴板材的长边，短边紧靠板材的短边，用塞尺检测板材与角尺短边之间的间隙。当被检角大于 90°时，检测点在角尺根部；当被检角小于 90°时，检测点在距根部 400 mm 处。当角尺的长边大于板材长边时，用上述方法检测板材的两对角；当角尺的长边小于板材的长边时，用上述方法检测板材的四个角。

以最大间隙的塞尺片读数表示板材的角度极限公差。读数准确至 0.05 mm。

(4)外观质量

①花纹色调：将选定的协议板与被检板材同时平放在地上，在距离板材 1.5 m 处目测。

②缺陷：将平尺紧靠有缺陷的部位，用刻度值为 1 mm 的钢直尺检测缺陷的长度、宽度、坑窝，在距离板材 1.5 m 处目测。

3. 检测结果评定

单块板材的所有检测结果均符合技术要求中相应等级时，判为该等级。同一批板材中，优等品中不得有超过 5%的一等品，一等品中不得有超过 10%的合格品，合格品中不得有超过 10%的不合格品。

检测结果不符合上述要求时，应加倍抽样检测。如仍不符合要求，则判定该批板材质量不符合该等级。

14.1.2 天然大理石建筑板材

1. 主要检测仪器设备

(1)刻度值为 1 mm 的钢直尺。

(2)游标卡尺(分度值 0.1 mm)及钢平尺(直线度公差为 0.1 mm)。

(3)内角垂直度公差为 0.13 mm，内角边长为 450 mm×400 mm 的 90°钢角尺。

2. 具体检测步骤

(1)规格尺寸

①普型板规格尺寸

用游标卡尺或能满足检测精度要求的量器具检测板材的长度、宽度和厚度。长度、宽度分别在板材的三个部位检测，见图 14-1；厚度检测 4 条边的中点部位，见图 14-2。分别用偏差的最大值和最小值表示长度、宽度、厚度的尺寸偏差。检测值精确至 0.1 mm。

②圆弧板规格尺寸

用游标卡尺或能满足检测精度要求的量器具检测圆弧板的弦长、高度及最大与最小壁厚。在圆弧板的两端面处检测弦长，见图 14-3；在圆弧板端面与侧面检测壁厚，见图 14-4；圆弧板高度检测部位见图 14-4。分别用偏差的最大值和最小值表示弦长、高度及壁厚的尺寸偏差。检测值精确至 0.1 mm。

(2)平面度

①普型板平面度

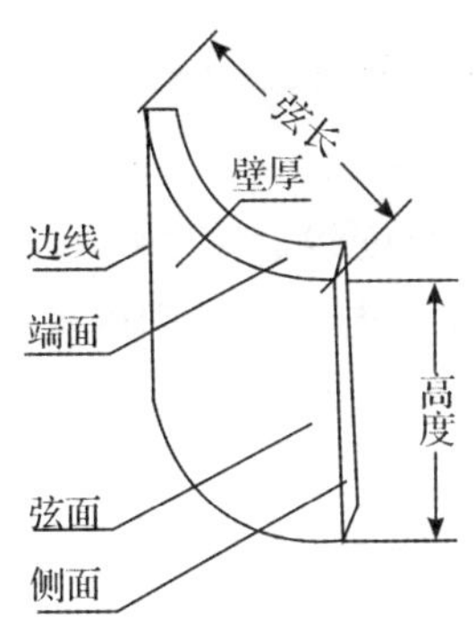

图 14-3　圆弧板部位名称

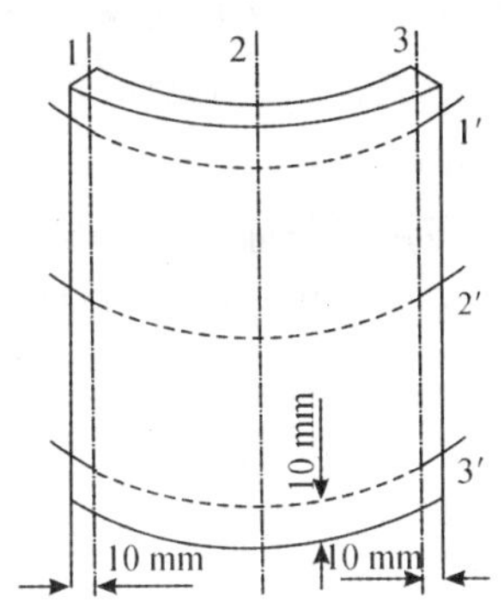

1,2,3—高度和直线度测量线；
1′,2′,3′—线轮廓度测量线

图 14-4　圆弧板高度测量部位

将平面度公差为 0.1 mm 的钢平尺分别贴放在距板边 10 mm 处和被检平面的两条对角线上,用塞尺测量尺面与板面的间隙。钢平尺的长度应大于被检面周边和对角线的长度。当被检面周边和对角线长度大于 2 000 mm 时,用长度为 2 000 mm 的钢平尺沿周边和对角线分段检测。

以最大间隙的检测值表示板材的平面度公差。检测值精确至 0.1 mm。

②圆弧板直线角与线轮廓度

A. 圆弧板直线度

将平面度公差为 0.1 mm 的钢平尺沿圆弧板母线方向贴放在被检弧面上,用塞尺检测尺面与板面的间隙,检测位置如图 14-4 所示。当被检圆弧板高度大于 2 000 mm 时,用 2 000 mm 的平尺沿被检测母线分段检测。

以最大间隙的检测值表示圆弧板的直线度公差。检测值精确至 0.1 mm。

B. 圆弧板线轮廓度

按 GB/T 1800-1998 和 GB/T 1801-1998 的规定,采用尺寸精度为 JS7(js7)的圆弧靠模贴靠被检弧面,用塞尺检测靠模与圆弧面之间的间隙,检测位置如图 14-4 所示。

以最大间隙的检测值表示圆弧板的线轮廓度公差。检测值精确至 0.1 mm。

(3)角度

①普型板角度

用内角垂直度公差为 0.13 mm,内角边长为 500 mm×400 mm 的 90°钢角尺检测。将角尺短边紧靠板材的短边,长边贴靠板材的长边,用塞尺测量板材长边与角尺长边之间的最大间隙。当板材的长边小于或等于 500 mm 时,检测板材的任一对对角;当板材的长边大于 500 mm 时,检测板材的四个角。

以最大间隙的检测值表示板材的角度公差。检测值精确至 0.1 mm。

②圆弧板端面角度

用内角垂直度公差为 0.13 mm,内角边长为 500 mm×400 mm 的 90°钢角尺检测。将角尺短边紧靠圆弧板端面,用角尺长边贴靠圆弧板的边线,用塞尺检测圆弧板边线与角尺长边之间的最大间隙。用上述方法检测圆弧板的四个角。

以最大间隙的检测值表示圆弧板的角度公差。检测值精确至 0.1 mm。

③圆弧板侧面角度

将圆弧靠模贴靠圆弧板装饰面并使其上的径向刻度线的延长线与圆弧板边线相交，将小平尺沿径向刻度线置于圆弧靠模上，检测圆弧板侧面与小平尺间的夹角，见图 14-5。

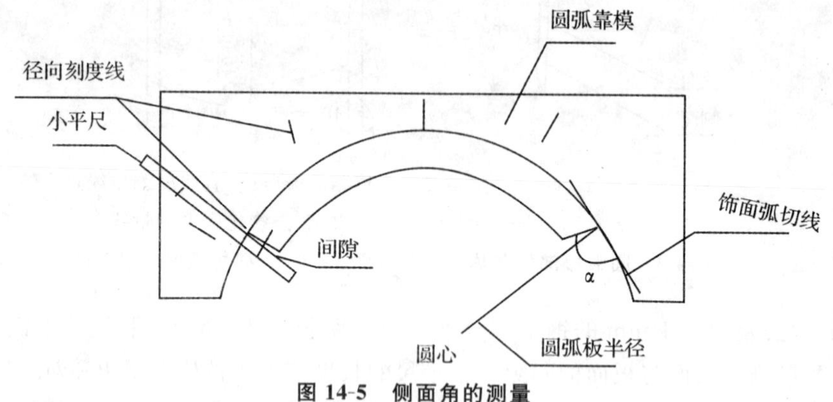

图 14-5　侧面角的测量

(4)外观质量

①花纹色调

将协议板与被检板材并列平放在地上，距板材 1.5 m 处站立目测。

②缺陷

用游标卡尺检测缺陷的长度、宽度。检测值精确至 0.1 mm。

3. 检测结果评定

单块板材的所有检测结果均符合技术要求中相应等级时，则判定该块板材符合该等级。

根据样本检测结果，若样本中发现的等级不合格品数小于或等于合格判定数 Ac，则判定该批符合该等级；若样本中发现的等级不合格品数大于或等于不合格判定数 Re，则判定该批不符合该等级。

14.1.3　天然饰面石材外观性能检测实训报告

天然饰面石材的外观性能的检测实训报告见表 14-1。

表 14-1　天然饰面石材的外观性能的检测实训报告

工程名称：　　　　　　　　　　　　报告编号：　　　　　　工程编号：

委托单位		委托编号		委托日期	
施工单位		样品编号		检验日期	
结构部位		出厂合格证编号		报告日期	
厂别		检验性质		代表数量	
发证单位		见证人		证书编号	

续表

1. 普通板规格尺寸允许偏差的检测(天然饰面石材的种类：　　　　　)				
项目		等级		
		优等品	一等品	合格品
板材长度、宽度/mm				
厚度	≤15(或 12)			
	＞15(或 12)			
结论：				
执行标准：				

2. 平面度允许偏差的检测(天然饰面石材的种类：　　　　　)			
板材长度/mm	优等品	一等品	合格品
≤400			
＞400～≤800(或 1 000)			
＞800(或 1 000)			
结论：			
执行标准：			

3. 平面度允许偏差的检测(天然饰面石材的种类：　　　　　)			
板材长度/mm	优等品	一等品	合格品
≤400			
＞400			
结论：			
执行标准：			

主要仪器设备	检测仪器 1		管理编号	
	型号规格		有效期	
	检测仪器 2		管理编号	
	型号规格		有效期	
	检测仪器 3		管理编号	
	型号规格		有效期	
	检测仪器 4		管理编号	
	型号规格		有效期	
备注				
声明				
联系方式	地址： 邮编： 电话：			

审批(签字)：　　审核(签字)：　　校核(签字)：　　检测(签字)：

检测单位(盖章)：
报告日期：　　年　月　日

注：本表一式四份，建设单位、施工单位、检测实验室、城建档案馆(存档)各一份。

14.2　天然饰面石材物理、力学性能试验

14.2.1　天然饰面石材体积密度、真密度、真气孔率和吸水率的检测

1. 主要检测仪器设备

(1)电热干燥箱:由室温到200 ℃。

(2)天平

①最大称量1 000 g,感量10 mg。

②最大称量100 g,感量1 mg。

(3)游标卡尺:刻度为0.02 mm。

(4)比重瓶:容积25～30 mL。

(5)标准筛:240目标准筛。

2. 检测试样及其制备

(1)体积密度检测试样

检测试样尺寸为50 mm,5块。

(2)选择1 000 g左右检测试样,将表面清扫干净,并破碎到颗粒小于5 mm,以四分法缩分到150 g。再用瓷研钵研磨成粉末,并通过240目标准筛,将粉样装入称量瓶中,放入(105±2)℃烘箱内,干燥4 h以上,取出,稍冷,放入干燥器内冷却到室温。

3. 具体检测步骤

(1)体积密度

将检测试样用刷子清扫干净,放入(105±2)℃的烘箱中干燥24 h,取出,冷却到室温,称其质量(m_0),精确到0.02 g;再将检测试样放入室温的蒸馏水中,浸泡48 h,取出,用拧干的湿毛巾擦去表面水分,并立即称量质量(m_1),精确到0.02 g;接着把检测试样挂在网篮中,将网篮与检测试样浸入室温的蒸馏水中,称量其在水中的质量(m_2),精确至0.02 g。称量装置见图14-6。

(2)真密度

称取检测试样三份,每份10 g(m_0'),每份检测试样分别装入洁净的比重瓶内,并倒入蒸馏水,其量不超过比重瓶体积的一半。将比重瓶放入蒸馏水10～15 min,使检测试样中气泡排除,或将比重瓶放在真空干燥器内排除气泡,气泡排除后,擦干比重瓶,冷却到室温,用蒸馏水装满至标志处,称其质量(m_2')。再将比重瓶冲洗干净,用蒸馏水装满至标记处,并称其质量(m_1')。m_0'、m_1'、m_2'精确到0.02 g。

4. 检测结果评定

(1)体积密度

体积密度按下列公式计算:

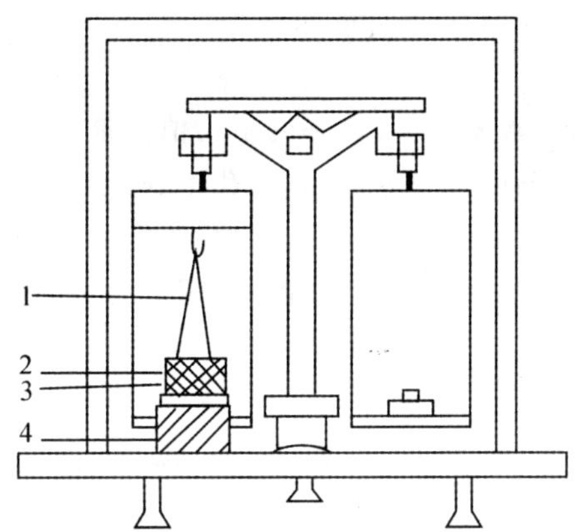

1—稀疏的网篮；2—半截烧杯；3—试样；4—支架

图 14-6　称量 m_0 的示意图

$$\rho_0=\frac{m_0}{m_1-m_2}$$

式中，ρ_0—试样的体积密度(g/cm³)；

m_0—干燥检测试样在空气中的质量(g)；

m_1—水饱和检测试样在空气中的质量(g)；

m_2—水饱和检测试样在水中的质量(g)。

(2)真密度

真密度按下式计算：

$$\rho_t=\frac{m_0'}{m_0'+m_1'-m_2'}$$

式中，ρ_t—检测试样的真密度(g/cm³)；

m_0'—干粉检测试样在空气中的质量(g)；

m_1'—只装蒸馏水的比重瓶加水质量(g)；

m_2'—装粉样加水的比重瓶质量(g)。

(3)真气孔率

根据上两式体积密度和真密度，真气孔率按下式计算：

$$\rho_a=\left(1-\frac{\rho_0}{\rho_t}\right)\times 100\%$$

式中，ρ_a—检测试样的真气孔率(%)；

ρ_0—检测试样的体积密度(g/cm³)；

ρ_t—检测试样的真密度(g/cm³)。

(4)吸水率

吸水率按下式计算：

$$W_a=\frac{m_1-m_0}{m_0}\times 100\%$$

式中，W_a—检测试样的吸水率(%)；

m_0—干检测试样在空气中的质量(g)；

m_1—水饱和检测试样在空气中的质量(g)。

(5)检测结果

计算体积密度、真密度、吸水率、真气孔率的平均值及最大值和最小值。

体积密度、真密度计算到三位有效数字，真气孔率、吸水率计算到两位有效数字。

14.2.2 天然饰面石材干燥、水饱和、冻融循环后压缩强度的检测

1. 主要检测设备及量具

(1)材料检测试验机：具有球形支座并应保证一定的加荷速率，示值相对误差不超过±1%，检测试样破坏的最大负荷在量程的20%～90%范围内。

(2)游标卡尺：刻度为0.02 mm。

2. 检测试样

(1)检测试样尺寸为50 mm的立方体，误差±0.5 mm。垂直和平行层理的检测试样各两组，没有层理的检测试样两组，每组5块。

(2)检测试样应标出岩石层理方向。

(3)检测试样两个受力面用500号细砂纸抛光，平行度在0.08 mm以内，相邻边垂直度误差不大于±0.5°。

(4)检测试样不允许掉棱、掉角和有可见的裂纹。

3. 具体检测步骤

(1)干燥状态压缩强度

①检测试样处理：将试样在(105±2)℃的烘箱内干燥24 h，再放入干燥器中冷却到室温。

②检测试样受力面的边长，计算面积。

③将检测试样放置在材料检测试验机下压板的中心部位，以每秒钟50～1 000 N的速率施加负荷，直至检测试样破坏，读出检测试样破坏时的最大负荷值。

(2)水饱和状态压缩强度

①检测试样处理：将检测试样放在(20±5)℃的水中浸泡48 h，从水中取出，用拧干后的湿毛巾将检测试样表面水分擦去。

②检测试样受力面的边长，计算面积。

③将检测试样放置在材料检测试验机下压板的中心部位，以每秒钟50～1 000 N的速率施加负荷，直至检测试样破坏，读出检测试样破坏时的最大负荷值。

(3)冻融循环后压缩强度

①检测试样处理：检测试样用清水洗干净，然后在水中浸泡24 h。将检测试样置入调节到(−20±2)℃的冷冻箱中，在冷冻箱内冻4 h，取出放在流动的水中，放置4 h，从水中取出，再将检测试样放入冷冻箱内，反复冻融25次。再放到流动的水中4 h，将检测试样取出，用拧干后的湿毛巾将检测试样表面水分擦去。

②检测检测试样受力面的边长，计算面积。

③将试样放置在材料检测试验机下压板的中心部位，以每秒钟50～1 000 N的速率施

加负荷，直至检测试样破坏，读出检测试样破坏时的最大负荷值。

4. 检测结果评定

(1)压缩强度按下式计算：

$$R_s = \frac{P}{S}$$

式中，R_s—压缩强度(MPa)；

P—破坏荷载(N)；

S—检测试样受力面面积(mm^2)。

(2)检测结果

计算检测试样不同层理的算术平均值及最大值和最小值。

14.2.3　天然饰面石材弯曲强度的检测

1. 主要检测设备及量具

(1)材料检测试验机：示值相对误差不超过±1%。检测试样破坏的最大负荷在材料检测试验机刻度的 20%～90%范围内。

(2)游标卡尺：刻度为 0.02 mm。

2. 检测试样

(1)检测试样尺寸长 160 mm，宽(40±0.5)mm，高(20±0.5)mm，受力面的平行度在 0.08 mm 以内，垂直和平行层理的检测试样各两组，没有层理的检测试样两组，每组 5 块。

(2)检测试样应标出岩石层理方向。

(3)检测试样两受力面用 500 号细砂纸抛光。不允许掉棱、掉角和有可见的裂纹。

(4)标出两点与受力点的标记(尺寸见图 14-7)，检测试样两个支点和负荷点处的宽与高的尺寸，并取算术平均值。

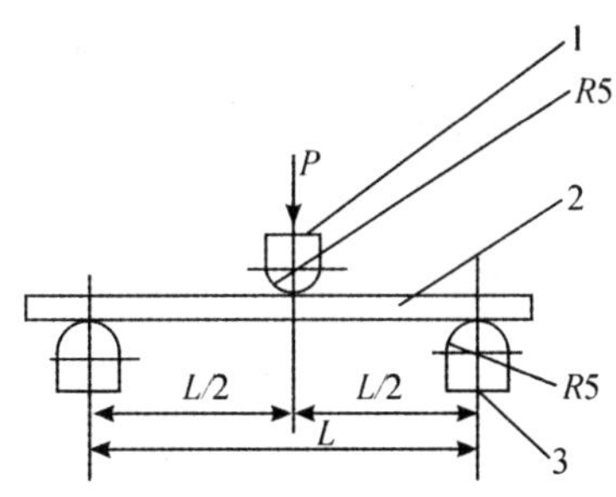

1—可动压头；2—试样；3—支架

图 14-7　弯曲强度试验

3. 具体检测步骤

(1)将检测试样放在(105±2) ℃的烘箱内干燥 24 h，再放入干燥器内冷却至室温。

(2)调节支座之间的距离为(140±0.5) mm，把检测试样放在支架上，施加负荷以每分钟 2 mm 的速率直至试样断裂，读出断裂时的负荷值。

4. 检测结果评定

(1)弯曲强度按下式计算：

$$R_t=\frac{3P \cdot L}{2b \cdot h^2}$$

式中，R_t—检测试样的弯曲强度(MPa)；

P—检测试样断裂荷载(N)；

L—支点间距离(mm)；

b—检测试样宽度(mm)；

h—检测试样高度(mm)。

(2)检测结果

计算检测试样不同层理的算术平均值及最大值和最小值。

14.2.4 天然饰面石材耐磨性的检测

1. 主要检测设备和材料

(1)检测试验机：道瑞式耐磨检测试验机。

(2)标准砂：符合《水泥强度检测试验用标准砂》(GB 178-77)的标准砂。

(3)天平：最大称量 100 g，感量 0.01 g。

2. 检测试样及制备

检测试样为直径(25±0.5) mm，长 60 mm 的圆柱体。有层理的检测试样，垂直与平行层理各取 4 个，没有层理的检测试样取 4 个。

3. 具体检测步骤

(1)将检测试样放入(105±2) ℃烘箱中干燥 24 h，取出，冷却至室温，立即进行称量(m_0)，精确到 0.01 g。

(2)将称量过的检测试样装入耐磨机上，每个卡具质量为 1 250 g，圆盘转 1 000 转完成一次检测，其余按仪器操作说明进行检测，检测完将检测试样取下，用刷子刷去粉末，称量磨后质量(m_1)，精确到 0.01 g。

(3)用游标卡尺检测试样受磨端的直径$\varnothing_1$。再测垂直方向直径$\varnothing_2$，求平均值，用平均值求受磨面积 A。

4. 检测结果评定

(1)耐磨率按下式计算：

$$M=\frac{m_0-m_1}{A}$$

式中，M—耐磨率(g/cm^2)；

m_0—磨前质量(g)；

m_1—磨后质量(g)；

A—检测试样被磨端的面积(cm^2)。

(2)检测结果

计算检测试样不同层理耐磨率算术平均值，取两位有效数字。

14.2.5　天然饰面石材镜面光泽度的检测

1. 主要检测仪器

(1)光电光泽计

①光学系统应满足 C 光源及视觉函数 $y(\lambda)$ 的要求。

②光泽计光束孔径为∅30，在 60°几何条件下，光学条件见表 14-2。

表 14-2　光学条件

孔径	测量平面内/°	垂直于测量平面/°
光源	0.75±0.25	3.00
接收器	4.40±0.10	11.70±0.20

(2)光泽度标准板

①高光泽标准板：表面平整经抛光折射率为 1.567 的黑玻璃。规定 60°几何条件镜面光泽度为 100，经授权的计量单位定标。

②低光泽工作标准板：陶瓷板，光泽值经授权的计量单位定标。

2. 检测试样

检测试样尺寸为 300 mm×300 mm 表面抛光的板材，5 块。

3. 具体检测步骤

(1)仪器校正：先打开光源预热，将仪器开口置于高光泽标准板中央，并将仪器的读数调整到标准黑玻璃的定标值，再检测低光泽工作标准板，如读数与定标值相差一个单位之内，则仪器已准备好。

(2)用镜头纸或无毛的布擦干净检测试样表面，按光泽计操作说明测每块板材的光泽度，测试位置与点数见图 14-8。

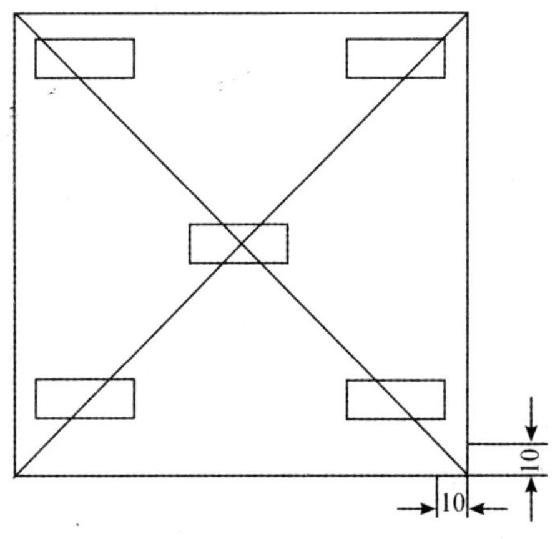

图 14-8　测试位置与点数

4. 检测结果评定

计算每块板材光泽度的算术平均值。

14.2.6 天然饰面石材物理、力学性能检测实训报告

天然饰面石材的物理、力学性能的检测实训报告见表 14-3。

表 14-3 天然饰面石材的物理、力学性能的检测实训报告

工程名称： 报告编号： 工程编号：

委托单位		委托编号		委托日期	
施工单位		样品编号		检验日期	
结构部位		出厂合格证编号		报告日期	
厂别		检验性质		代表数量	
发证单位		见证人		证书编号	
项目			指标		
体积密度 $\rho_0=\frac{m_0}{m_1-m_2}(\mathrm{g/cm^3})$，≥					
吸水率 $W_a=\frac{m_1-m_0}{m_0}\times 100\%$，≤					
干燥压缩强度 $R_s=\frac{P}{S}(\mathrm{MPa})$，≥					
干燥	弯曲强度 $R_t=\frac{3P\cdot L}{2b\cdot h^2}(\mathrm{MPa})$，≥				
水饱和					
结论：					
执行标准：					
主要仪器设备	检测仪器 1		管理编号		
	型号规格		有效期		
	检测仪器 2		管理编号		
	型号规格		有效期		
	检测仪器 3		管理编号		
	型号规格		有效期		
	检测仪器 4		管理编号		
	型号规格		有效期		
备注					
声明					
联系方式	地址： 邮编： 电话：				

审批(签字)： 审核(签字)： 校核(签字)： 检测(签字)：

检测单位(盖章)：

报告日期： 年 月 日

注：本表一式四份，建设单位、施工单位、检测实验室、城建档案馆(存档)各一份。

14.3　建筑饰面陶瓷性能检测

14.3.1　陶瓷砖尺寸与表面质量的检测

1. 长度和宽度的检测

(1)主要检测设备仪器:游标卡尺或其他适合检测长度的仪器。

(2)试样:每种类型取 10 块整砖进行检测。

(3)具体检测步骤

在离砖角点 5 mm 处测量砖的每条边。检测值精确到 0.1 mm。

(4)检测结果的评定

①正方形砖的平均尺寸是四条边检测值的平均值。试样的平均尺寸是 40 次检测值的平均值。

②长方形砖尺寸以对边两次检测值的平均值作为相应的平均尺寸,试样长度和宽度的平均尺寸分别为 20 次检测值的平均值。

2. 厚度的检测

(1)主要检测设备仪器:测头直径为 5～10 mm 的螺旋测微器或其他合适的仪器。

(2)试样:每种类型取 10 块整砖进行检测。

(3)具体检测步骤

①对表面平整的砖,在砖面上画两条对角线,检测四条线段每段上最厚的点,每块试样检测 4 点,检测值精确到 0.1 mm。

②对表面不平整的砖,垂直于一边在砖面上画四条直线,四条直线距砖边的距离分别为边长的 0.125、0.375、0.625 和 0.875 倍,在每条直线上的最厚处检测厚度。

(4)检测结果的评定

对每块砖以 4 次检测值的平均值作为单块砖的平均厚度。试样的平均厚度是 40 次检测值的平均值。

3. 边直度的检测

(1)主要检测设备仪器

①图 14-9 所示的仪器或其他合适的仪器,其中分度表(D_F)用于检测边直度。

②标准板有精确的尺寸和平直的边。

(2)试样:每种类型取 10 块整砖进行测量。

(3)具体检测步骤

①选择尺寸合适的仪器,当砖放在仪器的支承销(S_A、S_B、S_C)上时,使定位销(I_A、I_B、I_C)离被测边每一角点的距离为 5 mm(图 14-9)。

②将合适的标准板准确地置于仪器的测量位置上,调整分度表的读数至合适的初始值。

③取出标准板,将砖的正面恰当地放在仪器的定位销上,记录边中央处的分度表读数。

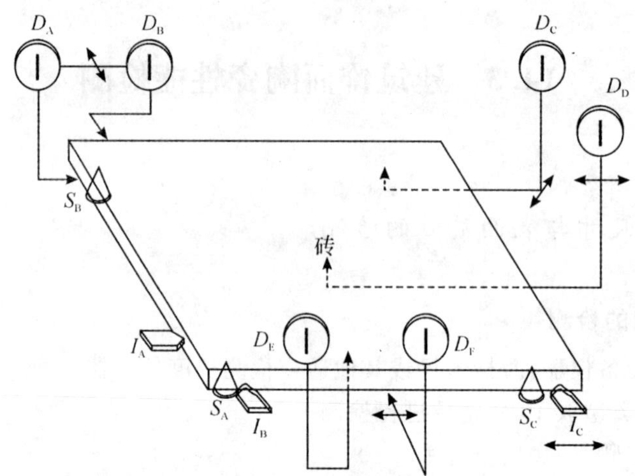

图 14-9　检测边直度、直角度和平整度的仪器

如果是正方形砖，转动砖的位置得到 4 次测量值，每块砖都重复上述步骤。如果是长方形砖，分别使用合适尺寸的仪器来测量其长边和宽边的边直度。测量值精确到 0.1 mm。

(4)检测结果的计算与评定

①在砖的平面内，记录边的中央偏离直线的偏差。

②这种测量只适用于砖的直边(图 14-10)，结果用百分比表示。

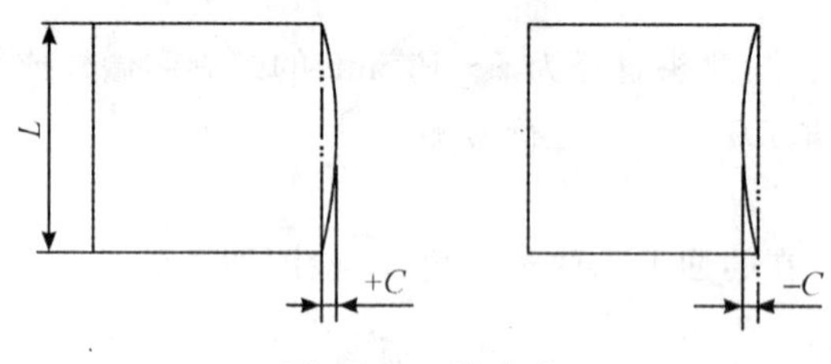

图 14-10　边直度

$$\text{边直度}=\frac{C}{L}\times 100\%$$

式中，C—检测边的中央偏离直线的偏差；

L—检测边长度。

4. 直角度的检测

(1)主要检测设备仪器

①图 14-9 所示的仪器或其他合适的仪器，其中分度表(D_A)用于检测边直度。

②标准板，有精确的尺寸和平直的边。

(2)试样：每种类型取 10 块整砖进行检测。

(3)具体检测步骤

①选择尺寸合适的仪器，当砖放在仪器的支承销(S_A、S_B、S_C)上时，使定位销(I_A、I_B、I_C)离被测边每一角点的距离为 5 mm(图 14-9)，分度表(D_A)的测杆也应在离被测边的一个角点 5 mm 处(图 14-9)。

②将合适的标准板准确地置于仪器的测量位置上，调整分度表的读数至合适的初始值。

③取出标准板，将砖的正面恰当地放在仪器的定位销上，记录边中央处的分度表读数。如果是正方形砖，转动砖的位置得到 4 次测量值，每块砖都重复上述步骤。如果是长方形砖，分别使用合适尺寸的仪器来测量其长边和宽边的边直度。测量值精确到 0.1 mm。

(4)检测结果的计算与评定

①将砖的一个角紧靠着放在用标准板校正过的直角上(图 14-11)，记录该角与标准直角的偏差。

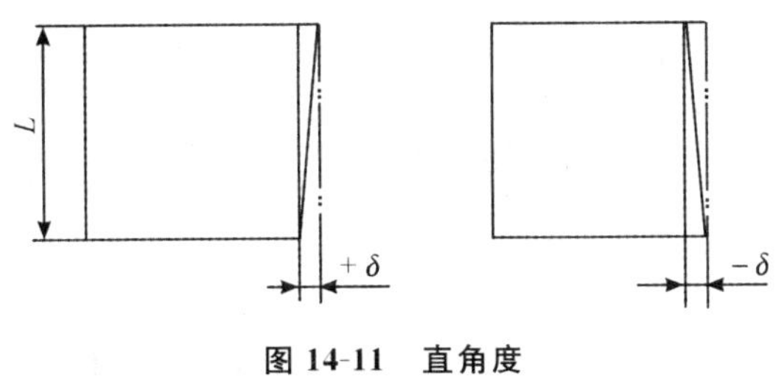

图 14-11　直角度

②直角度用百分比表示：

$$直角度=\frac{\delta}{L}\times 100\%$$

式中，δ—在距角点 5 mm 处测得砖的测量边与标准板相应边的偏差值；

L—砖对应边的长度。

5. 平整度的检测(弯曲度和翘曲度)

(1)主要检测设备仪器

①图 14-9 所示的仪器或其他合适的仪器。测量表面平滑的砖，采用直径为 5 mm 的支撑销(S_A、S_B、S_C)。对其他表面的砖，为得到有意义的结果，应采用其他合适的支撑销。

②使用一块理想平整的金属或玻璃标准板，其厚度至少为 10 mm。用于①中所述的仪器上。

(2)试样：每种类型取 10 块整砖进行检测。

(3)具体检测步骤

①选择尺寸合适的仪器，将相应的标准板准确的放在 3 个定位支承销(S_A、S_B、S_C)上，每个支撑销的中心到砖边的距离为 10 mm，外部的两个分度表(D_E、D_C)到砖边的距离也为 10 mm。

②调节 3 个分度表(D_D、D_E、D_C)的读数至合适的初始值(图 14-9)。

③取出标准板，将砖的釉面或合适的正面朝下置于仪器上，记录 3 个分度表的读数。如果是正方形砖，转动试样，每块试样得到 4 个测量值，每块砖重复上述步骤。如果是长方形砖，分别使用合适尺寸的仪器来测量。记录每块砖最大的中心弯曲度(D_D)、边弯曲度(D_E)和翘曲度(D_C)。测量值精确到 0.1 mm。

(4)检测结果的计算与评定

①表面平整度：由砖的表面上三点的测量值来定义。有凸纹浮雕的砖，如果表面无法测量，可能时应在其背面测量。

②中心弯曲度：砖面的中心点偏离由四个角点中的三点所确定的平面的距离(图 14-12)。

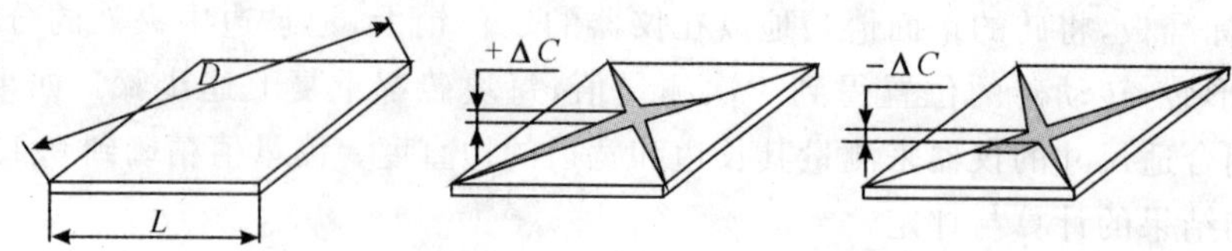

图 14-12　中心弯曲度

中心弯曲度用百分比表示：

$$中心弯曲度=\frac{\Delta C}{D}\times 100\%$$

③边弯曲度：砖的一条边的中点偏离由四个角点中的三点所确定的平面的距离（图 14-13）。

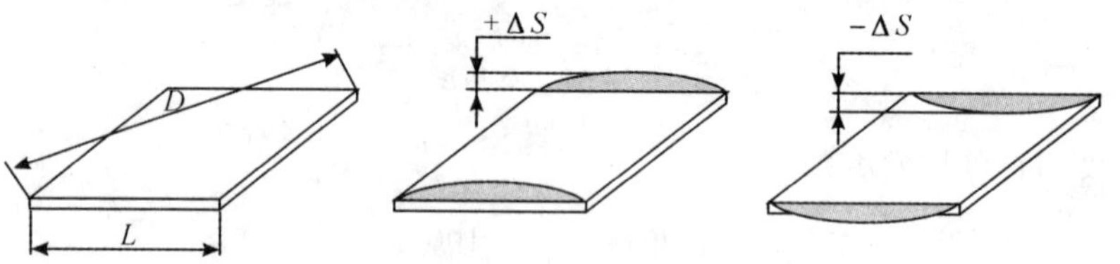

图 14-13　边弯曲度

边弯曲度用百分比表示：

$$边弯曲度=\frac{\Delta S}{L}\times 100\%$$

④翘曲度：由砖的三个角点确定一个平面，第四角点偏离该平面的距离（图 14-14）。

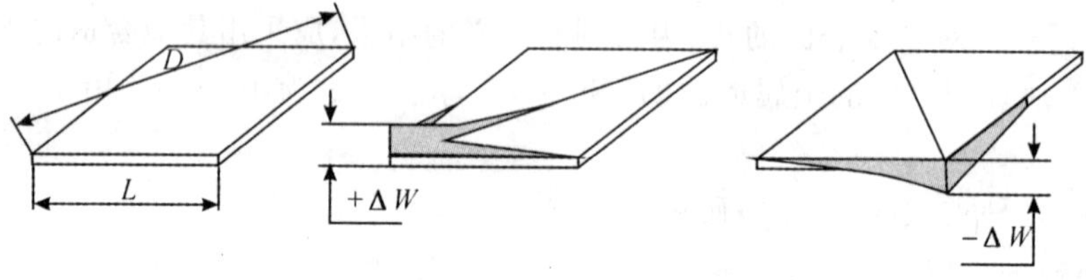

图 14-14　翘曲度

翘曲度用百分比表示：

$$翘曲度=\frac{\Delta W}{D}\times 100\%$$

6. 表面缺陷和人为效果——裂纹、釉裂、缺釉、不平整、针孔、桔釉、斑点、釉下缺陷、装饰缺陷、磕碰、釉泡、毛边和釉缕的检测

（1）主要检测设备仪器

①色温为 6 000～6 500 K 的荧光灯。

②1 m 长的直尺或其他适合测量距离的器具。

③照度计。

（2）试样

对于边长小于 600 mm 的砖，每种类型至少取 30 块整砖进行检验，且面积不小于 1 m^2；对于边长不小于 600 mm 的砖，每种类型至少取 10 块整砖进行检验，且面积不小于 1 m^2。

(3)具体检测步骤

①将砖的正面表面用照度为 300 lx 的灯光均匀照射,检查被检表面的中心部分和每个角上的照度。

②在垂直距离为 1 m 处用肉眼观察被检砖组表面的可见缺陷(平时戴眼镜者可戴上眼镜)。

③检验的准备和检验不应由同一个人完成。

④砖表面的人为装饰效果不能算作缺陷。

(4)检测结果的计算与评定

表面质量以表面无可见缺陷砖的百分比表示。

14.3.2　陶瓷砖吸水率、显气孔率、表观相对密度和容重的检测

1. 主要检测设备仪器

(1)干燥箱:工作温度为(110±5) ℃,也可使用能获得相同检测结果的微波、红外或其他干燥系统。

(2)加热装置:用惰性材料制成的用于煮沸的加热装置。

(3)热源。

(4)天平:天平的称量精度为所测试样质量的 0.01%。

(5)去离子水或蒸馏水。

(6)干燥器。

(7)鹿皮。

(8)吊环、绳索或篮子:能将试样放入水中悬吊称其质量。

(9)玻璃烧杯,或者大小和形状与其类似的容器。将试样用吊环吊在天平的一端,使试样完全浸入水中,试样和吊环不与容器的任何部分接触。

(10)真空容器和真空系统:能容纳所要求数量试样的足够大容积的真空容器和抽真空能达到(10±1) kPa 并保持 30 min 的真空系统。

2. 试样

(1)每种类型取 10 块整砖进行测试。

(2)如每块砖的表面积大于 0.04 m^2时,只需用 5 块整砖进行测试。

(3)如每块砖的质量小于 50 g,则需足够数量的砖使每个试样质量达到 50～100 g。

(4)砖的边长大于 200 mm 且小于 400 mm 时,可切割成小块,但切割下的每一块应计入测量值内,多边形和其他非矩形砖,其长和宽均按外接矩形计算。若砖的边长大于 400 mm 时,至少在 3 块整砖的中间部位切取最小边长为 100 mm 的 5 块试样。

3. 具体检测步骤

将砖放在(110±5)℃的烘箱中干燥至恒重,即每隔 24 h 的两次连续质量之差小于 0.1%,砖放在有硅胶或其他干燥器剂的干燥器内冷却至室温。不能使用酸性干燥剂。每块砖按表 14-4 的测量精度称量和记录。

表 14-4　砖的质量和检测精度

砖的质量 m/g	检测精度
50≤m≤100	0.02
100<m≤500	0.05
500<m≤1 000	0.25
1 000<m≤3 000	0.50
m>3 000	1.00

(1)水的饱和

①煮沸法

将砖竖直地放在盛有去离子水的加热器中,使砖互不接触。砖的上部和下部应保持 5 cm 深度的水。在整个试验中都应保持高于砖 5 cm 的水面。将水加热至沸腾并保持煮沸 2 h。然后切断热源,使砖完全浸泡在水中冷却至室温,并保持(4±0.25) h。也可用常温下的水或制冷器将样品冷却至室温。将一块浸湿过的鹿皮用手拧干,并将鹿皮放在平台上轻轻地依次擦干每块砖的表面,对于凹凸或有浮雕的表面,应用鹿皮轻快地擦去表面水分,然后称重,记录每块试样的称量结果。保持与干燥状态下相同的精度。

②真空法

将砖竖直放入真空容器中,使砖互不接触,加入足够的水将砖覆盖并高出 5 cm。抽真空至(10±1) kPa,并保持 30 min 后停止抽真空,让砖浸泡 15 min 后取出。将一块浸湿过的鹿皮用手拧干,并将鹿皮放在平台上轻轻地依次擦干每块砖的表面,对于凹凸或有浮雕的表面,应用鹿皮轻快地擦去表面水分,然后立即称重并记录。保持与干砖的称量精度相同。

③悬挂称量

试样在真空下吸水后,称量试样悬挂在水中的质量(m_2),精确至 0.01 g。称量时,将样品挂在天平一臂的吊环、绳索或篮子上。实际称量前,将安装好并浸入水中的吊环、绳索或篮子放在天平上,使天平处于平衡位置。吊环、绳索或篮子在水中的深度与放试样称量时相同。

4. 检测结果的计算与评定

在下面的计算中,假设 1 cm^3 水重 1 g,此假设室温下误差在 0.3%以内。

(1)吸水率

计算每一块砖的吸水率 $E_{(b,v)}$,用干砖的质量分数(%)表示,计算公式如下:

$$E_{(b,v)}=\frac{m_{2(b,v)}-m_1}{m_1}\times 100\%$$

式中,m_1—干砖的质量(g);

m_2—湿砖的质量(g);

m_{2b}—砖在沸水中吸水饱和的质量(g);

m_{2v}—砖在真空下吸水饱和的质量(g)。

E_b表示用 m_{2b}测定的吸水率,E_v表示用 m_{2v}测定的吸水率。E_b代表水仅注入容易进入的气孔，而 E_v 代表水最大可能地注入所有气孔。

(2)显气孔率

①用下列公式计算表观体积 $V(cm^3)$：

$$V=m_{2v}-m_3$$

式中，m_3—真空法吸水饱和后悬挂在水中的砖的质量(g)。

②用下列公式计算开口气孔部分的体积 $V_0(cm^3)$ 和不透水部分的体积 $V_1(cm^3)$：

$$V_0=m_{2v}-m_1$$

$$V_1=m_1-m_3$$

③显气孔率 P 用试样的开口气孔体积除以表观体积的百分数表示，计算公式如下：

$$P=\frac{m_{2v}-m_1}{V}\times 100\%$$

(3)表观相对密度

计算试样不透水部分的表观相对密度 T，计算公式如下：

$$T=\frac{m_1}{m_1-m_3}$$

(4)表观密度

试样的表观密度 $B(g/cm^3)$ 用试样的干重除以表观体积(包括气孔)所得的商表示，计算公式如下：

$$B=\frac{m_1}{V}$$

14.3.3　陶瓷砖断裂模数和破坏强度的检测

1. 主要检测设备仪器

(1)干燥箱：能在(110±5)℃温度下工作，也可使用能获得相同检测结果的微波、红外或其他干燥系统。

(2)压力表：精确到 2.0%。

(3)两根圆柱形支撑棒：用金属制成，与试样接触部分用硬度为(50±5)IRHD 的橡胶包裹，橡胶的硬度按《硫化橡胶或热塑橡胶硬度的测定(10～100 IRHD)》(GB/T 6031-1998)测定。一根棒能稍微摆动(图 14-15)，另一根棒能绕其轴稍作旋转(相应尺寸见表 14-5)。

表 14-5　棒的直径 d、橡胶厚度 t 和长度 l(图 14-16)

砖的尺寸 K/mm	棒的直径 d/mm	橡胶厚度 t/mm	砖伸出支撑棒外的长度 l/mm
$K\geqslant 95$	20	5±1	10
$48\leqslant K<95$	10	2.5±0.5	5
$18\leqslant K<48$	5	1±0.2	2

(4)圆柱形中心棒：一根与支撑棒直径相同且用相同橡胶包裹的圆柱形中心棒，用来传递荷载 F，此棒也可稍作摆动(图 14-15，相应尺寸见表 14-5)。

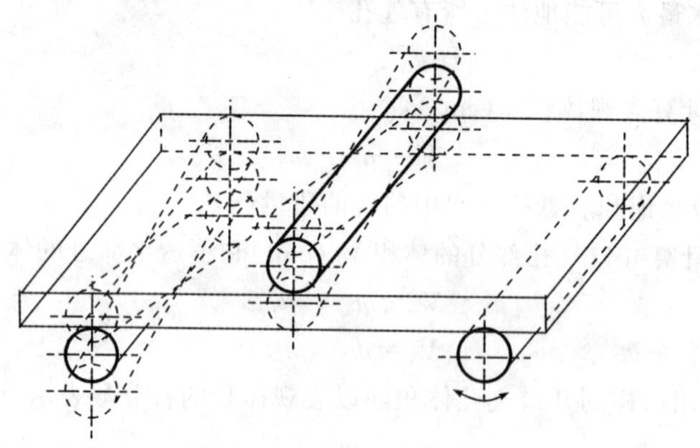

图 14-15　圆柱形支撑棒与中心棒

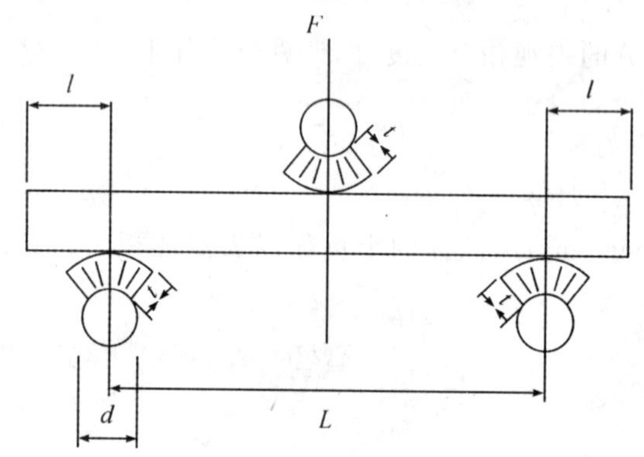

图 14-16　棒的直径 d、橡胶厚度 t 和长度 l

2. 试样

（1）应用整砖检验，但是对超大的砖（即边长大于 300 mm 的砖）和一些非矩形的砖，有必要时可进行切割，切割成最大可能尺寸的矩形试样，以便安装在仪器上检验。其中心应与切割前砖的中心一致。在有疑问时，用整砖比用切割过的砖测得的结果准确。

（2）每种样品的最小试样数量见表 14-6。

表 14-6　最小试样量

砖的尺寸 K/mm	最小试样数量
$K \geqslant 48$	7
$18 \leqslant K < 48$	10

3. 具体检测步骤

（1）用硬刷刷去试样背面松散的黏结颗粒。将试样放入(110±5) ℃的干燥箱中干燥至恒重，即间隔 24 h 的连续两次称量的差值不大于 0.1%。然后将试样放在密闭的干燥箱或干燥器中冷却至室温。干燥器中放有硅胶或其他合适的干燥剂，但不可放入酸性干燥剂。需在试样达到室温至少 3 h 后才能进行试验。

（2）将试样置于支撑棒上，使釉面或正面朝上，试样伸出每根支撑棒的长度为 l(图 14-

16，相应尺寸见表 14-5）。

（3）对于两面相同的砖，例如无釉马赛克，任何一面向上都可以。对于挤压成型的砖，应将其背肋垂直于支撑棒放置；对于所有其他矩形砖，应以其长边垂直于支撑棒放置。

（4）对凸纹浮雕的砖，在与浮雕面接触的中心棒上再垫一层厚度与表 14-5 相对应的橡胶层。

（5）中心棒应与两支撑棒等距，以（1±0.2）$N/(mm^2 \cdot s)$的速率均匀地增加荷载，每秒的实际增加率可按断裂模数计算式计算，记录断裂荷载 F。

4. 检测结果的计算与评定

只有宽度与中心棒直径相等的中间部位断裂试样，其结果才能用来计算平均破坏强度和平均断裂模数，计算平均值至少需要 5 个有效的结果。

如果有效结果少于 5 个，应取加倍数量的砖再做第二组试验，此时至少需要 10 个有效结果来计算平均值。

（1）破坏强度（S）以牛顿（N）表示，按下式计算：

$$S=\frac{FL}{b}$$

式中，F—破坏荷载（N）；

L—两根支撑棒之间的跨距（mm），见图 14-16；

b—试样的宽度（mm）。

（2）断裂模数（R）以（N/mm^2）表示，按下式计算：

$$R=\frac{3FL}{2bh^2}=\frac{3S}{2h^2}$$

式中，F—破坏荷载（N）；

L—两根支撑棒之间的跨距（mm），见图 14-16；

b—试样的宽度（mm）；

h—试验后沿断裂边测得的试样断裂面的最小厚度（mm）。

注：断裂模数的计算是根据矩形的横断面，如断面的厚度有变化，只能得到近似的结果，浮雕凸起越浅，近似值越准确。

（3）记录所有结果，以有效结果计算试样的平均破坏强度和平均断裂模数。

14.3.4 陶瓷砖用恢复系数确定砖的抗冲击性的检测

1. 主要检测设备仪器

（1）铬钢球：直径为（19±0.05）mm。

（2）落球设备（图 14-17）：由装有水平调节旋钮的钢座和一个悬挂着电磁铁、导管和试验部件支架的竖直钢架组成。

试验部件被紧固在能使落下的钢球正好碰撞在水平瓷砖表面中心的位置。固定装置如图 14-17 所示，其他合适的系统也可以使用。

（3）电子计时器（可选择的）：用麦克风测定钢球落到试样上的第一次碰撞和第二次碰撞之间的时间间隔。

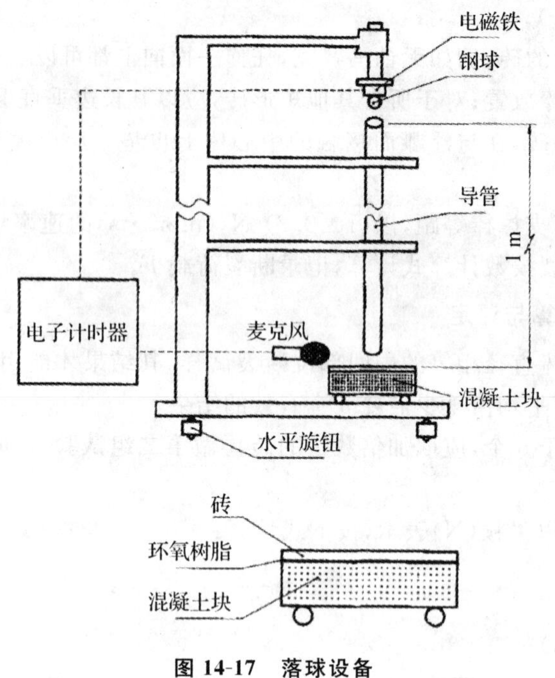

图 14-17 落球设备

2. 试样

(1)试样的数量

分别从 5 块砖上至少切下 5 片 75 mm×75 mm 的试样。实际尺寸小于 75 mm 的砖也可以使用。

(2)试验部件的简要说明

试验部件是用环氧树脂黏合剂将试样粘在制好的混凝土块上制成的。

(3)混凝土块

混凝土块的体积约为 75 mm×75 mm×50 mm,用这个尺寸的模具制备混凝土块或从一个大的混凝土板上切取。

(4)环氧树脂黏合剂

这种黏合剂应不含增韧成分。

一种合适的黏合剂由表氯醇和二苯酚基丙烷反应生成的环氧树脂 2 份(按质量计)和作为硬化剂的活化了的胺 1 份(按质量计)组成。用粒子计数器或其他类似方法测定的平均粒度为 5.5 μm 的纯二氧化硅填充物与其他成分以合适的比例充分混合后形成一种不流动的混合物。

(5)试验部件的安装

在制成的混凝土块表面上均匀地涂上一层 2 mm 厚的环氧树脂黏合剂。在三个侧面的中间分别放三个直径 1.5 mm 的钢质或塑料制成的间隔标记,以便于以后将每个标记移走将规定的试样正面朝上压紧到黏合剂上,同时在轻轻移动三个间隔标记之前将多余的黏合剂刮掉。试验前使其在温度为(23±2) ℃和湿度为(50±5)%RH 的条件下放 3 d。如果瓷砖的面积小于 75 mm×75 mm,也可以用来测试。放一块瓷砖使它的中心与混凝土的表面相一致，然后用瓷砖将其补成 75 mm×75 mm 面积。

3. 具体检测步骤

(1)用水平旋钮调节落球设备以使钢架垂直。将试验部件放到电磁铁的下面，使从电磁铁中落下的钢球落到被紧固定位的试验部件的中心。

(2)将试验部件放到支架上，将试样的正面向上水平放置。使钢球从 1 m 高处落下并回跳。通过合适的探测装置测出回跳高度(精确至±1 mm)，进而计算出恢复系数(e)。

(3)另一种方法是让钢球回跳两次，记下两次回跳之间的时间间隔(精确到毫秒级)，算出回跳高度，从而计算出恢复系数。

(4)任何测试回跳高度的方法或两次碰撞时间间隔的合适方法都可应用。

(5)检查砖的表面是否有缺陷或裂纹，所有在距 1 m 远处未能用肉眼或平时戴眼镜的眼睛观察到的轻微的裂纹都可以忽略。记下边缘的磕碰，但在瓷砖分类时可予忽略。

(6)其余的试验部件则应重复上述试验步骤。

4. 检测结果的计算与评定

(1)当一个球碰撞到一个静止的水平面上时，它的恢复系数用下面公式进行计算：

$$e=\frac{v}{u}$$

$$\frac{mv^2}{2}=mgh_2$$

$$v=\sqrt{2gh_2}$$

$$e=\sqrt{\frac{h_2}{h_1}}$$

式中，v—离开(回跳)时刻的速度(cm/s)；

u—接触时刻的速度(cm/s)；

h_2—回跳的高度(cm)；

g—重力加速度($=981\ \text{cm/s}^2$)；

h_1—落球的高度(cm)。

(2)如果回跳高度确定，则允许回跳两次从而测定这两次回跳之间的时间间隔，那么运动公式为：

$$h_2=u_0+\frac{gt^2}{2}$$

$$t=\frac{T}{2}$$

$$h_2=122.6T^2$$

式中，u_0—回跳到最高点时的速度(=0)；

T—两次回跳的时间间隔(s)。

(3)用厚度为(8±0.5) mm 未上釉且表面光滑的瓷质砖(吸水率<0.5%)，安装成 5 个试验部件，按照具体步骤进行试验。回跳平均高度(h_2)应是(72.5±1.5) cm，因此恢复系数为 0.85±0.01。

14.3.5 陶瓷无釉砖耐磨深度的检测

1. 主要检测设备仪器

(1)耐磨试验机(图14-18)

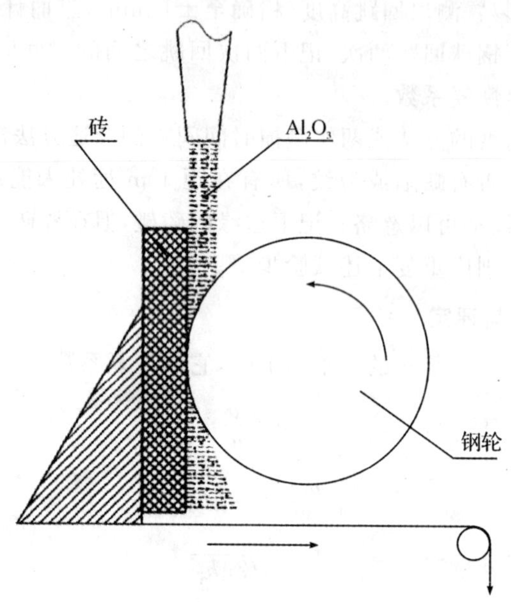

图14-18 耐深度磨损试验机

主要包括一个摩擦钢轮、一个带有磨料给料装置的贮料斗、一个试样夹具和一个平衡锤。摩擦钢轮是用符合ISO 630-1的E235A(Fe360A号钢)制造的,直径为(200±0.2) mm,边缘厚度为(10±0.1) mm,转速为75 r/min。

试样受到摩擦钢轮的反向压力作用,并通过刚玉调节试验机。压力调校用F80(GB/T 2481.1-1998)刚玉磨料150转后,产生弦长为(24±0.5) mm的磨坑。石英玻璃作为基本的标准物,也可用浮法玻璃或其他适用的材料。

当摩擦钢轮损耗至最初直径的0.5%时,必须更换磨轮。

(2)测量精度为0.1 mm的量具。

(3)磨料

符合ISO 8684-1中规定的粒度为F80的刚玉磨料。

2. 试样

(1)试样类型

采用整砖或合适尺寸的试样试验。如果是小试样,试验前要将小试样用黏结剂无缝地粘在一块较大的模板上。

(2)试样准备

使用干净、干燥的试样。

(3)试样数量

至少用 5 块试样。

3. 具体检测步骤

(1)将试样夹入夹具，样品与摩擦钢轮成正切，保证磨料均匀地进入研磨区。磨料给入速度为(100±10) g/100 r。

(2)摩擦钢轮转 150 转后，从夹具上取出试样，测量磨坑的弦长 L，精确到 0.5 mm。每块试样应在其正面至少两处成正交的位置进行试验。

(3)如果砖面为凹凸浮雕时，对耐磨性的测定就有影响，可将凸出部分磨平，但所得结果与类似砖的测量结果不同。

(4)磨料不能重复使用。

4. 检测结果的计算与评定

耐深度磨损性以磨料磨下的体积 V(mm^3)表示，它可根据磨坑的弦长 L 按以下公式计算：

$$V=\left(\frac{\pi \cdot \alpha}{180}-\sin\alpha\right)\frac{h \cdot d^2}{8}$$

$$\sin\frac{\alpha}{2}=\frac{L}{d}$$

式中，α—弦对摩擦钢轮的中心角(°)，见图 14-19；

d—摩擦钢轮的直径(mm)；

h—摩擦钢轮的厚度(mm)；

L—弦长(mm)。

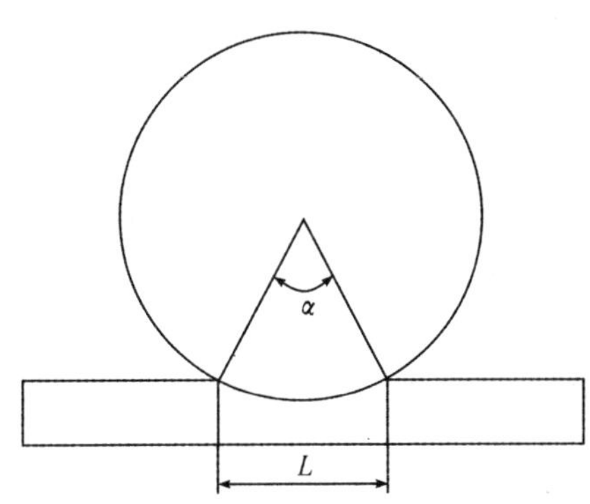

图 14-19　弦的定义

14.3.6　陶瓷有釉砖表面耐磨性的检测

1. 主要检测设备仪器

(1)耐磨试验机

耐磨试验机(图 14-20)由内装电机驱动水平支承盘的钢壳组成，试样最小尺寸为 100 mm×100 mm。支承盘中心与每个试样中心距离为 195 mm。相邻两个试样夹具的间距相等，支承盘以 300 r/min 的转速运转，随之产生 22.5 mm 的偏心距(e)。因此，每块试样做直径为 45 mm 的圆周运动。试样由带橡胶密封的金属夹具固定(图 14-21)。夹具的内径是 83 mm,提供的试验面积约为 54 cm^2。橡胶的厚度是 9 mm,夹具内空间高度是 25.5 mm。试验机达到预调转数后,自动停机。

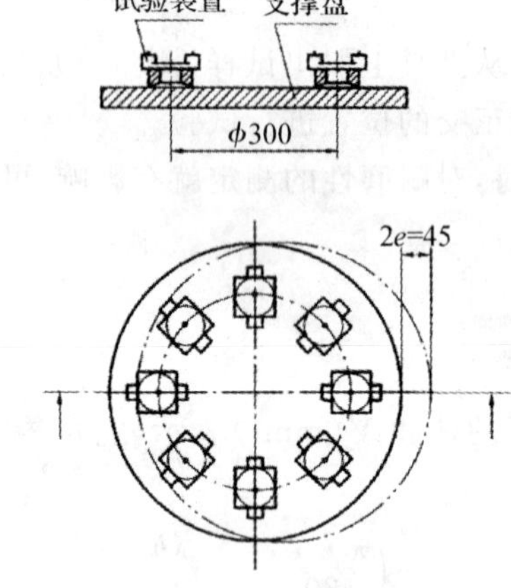

图 14-20　耐磨试验机

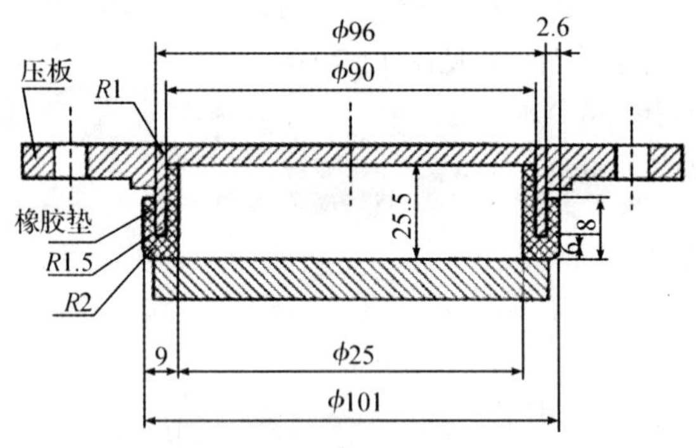

图 14-21　试样夹具

支承试样的夹具在工作时用盖子盖上。

与该试验机试验结果相同的其他设备也可使用。

(2)目视评价用装置(图 14-22)

箱内用色温为 6 000～6 500 K 的荧光灯垂直置于观察砖的表面上,照度约为 300 lx。箱体尺寸为 61 mm×61 mm,箱内刷有自然灰色,观察时应避免光源直接照射。

(3)干燥箱:工作温度(110±5) ℃。

(4)天平(要求做磨耗时使用)。

2. 试样

(1)试样的种类

试样应具有代表性,对于不同颜色或表面有装饰效果的陶瓷砖,取样时应注意能包括所有特色的部分。

试样的尺寸一般为 100 mm×100 mm,使用较小尺寸的试样时,要先把它们粘紧固定在一适宜的支承材料上,窄小接缝的边界影响可忽略不计。

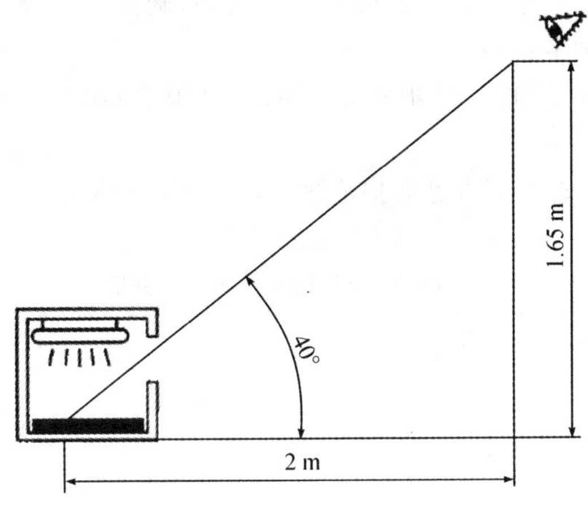

图 14-22　目测评价用装置

(2)试样的数量

试验要求用 11 块试样,其中 8 块试样经试验供目视评价用。每个研磨阶段要求取下一块试样,然后用 3 块试样与已磨损的样品对比,观察可见磨损痕迹。

(3)准备

样品釉面应清洗并干燥。

3. 具体检测步骤

(1)将试样釉面朝上夹紧在金属夹具下,从夹具上方的加料孔中加入研磨介质,盖上盖子防止研磨介质损失,试样的预调转数为 100、150、600、750、1 500、2 100、6 000 和 12 000 转。达到预调转数后,取下试样,在流动水下冲洗,并在(110±5) ℃的烘箱内烘干。如果试样被铁锈污染,可用体积分数为 10%的盐酸擦洗,然后立即用流动水冲洗,干燥。将试样放入观察箱中,用一块已磨试样,周围放置三块同型号未磨试样,在 300 lx 照度下,距离 2 m,高 1.65 m,用眼睛(平时戴眼镜者可戴眼镜)观察对比未磨和经过研磨后的砖釉面的差别。注意不同的转数研磨后砖釉面的差别,至少需要三种观察意见。

(2)在观察箱内目视比较(图 14-22)

当可见磨损在较高一级转数和低一级转数比较靠近时,重复试验,如果结果不同,取两个级别中较低一级作为结果进行分级。

(3)已通过 12 000 转数级的陶瓷砖紧接着根据《陶瓷砖试验方法第 14 部分:耐污染性的测定》(GB/T 3810.14-2006)的规定作耐污染性检测。试验完毕,钢球用流动水冲洗,再用含甲醇的酒精清洗,然后彻底干燥,以防生锈。如果有协议要求做釉面磨耗试验,则应在试验前先称 3 块试样的干质量,而后在 6 000 转数下研磨。已通过 1 500、2 100 和 6 000 转数级的陶瓷砖进而根据 GB/T 3810.14 的规定做耐污染性试验。

(4)其他有关的性能测试可根据协议在试验过程中实施,如颜色和光泽的变化。协议中规定的条款不能作为砖的分级依据。

4. 检测结果计算与评定

试样根据表 14-7 进行分级,共分 5 级。陶瓷砖也要依照 GB/T 3810.14-2006 做磨损釉面的耐污染性试验,但对此标准进行如下修正。

(1)只用一块磨损砖(大于 12 000 转),仔细区别,确保污染分级准确(例如在做耐污染性试验前,切下部分磨损的砖)。

(2)如果没有按程序 A、B 和 C 步骤进行清洗,必须按 GB/T 3810.14-2006 中规定的程序 D 步骤进行清洗。

如果试样在 12 000 转数下未见磨损痕迹,但按 GB/T 3810.14-2006 中列出的任何一种方法(程序 A、B、C 或 D)污染都不能擦掉,耐磨性定为 4 级。

表 14-7　有釉陶瓷砖耐磨性分级

可见磨损的研磨转数	级别
100	0
150	1
600	2
750,1 500	3
2 100,6 000,12 000	4
>12 000	5
通过 12 000 转试验后必须根据 GB/T 3810.14 做耐污染性检测	—

14.3.7　陶瓷砖线性热膨胀的检测

1. 主要检测设备仪器

(1)热膨胀仪:加热速率为(5±1) ℃/min,以便试样均匀受热,且能在 100 ℃下保持一定的时间。

(2)游标卡尺或其他合适的测量器具。

(3)干燥箱:能在(110±5) ℃温度下工作,也可使用能获得相同检测结果的微波、红外或其他干燥系统。

(4)干燥器。

2. 试样

(1)从一块砖的中心部位相互垂直地切取两块试样,使试样长度适合于测试仪器。试样的两端应磨平并互相平行。

(2)如果有必要,试样横断面的任一边长应磨到小于 6 mm,横断面的面积应大于 10 mm^2。试样的最小长度为 50 mm。对施釉砖不必磨掉试样上的釉。

3. 具体检测步骤

(1)试样在(110±5) ℃干燥箱中干燥至恒重,即相隔 24 h 先后两次称量之差小于 0.1%,然后将试样放入干燥器内冷却至室温。

(2)用游标卡尺测量试样长度,精确到 0.1 mm。

(3)将试样放入热膨胀仪内并记录此时的室温。

(4)在最初和全部加热过程中,测定试样的长度,精确到 0.01 mm,测量并记录不超过

15 ℃间隔的温度和长度值。加热速率为(5±1) ℃/min。

4. 检测结果计算与评定

线性热膨胀系数 a_l用每摄氏度表示(10^{-6}/℃),精确到小数点后第一位,按下式计算:

$$\alpha_l = \frac{1}{L_0} \times \frac{\Delta L}{\Delta t}$$

式中,L_0—室温下试样的长度(mm);

ΔL—试样在室温和 100 ℃之间的增长(mm);

Δt—温度的升高值(℃)。

14.3.8　陶瓷砖抗热震性的检测

1. 主要检测设备仪器

(1)低温水槽

可保持(15±5) ℃流动水的低温水槽。例如,水槽长 55 cm,宽 35 cm,深 20 cm,水流量为 4 L/min,也可使用其他适宜的装置。

①浸没试验:用于按《陶瓷砖试验方法第 3 部分:吸水率、显气孔率、表观相对密度和容重的测定》(GB/T 3810.3-2006)的规定检验吸水率不大于 10%(质量分数)的陶瓷砖。水槽不用加盖,但水需有足够的深度,使砖垂直放置后能完全浸没。

②非浸没试验:用于按 GB/T 3810.3-2006 的规定检验吸水率大于 10%(质量分数)的陶瓷砖。在水槽上盖上一块 5 mm 厚的铝槽,并与水面接触,然后将粒径 0.3～0.6 mm 的铝粒覆盖在铝槽底板上,铝粒层厚度约为 5 mm。

(2)干燥箱:工作温度 145～150 ℃。

2. 试样

至少用 5 块整砖进行试验。

注:对于超大的砖(即边长大于 400 mm 的砖),有必要进行切割,切割尽可能大的尺寸,其中心应与原中心一致。在有疑问时,用整砖比用切割过的砖测定的结果准确。

3. 具体检测步骤

(1)试样的初检

首先用肉眼(平常戴眼镜者可戴上眼镜)在距砖 25～30 cm,光源照度约 300 lx 的光照条件下观察试样表面。所有试样在试验前应没有缺陷,可用亚甲基蓝溶液对待测试样进行测定前的检验。

(2)浸没试验

吸水率不大于 10%(质量分数)的陶瓷砖,垂直浸没在(15±5) ℃的冷水中,并使试样之间互不接触。

(3)非浸没试验

吸水率大于 10%(质量分数)的有釉砖,使其釉面朝下与(15±5) ℃的低温水槽上的铝粒接触。

(4)对上述两个步骤,在低温下保持 5 min 后,立即将试样移至(145±5) ℃的烘箱内,重新达到此温度后保持 20 min 后,立即将试样移回低温环境中。

4. 检测结果的评定

(1)重复进行 10 次上述过程。

(2)用肉眼(平常戴眼镜者可戴上眼镜)在距试样 25~30 cm,光源照度约 300 lx 的条件下观察试样的可见缺陷。为帮助检查,可将合适的染色溶液(如含有少量湿润剂的 1%亚甲基蓝溶液)刷在试样的釉面上,1 min 后,用湿布抹去染色液体。

14.3.9 陶瓷砖湿膨胀的检测

1. 主要检测设备仪器

(1)测量装置:带有刻度盘的千分表测微器或类似装置。至少精确到 0.01 mm。

(2)镍钢(镍铁合金)标准块:长度与试样长度近似,与隔热夹具配套使用。

(3)焙烧炉:能以 150 ℃/h 的升温速率升到 600 ℃,且控制温度偏差不超过±15 ℃。

(4)游标卡尺或其他合适的用于长度测量的装置:精确到 0.5 mm。

(5)煮沸装置:使所测试样在煮沸的去离子水或蒸馏水中保持 24 h。

2. 试样

试样由 5 块整砖组成。如果测量装置没有整砖长,应从每块砖的中心部位切割试样,最小长度为 100 mm,最小宽度为 35 mm,厚度为砖的厚度。

对挤压砖来说,试样长度应沿挤压方向。

按照测量装置的要求准备试样。

3. 具体检测步骤

(1)重烧

将试样放入焙烧炉中,以 150 ℃/h 升温速率重新焙烧,升至(550±15) ℃,在(550±15) ℃保温 2 h。让试样在炉内冷却,当温度降至(70±10) ℃时,将试样放入干燥器中,在室温下保持 24~32 h。如果试样在重烧后开裂,另取试样以更慢的加热和冷却速率重新焙烧。

测量每块试样相对镍钢标准块的初始长度,精确到 0.5 mm,3 h 后再测量试样一次。

(2)沸水处理

将装有去离子水或蒸馏水的容器加热至沸,将试样浸入沸水中,应保持水位高度超过试样至少 5 cm,使试样之间互不接触,且不接触容器的底和壁,连续煮沸 24 h。

从沸水中取出试样并冷却至室温,1 h 后测量试样长度,过 3 h 后再测量一次。按重烧要求记录测量结果。

对于每个试样,计算沸水处理前的两次测量值的平均数及沸水处理后两次测量的平均数,然后计算两个平均值之差。

4. 检测结果的计算与评定

(1)湿膨胀用 mm/m 表示时,由下式计算:

$$湿膨胀=\frac{\Delta L}{L}\times 1\,000$$

式中，ΔL—沸水处理前后两个平均值之差(mm)；

L—试样的平均初始长度(mm)。

(2)湿膨胀以百分比表示时，可由下式计算：

$$湿膨胀=\frac{\Delta L}{L}\times 100\%$$

14.3.10　陶瓷有釉砖抗釉裂性的检测

1. 主要检测设备仪器

蒸压釜：具有足够大的容积，以便使试验用的 5 块砖之间有充分的间隔。蒸汽由外部汽源提供，以保持釜内(500±20) kPa 的压力，即蒸汽温度为(159±1) ℃，保持 2 h。

也可以使用直接加热式蒸压釜。

2. 试样

(1)至少取 5 块整砖进行试验。

(2)对于大尺寸砖，为能装入蒸压釜中，可进行切割，但对所有切割片都应进行试验。切割片应尽可能的大。

3. 具体检测步骤

(1)首先用肉眼(平常戴眼镜者可戴上眼镜)在 300 lx 的光照条件下距试样 25～30 cm 处观察砖面的可见缺陷，所有试样在试验前都不应有釉裂。可用亚甲基蓝溶液做釉裂检验。除了刚出窑的砖，作为质量保证的常规检验外，其他试验用砖应在(500±15) ℃的温度下重烧，但升温速率不得大于 150 ℃/h，保温时间不少于 2 h。

(2)将试样放在蒸压釜内，试样之间应有空隙。使蒸压釜中的压力逐渐升高，1 h 内达到(500±20) kPa，(159±1) ℃，并保持压力 2 h，然后关闭汽源。对于直接加热式蒸压釜则停止加热，使压力尽可能快地降低到实验室大气压，在蒸压釜中冷却试样 0.5 h。将试样移出到实验室大气中，单独放在平台上，继续冷却 0.5 h。

(3)在试样釉面上涂刷适宜的染色液，如含有少量润湿剂的 1%亚甲基蓝溶液，1 min 后用湿布擦去染色液。

(4)检查试样的釉裂情况，注意区分釉裂与划痕及可忽略的裂纹。

4. 检测结果的评定

(1)记录釉裂的试样数量。

(2)对釉裂的描述(书面描述、绘图或照片，见图 14-23)。

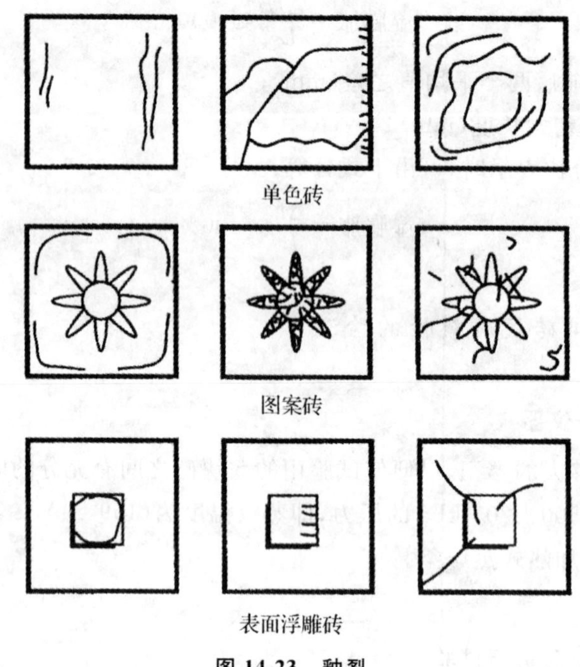

图 14-23　釉裂

14.3.11　陶瓷砖抗冻性的检测

1. 主要检测设备仪器

(1)干燥箱:能在(110±5) ℃的温度下工作,也可使用能获得相同检测结果的微波、红外或其他干燥系统。

(2)天平:精确到试样质量的 0.01%。

(3)抽真空装置:抽真空后注入水使砖吸水饱和的装置,通过真空泵抽真空能使该装置内压力达到(40±2.6) kPa。

(4)冷冻机:能冷冻至少 10 块砖,其最小面积为 0.25 mm^2,并使砖互相不接触。

(5)鹿皮。

(6)水:温度保持在(20±5) ℃。

(7)热电偶或其他合适的测温装置。

2. 试样

(1)样品

使用不少于 10 块整砖,并且其最小面积为 0.25 m^2。对于大规格的砖,为能装入冷冻机,可进行切割,切割试样应尽可能的大。砖应没有裂纹、釉裂、针孔、磕碰等缺陷。如果必须用有缺陷的砖进行检验,在试验前应用永久性的染色剂对缺陷做记号,试验后检查这些缺陷。

(2)试样制备

砖在(110±5) ℃的干燥箱内烘干至恒重,即每隔 24 h 的两次连续称量之差小于

0.1%。记录每块干砖的质量(m_1)。

3. 浸水饱和

(1)砖冷却至环境温度后,将砖垂直地放在抽真空装置内,使砖与砖、砖与该装置内壁互不接触。

抽真空装置接通真空泵,抽真空至(40±2.6) kPa。在该压力下将水引入装有砖的抽真空装置中浸没,并至少高出 50 mm。在相同压力下至少保持 15 min,然后恢复到大气压力。

用手把浸湿过的鹿皮拧干,然后将鹿皮放在一个平面上。依次将每块砖的各个面轻轻擦干,称量并记录每块湿砖的质量(m_2)。

(2)初始吸水率 E_1 用质量分数(%)表示,由下式求得:

$$E_1=\frac{m_2-m_1}{m_1}\times 100\%$$

式中,m_2—每块湿砖的质量(g);

m_1—每块干砖的质量(g)。

4. 具体检测步骤

(1)在试验时选择一块最厚的砖,该砖应视为对试样具有代表性。在砖一边的中心钻一个直径为 3 mm 的孔,该孔距边最大距离为 40 mm,在孔中插一支热电偶,并用一小片隔热材料(例如多孔聚苯乙烯)将该孔密封。如果用这种方法不能钻孔,可把一支热电偶放在一块砖的一个面的中心,用另一块砖附在这个面上。将冷冻机内欲测的砖垂直地放在支撑架上,用这一方法使得空气通过每块砖之间的空隙流过所有表面。把装有热电偶的砖放在试样中间,热电偶的温度定为试验时所有砖的温度,只有在用相同试样重复试验的情况下这点才可省略。此外,应偶尔用砖中的热电偶作核对。每次测量温度应精确到±0.5 ℃。

(2)以不超过 20 ℃/h 的速率使砖降温到−5 ℃以下,砖在该温度下保持 15 min。砖浸没于水中或喷水直到温度达到 5 ℃以上,砖在该温度下保持 15 min。

5. 检测结果的计算与评定

(1)重复上述循环至少 100 次。如果将砖保持浸没在 5 ℃以上的水中,则此循环可中断,称量试验后的砖质量(m_3),再将其烘干至恒重,称量试验后砖的干质量(m_4)。最终吸水率 E_2 用质量分数表示,由下式求得:

$$E_2=\frac{m_3-m_4}{m_4}\times 100\%$$

式中,m_2—检测后每块湿砖的质量(g);

m_1—检测后每块干砖的质量(g)。

(2)100 次循环后,在距离 25~30 cm 处,大约 300 lx 的光照条件下,用肉眼检查砖的釉面、正面和边缘。对通常戴眼镜者,可以戴眼镜检查。在试验早期,如果有理由确信砖已遭到损坏,可在试验中间阶段检查并及时作记录。记录所有观察到砖的釉面、正面和边缘损坏的情况。

14.3.12 陶瓷砖耐化学腐蚀性的检测

1. 主要检测设备仪器

(1)带盖容器:用硅硼玻璃(ISO 3585)或其他合适材料制成。

(2)圆筒:用硅硼玻璃(ISO 3585)或其他合适材料制成的带盖圆筒。

(3)干燥箱:工作温度为(110±5) ℃,也可使用能获得相同检测结果的微波、红外或其他干燥系统。

(4)鹿皮。

(5)由棉纤维或亚麻纤维纺织的白布。

(6)密封材料(如橡皮泥)。

(7)天平:精度为0.05 g。

(8)铅笔:硬度为HB(或同等硬度)的铅笔。

(9)灯泡:40 W,内面为白色(如硅化的)。

2. 试样

(1)试样的数量

每种试液使用5块试样。试样必须具有代表性。试样正面局部可能具有不同色彩或装饰效果,试验时必须注意应尽可能把这些不同部位包含在内。

(2)试样的尺寸

①无釉砖:试样尺寸为50 mm×50 mm,由砖切割而成,并至少保持一个边为非切割边。

②有釉砖:必须使用无损伤的试样,试样可以是整砖或砖的一部分。

(3)试样的准备

用适当的溶剂(如甲醇)彻底清洗砖的正面。有表面缺陷的试样不能用于试验。

3. 具体检测步骤

(1)无釉砖具体检测步骤

①试液的应用

将试样放入干燥箱在(110±5) ℃下烘干至恒重,即连续两次称量的差值小于0.1 g,然后使试样冷却至室温。

将试样垂直浸入盛有试液的容器中,试样浸深25 mm。试样的非切割边必须完全浸入溶液中。盖上盖子在(20±2) ℃的温度下保持12 d。

12 d后,将试样用流动水冲洗5 d,再完全浸泡在水中煮30 min后从水中取出,用拧干但还带湿的鹿皮轻轻擦拭,随即在(110±5) ℃的干燥箱中烘干。

②试验后的分级

在日光或人工光源约300 lx的光照条件下(但应避免直接照射),距试样25~30 cm,用肉眼(平时戴眼镜者可戴上眼镜)观察试样表面非切割边和切割边浸没部分的变化。砖可划分为几个等级。

(2)有釉砖试验步骤

①试液的应用

在圆筒的边缘上涂一层 3 mm 厚的密封材料，然后将圆筒倒置在有釉表面的干净部分，并使其周边密封。

从开口处注入试液，液面高为(20±1) mm。试液必须是检测所列溶液中的任何一种。将试验装置放于(20±2) ℃的温度下保存。

试验耐家庭用化学药品、游泳池盐类和柠檬酸的腐蚀性时，使试液与试样接触 24 h，移开圆筒并用合适的溶剂彻底清洗釉面上的密封材料。

试验耐盐酸和氢氧化钾腐蚀性时，使试液与试样接触 4 d，每天轻轻摇动装置一次，并保证试液的液面不变。2 d 后更换溶液，再过 2 d 后移开圆筒并用合适的溶剂彻底清洗釉面上的密封材料。

②检测后分级。

14.3.13　陶瓷砖耐污染性的检测

1. 清洗程序和设备

(1)程序 A

用流动热水清洗砖面 5 min，然后用湿布擦净砖面。

(2)程序 B

用普通的不含磨料的海绵或布在弱清洗剂中人工擦洗砖面，然后用流动水冲洗，用湿布擦净。

(3)程序 C

用机械方法在强清洗剂中清洗砖面，例如可用下述装置清洗：

用硬鬃毛制成直径为 8 cm 的旋转刷，刷子的旋转速度大约为 500 r/min。盛清洗剂的罐带有一个合适的喂料器与刷子相连。将砖面与旋转刷子相接触，然后从喂料器加入清洗剂进行清洗，清洗时间为 2 min。清洗结束后用流动水冲洗并用湿布擦净砖面。

(4)程序 D

试样在合适的溶剂中浸泡 24 h，然后使砖面在流动水下冲洗，并用湿布擦净砖面。

若使用任何一种溶剂能将污染物除去，则认为完成清洗步骤。

(5)辅助设备

干燥箱：工作温度为(110±5) ℃，也可使用能获得相同检测结果的微波、红外或其他干燥系统。

2. 具体检测步骤

(1)污染剂的使用

在被试验的砖面上涂 3～4 滴轻油中的绿色或红色污染剂中的膏状物，在砖面上相应的区域各滴 3～4 滴质量浓度为 13 g/L 的碘酒和橄榄油中的试剂，并保持 24 h。为使试验区域接近圆形，放一个直径约为 30 mm 的中凸透明玻璃筒在试验区域的污染剂上。

(2)清除污染剂

把按上一步骤处理的试样按清洗程序(程序 A、程序 B、程序 C 和程序 D)进行清洗。

试样每次清洗后在(110±5) ℃的干燥箱中烘干，然后用眼睛观察砖面的变化(平时戴眼镜者可戴眼镜观察），眼睛距离砖面 25～30 cm，光线为大约 300 lx 的日光或人造光源，但避免阳光的直接照射。如果砖面未见变化，即污染能去掉，根据图 14-24 记录可清洗级别。如果污染不能去掉，则进行下一个清洗程序。

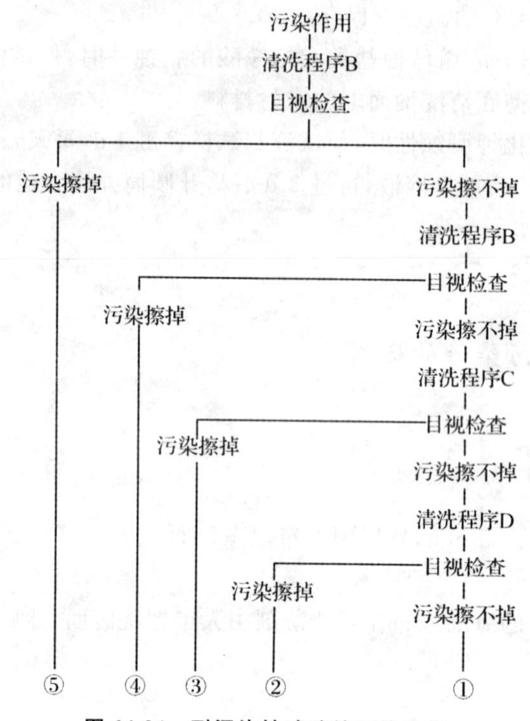

图 14-24 耐污染性试验结果的分级

14.3.14 陶瓷砖性能检测实训报告

陶瓷砖性能检测实训报告见表 14-8。

表 14-8 陶瓷砖性能检测实训报告

工程名称： 报告编号： 工程编号：

委托单位		委托编号		委托日期	
施工单位		样品编号		检验日期	
结构部位		出厂合格证编号		报告日期	
厂别		检验性质		代表数量	
发证单位		见证人		证书编号	

1. 尺寸和表面质量的检验

长度、宽度和厚度/mm				边直度/%			表面质量
	长度	宽度	厚度	边长度 L/mm	偏差 C/mm	边直度	以表面无可见缺陷砖百分比/%
偏差/%							

续表

结论：

执行标准：

2. 吸水率、显气孔率、表观相对密度和容重的检测

吸水率/%		显气孔率/%		表观相对密度/(g/cm³)		容重/(g/cm³)	
每块砖	平均值	每块砖	平均值	每块砖	平均值	每块砖	平均值

结论：

执行标准：

3. 断裂模数和破坏强度的检测

棒的直径、橡胶厚度和长度/mm			破坏荷载 F/N		破坏强度 S/N		断裂模数 R/(N/mm²)	
直径	厚度	长度	各试样	平均值	各试样	平均值	各试样	平均值

结论：

执行标准：

4. 线性热膨胀的检测

室温下试样的长度 L_0/mm	试样在室温和 100 ℃之间的增长 ΔL/mm	温度的升高值 Δt/℃	线性热膨胀系数 a/(10^{-6}/℃)

结论：

执行标准：

主要仪器设备	检测仪器 1		管理编号	
	型号规格		有效期	
	检测仪器 2		管理编号	
	型号规格		有效期	
	检测仪器 3		管理编号	
	型号规格		有效期	
	检测仪器 4		管理编号	
	型号规格		有效期	
备注				
声明				
联系方式	地址： 邮编： 电话：			

审批(签字)：　　审核(签字)：　　校核(签字)：　　检测(签字)：

检测单位(盖章)：
报告日期：　　年　月　日

注：本表一式四份，建设单位、施工单位、检测实验室、城建档案馆(存档)各一份。

14.4 建筑饰面玻璃性能试验

14.4.1 浮法玻璃的检测

1. 浮法玻璃的检测方法

(1)尺寸测定

用最小刻度为 1 mm 的钢卷尺测量两条平行边的距离。

(2)厚度测定

用符合《外经千分尺》(GB/T 1216-2004)规定的精度为 0.01 mm 的外径千分尺或具有相同精度的仪器,在距玻璃板边 15 mm 内的四边中点测量。同一片玻璃厚薄差为四个测量值中最大值与最小值之差。

(3)外观质量测定

①气泡、夹杂物、线道、划伤及表面裂纹的测定

在不受外界光线的影响下,如图 14-25 所示,将试样玻璃垂直放置在距屏幕(安装有数支 40 W、间距为 300 mm 的平行荧光灯,并且是黑色无光泽屏幕)600 mm 的位置,打开荧光灯,距试样玻璃 600 mm 处正面进行观察。

气泡、夹杂物的长度测定用放大 10 倍、精度为 0.1 mm 的读数显微镜测定。

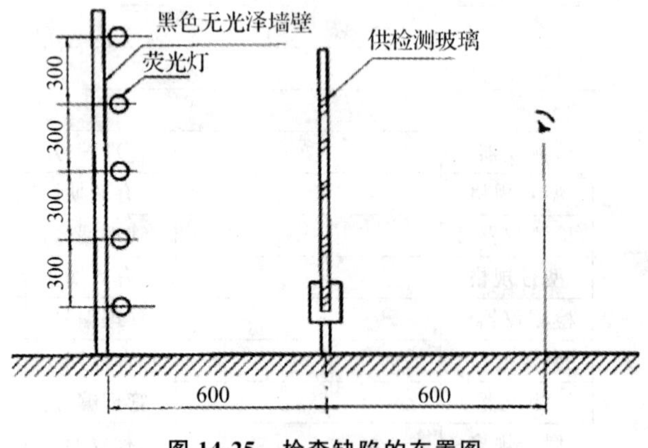

图 14-25 检查缺陷的布置图

②光学变形的测定

如图 14-26 所示,试样按拉引方向垂直放置,视线透过试样观察屏幕条纹,首先让条纹明显变形,然后慢慢转动试样直到变形消失,记录此时的入射角度。

③断面缺陷的测定

用钢直尺测定爆边、凹凸最大部位与板边之间的距离,缺角沿原角等分线向内测量。如图 14-27 所示。

(4)对角线差的测定

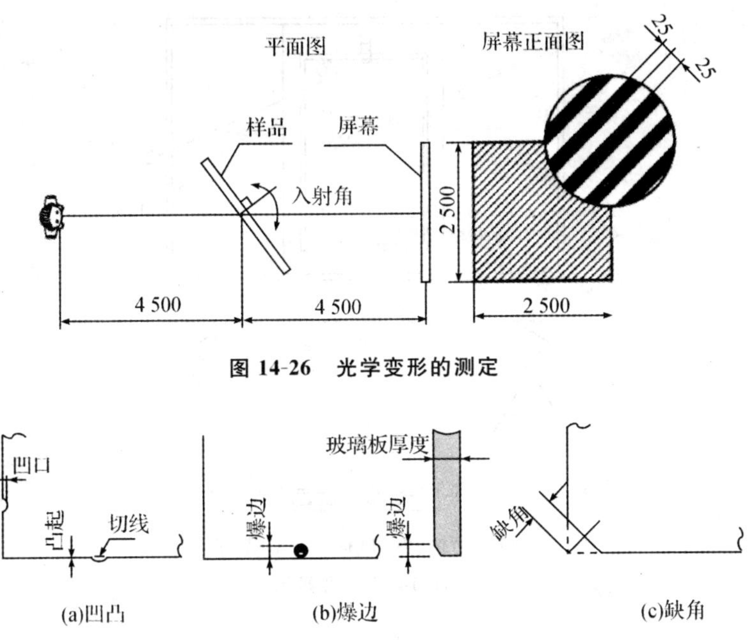

图 14-26　光学变形的测定

图 14-27　断面缺陷的测定

用最小刻度为 1 mm 的钢卷尺测量玻璃板对应角顶点之间的距离。

(5)可见光透射比测定

浮法玻璃的可见光透射比按 GB/T 2680-1994 进行测定。

(6)弯曲度测定

将玻璃垂直放置，不施加外力，沿玻璃表面任意放置长 1 000 mm 的钢直尺，用符合《塞尺》(JB/T 8788-1998)的塞尺测量直尺边与玻璃板之间的最大间隙。

2. 检测结果的评定

(1)一片玻璃检验结果，各项指标均达到该等级的要求为合格。

(2)一批玻璃检验结果，若不合格片数大于或等于标准规定的不合格判定数，则认为该批产品不合格。

14.4.2　中空玻璃的检测

1. 尺寸偏差测定

中空玻璃长、宽、对角线和胶层厚度用钢卷尺测量。中空玻璃厚度用符合 GB/T 1216-2004 规定的精度为 0.01 mm 的外径千分尺或具有相同精度的仪器，在距玻璃板边 15 m 内的四边中点检测。检测结果的算术平均值即为厚度值。

2. 外观质量测定

以制品或样品为试样，在较好的自然光线或散射光照条件下(图 14-28)，距中空玻璃正面 1 m，用肉眼进行检查。

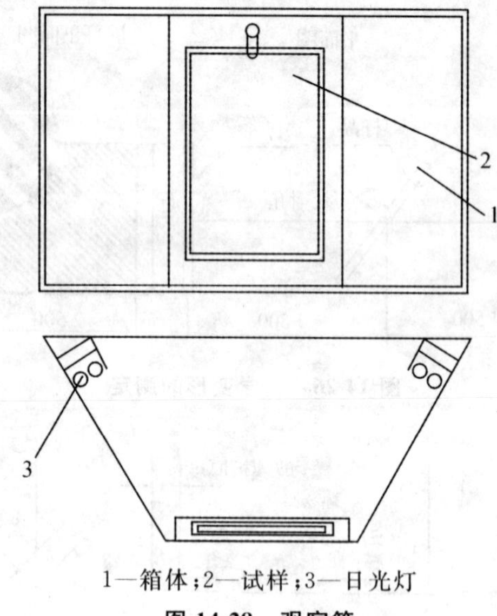

1—箱体；2—试样；3—日光灯

图 14-28 观察箱

3. 密封检测

(1)主要检测设备仪器

真空箱：由金属材料制成的能达到试验要求真空度的箱子。直空箱内装有测盘厚度变化的支架和百分表，支点位于试样中部(图 14-29)。

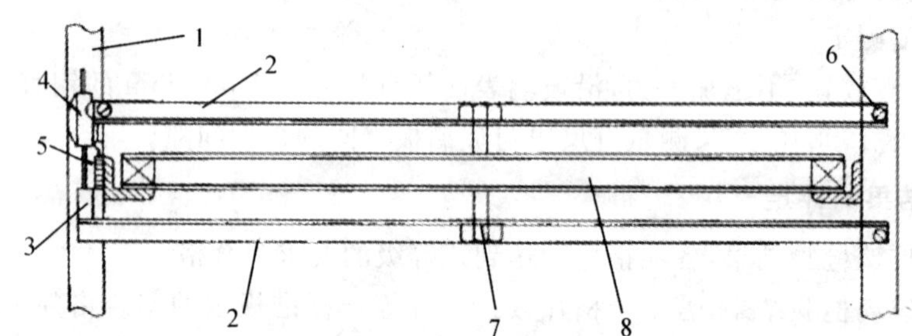

1—主框架；2—试样支架；3—触点；4—百分表；5—弹簧；6—枢轴；7—支点；8—试样

图 14-29 密封试验装置

(2)具体检测步骤

①将试样分批放入真空箱内，安装在装有百分表的支架中。

②把百分表调整到零点或记下百分表初始读数。

③试验时把真空箱内压力降到低于环境气压(10±0.5) kPa，在达到低压后 5～10 min 内记下百分表读数，计算出厚度初始偏差。

④保持低压 2.5 h 后，在 5 min 内再记下百分表的读数，计算出厚度偏差。

4. 露点检测

(1)主要检测设备仪器

①露点仪：测量管的高度为 300 mm，测量表面直径为 50 mm(图 14-30)。

②温度计：测量范围为－80～30 ℃，精度为 1 ℃。

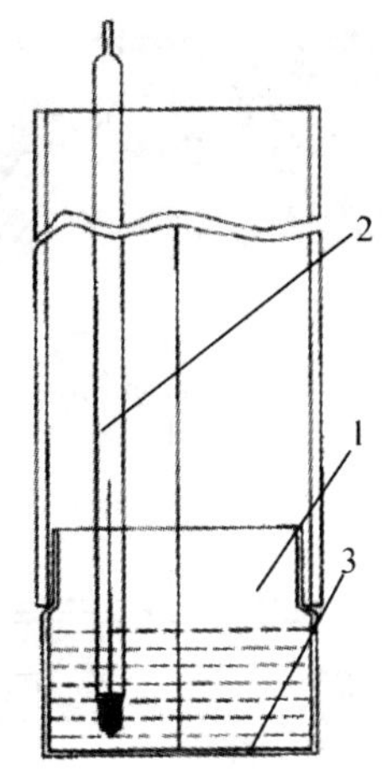

1—槽钢；2—温度计；3—检测面

图 14-30　露点仪

(2)具体检测步骤

①向露点仪的容器中注入深约 25 mm 的乙醇或丙酮，再加入干冰，使其温度冷却到等于或低于－40 ℃，并在试验中保持该温度。

②将试样水平放置，在上表面涂一层乙醇或丙酮，使露点仪与该表面紧密接触，停留时间见表 14-9。

表 14-9　停留时间

原片玻璃厚度/mm	接触时间/min
≤4	3
5	4
6	5
8	7
≥10	10

③移开露点仪，立刻观察玻璃试样的内表面上有无结露或结霜现象。

5. 耐紫外线辐照检测

(1)主要检测设备仪器

①紫外线试验箱：箱体尺寸为 560 mm×560 mm×560 mm，内装由紫铜板制成的直径为 150 mm 的冷却盘 2 个(图 14-31)。

②光源为 MLU 型 300 W 紫外线灯，电压为(220±5)V，其输出功率不低于 40 W/m^2，每次试验前必须用照度计检查光源输出功率。

③检测试验箱内温度为(50±3) ℃。

(2)具体检测步骤

①在试验箱内放 2 块试样，试样放置如图 14-31 所示，试样中心与光源相距 300 mm。在每块试样中心表面各放置冷却板，然后连续通水冷却，进口水温保持在(16±2) ℃，冷却

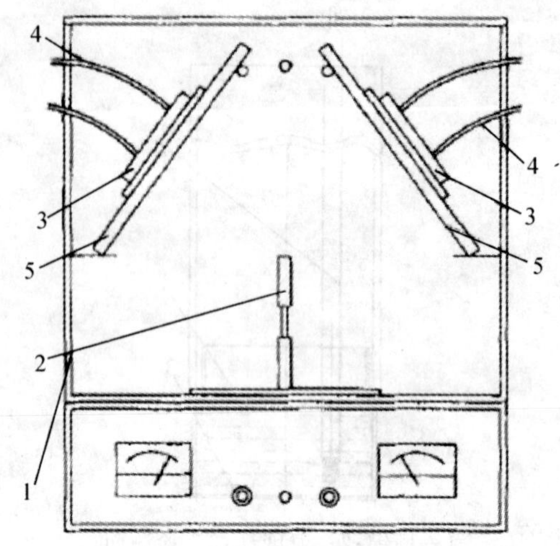

1—箱体；2—光源；3—冷却盘；4—冷却水管；5—试样

图 14-31 紫外线检测箱

板进出口水温相差不得超过 2 ℃。

②紫外线连续照射 168 h 后，把试样移出放到(23±2) ℃温度下存放一周，然后擦净表面。

③按照外观观察试样的内表面有无雾状、油状或其他污物，玻璃是否有明显错位，胶条有无蠕变。

6. 气候循环耐久性检测

(1)主要检测设备仪器

气候循环试验装置：由加热、冷却、喷水、吹风等能够达到模拟气候变化要求的部件构成(图 14-32)。

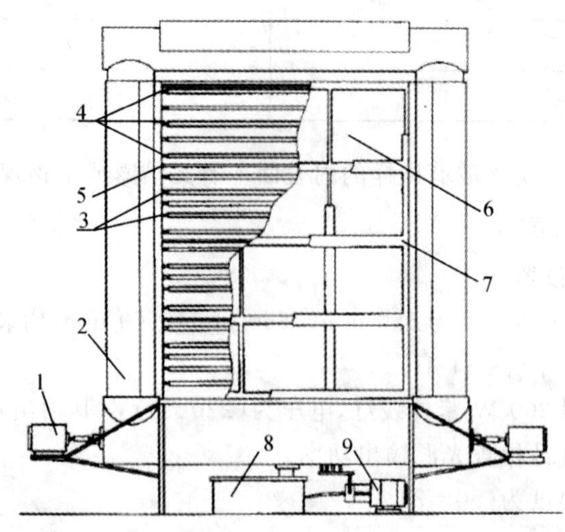

1—风扇电机；2—风道；3—加热器；4—冷却管；5—喷水管；6—试样；7—试样框架；8—水槽；9—水泵

图 14-32 气候循环试验装置

(2)具体检测步骤

①将 4 块试样装在气候循环装置的框架上，试样的一个表面暴露在气候循环条件下，另一表面暴露在环境温度下。安装时注意不要使试样产生机械应力。

②气候循环试验进行 320 个连续循环。每个循环周期分为三个阶段：

加热阶段：时间为(90±1) min，在(60±30) min 内加热到(52±2) ℃，其余时间保温。

冷却阶段：时间为(90±1) min，冷却 25 min 后用(24±3) ℃的水向试样表面喷 5 min，其余时间通风冷却。

制冷阶段：时间为(90±1) min，在(60±30) min 内将温度降低到(−15±2) ℃，其余时间保温。

最初 50 个循环里最多允许 2 块试样破裂，可用备用试样更换，更换后继续检测。更换后的试样再进行 320 次循环检测。

③完成 320 次循环后，移出试样，在(23±2) ℃和相对湿度 30%～75%的条件下放置一周，然后按露点检测测量露点。

7. 高温高湿耐久性检测

(1)主要检测设备仪器

高温高湿试验箱(图 14-33)：由加热、喷水装置构成。

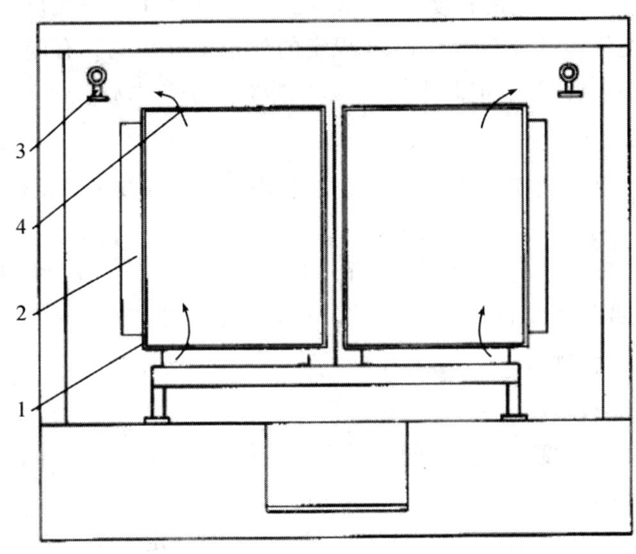

1—试样；2—隔板；3—喷水嘴；4—喷射产生的气流

图 14-33　高温高湿试验箱

(2)具体检测步骤

①试验进行 224 次循环，每个循环分为两个阶段：

加热阶段：时间为(140±1) min，在(90±1) min 内将箱内温度升高到(55±3) ℃，其余时间保温。

冷却阶段：时间为(40±1) min，在(30±1) min 内将箱内温度降低到(25±3) ℃，其余时间保温。

②试验最初 50 个循环里最多允许 2 块试样破裂，可以更换后继续试验。更换后的试样

再进行 224 次循环试验。

③完成 224 次循环后移出试样，在温度(23±2) ℃，相对湿度 30%～75%的条件下放置一周，然后按露点检测测量露点。

8. 检测结果判定规则

(1)若不合格品数等于或大于 GB/T 11944-2002 所规定的不合格判定数则认为该批产品外观质量、尺寸偏差不合格。

(2)其他性能也应符合相应条款的规定，否则认为该项不合格。

(3)若上述各项中，有一项不合格，则认为该批产品不合格。

14.4.3 夹层玻璃的检测

1. 外观质量测定

以制品为试样。在良好的自然光及散射光照条件下，在距试样正面约 600 mm 处进行目视检查。缺陷大小用最小刻度为 0.5 mm 的钢直尺测量。

2. 尺寸测定

以制品为试样。夹层玻璃的长度、宽度及对角线长度使用最小刻度为 1 mm 的钢直尺或钢卷尺测量。厚度使用符合 GB/T 1216 规定的外径千分尺或具有同等或以上精度的量具在玻璃板四边中心进行测量，取其平均值，数值修约至小数点后一位。

3. 弯曲度的测定

以平夹层玻璃制品为试样。将试样垂直立放，用钢直尺或线紧贴试样，用塞尺或相当精度的量具测定玻璃与钢直尺之间的缝隙。

弓形时用弧的高度与弦的长度之比的百分率来表示弯曲度。波形时用波谷到波峰的高度与波峰到波峰(或波谷到波谷)的距离之比的百分率表示弯曲度。

4. 落球冲击剥离检测

(1)具体检测设备仪器

①能使钢球从规定高度自由落下的装置或能使钢球相当于自由落下的投球装置，对试样支架的规定见图 14-34。

②淬火钢球：符合《滚动轴承钢球》(GB/T 308-2002)规定，质量为(1 040±10) g，直径为 63.5 mm；质量为(2 260±20) g，直径为 82.5 mm。

(2)试样

与制品相同材料，在相同的工艺条件下制作，或直接从制品上切取的 610 mm×610 mm 试验片。

(3)具体检测步骤

试样在试验前应保存在检测规定的条件下至少 4 h，取出后立即进行试验。

将试样放在试样支架上，试样的冲击面与钢球入射方向应垂直，允许偏差在 3°以内。

由不同厚度玻璃制成的平型夹层玻璃，取较薄的一面为冲击面，对曲面夹层玻璃进行试验时需要采用与曲面形状相吻合的辅助框架支承，曲面夹层玻璃冲击面根据使用情况决定。

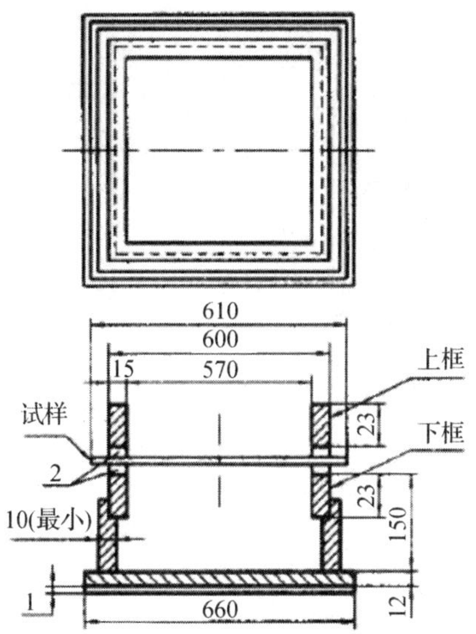

1—橡胶板(厚 3 mm);2—橡胶板(宽 15 mm,硬度 A50)

图 14-34　试样支架

但对压花夹层玻璃、夹丝网夹层玻璃和夹线夹层玻璃,原则上冲击面为非压花面。

将质量为 1 040 g 钢球放置于离试样表面 1 200 mm 高度的位置,自由下落后冲击点应位于以试样几何中心为圆心,半径为 25 mm 的圆内,观察构成的玻璃有 1 块或 1 块以上破坏时的状态。

如果玻璃没有破坏,按下落高度 1 200 mm、1 500 mm、1 900 mm、2 400 mm、3 000 mm、3 800 mm、4 800 mm 的顺序,依次提升高度冲击,并观察每次玻璃破坏时的状态。

若玻璃仍未破坏,用 2 260 g 钢球按相同程序进行冲击,并观察每次玻璃破坏时的状态。

若玻璃还未破坏,按《滚动轴承钢球》(GB/T 308-2002)规定选取质量适当增大的钢球,按相同的程序冲击,观察玻璃破坏时的状态。

5. 霰弹袋冲击的检测

(1)具体检测设备仪器

对试样装置的规定见图 14-35、图 14-36 和图 14-37。

(2)试样

与制品相同材料,在相同的工艺条件下制作,或直接从制品上切取 1 930 mm×864 mm 的试验片。

(3)具体检测步骤

试样在试验前保存在检测规定的条件下至少 4 h,然后立即进行试验。将试样装在试验框架上,薄的一层朝向冲击体。但对压花夹层玻璃、夹丝网夹层玻璃和夹线夹层玻璃,原则上冲击面为非压花面。

①对Ⅱ-1 和Ⅱ-2 类夹层玻璃,将冲击体最大直径的中心分别保持在 1 200 mm 和 750 mm 的高度,以摆式自由下落,冲击试样中心附近一次。

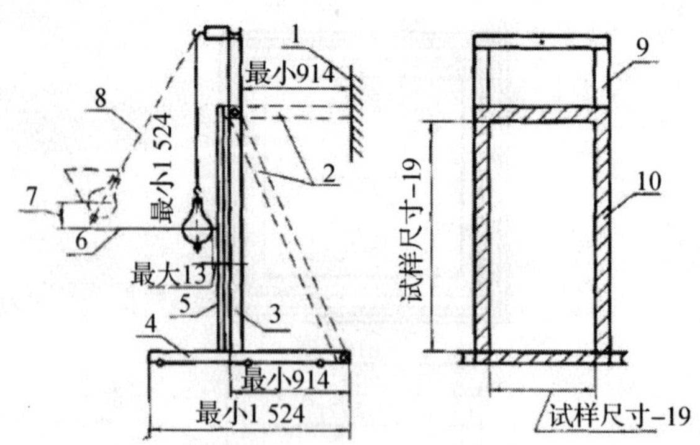

1—固定壁；2—增强支架，可用任何方式支撑；3，9—试验框；4—用螺栓固定的底座；5，10—木制紧固框；6—试样的中心线；7—下落高度；8—直径为 3 mm 左右的钢丝绳

图 14-35　试样框架

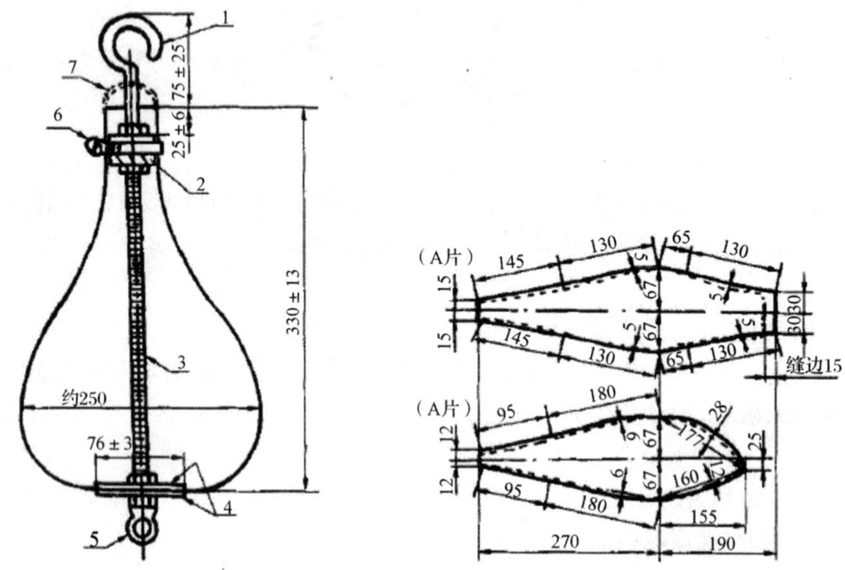

1—弯杆或附有吊环螺母的杆；2—套筒螺母，长 25 mm，直径 32 mm；3—螺杆，直径 9.5 mm；4—金属垫圈，厚(4.8±1.6)mm；5—吊起铁丝用的吊环螺母；6—蜗杆传动软管夹；7—吊绳(卸下)

图 10-36　霰弹袋

②对Ⅲ类夹层玻璃，将冲击体最大直径的中心保持 300 mm 的高度，以摆式自由下落，当构成夹层玻璃的内外两层玻璃都破坏时，按霰弹袋冲击性能进行检查。

若试样没有因上述的冲击而破坏，按一定的顺序改变冲击高度，并继续用上述的方法进行冲击，当构成夹层玻璃的两块都破坏时，按霰弹袋冲击性能进行检查。

在上两个冲击过程中，当构成夹层玻璃中的一块玻璃破坏时，再以同样的高度冲击一次，若仍未破坏，再按冲击高度 300 mm、450 mm、600 mm、750 mm、900 mm、1 200 mm 的顺序升高高度冲击直到破坏为止。用前面的方法进行冲击并按霰弹袋冲击性能进行检查。

记录并报告该产品试样最大冲击高度和冲击历程。

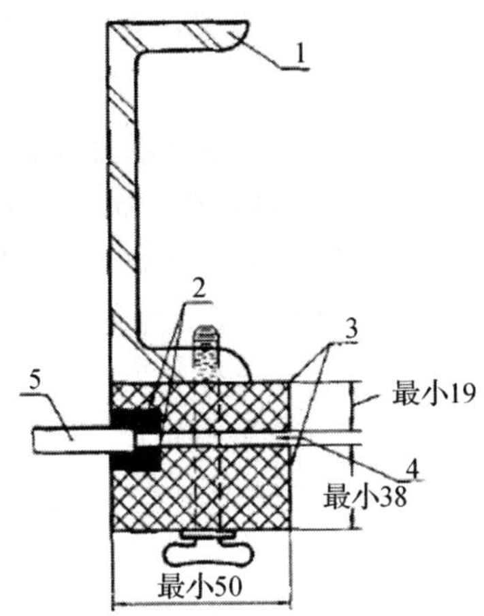

1—试验框；2—橡胶板；3—木制紧固框；4—限位块；5—试样

图 14-37　试验框架

6. 检测结果判定规则

(1)尺寸允许偏差、外观质量、弯曲度三项的不合格品数如大于或等于表 14-10 的不合格判定数，则认为该批产品外观质量、尺寸偏差和弯曲度不合格。

表 14-10　夹层玻璃尺寸允许偏差、外观质量、弯曲度检测的抽样规则

批量范围	抽样数	合格判定数	不合格判定数
2～8	2	0	—
9～15	3	0	—
16～25	5	1	2
26～50	8	2	3
51～90	13	3	4
91～150	20	5	6
151～280	32	7	8
281～500	50	10	11

(2)其他性能应符合有关相应条款的规定，否则为不合格。

(3)上述各项中，有一项不合格，则认为该批产品不合格。

14.4.4　建筑用安全玻璃——钢化玻璃的检测

1. 尺寸测定

尺寸用最小刻度 1 mm 的钢直尺或钢卷尺测定。

2. 厚度测定

使用外径千分尺或与此同等精度的器具，在距玻璃板边 15 mm 内的四边中点检测。检测结果的算术平均值即为厚度值，并以毫米为单位修约到小数点后2位。

3. 弯曲度的检测

将试样在室温下放置4 h以上，检测时把试样垂直立放，并在其长边下方的1/4处垫上2块垫块。用一直尺或金属线水平紧贴制品的两边或对角线方向，用塞尺检测直线边与玻璃之间的间隙，并以弧的高度与弦的长度之比的百分率来表示弓形时的弯曲度。进行局部波形检测时，用一直尺或金属线沿平行玻璃边缘25 mm方向进行检测，检测长度300 mm。以用塞尺测得波谷或波峰的高，除以300 mm后的百分率表示波形的弯曲度，见图14-38。

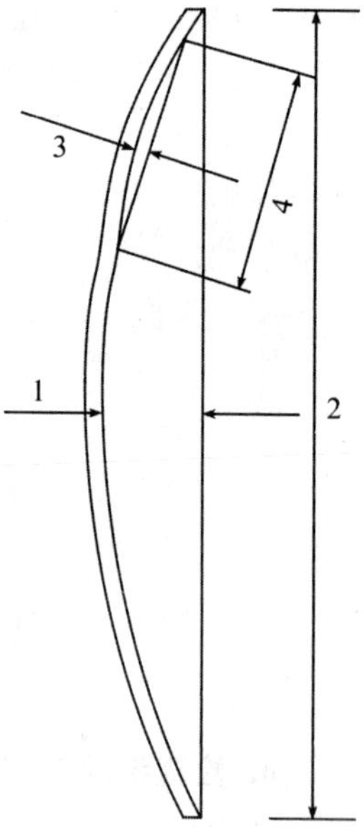

1—弓形变形；
2—玻璃边长或对角线长；
3—波形变形；
4—300 mm

图14-38　弓形和波形的弯曲度示意图

4. 抗冲击性的检测

(1)试样为与制品同厚度、同种类，且与制品在同一工艺条件下制造的尺寸为610 mm(－0，＋5 mm)×610 mm(－0，＋5 mm)的平面钢化玻璃。

(2)检测装置应符合图14-34的规定，使冲击面保持水平。检测曲面钢化玻璃时，需要使用相应的辅助框架支承。

(3)直径为63.5 mm(质量约为1 040 g)表面光滑的钢球放在距离试样表面1 000 mm处的高度，使其自由落下。冲击点应在距试样中心25 mm的范围内。

对每块试样的冲击仅限1次，以观察其是否破坏。检测在常温下进行。

5. 碎片状态的检测

(1)主要检测设备仪器

可保留碎片图案的任何装置。

(2)试样

以制品为试样。

(3)具体检测步骤

①将钢化玻璃试样自由平放在检测台上，并用透明胶带纸或其他方式约束玻璃周边，以防玻璃碎片溅开。

②在试样的最长边中心线上距离周边20 mm左右的位置，用尖端曲率半径为(0.2±0.05) mm的小锤或冲头进行冲击，使试样破碎。

③保留碎片图案的措施应在冲击结束10 s后开始并且在冲击后3 min内结束。

④碎片计数时，应除去距离冲击点半径80 mm以及距玻璃边缘25 mm范围内的部分。从图案中选择碎片最大的部分，在这部分中用50 mm×50 mm的计数框计算框内的碎片数，每个碎片内不能有贯穿的裂纹存在，横跨计数框边缘的碎片按1/2个碎片计算。

6. 霰弹袋冲击性能的检测

(1)主要检测设备仪器

检测装置应符合图14-35、图14-36和图14-37的规定。

(2)试样

试样为与制品相同厚度，且与制品在同一工艺条件下制造的尺寸为 1 930 mm(－0，＋5 mm)×864 mm(－0，＋5 mm)的长方形平面钢化玻璃。

(3)具体检测步骤

①用直径 3 mm 的挠性钢丝绳把冲击体吊起，使冲击体横截面最大直径部分的外周距离试样表面小于 13 mm，距离试样中心在 50 mm 以内。

②使冲击体最大直径的中心位置保持在 300 mm 下落高度，自由摆动落下，冲击试样中心点附近 1 次。若试样没有破坏，升高到 750 mm，在同一试样的中心点附近再冲击 1 次。

③试样仍未破坏时，再升高到 1 200 mm 高度，在同一块试样的中心点附近冲击 1 次。

④下落高度为 300 mm、750 mm 或 1 200 mm 试样破坏时，在破坏后 5 min 之内，从玻璃碎片中选出最大的 10 块，称其质量，并检测保留在框内最长的无贯穿裂纹的玻璃碎片的长度。

7. 表面应力的检测

(1)试样

以制品为试样，按《玻璃应力测试方法》(GB/T 18144-2009)规定的方法进行。

(2)测量点的规定

如图 14-39 所示，在距长边 100 mm 距离上，引平行于长边的两条平行线，并与对角线相交于四点，这四点以及制品的几何中心点即为检测点。

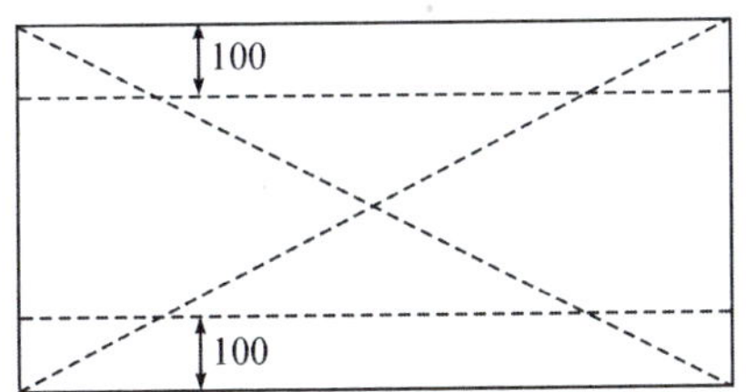

图 14-39 大于 300 mm 时的检测点示意图

若制品短边长度不足 300 mm，见图 14-40，则在距短边 100 mm 距离上引平行于短边的两条平行线与中心线相交于两点，这两点以及制品的几何中心点即为检测点。

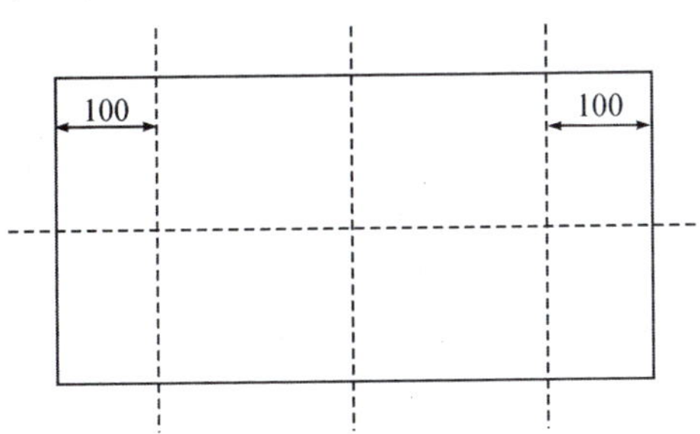

图 14-40 不足 300 mm 时的检测点示意图

不规则形状的制品，其应力检测点由供需双方商定。

(3)检测结果的评定

检测结果为各检测点检测值的算术平均值。

8. 耐热冲击性能的检测

将 300 mm×300 mm 钢化玻璃试样置于(200±2) ℃的烘箱中，保留 4 h 以上，取出后立即将试样浸入 0 ℃的冰水混合物中，应保证试样高度的 1/3 以上能浸入水中，5 min 后观察是否破坏。

玻璃表面和边部的鱼鳞状剥离不应视作破坏。

9. 检测结果评定

(1)若不合格数等于或大于国标规定的不合格数，则认为该批产品外观质量、尺寸偏差、弯曲度不合格。

(2)其他性能也要符合相应条款的规定，否则，认为该项不合格。

(3)若上述各项中，有 1 项不合格，则认为该批产品不合格。

14.4.5 建筑饰面玻璃性能检测实训报告

建筑饰面玻璃性能检测实训报告见表 14-10。

表 14-10 建筑饰面玻璃性能检测实训报告

工程名称：　　　　报告编号：　　　　工程编号：

委托单位		委托编号		委托日期	
施工单位		样品编号		检验日期	
结构部位		出厂合格证编号		报告日期	
厂别		检验性质		代表数量	
发证单位		见证人		证书编号	

1. 尺寸允许偏差

厚度/mm	尺寸偏差/mm
2,3,4,5,6	
8,10	
12	
15	
19	

结论：

执行标准：

2. 外观质量和力学性能检测

项目		
气泡	长度/mm	
	个数/个	
夹杂物	长度/mm	
	个数/个	
点状缺陷密集度		
线道		

续表

<table>
<tr><td rowspan="3">划伤</td><td>长度/mm</td><td colspan="3"></td></tr>
<tr><td>宽度/mm</td><td colspan="3"></td></tr>
<tr><td>条数/条</td><td colspan="3"></td></tr>
<tr><td>光学变形</td><td colspan="4"></td></tr>
<tr><td>表面裂纹</td><td colspan="4"></td></tr>
<tr><td>断面缺陷</td><td colspan="4"></td></tr>
<tr><td rowspan="2">可见光透射比</td><td>厚度/mm</td><td colspan="3"></td></tr>
<tr><td>可见光透射比/%</td><td colspan="3"></td></tr>
<tr><td>霰弹袋冲击性能</td><td>冲击高度/mm</td><td colspan="3"></td></tr>
<tr><td colspan="5">结论：</td></tr>
<tr><td colspan="5">执行标准：</td></tr>
<tr><td rowspan="8">主要仪器设备</td><td>检测仪器 1</td><td></td><td>管理编号</td><td></td></tr>
<tr><td>型号规格</td><td></td><td>有效期</td><td></td></tr>
<tr><td>检测仪器 2</td><td></td><td>管理编号</td><td></td></tr>
<tr><td>型号规格</td><td></td><td>有效期</td><td></td></tr>
<tr><td>检测仪器 3</td><td></td><td>管理编号</td><td></td></tr>
<tr><td>型号规格</td><td></td><td>有效期</td><td></td></tr>
<tr><td>检测仪器 4</td><td></td><td>管理编号</td><td></td></tr>
<tr><td>型号规格</td><td></td><td>有效期</td><td></td></tr>
<tr><td>备注</td><td colspan="4"></td></tr>
<tr><td>声明</td><td colspan="4"></td></tr>
<tr><td>联系方式</td><td colspan="4">地址：
邮编：
电话：</td></tr>
</table>

审批(签字)：　　审核(签字)：　　校核(签字)：　　检测(签字)：

检测单位(盖章)：
报告日期：　　年　月　日

注：本表一式四份，建设单位、施工单位、检测实验室、城建档案馆(存档)各一份。

14.5 建筑装饰涂料性能试验

14.5.1 合成树脂乳液内墙涂料的检测

1. 检测样板的制备

(1)所检产品未明示稀释比例时,搅拌均匀后制板。

(2)所检产品明示了稀释比例时,除对比率外,其余需要制板进行检验的项目均应按规定的稀释比例加水搅匀后制板。若所检产品规定了稀释比例的范围时,应取其中间值。

(3)本标准中检验用试板除对比率使用聚酯膜(或卡片纸)外,其余均为石棉水泥平板(加压板,厚度为 4～6 mm),其表面处理按《色漆和清漆 标准试板》(GB/T 9271-2008)中的规定进行。

(4)本标准规定采用由不锈钢材料制成的线棒涂布器制板。线棒涂布器是由几种不同直径的不锈钢丝分别紧密缠绕在不锈钢棒上制成的,其规格为 80、100、120 三种。线棒规格与缠绕钢丝之间的关系见表 14-11。

表 14-11 线棒规格与缠绕钢丝之间的关系

线棒规格	80	100	120
缠绕钢丝直径/mm	0.80	1.00	1.20

注:以其他规格形式表示的线棒涂布器也可使用,但应符合本表的技术要求。

(5)各检验项目的试板尺寸、采用的涂布器规格、涂布道数和养护时间应符合表 14-12 的规定。涂布两道时,两道间隔 6 h。

表 14-12 试板

检验项目	制板要求			
	尺寸 (mm×mm×mm)	线棒涂布器规格		养护期/d
		第一道	第二道	
干燥时间	150×70×(4～6)	100		
耐碱性	150×70×(4～6)	120	80	7
耐洗刷性	430×150×(4～6)	120	80	7
施工性、涂膜外观	430×150×(4～6)			
对比率		100		1①

注:①根据涂料干燥性能不同,干燥条件和养护时间可以商定,但仲裁检验时为 1 d。

2. 检测项目和要求

(1)容器中状态

打开包装容器，用搅棒搅拌时无硬块，易于混合均匀，则可视为合格。

(2)施工性

用刷子在试板平滑面上刷涂试样，涂布量为湿膜厚约 100 μm。使试板的长边呈水平方向，短边与水平面成约 85°角竖放。放置 6 h 后再用同样方法涂刷第二道试样，在第二道涂刷时，刷子运行无困难，则可视为“刷涂二道无障碍”。

(3)低温稳定性

将试样装入约 1 L 的塑料或玻璃容器(高约 130 mm，直径约 112 mm，壁厚约 0.23～0.27 mm)内，大致装满，密封，放入(－5±2) ℃的低温箱中，18 h 后取出容器，再于一定条件下放置 6 h。如此反复三次后，打开容器，搅拌试样，观察有无硬块、凝聚及分离现象，如无则视为“不变质”。

(4)干燥时间

按《漆膜、腻子膜干燥时间测定法》(GB/T 1728-1979)中表干乙法规定进行。

(5)涂膜外观

将干燥时间检测结束后的试板放置 24 h。目视观察涂膜，若无针孔和流挂，涂膜均匀，则认为“正常”。

(6)对比率

①在厚度为 30～50 μm 无色透明聚酯薄膜上，或者在底色黑白各半的卡片纸上按检测样板制备的规定均匀地涂布被测涂料，在一定规定的条件下至少放置 24 h。

②用反射仪测定涂膜在黑白底面上的反射率

A. 如用聚酯薄膜为底材制备涂膜，则将涂漆聚酯膜贴在滴有几滴 200 号溶剂油(或其他适合的溶剂)的仪器所附的黑白工作板上，使之保证无气隙，然后在至少四个位置上测量每张涂漆聚酯膜的反射率，并分别计算平均反射率 R_b(黑板上)和 R_w(白板上)。

B. 如用底色为黑白各半的卡片纸制备涂膜，则直接在黑白底色涂膜上各至少四个位置测量反射率，并分别计算平均反射率 R_b(黑板上)和 R_w(白板上)。

③计算对比率

$$\text{对比率}=\frac{R_b}{R_w}$$

④平行测定两次。如两次测定结果之差不大于 0.02，则取两次测定结果的平均值。

⑤黑白工作板和卡片纸的反射率为：黑色，不大于 1%；白色，(80±2)%。

⑥仲裁检验用聚酯膜法。

(7)耐碱性

按《建筑涂料　涂层耐碱性的测定法》(GB/T 9265-1998)规定进行。如三块试板中有两块未出现起泡、掉粉、明显变色等涂膜病态现象，可评定为“无异常”。如出现以上涂膜病态现象，按《色漆和清漆　涂层老化的评级方法》(GB/T 1766-2008)进行描述。

(8)耐洗刷性

除试板的制备外，按《建筑涂料　涂层耐洗耐刷测定法》(GB/T 9266-1988)规定进行。同一试样制备两块试板进行平行检测。洗刷至规定的次数时，两块试板中有一块试板未露出底材，则认为其耐洗刷性合格。

3. 检测结果的评定

(1)单项检验结果的判定按《数值修约规则与极限数值的表示和评定》(GB/T 8170-2008)中修约值比较法进行。

(2)产品检验结果的判定按《涂料产品检验、运输和储存通则》(HG/T 2458-1993)中的规定进行。

14.5.2 合成树脂乳液外墙涂料的检测

1. 检测样板的制备

(1)所检产品未明示稀释比例时,搅拌均匀后制板。

(2)所检产品明示了稀释比例时,除对比率外,其余需要制板进行检验的项目均应按规定的稀释比例加水搅匀后制板,若所检产品规定了稀释比例的范围时,应取其中间值。

(3)本标准中检验用试板的底材除对比率使用聚酯膜(或卡片纸)外,其余均为石棉水泥平板(加压板,厚度为 4～6 mm),其表面处理按 GB/T 92712008 中的规定进行。

(4)本标准规定采用由不锈钢材料制成的线棒涂布器制板。线棒涂布器由几种不同直径的不锈钢丝分别紧密缠绕在不锈钢棒上制成,其规格为 80、100、120 三种。

(5)各检验项目的试板尺寸、采用的涂布器规格、涂布道数和养护时间应符合表 14-13 的规定。涂布两道时,两道间隔 6 h。

表 14-13 试板

检验项目	制板要求			
	尺寸 (mm×mm×mm)	线棒涂布器规格		养护期/d
		第一道	第二道	
干燥时间	150×70×(4～6)	100		
耐水性、耐碱性、耐人工气候老化性、耐沾污性、涂层耐温变性	150×70×(4～6)	120	80	7
耐洗刷性	430×150×(4～6)	120	80	7
施工性、涂膜外观	430×150×(4～6)			
对比率		100		1①

①根据涂料干燥性能不同,干燥条件和养护时间可以商定,但仲裁检验时为 1 d。

2. 检测项目和要求

(1)容器中状态

打开包装容器,用搅棒搅拌时无硬块,易于混合均匀,则可视为合格。

(2)施工性

用刷子在试板平滑面上刷涂试样,涂布量为湿膜厚约 100 μm。使试板的长边呈水平方向，短边与水平面成约 85°角竖放。放置 6 h 后再用同样方法涂刷第二道试样，在第二道涂刷时，刷子运行无困难，则可视为“刷涂二道无障碍”。

(3)低温稳定性

将试样装入约 1 L 的塑料或玻璃容器(高约 130 mm，直径约 112 mm，壁厚约 0.23～0.27 mm)内，大致装满，密封，放入(−5±2) ℃的低温箱中，18 h 后取出容器，再于一定条件下放置 6 h。如此反复三次后，打开容器，搅拌试样，观察有无硬块、凝聚及分离现象，如无则视为“不变质”。

(4)干燥时间

按(GB/T 1728-1979)中表干乙法的规定进行。

(5)涂膜外观

将干燥时间检测结束后的试板放置 24 h。目视观察涂膜，若无针孔和流挂，涂膜均匀，则认为“正常”。

(6)对比率

①在厚度为 30～50 μm 无色透明聚酯薄膜上，或者在底色黑白各半的卡片纸上按检测样板制备的规定均匀地涂布被测涂料，在一定规定的条件下至少放置 24 h。

②用反射仪测定涂膜在黑白底面上的反射率

A. 如用聚酯薄膜为底材制备涂膜，则将涂漆聚酯膜贴在滴有几滴 200 号溶剂油(或其他适合的溶剂)的仪器所附的黑白工作板上，使之保证无气隙，然后在至少四个位置上测量每张涂漆聚酯膜的反射率，并分别计算平均反射率 R_b(黑板上)和 R_w(白板上)。

B. 如用底色为黑白各半的卡片纸制备涂膜，则直接在黑白底色涂膜上各至少四个位置测量反射率，并分别计算平均反射率 R_b(黑板上)和 R_w(白板上)。

③计算对比率

$$\text{对比率}=\frac{R_b}{R_w}$$

④平行测定两次。如两次测定结果之差不大于 0.02，则取两次测定结果的平均值。

⑤黑白工作板和卡片纸的反射率为：黑色，不大于 1%；白色，(80±2)%。

⑥仲裁检验用聚酯膜法。

(7)耐碱性

按 GB/T 9265-1988 规定进行。如三块试板中有两块未出现起泡、掉粉、明显变色等涂膜病态现象，可评定为“无异常”。如出现以上涂膜病态现象，按 GB/T 1766-2008 进行描述。

(8)耐洗刷性

除试板的制备外，按 GB/T 9266-1988 规定进行。同一试样制备两块试板进行平行检测。洗刷至规定的次数时，两块试板中有一块试板未露出底材，则认为其耐洗刷性合格。

(9)耐水性

按 GB/T 1733-1993 规定进行。试板投试前除封边外，还需封背。将三块试板浸入《分析实验室用水规格和试验方法》(GB/T 6682-2008)规定的三级水中，如三块试板中有两块未出现起泡、掉粉、明显变色等涂膜病态现象，可评定为“无异常”。如出现以上涂膜病态现象，按 GB/T 1766-2008 进行描述。

(10)耐人工气候老化性

试验按 GB/T 1865-1997 规定进行。结果的评定按 GB/T 1766-2008 进行。其中变色等级的评定按 GB/T 1766-2008 中进行。

(11)耐沾污性

耐沾污性试验方法按标准(GB/T 9756-2001)的附录 A 进行。

①主要检测装置仪器和材料:

A. 反射率仪。

B. 天平:感量 0.1 g。

C. 软毛刷:宽度 25～50 mm。

D. 冲洗装置:见图 14-41。水箱、水管和样板架用防锈硬质材料制成。

E. 粉煤灰。

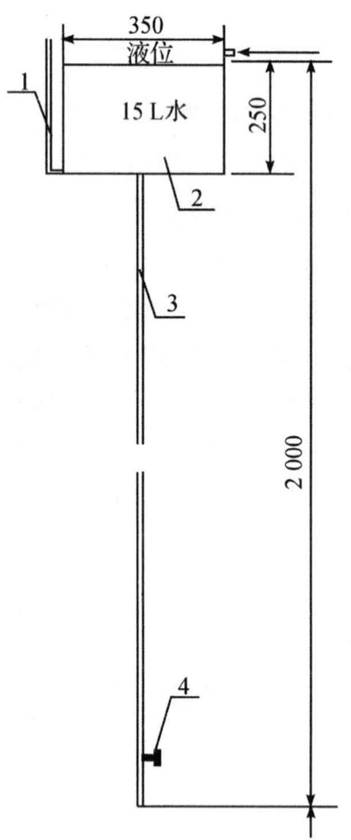

1—液位计;2—水箱;3—内径 8 mm 的水管;4—阀门;5—样板架;6—样板

图 14-41　冲洗装置示意图

②具体检测步骤

A. 粉煤灰水的配制:称取适量粉煤灰于混合用容器中,与水以 1∶1(质量)比例混合均匀。

B. 检测操作:在至少三个位置上测定经养护后的涂层试板的原始反射系数,取其平均值,记为 A。用软毛刷将(0.7±0.1)g 粉煤灰水横向纵向交错均匀地涂刷在涂层表面上,在(23±2)℃、相对湿度 50%±5%的条件下干燥 2 h 后,放在样板架上。将冲洗装置水箱中加入 15 L 水,打开阀门至最大冲洗样板。冲洗时应不断移动样板,使样板各部位都能经过水流点。冲洗 1 min,关闭阀门,将样板在(23±2)℃、相对湿度 50%±5%条件下干燥至第二天，此为一个循环，约 24 h。按上述涂刷和冲洗方法继续试验至循环 5 次后，在至少三个位置上测定涂层样板的反射系数，取其平均值，记为 B。每次冲洗试板前均应将水箱中的水添加至 15 L。

C. 主要检测计算

涂层的耐沾污性由反射系数下降率表示。

$$X=\frac{A-B}{A}\times 100\%$$

式中，X—涂层反射系数下降率；

A—涂层起始平均反射系数；

B—涂层经沾污试验后的平均反射系数。

结果取三块样板的算术平均值，平行测定之相对误差应不大于 10%。

(12)涂层耐温变性

按《建筑涂料　涂层耐冻融循环性测定法》(JG/T 25-1999)的规定进行，循环 5 次[(23±2) ℃水中浸泡 18 h，(−20±2) ℃冷冻 3 h，(50±2) ℃热烘 3 h 为一次循环]。三块试板中至少应有两块未出现粉化、开裂、起泡、剥落、明显变色等涂膜病态现象，可评定为“无异常”；如出现以上涂膜病态现象，按 GB/T 1766-2008 进行描述。

3. 检测结果评定

(1)单项检验结果的判定按 GB/T 8170-2008 中修约值比较法进行。

(2)产品检验结果的判定按 HG/T 2458-1993 中的规定进行。

参考文献

[1]陈宝璠编著.土木工程材料检测实训[M].北京:中国建材工业出版社,2009.
[2]陈宝璠编著.土木工程材料[M].北京:中国建材工业出版社,2008.
[3]严捍东主编.新型建筑材料教程[M].北京:中国建筑工业出版社,2005.
[4]符芳主编.建筑材料(第二版)[M].南京:东南大学出版社,2001.
[5]柯国军主编.土木工程材料[M].北京:北京大学出版社,2006.
[6]陈志源,李启令主编.土木工程材料[M].武汉:武汉理工大学出版社,2003.
[7]葛勇主编.土木工程材料[M].北京:中国建材工业出版社,2007.
[8]黄晓明,赵永利,高英编著.土木工程材料(第二版)[M].南京:东南大学出版社,2007.
[9]湖南大学等合编.土木工程材料[M].北京:中国建筑工业出版社,2002.
[10]彭小芹主编.土木工程材料[M].重庆:重庆大学出版社,2002.
[11]葛新亚主编.建筑装饰材料[M].武汉:武汉理工大学出版社,2004.
[12]中国建筑科学研究院.普通混凝土配合比设计规程(JGJ 55-2011).北京:中国建筑工业出版社,2011.
[13]陕西省建筑科学研究设计院.砌筑砂浆配合比设计规程(JGJ/T 98-2010).北京:中国建筑工业出版社,2010.
[14]冯乃谦主编.高性能混凝土[M].北京:中国建筑工业出版社,1996.
[15]邓云详等主编.高分子化学[M].北京:高等教育出版社,1997.
[16]高俊刚等主编.高分子材料[M].北京:化学工业出版社,2002.
[17]沈春林等主编.建筑防水涂料[M].北京:化学工业出版社,2003.
[18]向才旺主编.建筑装饰材料[M].北京:中国建筑工业出版社,2004.
[19]姜继圣,杨慧玲主编.建筑功能材料及应用技术[M].北京:中国建筑工业出版社,1998.
[20]张雄主编.建筑功能材料[M].北京:中国建筑工业出版社,2000.
[21]陈宝璠编著.土木工程材料实用技术手册[M].北京:中国建筑工业出版社,2011.
[22]陈宝璠编著.市政工程材料[M].北京:中国水利水电出版社,2012.

图书在版编目(CIP)数据

建筑与装饰材料/陈宝璠主编. —厦门:厦门大学出版社,2012.7
ISBN 978-7-5615-4246-0

Ⅰ.①建… Ⅱ.①陈… Ⅲ.①建筑材料-高等职业教育-教材 ②装饰材料-高等职业教育-教材 Ⅳ.①TU5

中国版本图书馆 CIP 数据核字(2012)第 073160 号

厦门大学出版社出版发行
(地址:厦门市软件园二期望海路 39 号 邮编:361008)
http://www.xmupress.com
xmup @ xmupress.com
三明市华光印务有限公司印刷
2012 年 7 月第 1 版 2012 年 7 月第 1 次印刷
开本:787×1092 1/16 印张:24.5
字数:602 千字 印数:1～3 000 册
定价:40.00 元